中国国家标准汇编

2010年修订-6

中国标准出版社　编

中国质检出版社
中国标准出版社
北　京

图书在版编目（CIP）数据

中国国家标准汇编：2010年修订. 6/中国标准出版社编. —北京：中国标准出版社，2011
ISBN 978-7-5066-6550-6

Ⅰ. ①中… Ⅱ. ①中… Ⅲ. ①国家标准-汇编-中国-2010 Ⅳ. ①T-652.1

中国版本图书馆CIP数据核字(2011)第195035号

中国质检出版社
中国标准出版社 出版发行
北京市朝阳区和平里西街甲2号(100013)
北京市西城区三里河北街16号(100045)
网址:www.spc.net.cn
总编室:(010)64275323 发行中心:(010)51780235
读者服务部:(010)68523946
中国标准出版社秦皇岛印刷厂印刷
各地新华书店经销

*

开本 880×1230 1/16 印张 28.5 插页 1 字数 804 千字
2011年12月第一版 2011年12月第一次印刷

*

定价 220.00 元

如有印装差错 由本社发行中心调换

出 版 说 明

1.《中国国家标准汇编》是一部大型综合性国家标准全集。自1983年起，按国家标准顺序号以精装本、平装本两种装帧形式陆续分册汇编出版。它在一定程度上反映了我国建国以来标准化事业发展的基本情况和主要成就，是各级标准化管理机构，工矿企事业单位，农林牧副渔系统，科研、设计、教学等部门必不可少的工具书。

2.《中国国家标准汇编》收入我国每年正式发布的全部国家标准，分为"制定"卷和"修订"卷两种编辑版本。

"制定"卷收入上一年度我国发布的、新制定的国家标准，顺延前年度标准编号分成若干分册，封面和书脊上注明"20××年制定"字样及分册号，分册号一直连续。各分册中的标准是按照标准编号顺序连续排列的，如有标准顺序号缺号的，除特殊情况注明外，暂为空号。

"修订"卷收入上一年度我国发布的、修订的国家标准，视篇幅分设若干分册，但与"制定"卷分册号无关联，仅在封面和书脊上注明"20××年修订-1,-2,-3,……"字样。"修订"卷各分册中的标准，仍按标准编号顺序排列(但不连续)；如有遗漏的，均在当年最后一分册中补齐。需提请读者注意的是，个别非顺延前年度标准编号的新制定的国家标准没有收入在"制定"卷中，而是收入在"修订"卷中。

读者配套购买《中国国家标准汇编》"制定"卷和"修订"卷则可收齐上一年度我国制定和修订的全部国家标准。

3.由于读者需求的变化，自1996年起，《中国国家标准汇编》仅出版精装本。

4.2010年我国制修订国家标准共2846项。本分册为"2010年修订-6"，收入新制修订的国家标准38项。

中国标准出版社

2011年8月

目　录

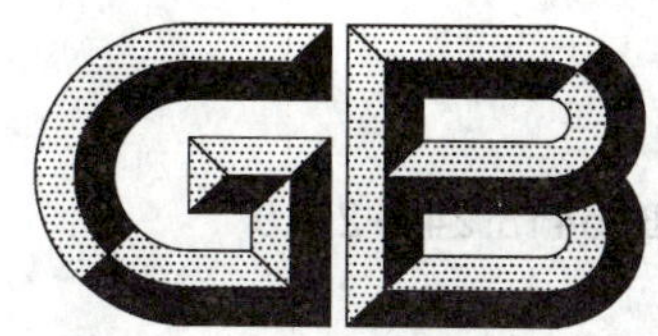

中华人民共和国国家标准

GB 5413.24—2010

食品安全国家标准
婴幼儿食品和乳品中氯的测定

National food safety standard

Determination of chlorine in foods for infants and young children, milk and milk products

2010-03-26 发布　　　　2010-06-01 实施

中华人民共和国卫生部　发布

前　言

本标准代替 GB/T 5413.24—1997《婴幼儿配方食品和乳粉　氯的测定》。

本标准所代替标准的历次版本发布情况为：

——GB 5413—1985、GB/T 5413.24—1997。

食品安全国家标准
婴幼儿食品和乳品中氯的测定

1 范围

本标准规定了婴幼儿食品和乳品中氯的测定方法。

本标准适用于婴幼儿食品和乳品中氯的测定。

2 规范性引用文件

本标准中引用的文件对于本标准的应用是必不可少的。凡是注日期的引用文件，仅所注日期的版本适用于本标准。凡是不注日期的引用文件，其最新版本(包括所有的修改单)适用于本标准。

第一法 电位滴定法

3 原理

试样经酸化处理后，加入丙酮，以玻璃电极为参比电极，银电极为指示电极，用硝酸银标准滴定溶液滴定试液中的氯离子，根据电位的"突跃"，确定滴定终点。按硝酸银标准滴定溶液的消耗量，计算试样中氯的含量。

4 试剂和材料

除非另有规定，本方法所用试剂均为分析纯，水为 GB/T 6682 规定的二级水。

4.1 亚铁氰化钾[$K_4Fe(CN)_6 \cdot 3H_2O$]。

4.2 乙酸锌[$Zn(CH_3CO_2)_2$]。

4.3 冰乙酸(CH_3COOH)。

4.4 硝酸(HNO_3)。

4.5 丙酮(C_3H_6O)。

4.6 氯化钠标准品(NaCl)。

4.7 硝酸银标准品($AgNO_3$)。

4.8 蛋白质沉淀剂。

4.8.1 沉淀剂Ⅰ：称取 106 g 亚铁氰化钾(4.1)，溶于水中，转移到 1 000 mL 容量瓶中，用水稀释至刻度。

4.8.2 沉淀剂Ⅱ：称取 220 g 乙酸锌(4.2)，溶于水中，并加入 30 mL 冰乙酸(4.3)，转移到 1 000 mL 容量瓶中，用水稀释至刻度。

4.9 硝酸溶液(1+3)：1 体积硝酸(4.4)与 3 体积水混匀。

4.10 氯化钠基准溶液(0.01 mol/L)：称取 0.584 4 g 经 500 ℃±50 ℃烘至恒重的氯化钠标准品(4.6)，于 100 mL 烧杯中，用少量水溶解，转移到 1 000 mL 容量瓶中，稀释至刻度，摇匀。

4.11 硝酸银标准滴定溶液(0.02 mol/L)。

4.11.1 配制：称取 3.40 g(精确至 0.01 g)硝酸银标准品(4.7)，于 100 mL 烧杯中，用少量水溶解后转移到 1 000 mL 容量瓶中，用水定容，摇匀，避光贮存，或转移到棕色容量瓶中。

4.11.2 标定(二级微商法)：吸取 10.00 mL 氯化钠基准溶液(4.10)于 50 mL 烧杯中，加入 0.2 mL 硝酸(4.4)及 25 mL 丙酮(4.5)。将玻璃电极和银电极浸入溶液中，启动电磁搅拌器。

从滴定管滴入 V 毫升硝酸银标准滴定溶液(所需量的 90%)，测量溶液电位值(E)。继续滴入硝酸银标准滴定溶液，每滴加 1 mL 立即测量溶液电位值(E)。接近终点和终点过后，每滴加 0.1 mL 测量溶液电位值(E)。继续滴入硝酸银标准滴定溶液，直至溶液电位数值不再明显改变。按表 1 示例格式记录每次滴入硝酸银标准滴定溶液的体积数值和电位数值。

表 1 硝酸银标准滴定溶液滴定氯化钠基准溶液的记录示例

V	E	ΔE[a]	ΔV[b]	一级微商[c] ($\Delta E/\Delta V$)	二级微商[d]
0.00	400				
		70	4.00	18	
4.00	470				22
		20	0.5	40	
4.50	490				60
		10	0.1	100	
4.60	500				50
		15	0.1	150	
4.70	515				50
		20	0.1	200	
4.80	535				650
		85	0.1	850	
4.90	620				−350
		50	0.1	500	
5.00	670				−300
		20	0.1	200	
5.10	690				−100
		10	0.1	100	
5.20	700				—
			—	—	

[a] 相对应的电位变化的数值。

[b] 连续滴入硝酸银标准滴定溶液的体积增加的数值。

[c] 单位体积硝酸银标准滴定溶液引起的电位变化的数值，即 ΔE 与 ΔV 的比值。

[d] 相当于相邻的一级微商的数值之差。

4.11.3 滴定终点的确定：根据滴定记录(4.11.2)，按硝酸银标准滴定溶液的体积数值(V)和电位数值(E)，按表 1 示例的列表方式计算 ΔE、ΔV、一级微商和二级微商值列入表中。

当一级微商最大、二级微商等于零时，即为滴定终点，按式(1)计算滴定终点时硝酸银标准滴定溶液的量(V_1)。

$$V_1 = V_a + \left(\frac{a}{a-b}\Delta V\right) \qquad \cdots\cdots(1)$$

式中：

V_1——滴定终点时消耗硝酸银标准滴定溶液的体积的数值，单位为毫升(mL)；

V_a——在 a 时消耗硝酸银标准滴定溶液的体积，单位为毫升(mL)；

a——二级微商为零前的二级微商值；

b——二级微商为零后的二级微商值；

ΔV——a 与 b 之间的数值，单位为毫升(mL)。

示例：

从表中找出一级微商最大值为 850，则二级微商等于零时应在 650 与 −350 之间，所以 $a=650$，$b=-350$，$V=4.8$ mL，$\Delta V=0.10$ mL。

$$V_1 = V_a + \left(\frac{a}{a-b}\Delta V\right) = 4.8 + \left[\frac{650}{650-(-350)} \times 0.10\right] = 4.8 + 0.065 = 4.87(\text{mL})$$

即滴定终点时，硝酸银标准滴定溶液的用量为 4.87 mL。

4.11.4 硝酸银标准滴定溶液浓度按式(2)计算。

$$c_2 = \frac{10c_1}{V_1} \quad \cdots\cdots(2)$$

式中：

c_2——硝酸银标准滴定溶液浓度的准确数值，单位为摩尔每升(mol/L)；

c_1——氯化钠基准溶液浓度的准确数值，单位为摩尔每升(mol/L)；

V_1——滴定终点时消耗硝酸银标准滴定溶液的体积的数值，单位为毫升(mL)。

5 仪器和设备

5.1 pH 计：精度为 0.1。

5.2 玻璃电极。

5.3 银电极。

5.4 电磁搅拌器。

5.5 滴定管：10 mL。

5.6 天平：感量为 0.1 mg，1 mg。

6 分析步骤

6.1 试液的制备

称取约 20 g(精确至 0.001 g)试样，于 250 mL 锥形瓶中，加入 100 mL 70 ℃热水沸腾后保持 15 min，并不断摇动。取出，冷却至室温，依次加入 4 mL 沉淀剂Ⅰ(4.8.1)和 4 mL 沉淀剂Ⅱ(4.8.2)。每次加入后充分摇匀，在室温静置 30 min。将锥形瓶中的内容物全部转移到 200 mL 容量瓶中，用水稀释至刻度，摇匀。用滤纸过滤，弃去最初部分滤液。

6.2 分析步骤

取 10 mL 试液(6.1)，于 50 mL 烧杯中，加入 5 mL 硝酸溶液(1+3)(4.9)及 25 mL 丙酮(4.5)。以下按 4.11.2 步骤操作，并按 4.11.4 计算滴定到终点时消耗硝酸银标准滴定溶液的体积数值(V_2)。

7 分析结果的表述

7.1 结果计算

试样中氯的含量以质量分数 X_1 计，数值以毫克每百克(mg/100 g)表示，按式(3)计算：

$$X_1 = \frac{35.5 \times c_2 \times V_2 \times f}{m_1} \times 100 \quad \cdots\cdots(3)$$

式中：

X_1——试样中氯的含量，单位为毫克每百克(mg/100 g)；

35.5——与 1.00 mL 硝酸银标准滴定溶液[$c(AgNO_3)$=1.000 mol/L]相当的氯质量数值，单位为毫克(mg)；

V_2——滴定试样时消耗硝酸银标准滴定溶液的体积，单位为毫升(mL)；

f——稀释倍数；

m_1——试样的质量，单位为克(g)；

c_2——硝酸银标准滴定溶液浓度的准确数值，单位为摩尔每升(mol/L)。

7.2 结果表示

以重复性条件下获得的两次独立测定结果的算术平均值表示，结果保留三位有效数字。

8 精密度

在重复性条件下获得的两次独立测试结果的绝对差值不超过算术平均值的 5%。

第二法　沉淀滴定法

9　原理

有机酸沉淀样品中的蛋白质，用硝酸银溶液滴定试样中的氯离子，生成氯化银沉淀；过量的硝酸银与指示剂铬酸钾反应生成铬酸银使溶液呈桔红色即为滴定终点。由硝酸银溶液的消耗量计算试样中的氯含量。

10　试剂和材料

除非另有规定，本方法所用试剂均为分析纯，水为GB/T 6682规定的三级水。

10.1　氢氧化钠(NaOH)。

10.2　铬酸钾(K_2CrO_4)。

10.3　氯化钠标准品(NaCl)：纯度≥99%。

10.4　硝酸银($AgNO_3$)。

10.5　三氯乙酸溶液(500 g/L)：称取500 g三氯乙酸溶入1 000 mL水中。

10.6　氢氧化钠溶液(50 g/L)：称取25 g氢氧化钠溶入500 mL水中。

10.7　硝酸溶液(0.1 mol/L)：吸取6 mL硝酸，用水稀释至1 000 mL。

10.8　铬酸钾溶液(50 g/L)：称取5 g铬酸钾溶于100 mL水中。

10.9　氯化钠标准溶液(0.1 mol/L)：称取经500 ℃±50 ℃烘至恒重的氯化钠标准品5.844 0 g于1 000 mL容量瓶中，用去离子水溶解并定容。

10.10　硝酸银溶液(0.05 mol/L)：称取8.50 g(精确至0.01 g)硝酸银标准品(10.4)，于100 mL烧杯中，用少量水溶解后转移到1 000 mL容量瓶中，用水定容，摇匀，避光贮存，或转移到棕色容量瓶中。

取10 mL氯化钠标准溶液(10.9)于125 mL容量瓶中，加10滴铬酸钾溶液(10.8)，用上述硝酸银溶液滴定，根据消耗的硝酸银溶液体积，按式(4)计算硝酸银溶液的实际浓度。

$$c = \frac{0.1 \times 10}{V} \qquad \cdots\cdots(4)$$

式中：

c——硝酸银溶液的实际浓度，单位为摩尔每升(mol/L)；

V——硝酸银溶液的体积，单位为毫升(mL)；

0.1——氯化钠标准溶液的浓度，单位为摩尔每升(mol/L)；

10——氯化钠标准溶液的体积，单位为毫升(mL)。

10.11　酚酞乙醇指示剂(10 g/L)：称取1 g酚酞溶于100 mL乙醇(95%)中。

11　仪器和设备

11.1　天平：感量为0.1 mg。

11.2　容量瓶：100 mL。

11.3　三角瓶：125 mL。

11.4　棕色滴定管：10 mL。

12　分析步骤

12.1　称取混合均匀的试样10 g(精确至0.000 1 g)于小烧杯中，加50 mL水溶解后移入100 mL容量瓶中，加三氯乙酸溶液(10.5)10 mL混匀定容，静置约1 min后过滤。

12.2　吸取滤液10 mL于125 mL三角瓶中，加三滴酚酞指示剂(10.11)，用氢氧化钠溶液(10.6)调节至微红色。用硝酸溶液(10.7)回调至红色刚好退去。再加10滴铬酸钾溶液(10.8)后用硝酸银溶液(10.10)滴定至桔红色1 min内不褪色,即为终点,滴定时在底端放一白色纸,更易于辨认终点。同时做空白试验。

13 分析结果的表述

试样中氯的含量按式(5)计算:

$$X_2 = (V_3 - V_4) \times c_3 \times 35.5 \times \frac{V_5}{V_6} \times \frac{100}{m_2} \quad \cdots\cdots(5)$$

式中:

X_2——试样中氯的含量,单位为毫克每百克(mg/100 g);

V_3——滴定样液所消耗的硝酸银溶液的体积,单位为毫升(mL);

V_4——空白液所消耗的硝酸银溶液的体积,单位为毫升(mL);

c_3——硝酸银溶液的浓度,单位为摩尔每升(mol/L);

V_5——样液体积,单位为毫升(mL);

V_6——吸取滤液体积,单位为毫升(mL);

m_2——样品的质量,单位为克(g)。

以重复性条件下获得的两次独立测定结果的算术平均值表示,结果保留两位有效数字。

14 精密度

在重复性条件下获得的两次独立测试结果的绝对差值不超过算术平均值的5%。

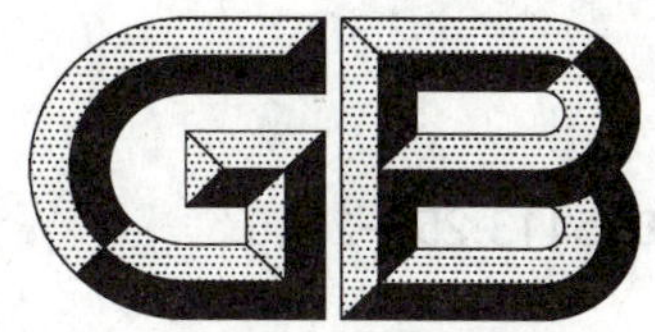

中华人民共和国国家标准

GB 5413.25—2010

食品安全国家标准
婴幼儿食品和乳品中肌醇的测定

National food safety standard

Determination of inositol in foods for infants and young children, milk and milk products

2010-03-26 发布 2010-06-01 实施

中华人民共和国卫生部 发布

前　言

本标准代替 GB/T 5413.25—1997《婴幼儿配方食品和乳粉　肌醇的测定》。

本标准与 GB/T 5413.25—1997 相比,第一法主要变化如下：

——对菌种保藏培养基进行了纠正；

——试样处理由盐酸蒸馏法改为盐酸高压水解法；

——菌种接种方式由菌液与培养基混合后分装试管改为菌液向试管中滴加法；

——对标准工作溶液的浓度做了调整；

——灭菌温度由 100 ℃调整为 121 ℃；

——明确了控制接种菌悬液浓度的要求和方法；

——提高了计算公式的适用性；

——增加了检出限。

第二法主要变化如下：

——采用肌醇硅烷化衍生法；

——增加了检出限。

本标准的附录 A 和附录 B 为资料性附录。

本标准所代替标准的历次版本发布情况为：

——GB 5413—1985、GB/T 5413.25—1997。

食品安全国家标准
婴幼儿食品和乳品中肌醇的测定

1 范围

本标准规定了婴幼儿食品和乳品中肌醇的测定方法。

本标准适用于婴幼儿食品和乳品中肌醇的测定。

2 规范性引用文件

本标准中引用的文件对于本标准的应用是必不可少的。凡是注日期的引用文件，仅所注日期的版本适用于本标准。凡是不注日期的引用文件，其最新版本（包括所有的修改单）适用于本标准。

第一法 微生物法

3 原理

利用葡萄汁酵母菌（*Saccharomyces uvarum*）对肌醇的特异性和灵敏性，定量测定出试样中待测物质的含量。在含有除待测物质以外所有营养成分的培养基中，微生物的生长与待测物质含量呈线性关系，根据透光率与标准工作曲线进行比较，即可计算出试样中待测物质的含量。

4 试剂和材料

除非另有规定，本方法所用试剂均为分析纯，水为GB/T 6682规定的二级水。

4.1 菌株：葡萄汁酵母菌（*Saccharomyces uvarum*），ATCC 9080。

4.2 肌醇（myo-Inositol）标准品：分子式 $C_6H_{12}O_6$，纯度≥99%。

4.3 氯化钠（NaCl）。

4.4 氢氧化钠（NaOH）。

4.5 培养基。

4.5.1 麦芽浸粉琼脂培养基（Malt Extract Agar）：参见附录A。

4.5.2 肌醇测定培养基：参见附录A。

4.6 氯化钠溶液（9 g/L）：称取9.0 g氯化钠溶解于1 000 mL水中，分装试管，每管10 mL。121 ℃灭菌15 min。

4.7 盐酸（1 mol/L）：量取82.0 mL盐酸溶于水中，冷却后定容至1 000 mL。

4.8 盐酸（0.44 mol/L）：量取36.6 mL盐酸溶于水中，冷却后定容至1 000 mL。

4.9 氢氧化钠溶液（600 g/L）：称取300 g氢氧化钠溶解于水中，冷却后定容至500 mL。

4.10 氢氧化钠溶液（1 mol/L）：称取40 g氢氧化钠溶解于水中，冷却后定容至1 000 mL。

4.11 肌醇标准溶液。

4.11.1 肌醇标准贮备液（0.2 mg/mL）：肌醇标准品置于装有五氧化二磷的干燥器中干燥24 h以上，称取50 mg肌醇标准品（4.2）（精确到0.1 mg），用水充分溶解，定容至250 mL，贮存于冰箱中。

4.11.2 肌醇标准中间液（10 μg/mL）：吸取5 mL肌醇标准贮备液（4.11.1）用水定容到100 mL，贮存于冰箱。

4.11.3 肌醇标准工作液（1 μg/mL和2 μg/mL）：吸取10 mL肌醇标准中间液（4.11.2）两次，分别用水定容到100 mL和50 mL。该工作液需每次临用前配制。

4.12 干燥剂:五氧化二磷(P_2O_5)。

4.13 玻璃珠:直径约5 mm。

5 仪器和设备

除微生物实验室常规灭菌及培养设备外,其他设备和材料如下:

5.1 天平:感量为0.1 mg。

5.2 pH计:精度≤0.02。

5.3 分光光度计。

5.4 涡旋混合器。

5.5 离心机:转速≥2 000转/分钟。

5.6 恒温培养箱:30 ℃±1 ℃。

5.7 振荡培养箱:30 ℃±1 ℃,振荡速度140次/min~160次/min。

5.8 冰箱:2 ℃~5 ℃。

5.9 无菌吸管:10 mL(具0.1 mL刻度)或微量移液器或吸头。

5.10 瓶口分液器:0 mL~10 mL。

5.11 锥形瓶:200 mL。

5.12 容量瓶(A类):100 mL,250 mL,500 mL。

5.13 单刻度移液管(A类):容量5 mL。

5.14 漏斗:直径90 mm。

5.15 定量滤纸:直径90 mm。

5.16 试管:18 mm×180 mm。

注:玻璃仪器使用前,用活性剂对硬玻璃测定管及其他必要的玻璃器皿进行清洗,清洗之后在200 ℃干热2 h。

6 分析步骤

6.1 接种菌悬液的制备

6.1.1 菌种复苏

将菌株(4.1)活化后接种到麦芽浸粉琼脂斜面培养基(4.5.1)上,30 ℃±1 ℃培养16 h~24 h后,再转接2代~3代来增强活力,制成贮备菌种,贮于冰箱(8.5)中,保存期不要超过两周。临用前接种到新的麦芽浸粉琼脂斜面培养基上。

6.1.2 接种菌悬液的制备

在使用的前一天将贮备菌种转接到新配制的麦芽浸粉琼脂斜面培养基上,于30 ℃±1 ℃培养16 h~24 h。用接种环刮取菌苔到一支灭菌氯化钠溶液(4.6)试管中。以2 000转/分钟离心2 min~3 min,倾出上清液,加入10 mL氯化钠溶液(4.6),振荡混匀,再离心2 min~3 min,如此清洗3次~4次。吸取一定量的该菌液移入装有10 mL氯化钠溶液(4.6)的试管中,制成接种菌悬液。

用分光光度计,以氯化钠溶液(4.6)作空白,550 nm波长下测定该接种菌悬液的透光率,调整加入的菌液量或者加入一定量的氯化钠溶液使该菌悬液透光率在60%~80%。

6.2 试样的处理

6.2.1 称取约含肌醇0.5 mg~2.0 mg的试样(精确至0.1 mg)于250 mL三角瓶中,对于干粉试样加入80 mL盐酸(4.8),对于液体试样加入100 mL盐酸(4.8),混匀,使干粉试样溶解。

6.2.2 将三角瓶以铝箔纸覆盖,在灭菌釜中125 ℃消化1 h。取出,冷却至室温,加入约2 mL氢氧化钠溶液(4.9),冷却。用氢氧化钠溶液(4.10)或盐酸溶液(4.7)调pH至5.2,转入250 mL容量瓶中,定容至刻度。混匀,过滤,收集滤液,该滤液为待测液。调整稀释度,使待测液肌醇的浓度在1 μg/mL~

10 μg/mL 范围内。

6.3 标准曲线的制作

按表 1 顺序加入蒸馏水、肌醇标准工作液(4.11.3)和肌醇测定培养基(4.5.2)于培养管中，一式三份。

表 1 标准曲线的制作

试管号	S1	S2	S3	S4	S5	S6	S7	S8	S9	S10
蒸馏水(mL)	5	5	4	3	2	1	0	2	1	0
肌醇标准工作液 1 μg/mL(mL)	0	0	1	2	3	4	5	0	0	0
肌醇标准工作液 2 μg/mL(mL)	0	0	0	0	0	0	0	3	4	5
培养基(mL)	5	5	5	5	5	5	5	5	5	5

6.4 待测液的制作

按表 2 顺序加入蒸馏水、待测液(6.2.2)和肌醇测定培养基(4.5.2)于培养管中，一式三份。

表 2 待测液的制作

试管号	1	2	3	4
蒸馏水(mL)	4	3	2	1
待测液(mL)	1	2	3	4
培养基(mL)	5	5	5	5

6.5 灭菌

每支试管内加入一粒玻璃珠(4.13)，盖上试管帽，121 ℃灭菌 5 min(商品培养基按标签说明进行灭菌)。

6.6 接种

将上述试管迅速冷却至 30 ℃以下。用滴管或移液器向上述试管中各滴加一滴(约 50 μL)接种菌悬液(6.1.2)，其中标准曲线管中的接种空白试管 S1 除外。

6.7 培养

将试管固定在振荡培养箱内，用约 140 次/min～160 次/min 的振荡速度，在 30 ℃±1 ℃振荡培养 22 h～24 h。

6.8 测定

对每支试管进行视觉检查，接种空白试管 S1 内培养液应是澄清的，如果出现浑浊，则结果无效。

6.8.1 从振荡培养箱内取出试管，放入灭菌釜内，100 ℃保持 5 min，使微生物停止生长。

6.8.2 用接种空白试管 S1(6.3)作空白，将分光光度计透光率调到 100%(或吸光度 A 为 0)，读出接种空白试管 S2(6.3)的读数。再以接种空白试管 S2 为空白，调节透光率为 100%(或 A 为 0)，依次读出其他每支试管的透光率(或吸光度 A)。

6.8.3 用涡旋混合器充分混合每一支试管(也可以加一滴消泡剂)后，立即将培养液移入比色皿内进行测定，波长为 540 nm～660 nm，待读数稳定 30 s 后，读出透光率，每支试管稳定时间要相同。以肌醇标准品的含量为横坐标，透光率为纵坐标作标准曲线。

6.8.4 根据待测液的透光率，从标准曲线中查得该待测液中肌醇的浓度，再根据稀释因子和称样量计算出试样中肌醇的含量。透光率超出标准曲线管 S3～S10 范围的试样管要舍去。

6.8.5 对每个编号的待测液的试管，用每支试管的透光率计算每毫升该编号待测液肌醇的浓度，并计算该编号待测液的肌醇浓度平均值，每支试管测得的该浓度不得超过该平均值的±15%，超过者要舍去。如果符合该要求的管数少于所有的四个编号的待测液的总管数的 2/3，用于计算试样含量的数据是不充分的，需要重新检验。如果符合要求的管数超过原来管数的 2/3，重新计算每一编号的有效试样管中每毫升测定液肌醇含量的平均值，以此平均值计算全部编号试样管的总平均值 C_x，用于计算试样中的肌醇含量。

注：绘制标准曲线，既可读取透光率($T\%$)，也可读取吸光度(A)。

7 分析结果的表述

试样中肌醇的含量按式(1)计算：

$$X = \frac{C_x}{m} \times \frac{f}{1\,000} \times 100 \qquad \cdots\cdots(1)$$

式中：

X——试样中肌醇的含量，单位为毫克每百克(mg/100 g)；

C_x——6.8.5 中计算所得的总平均值，单位为微克(μg)；

m——试样的质量，单位为克(g)；

f——稀释倍数。婴幼儿食品和乳品 f 为 250。

以重复性条件下获得的两次独立测定结果的算术平均值表示，结果保留三位有效数字。

8 精密度

在重复性条件下获得的两次独立测定结果的绝对差值不得超过算术平均值的 10%。

第二法 气相色谱法

9 原理

试样中的肌醇用水和乙醇提取后，与硅烷化试剂衍生，正己烷提取，经气相色谱分离，外标法定量。

10 试剂和材料

除非另有规定，本方法所用试剂均为分析纯，水为 GB/T 6682 规定的一级水。

10.1 无水乙醇(C_2H_6O)。

10.2 正己烷(C_6H_{14})。

10.3 乙醇(95%)。

10.4 乙醇(70%)。

10.5 三甲基氯硅烷(C_3H_9ClSi)。

10.6 六甲基二硅胺烷($C_6H_{19}NSi_2$)。

10.7 N,N-二甲基甲酰胺(C_3H_7NO)。

10.8 硅烷化试剂：分别吸取体积比为 1∶2∶8 的三甲基氯硅烷、六甲基二硅胺烷、N,N-二甲基甲酰胺，超声混匀，临用前配制。

10.9 肌醇标准品：纯度≥99%。

10.10 肌醇标准溶液(0.010 mg/mL)：称取 100 mg(精确至 0.1 mg)经过 105 ℃±1 ℃烘干 2 h 的肌醇标准品(10.9)于 100 mL 容量瓶中，用 25 mL 水溶解完全。用乙醇(10.3)定容至刻度，混匀。取 1 mL 此溶液于 100 mL 容量瓶中，用乙醇(10.4)定容至刻度，混匀。

11 仪器和设备

11.1 天平：感量为 0.1 mg。

11.2 气相色谱仪，带FID检测器。

11.3 离心机：转速≥5 000 转/分钟。

11.4 旋转蒸发仪。

11.5 超声波清洗器。

11.6 恒温热水浴槽。

11.7 带有罗纹盖的25 mL试管。

12 分析步骤

12.1 试样处理与衍生

12.1.1 试样处理：固体试样混合均匀后称取1 g(精确至0.000 1 g)，于50 mL容量瓶中，加入12 mL约40 ℃温水溶解试样；液体试样直接称取12 g(精确至0.000 1 g)于50 mL容量瓶中。上述试样超声提取约10 min，用乙醇(10.3)定容至刻度，混匀。静置约20 min后，取10 mL于15 mL离心管中，以不低于4 000转/分钟离心约5 min。取上清液5 mL于旋转蒸发仪浓缩瓶中。

12.1.2 干燥与衍生：向浓缩瓶中加入10 mL无水乙醇(10.1)，在80 ℃±2 ℃下旋转浓缩至近干时再加入5 mL无水乙醇(10.1)继续浓缩至彻底干燥(有水将使下步硅烷化不彻底)。加入硅烷化试剂(10.8)10 mL，超声溶解5 min并转移至25 mL有螺纹盖的离心管中，放于80 ℃±2 ℃水浴中衍生反应约75 min，期间每隔约20 min取出振荡一次，然后取出冷却至室温。加入5 mL正己烷(10.2)，振荡混合后静止分层。取上层液3 mL于预先加少许无水硫酸钠的带螺纹盖离心管中，振荡后以不低于4 000转/分钟离心，此为试样测定液。

12.2 标准测定液的制备

分别吸取0.0 mL，2.0 mL，4.0 mL，6.0 mL，8.0 mL，10.0 mL肌醇标准溶液(10.10)于浓缩瓶中，按12.1.2步骤操作。

12.3 测定

12.3.1 参考色谱条件

色谱柱：填料为50%氰丙基-甲基聚硅氧烷的毛细管柱(柱长60 m，内径0.25 mm，膜厚0.25 μm)或同等性能的色谱柱。

进样口温度：280 ℃。

检测器温度：300 ℃。

分流比：10∶1。

进样量：1.0 μL。

程序升温见表3：

表3 程序升温

升温速率(℃/min)	温度(℃)	持续时间(min)
	120	0
10	190	50
10	220	3

12.3.2 标准曲线制作

分别将标准溶液测定液(12.2)注入到气相色谱仪中(色谱图参见附录B)，以测得的峰面积(或峰高)为纵坐标，以肌醇标准测定液中肌醇的含量为横坐标制作标准曲线。

12.3.3 试样溶液的测定

分别将试样测定液(12.1.2)注入到气相色谱仪中得到峰面积(或峰高)，从标准曲线中获得试样测定液中肌醇的含量(mg)。

13 分析结果的表述

试样中肌醇含量按式(2)计算：

$$X = \frac{C_s \times f_i}{m_i} \times 100 \qquad \cdots\cdots\cdots\cdots(2)$$

式中：

X——试样中肌醇含量，单位为毫克每百克(mg/100 g)；

C_s——从标准曲线中获得试样测定液肌醇的含量，单位为毫克(mg)；

f_i——试样测定液所含肌醇换算成试样中所含肌醇的系数为10；

m_i——试样的质量，单位为克(g)。

以重复性条件下获得的两次独立测定结果的算术平均值表示，结果保留三位有效数字。

14 精密度

在重复性条件下获得的两次独立测定结果的绝对差值不得超过算术平均值的10%。

15 其他

本标准第一法、第二法检出限均为2.0 mg/100 g。

附　录　A
（规范性附录）
培养基和试剂

A.1　麦芽浸粉琼脂培养基（Malt Extract Agar）

A.1.1　成分

麦芽糖 12.75 g，糊精 2.75 g，丙三醇 2.35 g，蛋白胨 0.78 g，琼脂 15.0 g，蒸馏水 1000 mL，pH4.7±0.2（25 ℃±5 ℃）。

A.1.2　制法

先将除琼脂以外的其他成分溶解于蒸馏水中，调节 pH，再加入琼脂，加热煮沸，使琼脂溶化。混合均匀后分装试管，每管 10 mL。121 ℃高压灭菌 15 min，摆成斜面备用。

A.2　肌醇测定培养基

A.2.1　成分

葡萄糖 100 g，柠檬酸钾 10 g，柠檬酸 2 g，磷酸二氢钾 1.1 g，氯化钾 0.85 g，硫酸镁 0.25 g，氯化钙 0.25 g，硫酸锰 50 mg，氯化亚铁 50 mg，DL-色氨酸 80 mg，L-胱氨酸 0.1 g，L-异亮氨酸 0.5 g，L-亮氨酸 0.5 g，L-赖氨酸 0.5 g，L-蛋氨酸 0.2 g，DL-苯基丙氨酸 0.2 g，L-酪氨酸 0.2 g，L-天门冬氨酸 0.8 g，DL-天门冬氨酸 0.2 g，DL-丝氨酸 0.1 g，甘氨酸 0.2 g，DL-苏氨酸 0.4 g，L-缬氨酸 0.5 g，L-组氨酸 0.124 g，L-脯氨酸 0.2 g，DL-丙氨酸 0.4 g，L-谷氨酸 0.6 g，L-精氨酸 0.48 g，盐酸硫胺素 500 μg，生物素 16 μg，泛酸钙 5 mg，盐酸吡哆醇 1 mg，蒸馏水 1 000 mL，pH 5.2±0.2（25 ℃±5 ℃）。

A.2.2　制法

将上述成分溶解于水中，调节 pH，备用。

注：一些商品化合成培养基效果良好，商品化合成培养基按标签说明进行配制。

附 录 B
（资料性附录）
肌醇标准衍生物气相色谱图

B.1 肌醇标准衍生物气相色谱图

肌醇标准衍生物气相色谱图见图 B.1。

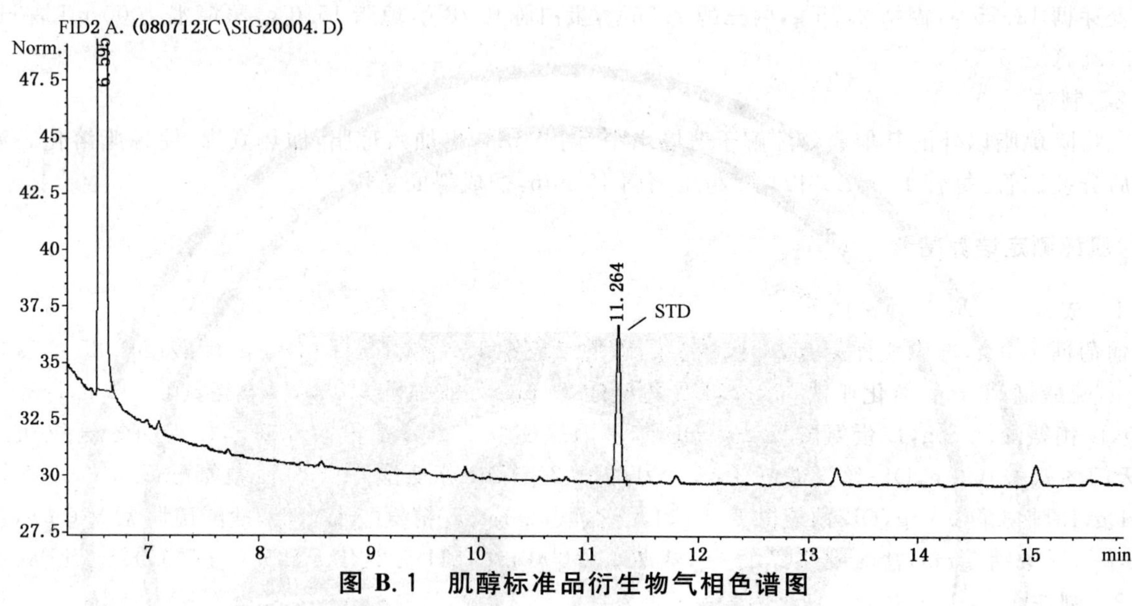

图 B.1 肌醇标准品衍生物气相色谱图

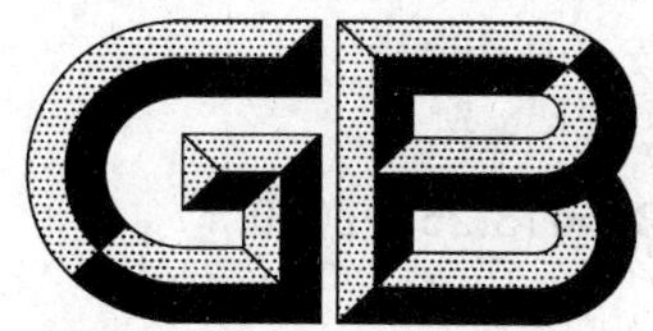

中华人民共和国国家标准

GB 5413.26—2010

食品安全国家标准
婴幼儿食品和乳品中牛磺酸的测定

National food safety standard

Determination of taurine in foods for infants and young children, milk and milk products

2010-03-26 发布　　　　2010-06-01 实施

中华人民共和国卫生部　发布

前言

本标准第二法等同采用国际分析家学会(AOAC)AOAC 997.05 Taurine in powdered milk and powdered infant formulae。

本标准代替 GB/T 5413.26—1997《婴幼儿食品和乳粉 牛磺酸的测定》。

本标准与 GB/T 5413.26—1997 相比,主要变化如下:

——将原标准方法 OPA 柱后衍生高效液相色谱法定为第一法;

——增加单磺酰氯柱前衍生高效液相色谱法为第二法;

——对原标准的结构进行了修改;

——外标法定量采用标准曲线法;

——增加附录 A 标样的液相色谱图。

本标准的附录 A 为资料性附录。

本标准所代替标准的历次版本发布情况为:

——GB 5413—1985、GB/T 5413.26—1997。

食品安全国家标准
婴幼儿食品和乳品中牛磺酸的测定

1 范围

本标准规定了婴幼儿食品和乳品中牛磺酸的测定方法。

本标准适用于婴幼儿食品和乳品中牛磺酸的测定。

2 规范性引用文件

本标准中引用的文件对于本标准的应用是必不可少的。凡是注日期的引用文件，仅所注日期的版本适用于本标准。凡是不注日期的引用文件，其最新版本（包括所有的修改单）适用于本标准。

第一法 OPA 柱后衍生法

3 原理

样品用偏磷酸溶液溶解，经超声波振荡提取、离心、微孔滤膜过滤后，通过钠离子色谱柱分离，与邻苯二甲醛（OPA）衍生反应，用荧光检测器进行检测，外标法定量。

4 试剂和材料

除非另有规定，所用试剂均为分析纯，水为 GB/T 6682 规定的一级水。

4.1 偏磷酸（HPO_3）。

4.2 柠檬酸三钠（$Na_3C_6H_5O_7 \cdot 2H_2O$）。

4.3 苯酚（C_6H_6O）。

4.4 硝酸（HNO_3）。

4.5 甲醇（CH_3OH）：色谱纯。

4.6 硼酸（H_3BO_3）。

4.7 氢氧化钾（KOH）。

4.8 邻苯二甲醛（$C_8H_6O_2$）（OPA）。

4.9 2-巯基乙醇（C_2H_6OS）。

4.10 聚氧乙烯月桂酸醚（Brij-35）。

4.11 牛磺酸标准品：纯度≥99%。

4.12 偏磷酸溶液（10 g/L）：称取 10.0 g 偏磷酸（4.1），用水溶解并定容至 1 000 mL。

4.13 柠檬酸缓冲液：称取 19.6 g 柠檬酸三钠（4.2），加 950 mL 水溶解，加入 1 mL 苯酚（4.3），用硝酸（4.4）调 pH 值至 3.10～3.25，经 0.45 μm 微孔滤膜过滤。

4.14 柱后荧光衍生溶剂（邻苯二甲醛溶液）。

4.14.1 硼酸钾溶液（0.5 mol/L）：称取 30.9 g 硼酸（4.6），26.3 g 氢氧化钾（4.7），用水溶解并定容至 1 000 mL。

4.14.2 邻苯二甲醛衍生溶液：称取 0.60 g 邻苯二甲醛（4.8），用 10 mL 甲醇（4.5）溶解后，加入 0.5 mL 2-巯基乙醇（4.9）和 0.35 g Brij-35（4.10），用 0.5 mol/L 的硼酸钾溶液（4.14.1）定容至 1 000 mL，经 0.45 μm 微孔滤膜过滤。临用前配制。

4.15 牛磺酸标准溶液。

4.15.1 牛磺酸标准储备溶液(1 mg/mL):准确称取 0.100 0 g 牛磺酸标准品(4.11),用水溶解并定容至 100 mL。储备液在 4 ℃下可保存 7 天。

4.15.2 牛磺酸标准工作液:将牛磺酸标准储备液(4.15.1)用水稀释制备一系列标准溶液,标准系列浓度为:0、5、10、15、20 μg/mL。临用前配制。

5 仪器和设备

5.1 高效液相色谱仪,带有荧光检测器。

5.2 柱后反应器。

5.3 荧光衍生溶剂输液泵。

5.4 超声波振荡器。

5.5 pH 计:精度为 0.01。

5.6 离心机:转速≥5 000 转/分钟。

5.7 0.45 μm 微孔滤膜。

5.8 天平:感量为 1 mg,0.1 mg。

6 分析步骤

6.1 试样的处理

准确称取固体样品 1 g~5 g 试样,液体样品 5 g~20 g(精确至 0.01 g,试样中含牛磺酸 5 μg 以上),加 30 mL 偏磷酸溶液(4.12)溶解,充分摇匀,移入 100 mL 容量瓶中;放入超声波振荡器中振荡 10 min~15 min,取出冷却至室温后,用水定容至刻度;样液在 5 000 转/分钟条件下离心 10 min,取上清液经 0.45 μm 微孔膜(5.7)过滤,接取中间滤液以备进样。

6.2 测定

6.2.1 参考色谱条件

色谱柱:钠离子氨基酸分析专用柱(250 mm×4.6 mm)或同等性能的色谱柱。

流动相:柠檬酸缓冲液(4.13)。

流动相流速:0.30 mL/min。

荧光衍生溶剂流速:0.30 mL/min。

柱温:55 ℃。

检测波长:激发波长:338 nm,发射波长:425 nm。

进样量:20 μL。

6.2.2 标准曲线绘制

将牛磺酸标准系列工作液(4.15.2)依次经衍生后按上述推荐色谱条件上机测定,记录色谱峰面积,色谱图参见附录 A。以峰面积为纵坐标,浓度为横坐标,绘制标准曲线。

6.2.3 试液测定

将试液按上述推荐色谱条件上机测定,从标准曲线中查得试液相应的浓度。

7 分析结果的表述

7.1 结果计算

$$X = \frac{c \times V \times 100}{m \times 1\ 000} \qquad \cdots\cdots\cdots(1)$$

式中:

X——试样中牛磺酸的含量,单位为毫克/100 克(mg/100 g);

c——试液的进样浓度，单位为微克/毫升(μg/mL)；

V——试样定容容积，单位为毫升(mL)；

m——试样质量，单位为克(g)。

7.2 结果表示

以重复性条件下获得的两次独立测定结果的算术平均值表示，结果保留三位有效数字。

8 精密度

在重复性条件下获得的两次独立测定结果的绝对差值不得超过算术平均值的10%。

第二法 单磺酰氯柱前衍生法

9 原理

样品用水溶解，用亚铁氰化钾和乙酸锌沉淀蛋白质。取上清液用丹磺酰氯衍生反应，衍生物经 C_{18} 反相色谱柱分离，用紫外检测器(波长 254 nm)或荧光检测器(激发波长 330 nm，发射波长 530 nm)检测，外标法定量。

10 试剂和材料

除非另有规定，所用试剂均为分析纯，水为 GB/T 6682 规定的一级水。

10.1 乙腈(CH_3CN)：色谱纯。

10.2 冰乙酸(CH_3COOH)。

10.3 盐酸。

10.4 无水碳酸钠(Na_2CO_3)。

10.5 亚铁氰化钾[$K_4Fe(CN)_6$]。

10.6 乙酸锌[$Zn(CH_3COO)_2$]。

10.7 乙酸钠[$Na(CH_3COO)$]。

10.8 盐酸甲胺(甲胺盐酸盐)($CH_3NH_2 \cdot HCl$)。

10.9 丹磺酰氯(5-二甲氨基萘-1-磺酰氯)：色谱纯。

注：丹磺酰氯对光和湿敏感不稳定。

10.10 牛磺酸标准品：纯度≥99%。

10.11 盐酸(1 mol/L)：吸取 9 mL 盐酸(10.3)，用水稀释并定容到 100 mL。

10.12 沉淀剂。

10.12.1 沉淀剂Ⅰ：称取 15.0 g 亚铁氰化钾(10.5)，用水溶解并定容至 100 mL。该沉淀剂在室温下 3 个月内稳定。

10.12.2 沉淀剂Ⅱ：称取 30.0 g 乙酸锌(10.6)，用水溶解并定容至 100 mL。该沉淀剂在室温下 3 个月内保持稳定。

10.13 碳酸钠缓冲液(pH9.5)(80 mmol/L)：称取 0.424 g 无水碳酸钠(10.4)，加 40 mL 水溶解，用 1 mol/L 盐酸(10.11)调 pH 值至 9.5，用水定容至 50 mL。该溶液在室温下 3 个月内稳定。

10.14 丹磺酰氯溶液(1.5 mg/mL)：称取 0.15 g 丹磺酰氯(10.9)，用乙腈(10.1)溶解并定容至 100 mL。临使用前配制。

10.15 盐酸甲胺溶液(20 mg/mL)：称取 2.0 g 盐酸甲胺(10.8)，用水溶解并定容至 100 mL。该溶液在 4 ℃下 3 个月内稳定。

10.16 乙酸钠缓冲液(pH4.2)(10 mmol/L)：称取 0.820 g 乙酸钠(10.7)，加 800 mL 水溶解，用冰乙酸(10.2)调节 pII 值至 4.2，用水定容至 1 000 mL，经 0.45 μm 微孔滤膜过滤。

10.17 牛磺酸标准溶液。

10.17.1 牛磺酸标准储备溶液(1 mg/mL):称取 0.100 0 g 牛磺酸标准品(10.10),用水溶解并定容至100 mL。储备液在 4 ℃下可保存 7 天。

10.17.2 牛磺酸标准工作液(紫外检测用):将牛磺酸标准储备液(10.17.1)用水稀释制备一系列标准溶液,标准系列浓度为:0、5、10、15、20 μg/mL。临用前配制。

10.17.3 牛磺酸标准工作液(荧光检测用):将牛磺酸标准储备液(10.17.2)用水稀释制备一系列标准溶液,标准系列浓度为:0、0.5、0.10、0.15、0.20 μg/mL。临用前配制。

11 仪器和设备

11.1 高效液相色谱仪,带紫外检测器或二极管阵列检测器或者荧光检测器。

11.2 pH 计:精度为 0.01。

11.3 涡旋混合器。

11.4 超声波振荡器。

11.5 离心机:转速≥5 000 转/分钟。

11.6 0.45 μm 微孔滤膜。

11.7 天平:感量 1 mg,0.1 mg。

12 操作步骤

12.1 试样的处理

12.1.1 试液提取

称取固体样品 1 g~5 g 或液体样品 5 g~30 g 试样(精确至 0.01 g,若用紫外检测器,试样中含牛磺酸宜在 1 μg 以上,若用荧光检测器,试样中含牛磺酸宜在 50 μg 以上)于 100 mL 容量瓶中,加入 80 mL温水(50 ℃~60 ℃)溶解,充分混匀,置超声波振荡器上振荡 10 min,冷却到室温。加 1.0 mL 沉淀剂Ⅰ(10.12.1),涡旋混合,1.0 mL 沉淀剂Ⅱ(10.12.2),涡旋混合,用水定容至刻度,充分混匀,试液于5 000 转/分钟下离心 10 min,取上清液备用。上清液在 4 ℃暗处保存放置 24 h 稳定。

12.1.2 试液衍生化

吸取 1.00 mL 上述上清液到 10 mL 具塞玻璃试管中,加入 1.00 mL 碳酸钠缓冲液(10.13),1.00 mL 丹磺酰氯溶液(10.14),充分混合,室温避光衍生反应 2 h(1 h 后需摇晃 1 次),加入 0.10 mL 盐酸甲胺溶液(10.15)涡旋混合,以终止反应,避光静置至沉淀完全。取上清液经 0.45 μm 微孔滤膜(11.6)过滤,取滤液备用。衍生物在 4 ℃可避光保存 48 h。

另取 1.00 mL 标准工作液(10.17.2),与试液同步进行衍生。

12.2 测定

12.2.1 参考色谱条件

色谱柱:C_{18}反相色谱柱(粒径 5 μm,250 mm×4.6 mm)或同等性能色谱柱。

流动相:10 mmol/L 乙酸钠缓冲液(10.16)-乙腈(10.1)=70+30。

流速:1.00 mL/min。

柱温:室温。

检测波长:紫外检测器或二极管阵列检测器:254 nm;

或荧光检测器:激发波长:330 nm;发射波长:530 nm。

进样量:20 μL。

12.2.2 标准曲线绘制

将牛磺酸标准系列工作液(紫外检测用)(10.17.2)或牛磺酸标准系列工作液(荧光检测用)(10.17.3)的衍生物依次按上述推荐色谱条件上机测定,记录色谱峰面积,色谱图参见附录 A。以峰面积为纵坐标，浓度为横坐标，绘制标准曲线。

12.2.3 **试液测定**

将试液衍生物按上述推荐色谱条件上机测定，从标准曲线中查得试液相应的浓度。

13 分析结果的表述

试样中牛磺酸的含量按式(2)计算：

$$X = \frac{c \times V \times 100}{m \times 1\,000} \quad \cdots\cdots(2)$$

式中：

X——试样中牛磺酸的含量，单位为毫克/100克(mg/100 g)；

c——试液的进样浓度，单位为微克/毫升(μg/mL)；

V——试样定容体积，单位为毫升(mL)；

m——试样质量，单位为克(g)。

以重复性条件下获得的两次独立测定结果的算术平均值表示，结果保留三位有效数字。

14 精密度

在重复性条件下获得的两次独立测定结果的绝对差值不得超过算术平均值的10%。

15 其他

本标准的定量限为：当取样量为10.00 g时，第一法0.5 mg/100g，第二法中紫外检测法为5 mg/100g，荧光检测法为0.1 mg/100 g。

附　录　A
（资料性附录）
标准溶液液相色谱图

A.1　标准溶液液相色谱图

邻苯二甲醛(OPA)柱后衍生法液相色谱图参见图 A.1。

单磺酰氯柱前衍生法液相色谱图(紫外检测)参见图 A.2。

单磺酰氯柱前衍生法液相色谱图(荧光检测)参见图 A.3。

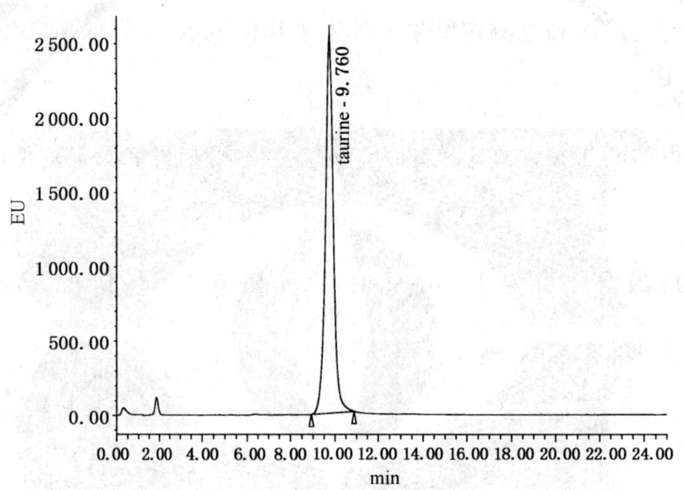

图 A.1　邻苯二甲醛(OPA)柱后衍生法液相色谱图

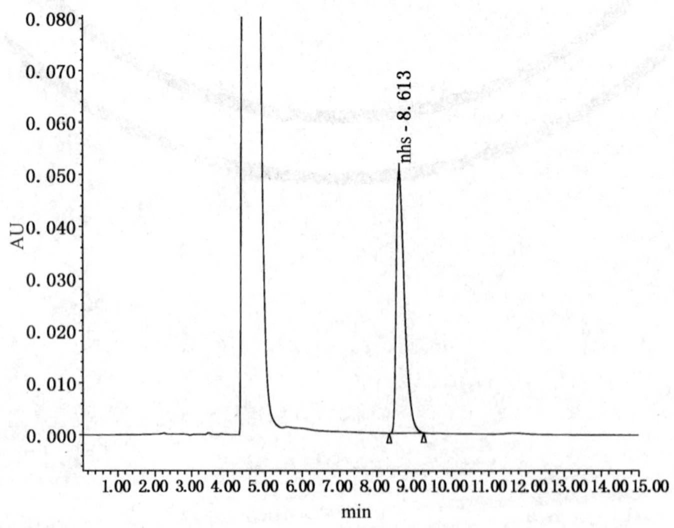

图 A.2　单磺酰氯柱前衍生法液相色谱图(紫外检测)

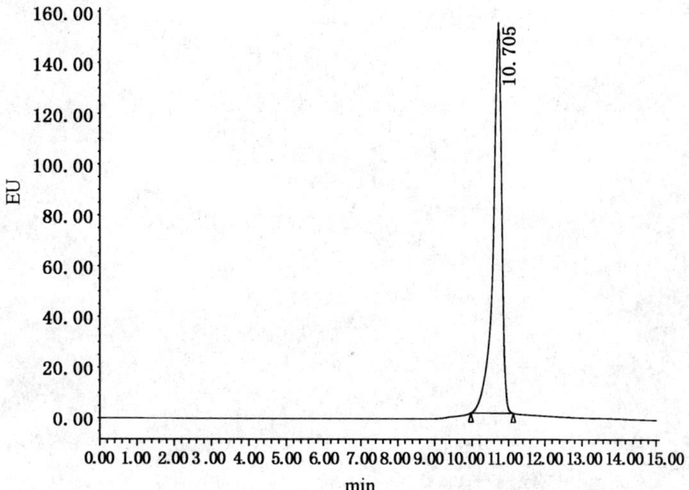

图 A.3 单磺酰氯柱前衍生法液相色谱图(荧光检测)

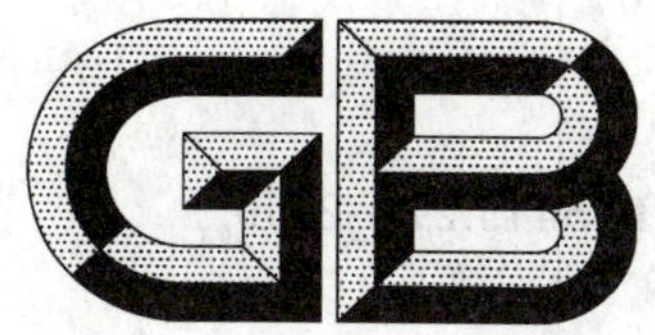

中华人民共和国国家标准

GB 5413.27—2010

食品安全国家标准
婴幼儿食品和乳品中脂肪酸的测定

National food safety standard

Determination of fatty acids in foods for infants and young children, milk and milk products

2010-03-26 发布　　2010-06-01 实施

中华人民共和国卫生部　发布

前　言

本标准代替 GB/T 21676—2008《乳与乳制品　脂肪酸的测定　气相色谱法》、GB/T 5413.27—1997《婴幼儿配方食品和乳粉　DHA、EPA 的测定》、GB/T 5413.4—1997《婴幼儿配方食品和乳粉　亚油酸的测定》。

本标准与原标准相比，主要变化如下：

——第一法为乙酰氯-甲醇甲酯化法；

——将 GB/T 21676—2008、GB/T 5413.27—1997、GB/T 5413.4—1997 合并为本标准第二法氨水-乙醇提取法。

本标准的附录 A 为资料性附录。

本标准所代替标准的历次版本发布情况为：

——GB/T 5413.4—1997；

——GB/T 5413.27—1997；

——GB/T 21676—2008。

食品安全国家标准
婴幼儿食品和乳品中脂肪酸的测定

1 范围

本标准规定了婴幼儿食品和乳品中脂肪酸的测定方法。

本标准适用于婴幼儿食品和乳品中脂肪酸的测定,第二法不适用于含有被包埋脂肪酸的测定。

2 规范性引用文件

本标准中引用的文件对于本标准的应用是必不可少的。凡是注日期的引用文件,仅所注日期的版本适用于本标准。凡是不注日期的引用文件,其最新版本(包括所有的修改单)适用于本标准。

第一法 乙酰氯-甲醇甲酯化法

3 原理

乙酰氯与甲醇反应得到的盐酸-甲醇使试样中的脂肪和游离脂肪酸甲酯化,用甲苯提取后,经气相色谱仪分离检测,外标法定量。

4 试剂和材料

除非另有说明,本方法所用试剂均为分析纯或以上规格,水为GB/T 6682规定的一级水。

4.1 无水碳酸钠。

4.2 甲苯:色谱纯。

4.3 乙酰氯。

4.4 乙酰氯甲醇溶液(体积分数为10%):量取40 mL甲醇于100 mL干燥的烧杯中,准确吸取5.0 mL乙酰氯(4.3)逐滴缓慢加入,不断搅拌,冷却后转移并定容至50 mL干燥的容量瓶中。临用前配制。

注:乙酰氯为刺激性试剂,配制乙酰氯甲醇溶液时应不断搅拌防止喷溅,注意防护。

4.5 碳酸钠溶液:准确称取6 g无水碳酸钠(4.1)于100 mL烧杯中,加水溶解,转移并用水定容至100 mL容量瓶中。

4.6 脂肪酸甘油三酯标准品:纯度≥99%,脂肪酸种类参见附录A中的表A.1。

4.7 脂肪酸甘油三酯标准工作液:按试样中各脂肪酸含量及所要分析脂肪酸的种类配制适当浓度的标准工作液,用甲苯定容并分别保存于−10 ℃以下的冰箱中,有效期三个月。

5 仪器和设备

5.1 天平:感量为0.01 g和0.1 mg。

5.2 恒温热水浴槽。

5.3 离心机:转速≥5 000转/分钟。

5.4 气相色谱仪,带FID检测器。

5.5 冷冻干燥仪。

5.6 氮吹仪。

5.7 螺口玻璃管(带有聚四氟乙烯做内垫的螺口盖):15 mL。

5.8 离心管:50 mL。

6 分析步骤

6.1 试样处理

6.1.1 试样含水量大于5%时,冷冻干燥至含水量小于5%。

6.1.2 称取试样0.5 g(精确到0.1 mg)于15 mL干燥螺口玻璃管(5.7)中,加入5.0 mL甲苯(4.2)。

6.1.3 称取无水奶油试样0.2 g(精确到0.1 mg)于15 mL干燥螺口玻璃管(5.7)中,加入5.0 mL甲苯(4.2)。

6.2 甲酯化提取

6.2.1 试样测定液的制备

在试样(6.1.2或6.1.3)中加入10%乙酰氯甲醇溶液6.0 mL(4.4),充氮气后,旋紧螺旋盖,振荡混合后于80 ℃±1 ℃水浴中放置2 h,期间每隔20 min取出振摇一次,水浴后取出冷却至室温。将反应后的样液转移至50 mL离心管中,分别用3.0 mL碳酸钠溶液(4.5)清洗玻璃管三次,合并碳酸钠溶液(4.5)于50 mL离心管(5.8)中,混匀,5 000转/分钟离心约5 min。取上清液作为试液,气相色谱仪测定。

6.2.2 标准测定液的制备

准确吸取脂肪酸甘油三酯标准工作液(4.7)0.5 mL于15 mL螺口玻璃管(5.7)中,加入4.5 mL甲苯,其他操作步骤同6.2.1。

6.3 色谱参考条件

色谱柱:固定液100%二氰丙基聚硅氧烷,100 m×0.25 mm,0.20 μm,或性能相当的色谱柱。

载气:氮气。

载气流速:1.0 mL/min。

进样口温度:260 ℃。

分流比:30∶1。

检测器温度:280 ℃。

柱温箱温度:初始温度140 ℃,保持5 min,以4 ℃/min升温至240 ℃,保持15 min。

进样量:1.0 μL。

6.4 试样溶液的测定

分别准确吸取1.0 μL脂肪酸标准测定液(6.2.2)及试样测定液(6.2.1)注入色谱仪,平行测定次数不少于两次,以色谱峰峰面积定量。

7 分析结果的表述

7.1 试样中各脂肪酸的含量的计算

试样中各脂肪酸的含量按式(1)计算:

$$X_i = \frac{A_{si} \times m_{stdi} \times F_j}{A_{stdi} \times m} \times 100 \qquad \cdots\cdots (1)$$

式中:

X_i——试样中各脂肪酸的含量,单位为毫克每百克(mg/100 g);

A_{si}——试样测定液中各脂肪酸的峰面积;

m_{stdi}——在标准测定液的制备(6.2.2)中吸取的脂肪酸甘油三酯标准工作液中所含有的标准品的质量,单位为毫克(mg);

F_j——各脂肪酸甘油三酯转化为脂肪酸的换算系数,参见附录A中的表A.1;

A_{stdi}——标准测定液中各脂肪酸的峰面积;

m——试样的称样质量，单位为克(g)。

以重复性条件下获得的两次独立测定结果的算术平均值表示，结果保留三位有效数字。

7.2 试样中总脂肪酸的含量的计算

试样中总脂肪酸的含量按式(2)计算：

$$X_{\text{Total FA}} = \sum X_i \quad \cdots\cdots(2)$$

式中：

$X_{\text{Total FA}}$——试样中总脂肪酸的含量，单位为毫克每百克(mg/100 g)；

X_i——试样中各脂肪酸的含量，单位为毫克每百克(mg/100 g)。

以重复性条件下获得的两次独立测定结果的算术平均值表示，结果保留三位有效数字。

7.3 试样中某个脂肪酸占总脂肪酸的百分比(%)的计算

试样中某个脂肪酸占总脂肪酸的百分比(%)Y按式(3)计算：

$$Y = \frac{X_i}{X_{\text{Total FA}}} \times 100 \text{ 或 } Y = \frac{A_{si} \times F_j}{\sum A_{si} \times F_j} \times 100 \quad \cdots\cdots(3)$$

8 精密度

在重复性条件下获得的两次独立测定结果的绝对差值不得超过算术平均值的10%。

9 其他

本方法最低检出限参见附录A中的表A.1。

第二法 氨水-乙醇提取法

10 原理

乳与乳制品中的脂肪经皂化处理后生成游离脂肪酸，在三氟化硼催化下进行甲酯化反应，经甲酯化后的脂肪酸通过气相色谱柱分离，以氢火焰离子化检测器检测，外标法定量。

11 试剂和材料

除非另有说明，本方法所用试剂均为分析纯或以上规格，水为GB/T 6682规定的一级水。

11.1 甲醇：色谱纯。

11.2 乙醚。

11.3 石油醚：沸程30 ℃～60 ℃。

11.4 乙醇(体积分数≥95%)。

11.5 氨水(体积分数为25%)。

11.6 正己烷(C_6H_{14})：色谱纯。

11.7 高峰氏淀粉酶(Taka-Diastase)：128 U/mg。

11.8 三氟化硼甲醇溶液(质量分数为14%)。

11.9 饱和氯化钠溶液：溶解360 g氯化钠于1.0 L水中，搅拌溶解，澄清备用。

11.10 氢氧化钾甲醇溶液(0.5 mol/L)：称取2.8 g氢氧化钾，用甲醇(11.1)溶解，并稀释定容至100 mL，混匀。

11.11 焦性没食子酸甲醇溶液(10%)：将1.0 g焦性没食子酸溶于10 mL甲醇中配制成10%焦性没食子酸甲醇溶液，备用。

11.12 脂肪酸甲酯标准物质：纯度≥99%，贮存于－10 ℃以下的冰箱中，脂肪酸种类参见附录A中的表A.1。

11.13 脂肪酸甲酯标准工作溶液:按试样中各脂肪酸含量及所要分析脂肪酸的种类适当配制其浓度,正己烷定容并贮存于－10 ℃以下的冰箱中,有效期三个月。

12 仪器和设备

12.1 天平:感量为 0.1 mg。

12.2 抽脂管:100 mL 磨口具塞试管,抽脂管干燥、恒重。

12.3 旋转蒸发仪。

12.4 离心机:转速≥5 000 转/分钟。

12.5 恒温水浴锅。

12.6 气相色谱仪,带 FID 检测器。

13 分析步骤

13.1 试样制备

预先将需冷藏的试样从冰箱中取出,放至室温。

13.1.1 液态试样

称取 10 g(精确到 0.1 mg)试样于抽脂管中,待测。

13.1.2 固态试样

13.1.2.1 含淀粉试样

称取试样 1.0 g(精确到 0.1 mg)至抽脂管中(12.2),加入 0.1 g 高峰氏淀粉酶(11.7),加入 10 mL 45 ℃～50 ℃的水,混合均匀后,用氮气排除瓶中空气,盖上瓶塞,置 45 ℃±1 ℃烘箱内 30 min,取出。

13.1.2.2 不含淀粉试样

称取试样 1.0 g(精确到 0.1 mg)至抽脂管(12.2)中,加入 65 ℃±1 ℃的水 10 mL 溶解试样,振摇,使样品完全分散。

于上述试样(13.1.1 和 13.1.2)中加入 2 mL 氨水(11.5),于 65 ℃±1 ℃水浴锅中放置 15 min,取出轻摇,冷至室温。

13.1.3 无水奶油

称取试样 0.2 g(精确到 0.1 mg)于磨口烧瓶中,按 13.3 所述进行皂化酯化。

13.2 脂肪提取

在制备好的样品中加入 10 mL 乙醇(11.4),混匀。加入 25 mL 乙醚(11.2),加塞振摇 1 min。加入 25 mL 石油醚(11.3),加塞振摇 1 min,静置、分层,有机层转入磨口烧瓶中。再加入 25 mL 乙醚(11.2)及 25 mL 石油醚(11.3),加塞振摇 1 min,静置、分层,有机层转入磨口烧瓶中,再重复操作一次。合并抽提液于磨口烧瓶中,用旋转蒸发仪浓缩至干。

13.3 皂化酯化

在浓缩物(13.2)或无水奶油(13.1.3)中加入 1.0 mL 焦性没食子酸甲醇溶液(11.11)。浓缩干燥之后再加入 10 mL 氢氧化钾甲醇溶液(11.10),置于 80 ℃±1 ℃水浴上回流 5 min～10 min。再加入 5 mL 三氟化硼甲醇溶液(11.8),继续回流 15 min,冷却至室温,将烧瓶中的液体移入 50 mL 离心管中,分别用 3 mL 饱和氯化钠溶液(11.9)清洗烧瓶三次,合并饱和氯化钠溶液于 50 mL 离心管,加入 10 mL 正己烷(11.6),振摇后,以 5 000 转/分钟离心 5 min,取上清液作为试液,供气相色谱仪(12.6)测定。

注:三氟化硼甲醇溶液为强腐蚀性试剂,使用时应注意防护。

13.4 色谱参考条件

色谱柱:固定液 100%二氰丙基聚硅氧烷,100 m×0.25 mm,0.20 μm,或性能相当的色谱柱。

载气:氮气。

载气流速:1.0 mL/min。

进样口温度:260 ℃。

分流比:30 ∶ 1。

检测器温度:280 ℃。

柱温箱温度:初始温度 140 ℃,保持 5 min,以 4 ℃/min 升温至 240 ℃,保持 15 min。

进样量:1.0 μL。

13.5 测定

分别准确吸取 1.0 μL 脂肪酸甲酯标准工作溶液(11.13)及试液(13.3)注入色谱仪,平行测定次数不少于两次,以色谱峰峰面积定量。

14 分析结果的表述

14.1 试样中各脂肪酸的含量的计算

试样中各脂肪酸的含量按式(4)计算:

$$X_i = \frac{A_{si} \times c_{\mathrm{std}i} \times V \times F_i}{A_{\mathrm{std}i} \times m} \times 100 \quad \cdots\cdots(4)$$

式中:

X_i——试样中各脂肪酸的含量,单位为毫克每百克(mg/100 g);

A_{si}——试样溶液中各脂肪酸甲酯的峰面积;

$c_{\mathrm{std}i}$——脂肪酸甲酯标准工作液中各脂肪酸甲酯的浓度,单位为毫克每毫升(mg/mL);

V——13.3 中加入正己烷的体积,单位为毫升(mL);

F_i——各脂肪酸甲酯转化为脂肪酸的换算系数,参见附录 A 中的表 A.1;

$A_{\mathrm{std}i}$——混合标准工作液中各脂肪酸甲酯的峰面积;

m——试样的称样量,单位为克(g)。

以重复性条件下获得的两次独立测定结果的算术平均值表示,结果保留三位有效数字。

14.2 试样中总脂肪酸的含量的计算

试样中总脂肪酸的含量按式(5)计算:

$$X_{\text{Total FA}} = \sum X_i \quad \cdots\cdots(5)$$

式中:

$X_{\text{Total FA}}$——试样中总脂肪酸的含量,单位为毫克每百克(mg/100 g);

X_i——试样中各脂肪酸的含量,单位为毫克每百克(mg/100 g)。

以重复性条件下获得的两次独立测定结果的算术平均值表示,结果保留三位有效数字。

14.3 试样中某个脂肪酸占总脂肪酸的百分比(%)的计算

试样中某个脂肪酸占总脂肪酸的百分比(%)Y 按式(6)计算:

$$Y = \frac{X_i}{X_{\text{Total FA}}} \times 100 \text{ 或 } Y = \frac{A_{si} \times F_i}{\sum A_{si} \times F_i} \times 100 \quad \cdots\cdots(6)$$

15 精密度

在重复性条件下获得的两次独立测定结果的绝对差值不得超过算术平均值的 15%。

16 其他

本方法检出限参见附录 A 中的表 A.1。

附　录　A
（资料性附录）
脂肪酸的典型气相色谱图及换算系数

A.1　37 种脂肪酸标准溶液典型图谱

37 种脂肪酸标准溶液典型图谱见图 A.1。

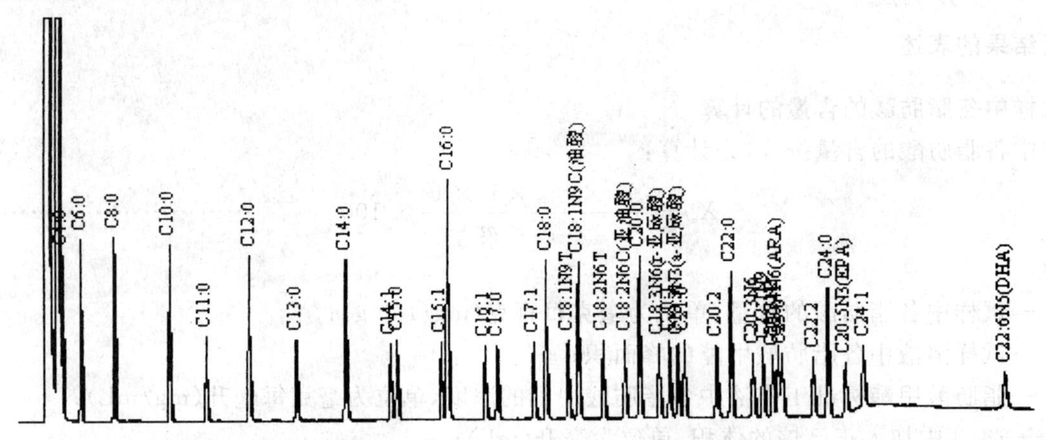

注：不同的色谱柱可能导致各种脂肪酸出峰时间不同，应以实验室单标校正的出峰顺序为准。

图 A.1　37 种脂肪酸标准溶液典型气相色谱图

A.2　各脂肪酸种类、检出限及脂肪酸甲酯或脂肪酸甘油三酯转化为脂肪酸的换算系数一览表

各脂肪酸种类、检出限及脂肪酸甲酯或脂肪酸甘油三酯转化为脂肪酸的换算系数一览表见表 A.1。

表 A.1　各脂肪酸种类、检出限及脂肪酸甲酯或脂肪酸甘油三酯转化为脂肪酸的换算系数一览表

序号	脂肪酸名称	检出限(mg/100 g)	F_i 转换系数	F_j 转换系数
1	丁酸(C4:0)	0.5	0.862 7	0.874 2
2	己酸(C6:0)	0.5	0.892 3	0.901 6
3	辛酸(C8:0)	0.5	0.911 4	0.919 2
4	葵酸(C10:0)	0.5	0.924 7	0.931 4
5	十一碳酸(C11:0)	0.5	0.930 0	0.936 3
6	月桂酸(C12:0)	0.5	0.934 6	0.940 5
7	十三碳酸(C13:0)	0.5	0.938 6	0.944 2
8	肉豆蔻酸(C14:0)	0.5	0.942 1	0.947 3
9	肉豆蔻油酸(C14:1n5)	0.5	0.941 7	0.947 0
10	十五碳酸(C15:0)	0.5	0.945 3	0.950 2
11	十五碳一烯酸(C15:1n5)	0.5	0.944 9	0.949 9
12	棕榈酸(C16:0)	0.5	0.948 1	0.952 9
13	棕榈油酸(C16:1n7)	0.5	0.947 7	0.952 5

表 A.1（续）

序号	脂肪酸名称	检出限(mg/100 g)	F_i 转换系数	F_j 转换系数
14	十七碳酸(C17:0)	0.5	0.950 7	0.955 2
15	十七碳一烯酸(C17:1n7)	0.5	0.950 3	0.954 9
16	硬脂酸(C18:0)	0.5	0.953 0	0.957 3
17	反式油酸(C18:1n9t)	0.5	0.952 7	0.957 0
18	油酸(C18:1n9c)	0.5	0.952 7	0.957 1
19	反式亚油酸(C18: 2n6t)	0.5	0.952 4	0.956 8
20	亚油酸(C18: 2n6c)	0.5	0.952 4	0.956 8
21	花生酸(C20:0)	0.5	0.957 0	0.960 9
22	γ-亚麻酸(C18:3n6)	0.5	0.952 0	0.955 9
23	二十碳一烯酸(C20:1)	0.5	0.956 8	0.960 8
24	α-亚麻酸(C18:3n3)	0.5	0.952 0	0.956 0
25	二十一碳酸(C21:0)	0.5	0.958 8	0.962 8
26	二十碳二烯酸(C20:2)	0.5	0.956 5	0.960 5
27	二十二碳酸(C22:0)	0.5	0.960 4	0.964 2
28	二十碳三烯酸(C20:3n6)	0.5	0.956 2	0.959 8
29	芥酸(C22:1n9)	0.5	0.960 2	0.963 9
30	二十碳三烯酸(C20:3n3)	0.5	0.956 2	0.959 8
31	花生四烯酸 ARA(C20:4n6)	0.5	0.956 0	0.959 7
32	二十三碳酸(C23:0)	0.5	0.962 0	0.965 8
33	二十二碳二烯酸(C22:2n6)	0.5	0.960 0	0.963 8
34	二十四碳酸(C24:0)	0.5	0.996 3	1.000 2
35	二十碳五烯酸 EPA (C20:5n3)	1.0	0.955 7	0.959 2
36	二十四碳一烯酸(C24:1n9)	1.0	0.963 2	0.966 6
37	二十二碳六烯酸甲酯 DHA (C22:6n3)	1.0	0.959 0	0.962 4

注 1：F_i 是脂肪酸甲酯转换成脂肪酸的系数。

注 2：F_j 是脂肪酸甘油三酯转换成脂肪酸的系数。

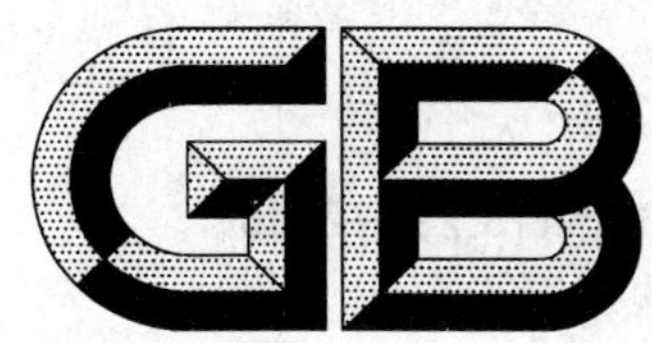

中华人民共和国国家标准

GB 5413.29—2010

食品安全国家标准
婴幼儿食品和乳品溶解性的测定

National food safety standard

Determination of solubility in foods for infants and young children, milk and milk products

2010-03-26 发布　　　　2010-06-01 实施

中华人民共和国卫生部　发布

前 言

本标准给出了两种方法。第一法为不溶度指数法，等同采用国际乳品联合会标准 IDF129A:1988《乳粉和乳粉制品　不溶度指数的测定》；第二法为溶解度法。

本标准代替 GB/T 5413.29—1997《婴幼儿配方食品和乳粉　溶解性的测定》。

本标准所代替的历次版本发布情况为：

——GB 5413—1985、GB/T 5413.29—1997。

食品安全国家标准
婴幼儿食品和乳品溶解性的测定

1 范围

本标准规定了不溶度指数和溶解度的测定方法。

本标准第一法适用于不含大豆成分的乳粉的不溶度指数的测定，第二法适用于婴幼儿食品和乳粉的溶解度的测定。

第一法 不溶度指数的测定

2 术语和定义

不溶度指数 insolubility index

在本标准规定的条件下，将乳粉或乳粉制品复原，并进行离心，所得到沉淀物的体积的毫升数。

3 原理

将样品加入到24 ℃的水中或50 ℃的水中，然后用特殊的搅拌器使之复原，静置一段时间后(有规定)，使一定体积的复原乳在刻度离心管中离心，去除上层液体，加入与复原温度相同的水，使沉淀物重新悬浮，再次离心后，记录所得沉淀物的体积。

注：喷雾干燥产品复原时使用温度为24 ℃的水，部分滚筒干燥产品复原时使用温度为50 ℃的水。

4 试剂和材料

除非另有规定，本方法所用试剂均为分析纯，水为GB/T 6682规定的三级水。

4.1 硅酮消泡剂：硅酮乳化液的质量分数为30%。

按6.4.5所述步骤(不加样品)，检验硅酮消泡剂的适用性。试验结束后，离心管底部可见硅酮液体不应大于0.01 mL。

5 仪器和设备

5.1 水浴锅：工作温度为24.0 ℃±0.2 ℃或50.0 ℃±0.2 ℃。

5.2 温度计：可测定温度为24 ℃或50 ℃，误差不超过±0.2 ℃。

注：由于复原温度是影响不溶度指数的重要因素，所以在6.2、6.4.1和6.4.8中所用温度计的准确度应符合规定。

5.3 称样容器：表面光滑的勺，或干净且光滑的取样纸。

5.4 天平：感量为0.01 g。

5.5 塑料量筒：容量为100 mL±0.5 mL(20 ℃)。

注：与玻璃量筒相比，塑料量筒热容较低，所以在量筒中加入水后，温度变化最小。

5.6 刷子：可刷去勺或称样纸(5.3)上的残留样品。

5.7 电动搅拌器，具有以下特性：

a) 搅拌器轴上有16个叶片(不锈钢)，形状和尺寸如图1所示。叶片平的一面位于下方，对于按顺时针方向旋转的搅拌器，叶片从右向左向上倾斜。

注：有些搅拌器，其叶轮可能是逆时针旋转的见a)。这些搅拌器的叶片要从左向右朝上倾斜，因此搅拌杯中液体运动方向产生的效果就与顺时针转动的叶轮一样。在其他方面，如轴的固定方式及与杯底部的距离，逆时针旋转叶轮与顺时针旋转叶轮的要求相同。

b) 叶片之间成30°角,水平齿间距(叶轮的圆周)为8.73 mm(11/32 英寸),使用一段时间后这些尺寸可能会变化,因此应周期性检查和维护。

c) 当搅拌杯固定在搅拌器上后,搅拌器轴的高度(即从叶片最低处到杯底的距离)应为10 mm±2 mm,也就是说杯的深度为132 mm,由杯的顶部到叶片最低处是122 mm±2 mm,杯顶部到叶片最高处为115 mm±2 mm。叶轮应位于杯中央。

d) 当向搅拌杯中加入100 mL 24 ℃的水进行混合时,搅拌器接通后,叶轮的固定转速为3 600 r/min±100 r/min(在5 s之内达到)。叶轮的旋转方向应为顺时针(由图1可看出)。应使用电动测速仪定期检查在负载情况下叶轮的转速(如上所述),这对旧型的搅拌器尤其重要。对于非同步电动机,转速可以用调速器或速度指示器调整到3 600 r/min±100 r/min(适用于不能保证转速准确度的搅拌器)。

5.8 玻璃搅拌杯:容量为500 mL。可与搅拌器(5.7)配套使用。搅拌杯(四叶型),形状如图1所示,尺寸大致如图。

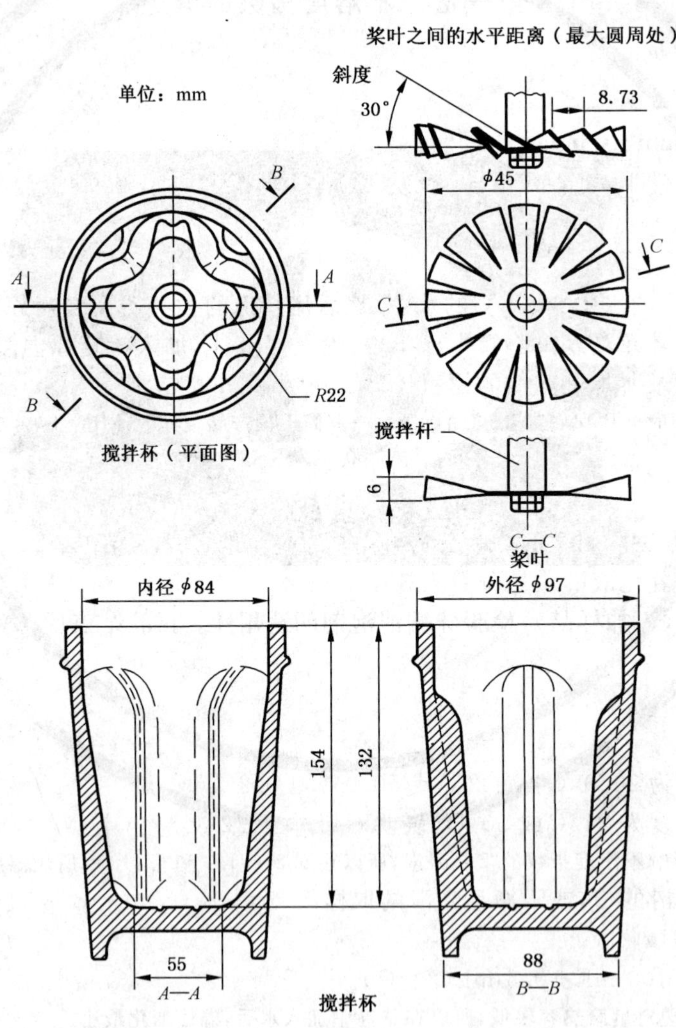

图1 搅拌杯和搅拌桨

5.9 计时器:可显示0 s~60 s和0 min~60 min。

5.10 平勺:长度约210 mm。

5.11 电动离心机:有速度显示器,垂直负载,有适合于离心管(5.12)并可向外转动的套管,管底加速度为$160g_n$,并且在离心机盖合时,温度保持在20 ℃~25 ℃。

注:在离心过程中产生的加速度等于$1.12\ rn^2 \times 10^6$;r为水平旋转的有效半径,mm;n为转速,r/min。

5.12　玻璃离心管，锥形，尺寸、刻度、标注、无光泽处的斑纹等如图 2 所示，带橡胶塞。刻度数和标注"mL(20 ℃)"应持久不退，刻度线应清晰干净。20 ℃时，其容量最大误差如下：

——在 0.1 mL 处：±0.05 mL；

——0.1 mL～1 mL：±0.1 mL；

——1 mL～2 mL：±0.2 mL；

——2 mL～5 mL：±0.3 mL；

——5 mL～10 mL：±0.5 mL；

——在 10 mL 处：±1 mL。

注：作为日常生产控制，可以使用其他形状的离心管，但容量误差必须符合上面所列出的要求。如果是有争议的或需要确定的结果，则应使用 5.12 中规定的离心管。

5.13　虹吸管或与水泵相连的吸管：可除去离心管(5.12)中的上层液体，管由玻璃制成，并且带朝上的 U 型管，适于虹吸(见图 2)。

5.14　玻璃搅拌棒：长 250 mm，直径为 3.5 mm。

5.15　放大镜：读取沉淀物体积数。

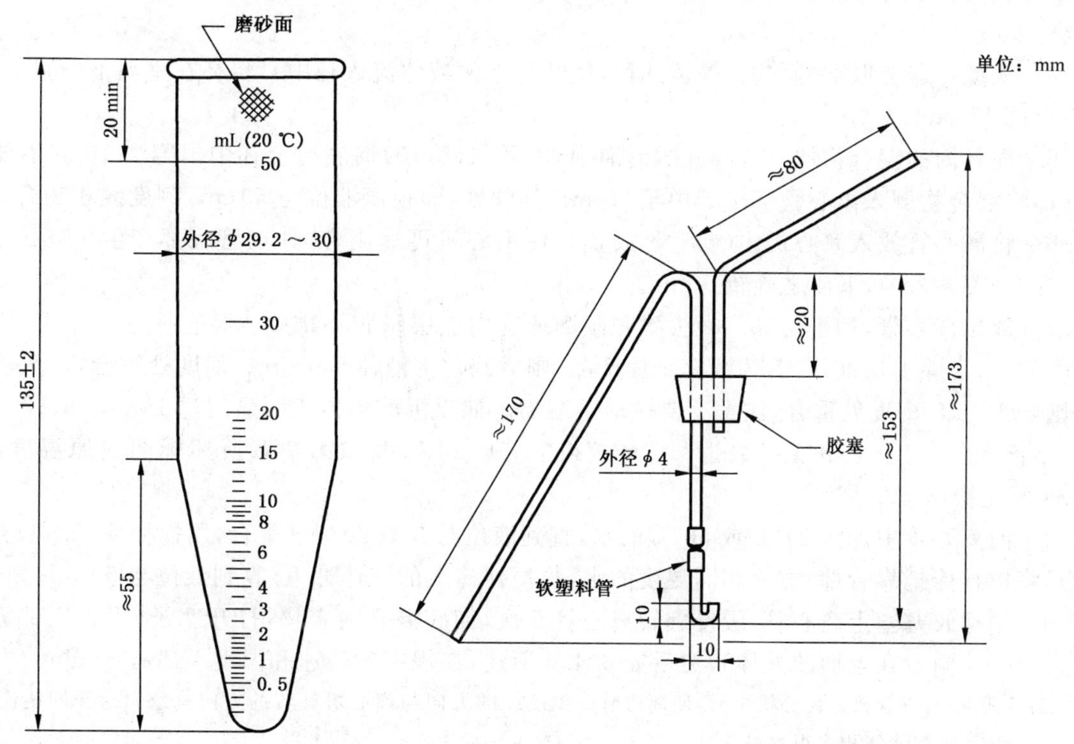

图 2　离心管和相配的虹吸管

6　分析步骤

6.1　样品的制备

测定前，应保证实验室样品至少在室温(20 ℃～25 ℃)下保持 48 h，以便使影响不溶度指数的因素，在各个样品中趋于一致。

然后反复振荡和反转样品容器，混合实验室样品。如果容器太满，则将全部样品移入清洁、干燥、密闭、不透明的大容器中，如上所述彻底混合。

对于速溶乳粉，应小心地混合，以防样品颗粒减小。

6.2　搅拌杯的准备

根据不溶度指数的测定(24 ℃或 50 ℃)，分别将搅拌杯(5.8)的温度调整到 24.0 ℃±0.2 ℃或

50.0 ℃±0.2 ℃。方法是将搅拌杯放入水浴(5.1)中一段时间,水位接近杯顶。

6.3 样品部分

用勺或称样纸(5.3)称样,精确至 0.01 g,取样量如下:

a) 全脂乳粉、部分脱脂乳粉、全脂加糖乳粉、乳基婴儿食品及其他以全脂乳粉和部分脱脂乳粉为原料生产的乳粉类产品:13.00 g;

b) 脱脂乳粉和酪乳粉:10.00 g;

c) 乳清粉:7.00 g。

6.4 测定

6.4.1 从水浴中取出搅拌杯(见 6.2),迅速擦干杯外部的水,用量筒(5.5)向杯中加入 100 mL±0.5 mL、24 ℃±0.2 ℃或 50.0 ℃±0.2 ℃的水。

6.4.2 向搅拌杯中加入 3 滴硅酮消泡剂(4.1),然后加入样品(6.3),必要时,可使用刷子(5.6),以便使全部样品均落入水表面。

6.4.3 将搅拌杯放到搅拌器(5.7)上固定好,接通搅拌器开关,混合 90 s 后,断开开关。如果搅拌器为非同步电动机,带有调速器或速度指示器,则将叶轮在最初 5 s 内的转速调到 3 600 r/min±100 r/min,并混合 90 s。

6.4.4 从搅拌器上取下搅拌杯(停留几秒,使叶片上的液体流入杯中),将杯在室温下静置 5 min 以上,但不超过 15 min。

6.4.5 向杯内的混合物加入 3 滴硅酮消泡剂,用平勺(5.10)彻底混合杯中内容物 10 s(不要过度),然后立即将混合物倒入离心管(5.12)中至 50 mL 刻度处,即顶部液位与 50 mL 刻度线相吻合。

6.4.6 将离心管放入离心机中(要对称放置),使离心机迅速旋转,并在管底部产生 160 g_n 的加速度,然后在 20 ℃~25 ℃下使之旋转 5 min。

6.4.7 取出离心管,用平勺(5.10)去除和倾倒掉管内上层脂肪类物质。竖直握住离心管,用虹吸管或吸管(5.13)去除上层液体,若为滚筒干燥产品,则吸到顶部液体与 15 mL 刻度处重合,若为喷雾干燥乳粉,则与 10 mL 刻度处重合,注意不要搅动不溶物。如果沉淀物体积明显超过 15 mL 或 10 mL,则不再进行下部操作,记录不溶度指数为“15 mL”或“>10 mL”,并如第 7 章所述标明复原温度,反之应按 6.4.8 所述操作。

6.4.8 向离心管中加入 24 ℃或 50 ℃的水,直到液位与 30 mL 刻度重合,用搅拌棒(5.14)充分搅拌沉淀物,将搅拌棒抵靠管壁,加入相同温度的水,将搅拌棒上的液体冲下,直到液位与 50 mL 刻度处重合。

6.4.9 用橡胶塞塞上离心管,缓慢翻转离心管 5 次,彻底混合内容物,打开塞子(将塞底部靠在离心管边缘,以收集附着在上面的液体),然后如 6.4.6 所述,在规定的转速和温度下离心 5 min。

注:建议将离心管放入离心机中时,使离心管的刻度线的方向与离心机旋转的方向一致。这样即使使沉淀物顶部倾斜,沉淀物体积也很容易估算。

6.4.10 取出离心管,竖直握住离心管,以适当背景为对照(见注),使眼睛与沉淀顶部平齐,借助放大镜(5.15)读取沉淀物体积数。如果沉淀物体积小于 0.5 mL,则精确至 0.05 mL。如果沉淀物体积大于 0.5 mL,则精确至 0.1 mL。如果沉淀物顶部倾斜,则估算其体积数。如果沉淀物顶部不齐,则使离心管垂直放置几分钟。通常沉淀物的顶部会变平些,因此比较容易读数。记录复原水温度。

注:以灯光或暗背景为对照观察离心管,沉淀物的顶部会更醒目、易读。

7 分析结果的表述

样品的不溶度指数等于 6.4.10 中所记录的沉淀物体积的毫升数,同时应报告复原时所用水的温度。例如:

0.10 mL(24 ℃)

4.1 mL(50 ℃)

8 其他

8.1 重复性

由同一分析人员，用相同仪器，在短时间间隔内，对同一样品所做的两次单独试验的结果之差不得超过 0.138 M，M 是两次测定结果的平均值。

8.2 重现性

由不同实验室的两个分析人员，对同一样品所做的两次单独试验结果之差不得超过 0.328M，M 为两次测定结果的平均值。

8.3 注意事项

8.3.1 实验一旦开始，就应连续进行。必须严格遵守所有关于温度和时间的规定。

8.3.2 由于不溶度指数的测定可能受环境温度的影响，所以建议检验过程应在温度为 20 ℃～25 ℃的实验室内进行。

8.3.3 该检验中允许有 5 min～15 min 的放置时间(6.4.4)。在 10 min 之内如果事先将几个搅拌杯的温度都已调好(见 6.2)，且将样品(6.3)同时称好，则可将这几个样品作为一批同时测定。这样，可以发现修正后的 6.2 和 6.4.1 操作步骤有一定的优越性，即向放在水浴中的搅拌杯内加入 100 mL±0.5 mL 水(温度适当)。当杯内水温度稳定在正确值后，由水浴中取出一个搅拌杯，然后再按 6.4.1～6.4.4 步骤操作，同样，依次准备其他搅拌杯，这样则可同时离心成批样品。

8.3.4 各试样量等于：混合时，100 mL 水中样品的总固体含量(用混合物的质量分数表示)大约为原始液体中的总固体含量。

8.3.5 在 6.4.5 中加入 3 滴硅酮消泡剂(4.1)，对在混合过程中不大可能起泡的产品则是不必要的。但是为了使所有样品的操作步骤一致，应均加入 3 滴消泡剂。

第二法 溶解度的测定

9 定义

溶解度 solubility

每百克样品经规定的溶解过程后，全部溶解的质量。

10 仪器和设备

10.1 离心管：50 mL，厚壁、硬质。

10.2 烧杯：50 mL。

10.3 离心机：转速同 5.11。

10.4 称量皿：直径 50 mm～70 mm 的铝皿或玻璃皿。

11 分析步骤

11.1 称取样品 5 g(准确至 0.01 g)于 50 mL 烧杯中，用 38 mL 25 ℃～30 ℃的水分数次将乳粉溶解于 50 mL 离心管中，加塞。

11.2 将离心管置于 30 ℃水中保温 5 min，取出，振摇 3 min。

11.3 置离心机中，以适当的转速离心 10 min，使不溶物沉淀。倾去上清液，并用棉栓擦净管壁。

11.4 再加入 25 ℃～30 ℃的水 38 mL，加塞，上下振荡，使沉淀悬浮。

11.5 再置离心机中离心 10 min，倾去上清液，用棉栓仔细擦净管壁。

11.6 用少量水将沉淀冲洗入已知质量的称量皿中，先在沸水浴上将皿中水分蒸干，再移入 100 ℃烘箱中干燥至恒重(最后两次质量差不超过 2 mg)。

12 分析结果的表述

样品溶解度按式(1)计算：

$$X = 100 - \frac{(m_2 - m_1) \times 100}{(1 - B) \times m} \qquad \cdots\cdots(1)$$

式中：

X——样品的溶解度，单位为克每百克(g/100 g)；

m——样品的质量，单位为克(g)；

m_1——称量皿质量，单位为克(g)；

m_2——称量皿和不溶物干燥后质量，单位为克(g)；

B——样品水分，单位为克每百克(g/100 g)。

注：加糖乳计算时要扣除加糖量。

13 精密度

在重复性条件下获得的两次独立测定结果的绝对差值不得超过算术平均值的2%。

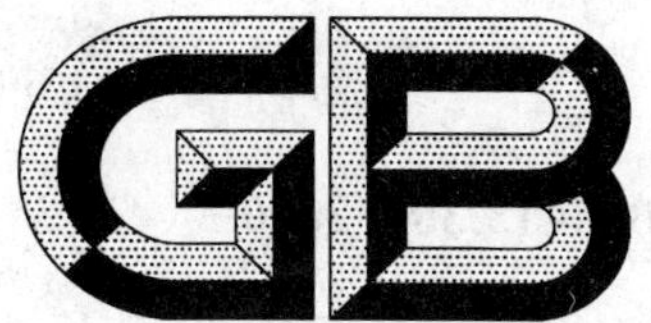

中华人民共和国国家标准

GB 5413.30—2010

食品安全国家标准
乳和乳制品杂质度的测定

National food safety standard

Determination of impurities in milk and milk products

2010-03-26 发布　　　　2010-06-01 实施

中华人民共和国卫生部　发布

前　言

本标准代替 GB/T 5413.30—1997《乳与乳粉　杂质度的测定》。

本标准的附录 A 和附录 B 为规范性附录。

本标准所代替标准的历次版本发布情况为：

——GB/T 5413.30—1997。

食品安全国家标准
乳和乳制品杂质度的测定

1 范围

本标准规定了乳和乳制品杂质度的测定方法。

本标准适用于巴氏杀菌乳、灭菌乳、生乳、炼乳及乳粉杂质度的测定，不适用于含非乳蛋白质、淀粉类成分、不溶性有色物质及影响过滤的添加物质。

2 规范性引用文件

本标准中引用的文件对于本标准的应用是必不可少的。凡是注日期的引用文件，仅所注日期的版本适用于本标准。凡是不注日期的引用文件，其最新版本(包括所有的修改单)适用于本标准。

3 原理

试样经过滤板过滤、冲洗，根据残留于过滤板上的可见带色杂质的数量确定杂质量。

4 仪器和设备

4.1 过滤设备：杂质度过滤机或配有可安放过滤板漏斗的 2 000 mL～2 500 mL 抽滤瓶。

4.2 过滤板：直径 32 mm，单位面积质量为 135 g/m^2，符合附录 A 的要求，过滤时通过面积的直径为 28.6 mm。

4.3 杂质度标准板。

4.4 杂质度标准板的制作方法见附录 B。

4.5 天平：感量为 0.1 g。

5 分析步骤

液体乳样量取 500 mL；乳粉样称取 62.5 g(精确至 0.1 g)，用 8 倍水充分调和溶解，加热至 60 ℃；炼乳样称取 125 g(精确至 0.1 g)，用 4 倍水溶解，加热至 60 ℃，于过滤板上过滤，为使过滤迅速，可用真空泵抽滤，用水冲洗过滤板，取下过滤板，置烘箱中烘干，将其上杂质与标准杂质板比较即得杂质度。

当过滤板上杂质的含量介于两个级别之间时，判定为杂质含量较多的级别。

6 分析结果的表述

与杂质度标准比较得出的过滤板上的杂质量，即为该样品的杂质度。

7 精密度

按本标准所述方法对同一样品所作的两次重复测定，其结果应一致，否则应重复再测定两次。

附　录　A
（规范性附录）
杂质度过滤板的检验

A.1　试剂盒材料

A.1.1　润湿剂:1%溶液。使用一种湿雾剂或其他合适的润湿剂。

A.1.2　植物胶溶液:将 0.75 g 角豆胶或其他合适的胶加到 100 mL 水中,然后用搅拌器搅拌。通过抽真空或加热处理,使溶液排除气泡。煮沸、冷却,然后加 2 mL 40%甲醛溶液。

为了便于在没有搅拌的情况下在水中分离,可将 0.75 g 角豆胶溶入 100 mL 容量瓶内的几毫升乙醇中。用水稀释至刻度,充分混合。然后按上述步骤继续操作。

A.1.3　蔗糖溶液:将 750 g 市售白砂糖溶于 750 mL 水中。

A.1.4　精制杂质混合物:用地面牛粪、泥土及木炭经过干燥箱(100 ℃)烘干,制备混合物,每种材料分别过筛,收集能通过 106 μm(140 目)但不能通过 75 μm(200 目)的筛子成分,做法如下:

放 100 g 以下的牛粪或泥土,50 g 以下的木炭,过筛。在 106 μm(140 目)的筛子外套装 75 μm(200 目)的另一个筛子,覆盖、固定接收装置。用手振荡筛子的套,以每分钟敲打 120 次的速度过筛。一次操作大约用量 20 g,以过 106 μm(140 目)筛子的碎片继续在 75 μm(200 目)的筛子上过 5 min。使用第二次过筛所保留的成分,按表 A.1 最大程度的混合均匀:

表 A.1　第二次过筛后所保留成分的比例

杂质	含量(%)
牛粪	66
泥土	28
木炭	6

将 2 g 上述混合物放入到 100 mL 容量瓶中,用 5 mL 润湿剂(A.1.1)润湿。加入 46 mL 植物胶溶液,然后用蔗糖溶液(A.1.3)将液面加到瓶颈口。加几滴乙醇,再用蔗糖溶液加至刻度,充分混合。

将溶液倒入一个 250 mL 烧杯或有螺旋盖的瓶子中,允许带进少量空气,用一个小的机械搅拌器以 200 r/min～300 r/min 的速度搅拌,直到杂质在明亮的反射光下均匀分布为止。搅拌时,不要使细小颗粒堆积在烧杯底部的旋涡处。用吸管(出口直径 3 mm)移取 10 mL(大约相当于 200 mg 杂质混合物)于容量瓶中,用水定容到 1 000 mL。

A.2　仪器和设备

A.2.1　天平:感量为 0.1 mg。

A.2.2　干燥器:含有效干燥剂。

A.2.3　干燥箱。

A.2.4　过滤装置。

A.2.5　过滤板。

A.2.6　滤纸:直径 7 cm 或 9 cm。

A.3　分析步骤

A.3.1　将滤纸(A.2.6)放在一个布氏漏斗中,用大约 200 mL 的水冲洗,然后放入 100 ℃烘箱中烘干至恒重。

A.3.2　将 60 mL 精制杂质混合物(A.1.4)经过充分搅拌后，通过安装在过滤装置上的过滤板(A.2.5)过滤，相当于 12 mg 杂质。

用一个清洁的锥形瓶收集滤液。将滤液转移到烧杯中，用水冲洗该锥形瓶两次，将洗液全部加入到烧杯中。

A.3.3　将滤液再一次通过固定在布氏漏斗中的经清洗、干燥，并称好质量的滤纸(A.3.1)。用水充分冲洗烧杯和滤纸，然后将滤纸放入 100 ℃烘箱中烘干至恒重。

A.3.4　至少检验两个以上过滤板。

A.4　评价

通过三个或三个以上过滤板杂质的平均量不超过 2.8 mg。根据精制的杂质混合物制备的标准板不应在表面下层出现杂质。

附 录 B
（规范性附录）
杂质度标准板的制作

B.1 材料

使焦粉、灰土、牛粪、木炭通过一定的筛子，然后在 100 ℃烘箱中烘干，并按下列比例配合混匀。

焦粉占 40%，其中：

通过 850 μm(20 目)筛而不通过 425 μm(40 目)筛的占 10%；

通过 425 μm(40 目)筛而不通过 250 μm(60 目)筛的占 30%；

灰土占 30%，可通过 425 μm(40 目)筛。

牛粪占 20%，其中：

通过 850 μm(20 目)筛而不通过 425 μm(40 目)筛的占 2%；

通过 425 μm(40 目)筛而不通过 250 μm(60 目)筛的占 8%；

通过 250 μm(60 目)筛而不通过 180 μm(80 目)筛的占 10%；

木炭占 10%，其中：

通过 850 μm(20 目)筛而不通过 425 μm(40 目)筛的占 4%；

通过 425 μm(40 目)筛而不通过 250 μm(60 目)筛的占 6%。

B.2 步骤

B.2.1 将已准备好的各种杂质混匀(总量以 50 g 为宜)，从中准确称取 1.000 g，直接倒入 500 mL 容量瓶中，加蒸馏水 2 mL 和体积分数为 0.75%经过过滤的阿拉伯胶液 23 mL，再以质量分数为 50%的经过过滤的蔗糖液加至刻度并混匀，此液杂质浓度为 2 mg/mL。

B.2.2 取浓度为 2 mg/mL 的杂质液 10 mL，以 500 g/L 过滤的蔗糖液稀释至 100 mL，则此液杂质的浓度为 0.2 mg/mL。

B.2.3 取浓度为 0.2 mg/mL 的杂质液 10 mL，以 500 g/L 过滤的蔗糖液稀释至 100 mL，则此液杂质的浓度为 0.02 mg/mL。

B.2.4 以500 mL牛乳或62.5 g乳粉为取样量，按表B.1制备各标准杂质板。

表B.1 各标准杂质板的制备比例

标准板号	杂质相对质量浓度		杂质绝对含量(mg)	量取混合杂质液的数量(mL)
	牛乳(mg/L)	乳粉(mg/kg)		
	500 mL牛乳	62.5 g乳粉		
1	0.25	2	0.125	6.25
2	0.75	6	0.375	18.75
3	1.50	12	0.750	3.75
4	2.0	16	1.000	5.00

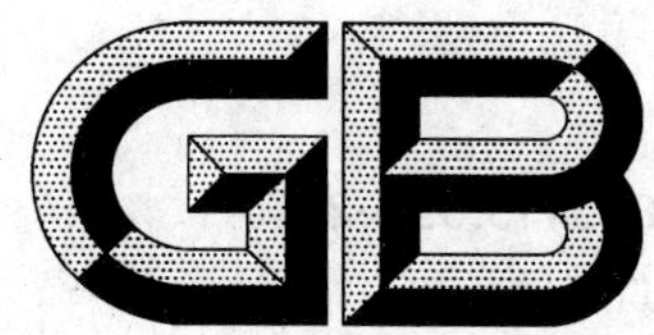

中华人民共和国国家标准

GB 5413.33—2010

食品安全国家标准
生乳相对密度的测定

National food safety standard

Determination of specific gravity in raw milk

2010-03-26 发布　　2010-06-01 实施

中华人民共和国卫生部　发布

前　言

本标准代替 GB/T 5009.46—2003《乳与乳制品卫生标准的分析方法》中新鲜生乳相对密度的测定和 GB/T 5409—1985《牛乳检验方法》中牛乳比重的测定。

本标准所代替标准的历次版本发布情况为：

——GB 5009.46—1985、GB/T 5009.46—1996、GB/T 5009.46—2003；

——GB/T 5409—1985。

食品安全国家标准
生乳相对密度的测定

1 范围

本标准规定了生乳相对密度的测定方法。

本标准适用于生乳相对密度的测定。

2 原理

使用密度计检测试样，根据读数经查表可得相对密度的结果。

3 仪器和设备

3.1 密度计：20 ℃/4 ℃。

3.2 玻璃圆筒或 200 mL～250 mL 量筒：圆筒高度应大于密度计的长度，其直径大小应使在沉入密度计时其周边和圆筒内壁的距离不小于 5 mm。

4 分析步骤

取混匀并调节温度为 10 ℃～25 ℃的试样，小心倒入玻璃圆筒内，勿使其产生泡沫并测量试样温度。小心将密度计放入试样中到相当刻度 30°处，然后让其自然浮动，但不能与筒内壁接触。静置 2 min～3 min，眼睛平视生乳液面的高度，读取数值。根据试样的温度和密度计读数查表 1 换算成 20 ℃时的度数。

5 分析结果的表述

相对密度(ρ_4^{20})与密度计刻度关系式见式(1)：

$$\rho_4^{20} = \frac{X}{1\,000} + 1.000 \quad \cdots\cdots(1)$$

式中：

ρ_4^{20}——样品的相对密度；

X——密度计读数。

当用 20 ℃/4 ℃密度计，温度在 20 ℃时，将读数代入式(1)相对密度即可直接计算；不在 20 ℃时，要查表 1 换算成 20 ℃时度数，然后再代入式(1)计算。

表1 密度计读数变为温度20 ℃时的度数换算表

密度计读数	生乳温度/℃															
	10	11	12	13	14	15	16	17	18	19	20	21	22	23	24	25
25	23.3	23.5	23.6	23.7	23.9	24.0	24.2	24.4	24.6	24.8	25.0	25.2	25.4	25.5	25.8	26.0
26	24.2	24.4	24.5	24.7	24.9	25.0	25.2	25.4	25.6	25.8	26.0	26.2	26.4	26.6	26.8	27.0
27	25.1	25.3	25.4	25.6	25.7	25.9	26.1	26.3	26.5	26.8	27.0	27.2	27.5	27.7	27.9	28.1
28	26.0	26.1	26.3	26.5	26.6	26.8	27.0	27.3	27.5	27.8	28.0	28.2	28.5	28.7	29.0	29.2
29	26.9	27.1	27.3	27.5	27.6	27.8	28.0	28.3	28.5	28.8	29.0	29.2	29.5	29.7	30.0	30.2
30	27.9	28.1	28.3	28.5	28.6	28.8	29.0	29.3	29.5	29.8	30.0	30.2	30.5	30.7	31.0	31.2
31	28.8	28.0	29.2	29.4	29.6	29.8	30.0	30.3	30.5	30.8	31.0	31.2	31.5	31.7	32.0	32.2
32	29.3	30.0	30.2	30.4	30.6	30.7	31.0	31.2	31.5	31.8	32.0	32.3	32.5	32.8	33.0	33.3
33	30.7	30.8	31.1	31.2	31.5	31.7	32.0	32.2	32.5	32.8	33.0	33.3	33.5	33.8	34.1	34.3
34	31.7	31.9	32.1	32.3	32.5	32.7	33.0	33.2	33.5	33.8	34.0	34.3	34.4	34.8	35.1	35.3
35	32.6	32.8	33.1	33.3	33.5	33.7	34.0	34.2	34.5	34.7	35.0	35.3	35.5	35.8	36.1	36.3
36	33.5	33.8	34.0	34.3	34.5	34.7	34.9	35.2	35.6	35.7	36.0	36.2	36.5	36.7	37.0	37.3

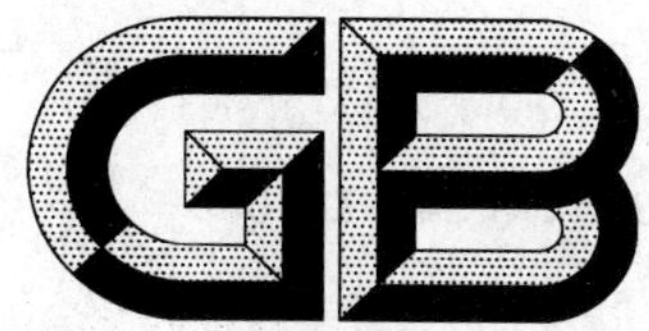

中华人民共和国国家标准

GB 5413.34—2010

食品安全国家标准
乳和乳制品酸度的测定

National food safety standard

Determination of acidity in milk and milk products

2010-03-26 发布　　　　2010-06-01 实施

中华人民共和国卫生部　发布

前　言

本标准第一法中给出了两种方法。基准法为等效采用国际乳品联合会标准 IDF 86:1978 Dried milk—Determination of titratable acidity (reference method);常规法为等效采用国际乳品联合会标准 IDF 81:1981 Dried milk—Determination of titratable acidity (routine method);基准法为仲裁法。

本标准代替 GB/T 5009.46—2003《乳与乳制品卫生标准的分析方法》中酸度的测定、GB/T 5416—1985《奶油检验方法》中酸度的测定、GB 5425—1985《工业干酪素检验方法》、GB/T 5409—1985《牛乳检验方法》中牛乳新鲜度试验和 GB/T 5413.28—1997《乳粉　滴定酸度的测定》。

本标准所代替标准的历次版本发布情况为:

——GB/T 5409—1985;

——GB/T 5413.28—1997;

——GB/T 5416—1985;

——GB 5425—1985;

——GB 5009.46—1985、GB/T 5009.46—1996、GB/T 5009.46—2003。

食品安全国家标准

乳和乳制品酸度的测定

1 范围

本标准规定了乳粉、巴氏杀菌乳、灭菌乳、生乳、发酵乳、炼乳、奶油及干酪素酸度的测定方法。

本标准第一法适用于乳粉酸度的测定;第二法适用于巴氏杀菌乳、灭菌乳、生乳、发酵乳、炼乳、奶油及干酪素酸度的测定。

2 规范性引用文件

本标准中引用的文件对于本标准的应用是必不可少的。凡是注日期的引用文件,仅所注日期的版本适用于本标准。凡是不注日期的引用文件,其最新版本(包括所有的修改单)适用于本标准。

第一法 乳粉中酸度的测定

基准法

3 原理

中和 100 mL 干物质为 12%的复原乳至 pH 为 8.3 所消耗的 0.1 mol/L 氢氧化钠体积,经计算确定其酸度。

4 试剂和材料

除非另有规定,本方法所用试剂均为分析纯,水为 GB/T 6682 规定的三级水。

4.1 氢氧化钠标准溶液(NaOH):0.100 0 mol/L。

4.2 氮气。

5 仪器和设备

5.1 天平:感量为 1 mg。

5.2 滴定管:分刻度为 0.1 mL,可准确至 0.05 mL。

5.3 pH 计:带玻璃电极和适当的参比电极。

5.4 磁力搅拌器。

6 分析步骤

6.1 试样的制备

将样品全部移入到约两倍于样品体积的洁净干燥容器中(带密封盖),立即盖紧容器,反复旋转振荡,使样品彻底混合。在此操作过程中,应尽量避免样品暴露在空气中。

6.2 测定

6.2.1 称取 4 g 样品(精确到 0.01 g)于锥形瓶中。

6.2.2 用量筒量取 96 mL 约 20 ℃的水,使样品复原,搅拌,然后静置 20 min。

6.2.3 用滴定管向锥形瓶中滴加氢氧化钠溶液(4.1),直到 pH 达到 8.3。滴定过程中,始终用磁力搅拌器进行搅拌,同时向锥形瓶中吹氮气,防止溶液吸收空气中的二氧化碳。整个滴定过程应在 1 min 内完成。记录所用氢氧化钠溶液的毫升数,精确至 0.05 mL,代入公式(1)计算。

常规法

7 原理

以酚酞作指示剂,硫酸钴作参比颜色,用 0.1 mol/L 氢氧化钠标准溶液滴定 100 mL 干物质为 12% 的复原乳至粉红色所消耗的体积经计算确定其酸度。

8 试剂和材料

除非另有规定,本方法所用试剂均为分析纯,水为 GB/T 6682 规定的三级水。

8.1 氢氧化钠标准溶液:同 4.1。

8.2 参比溶液:将 3 g 七水硫酸钴($CoSO_4 \cdot 7H_2O$)溶解于水中,并定容至 100 mL。

8.3 酚酞指示液:称取 0.5 g 酚酞溶于 75 mL 体积分数为 95% 的乙醇中,并加入 20 mL 水,然后滴加氢氧化钠溶液(8.1)至微粉色,再加入水定容至 100 mL。

9 仪器和设备

9.1 分析天平:感量为 1 mg。

9.2 滴定管:分刻度为 0.1 mL,可准确至 0.05 mL。

10 分析步骤

10.1 **样品的制备**同 6.1。

10.2 **测定**

10.2.1 试样的称取及溶解同 6.2.1、6.2.2。

10.2.2 向其中的一只锥形瓶中加入 2.0 mL 参比溶液(8.2),轻轻转动,使之混合,得到标准颜色。如果要测定多个相似的产品,则此标准溶液可用于整个测定过程,但时间不得超过 2 h。

10.2.3 向第二只锥形瓶中加入 2.0 mL 酚酞指示液(8.3),轻轻转动,使之混合。用滴定管向第二只锥形瓶中滴加氢氧化钠溶液(8.1),边滴加,边转动烧瓶,直到颜色与标准溶液的颜色相似,且 5 s 内不消退,整个滴定过程应在 45 s 内完成。记录所用氢氧化钠溶液的毫升数,精确至 0.05 mL,代入公式(1)计算。

11 分析结果的表述

试样中的酸度数值以(°T)表示,按式(1)计算:

$$X_1 = \frac{c_1 \times V_1 \times 12}{m_1 \times (1 - w) \times 0.1} \qquad \cdots\cdots(1)$$

式中:

X_1——试样的酸度,单位为度(°T);

c_1——氢氧化钠标准溶液的浓度,单位为摩尔每升(mol/L);

V_1——滴定时所用氢氧化钠溶液的毫升数,单位为毫升(mL);

m_1——称取样品的质量,单位为克(g);

w——试样中水分的质量分数,单位为克每百克(g/100 g);

12——12 g 乳粉相当 100 mL 复原乳(脱脂乳粉应为 9,脱脂乳清粉应为 7);

0.1——酸度理论定义氢氧化钠的摩尔浓度,单位为摩尔每升(mol/L)。

以重复性条件下获得的两次独立测定结果的算术平均值表示，结果保留三位有效数字。

注：若以乳酸含量表示样品的酸度，那么样品的乳酸含量(g/100 g)＝$T\times0.009$。T 为样品的滴定酸度(0.009 为乳酸的换算系数，即 1 mL 0.1 mol/L 的氢氧化钠标准溶液相当于 0.009 g 乳酸。)

12 精密度

在重复性条件下获得的两次独立测定结果的绝对差值不得超过 1.0 °T。

第二法 乳及其他乳制品中酸度的测定

13 原理

以酚酞为指示液，用 0.100 0 mol/L 氢氧化钠标准溶液滴定 100 g 试样至终点所消耗的氢氧化钠溶液体积，经计算确定试样的酸度。

14 试剂和材料

除非另有规定，本方法所用试剂均为分析纯或以上规格，水为 GB/T 6682 规定的三级水。

14.1 中性乙醇-乙醚混合液：取等体积的乙醇、乙醚混合后加 3 滴酚酞指示液，以氢氧化钠溶液(4 g/L)滴至微红色。

14.2 氢氧化钠标准溶液：同 4.1。

14.3 酚酞指示液：同 8.3。

15 仪器和设备

15.1 天平：感量为 1 mg。

15.2 电位滴定仪。

15.3 滴定管：分刻度为 0.1 mL。

15.4 水浴锅。

16 分析步骤

16.1 巴氏杀菌乳、灭菌乳、生乳、发酵乳

称取 10 g(精确到 0.001 g)已混匀的试样，置于 150 mL 锥形瓶中，加 20 mL 新煮沸冷却至室温的水，混匀，用氢氧化钠标准溶液(14.2)电位滴定至 pH 8.3 为终点；或于溶解混匀后的试样中加入 2.0 mL 酚酞指示液(14.3)，混匀后用氢氧化钠标准溶液(14.2)滴定至微红色，并在 30 s 内不褪色，记录消耗的氢氧化钠标准滴定溶液毫升数，代入公式(2)中进行计算。

16.2 奶油

称取 10 g(精确到 0.001 g)已混匀的试样，加 30 mL 中性乙醇-乙醚混合液(14.1)，混匀，以下按 16.1“用氢氧化钠标准溶液电位滴定至 pH8.3 为终点……”操作。

16.3 干酪素

称取 5 g(精确到 0.001 g)经研磨混匀的试样于锥形瓶中，加入 50 mL 水，于室温下(18 ℃～20 ℃)放置 4 h～5 h，或在水浴锅中加热到 45 ℃并在此温度下保持 30 min，再加 50 mL 水，混匀后，通过干燥的滤纸过滤。吸取滤液 50 mL 于锥形瓶中，用氢氧化钠标准溶液(14.2)电位滴定至 pH 8.3 为终点；或于上述 50 mL 滤液中加入 2.0 mL 酚酞指示液(14.3)，混匀后用氢氧化钠标准溶液(14.2)滴定至微红色，并在 30 s 内不褪色，将消耗的氢氧化钠标准溶液毫升数代入公式(3)进行计算。

16.4 炼乳

称取 10 g(精确到 0.001 g)已混匀的试样,置于 250 mL 锥形瓶中,加 60 mL 新煮沸冷却至室温的水溶解,混匀,以下按 16.1"用氢氧化钠标准溶液电位滴定至 pH8.3 为终点……"操作。

17 分析结果的表述

试样中的酸度数值以(°T)表示,按下式计算:

$$X_2 = \frac{c_2 \times V_2 \times 100}{m_2 \times 0.1} \qquad \cdots\cdots(2)$$

式中:

X_2——试样的酸度,单位为度(°T);

c_2——氢氧化钠标准溶液的摩尔浓度,单位为摩尔每升(mol/L);

V_2——滴定时消耗氢氧化钠标准溶液体积,单位为毫升(mL);

m_2——试样的质量,单位为克(g);

0.1——酸度理论定义氢氧化钠的摩尔浓度,单位为摩尔每升(mol/L)。

在重复性条件下获得的两次独立测定结果的算术平均值表示,结果保留三位有效数字。

$$X_3 = \frac{c_3 \times V_3 \times 100 \times 2}{m_3 \times 0.1} \qquad \cdots\cdots(3)$$

式中:

X_3——试样的酸度,单位为度(°T);

c_3——氢氧化钠标准溶液的摩尔浓度,单位为摩尔每升(mol/L);

V_3——滴定时消耗氢氧化钠标准溶液体积,单位为毫升(mL);

m_3——试样的质量,单位为克(g);

0.1——酸度理论定义氢氧化钠的摩尔浓度,单位为摩尔每升(mol/L);

2——试样的稀释倍数。

以重复性条件下获得的两次独立测定结果的算术平均值表示,结果保留三位有效数字。

18 精密度

在重复性条件下获得的两次独立测定结果的绝对差值不得超过 1.0 °T。

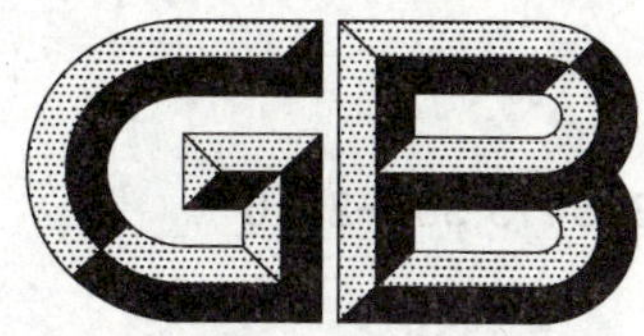

中华人民共和国国家标准

GB 5413.35—2010

食品安全国家标准
婴幼儿食品和乳品中β-胡萝卜素的测定

National food safety standard

Determination of β-carotene in foods for infants and young children, milk and milk products

2010-03-26 发布　　　　2010-06-01 实施

中华人民共和国卫生部　发布

前　言

本标准部分参考了国际分析家学会(AOAC)2005.7 β-Carotene in supplement and raw material 的方法。

本标准的附录 A 为规范性附录,附录 B 为资料性附录。

本标准系首次发布。

食品安全国家标准
婴幼儿食品和乳品中β-胡萝卜素的测定

1 范围

本标准规定了婴幼儿食品和乳品中β-胡萝卜素的测定方法。

本标准适用于婴幼儿食品和乳品中β-胡萝卜素的测定。

2 规范性引用文件

本标准中引用的文件对于本标准的应用是必不可少的。凡是注日期的引用文件，仅所注日期的版本适用于本标准。凡是不注日期的引用文件，其最新版本(包括所有的修改单)适用于本标准。

3 原理

试样经皂化后，使β-胡萝卜素完全变为游离态。用石油醚萃取后，反相色谱法分离，外标法定量。

4 试剂和材料

除非另有规定，本方法所用试剂均为分析纯，水为GB/T 6682规定的一级水。

4.1 α-淀粉酶：酶活力≥1.5 U/mg。

4.2 无水硫酸钠(Na_2SO_4)。

4.3 抗坏血酸($C_6H_8O_6$)。

4.4 石油醚：沸程30 ℃～60 ℃。

4.5 甲醇(CH_4O)：色谱纯。

4.6 乙腈(C_2H_3N)：色谱纯。

4.7 三氯甲烷($CHCl_3$)：色谱纯。

4.8 正己烷(C_6H_{14})：色谱纯。

4.9 乙醇：体积分数为95%。

4.10 氢氧化钾溶液：称固体氢氧化钾250 g，加入200 mL水溶解。临用前配制。

4.11 β-胡萝卜素标准品。

4.12 β-胡萝卜素标准溶液。

4.12.1 β-胡萝卜素标准储备液(500 μg/mL)：准确称取β-胡萝卜素标准品(4.11)50 mg(精确到0.1 mg)，用正己烷(4.8)定容至100 mL棕色容量瓶中。

注：β-胡萝卜素标准储备液需要－10 ℃以下避光储存，使用期限不超过3个月。标准储备液用前需校正，具体操作见附录A。

4.12.2 β-胡萝卜素标准中间液(100 μg/mL)：从β-胡萝卜素标准储备液(4.12.1)中准确移取10.0 mL溶液于50 mL棕色容量瓶中，用正己烷(4.8)定容至刻度。

4.12.3 β-胡萝卜素标准工作液：从β-胡萝卜素标准中间液(4.12.2)中分别准确移取0.50、1.00、2.00、3.00、4.00 mL溶液转入5个100 mL棕色容量瓶中，用正己烷(4.8)定容至刻度，得到浓度为0.5、1.0、2.0、3.0、4.0 μg/mL的系列标准工作液。

5 仪器和设备

5.1 高效液相色谱仪，带紫外检测器。

5.2 旋转蒸发器。

5.3 恒温磁力搅拌器:20 ℃～80 ℃。

5.4 离心机:转速≥5 000 转/分钟。

5.5 分析天平:感量为 0.1 mg。

5.6 氮吹仪。

5.7 培养箱:60 ℃±2 ℃。

6 分析步骤

6.1 试样处理

6.1.1 淀粉类试样

称取混合均匀的固体试样约 5 g 或液体试样约 50 g(均精确至 0.000 1 g)于 250 mL 三角瓶中,加入 1.0 g 抗坏血酸(4.3),固体试样需用 50 mL 45 ℃～50 ℃的水溶解并混合均匀。加入 1 g α-淀粉酶(4.1),向三角瓶中充氮后盖上瓶塞,置 60 ℃±2 ℃培养箱(5.7)内酶解 30 min。

6.1.2 非淀粉类试样

称取混合均匀的固体试样约 10 g 或液体试样约 50 g(均精确至 0.000 1 g),置于 250 mL 三角瓶中,加入 1.0 g 抗坏血酸(4.3),固体试样需用 50 mL 45 ℃～50 ℃的水溶解并混合均匀。

6.2 待测液的制备

6.2.1 皂化:将 100 mL 95%乙醇(4.9)加入到上述试样溶液中,混匀并加入 25 mL 氢氧化钾溶液(4.10)混匀,放入磁力棒,充入氮气排出空气,盖上胶塞。将 1 000 mL 的烧杯中加入约 300 mL 的水,将烧杯放在恒温磁力搅拌器(5.3)上,当水温控制在 53 ℃±2 ℃时,将三角瓶放入烧杯中,磁力搅拌皂化约 45 min 后,取出立刻冷却到室温。

6.2.2 提取:将皂化液全部转入 500 mL 分液漏斗中,加入 100 mL 石油醚(4.4),轻轻摇动,排气,盖好瓶塞,室温下振荡 10 min 后静置分层,将水相转入另一分液漏斗中按上述方法进行第二次提取。合并有机相,用水洗至近中性。有机相通过无水硫酸钠(4.2)过滤脱水。滤液收入 500 mL 烧瓶中,于旋转蒸发器(5.2)上在 40 ℃±2 ℃的充氮条件下蒸至近干(绝不允许蒸干)。用石油醚(4.4)溶解残渣并转移至 10 mL 容量瓶中定容。

从上述容量瓶中准确移取 2.0 mL 石油醚溶液于 10 mL 螺盖试管中,在 40 ℃±2 ℃氮吹仪(5.6)上吹干。向试管中加 1.0 mL 正己烷(4.8),振荡溶解残渣。再将试管以不低于 5 000 转/分钟的速度离心(5.4)10 min,取出静置至室温后待测。

注:实验操作过程中应注意避光。

6.3 色谱测定

6.3.1 参考色谱条件

色谱柱:C_{18}柱,250 mm×4.6 mm,5 μm,或具同等性能的色谱柱。

流动相:三氯甲烷-腈-甲醇=3+12+85,将 1 L 的流动相中加入 0.4 g 的抗坏血酸,经 0.45 μm 膜过滤后备用。

流速:2.0 mL/min。

检测波长:450 nm。

柱温:35 ℃±1 ℃。

进样体积:20 μL。

6.3.2 标准曲线的绘制

分别将 β-胡萝卜素标准工作液(4.12.3)注入液相色谱仪中(色谱图参见附录 B),得到峰面积。以峰面积为纵坐标,以 β-胡萝卜素标准工作液浓度为横坐标绘制标准曲线。

6.3.3 试样测定

将待测液(6.2.2)注入液相色谱仪中，得到峰面积，根据标准曲线得到待测液中 β-胡萝卜素的浓度。

7 分析结果的表述

试样中 β-胡萝卜素的含量按式(1)计算：

$$X = \frac{c \times 10 \times 100}{m \times 2} \quad \cdots\cdots\cdots\cdots (1)$$

式中：

X——试样中 β-胡萝卜素的含量，单位为微克每百克(μg/100 g)；

c——从标准曲线得到待测液中 β-胡萝卜素的浓度，单位为微克每毫升(μg/mL)；

m——试样的质量，单位为克(g)；

10——样液体积。

注：此计算结果为顺、反式 β-胡萝卜素的总量。

以重复性条件下获得的两次独立测定结果的算术平均值表示，结果保留三位有效数字。

8 精密度

在重复性条件下获得的两次独立测定结果的绝对差值不得超过算术平均值的 10%。

9 其他

本标准检出限为 2 μg/100 g。

附 录 A
（规范性附录）
标准溶液浓度校正方法

β-胡萝卜素标准储备液配制后需要校正，具体操作如下：

取 β-胡萝卜素标准储备液（浓度为 500 μg/mL）10 μL，注入含 3.0 mL 正己烷的比色皿中，混匀。测定其吸光值，比色杯厚度为 1 cm，以正己烷为空白，入射光波长为 450 nm，平行测定 3 次，取均值。

按式(2)计算溶液浓度：

$$X = \frac{A}{E} \times \frac{3.01}{0.01} \qquad \cdots\cdots\cdots\cdots (2)$$

式中：

X——β-胡萝卜素溶液浓度，单位为微克每毫升（μg/mL）；

A——β-胡萝卜素的紫外吸光值；

E——β-胡萝卜素在正己烷溶液中，入射光波长为 450 nm，比色杯厚度为 1 cm，溶液浓度为 1 mg/L 的吸光系数为 0.263 8；

$\frac{3.01}{0.01}$——测定过程中稀释倍数的换算系数。

附 录 B
（资料性附录）
标准品液相色谱图

B.1 β-胡萝卜素标准品液相色谱图

β-胡萝卜素标准品液相色谱图见图 B.1。

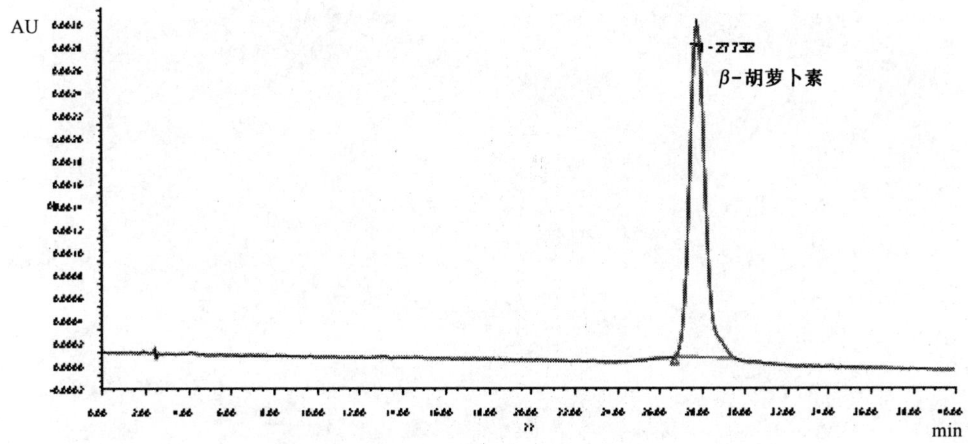

图 B.1 β-胡萝卜素标准品色谱图

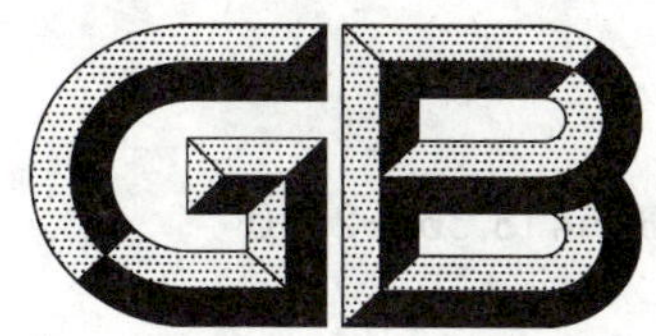

中华人民共和国国家标准

GB 5413.36—2010

食品安全国家标准
婴幼儿食品和乳品中反式脂肪酸的测定

National food safety standard

Determination of trans fatty acids in foods for infants and young children, milk and milk products

2010-03-26 发布　　　　2010-06-01 实施

中华人民共和国卫生部　发布

前　言

本标准的附录 A 为资料性附录。

本标准系首次发布。

食品安全国家标准
婴幼儿食品和乳品中反式脂肪酸的测定

1 范围

本标准规定了婴幼儿食品和乳品中反式脂肪酸的测定方法。

本标准适用于婴幼儿食品和乳品中反式脂肪酸的测定。

2 规范性引用文件

本标准中引用的文件对于本标准的应用是必不可少的。凡是注日期的引用文件,仅所注日期的版本适用于本标准。凡是不注日期的引用文件,其最新版本(包括所有的修改单)适用于本标准。

3 原理

试样中的脂肪用溶剂提取。提取物在碱性条件下与甲醇反应生成脂肪酸甲酯,用配有氢火焰离子化检测器的气相色谱仪分离顺式脂肪酸甲酯和反式脂肪酸甲酯,外标法定量。

4 试剂和材料

除非另有规定,本方法所用试剂均为分析纯,水为GB/T 6682规定的一级水。

4.1 石油醚:沸程30 ℃～60 ℃。

4.2 乙醚($C_4H_{10}O$)。

4.3 乙醇(C_2H_6O):体积分数为95%。

4.4 正己烷(C_6H_{14}):色谱纯。

4.5 氨水($NH_3 \cdot H_2O$):25%～28%。

4.6 氢氧化钾(KOH)。

4.7 甲醇(CH_4O)。

4.8 淀粉酶:活力单位:1.5 U/mg,根据活力单位大小调整用量。

4.9 无水硫酸钠(Na_2SO_4)。

4.10 氢氧化钾-甲醇溶液(4 mol/L):称取26.4 g氢氧化钾,溶于约80 mL甲醇中。冷却至室温,用甲醇定容至100 mL,加入约5 g无水硫酸钠(4.9),充分搅拌后过滤,保留滤液。

4.11 脂肪酸甲酯标准品:十八酸甲酯(C18:0)、反-9-十八碳一烯酸甲酯(C18:1-9t)、顺-9-十八碳一烯酸甲酯(C18:1-9c)、反-9,12-十八碳二烯酸甲酯(C18:2-9t,12t)、顺-9,12-十八碳二烯酸甲酯(C18:2-9c,12c),放入冰箱在-15 ℃以下保存。

4.12 反式脂肪酸甲酯标准贮备液:浓度分别为10.0 mg/mL。称取500 mg(精确到0.1 mg)反-9-十八碳一烯酸甲酯标准品和反-9,12-十八碳二烯酸甲酯标准品,分别用正己烷溶解并定容至50.0 mL。放入冰箱在-15 ℃以下保存。

4.13 反式脂肪酸甲酯标准中间液:浓度分别为1.0 mg/mL。分别吸取两种反式脂肪酸甲酯标准储备液(4.12)10.0 mL入同一100 mL容量瓶中并用正己烷(4.4)定容。临用前配制。亦作为标准曲线最高点。

4.14 反式脂肪酸甲酯标准工作液:临用前配制。分别吸取反式脂肪酸甲酯标准中间液(4.13),0、2.0、4.0、6.0、8.0、10.0 mL 于 10 mL 容量瓶中,用正己烷定容,此浓度即为 0、0.2、0.4、0.6、0.8、1.0 mg/mL 的标准工作液。

4.15 脂肪酸甲酯标准混合液:将脂肪酸甲酯标准品(4.11),用正己烷配制成脂肪酸甲酯标准混合溶液,其中每种成分的浓度约为 0.05 mg/mL～0.5 mg/mL。用于进行顺反脂肪酸甲酯分离程度及定性的鉴定。

4.16 刚果红溶液:称取 1 g 刚果红溶解稀释至 100 mL。

5 仪器和设备

5.1 气相色谱仪,带氢火焰离子化检测器。

5.2 旋转蒸发器。

5.3 恒温水浴:40 ℃～80 ℃。

5.4 涡旋振荡器。

5.5 离心机:转速≥4 000 转/分钟。

5.6 毛氏抽脂瓶。

5.7 毛氏抽脂瓶摇混器。

5.8 脂肪收集瓶:圆底烧瓶,与旋转蒸发仪配套。

5.9 天平:感量为 0.1 mg。

6 分析步骤

6.1 试样处理

6.1.1 含淀粉的试样:称取混合均匀的固体试样约 1.5 g,液体试样约 5 g(精确到 0.1 mg)于毛氏抽脂瓶中,加入约 0.1 g 淀粉酶(酶活力 1.5 U/mg),混合均匀后,加入 8 mL～10 mL 45 ℃±2 ℃的水,摇匀。盖上瓶塞置于 55 ℃±2 ℃水浴(5.3)中 2 h,每隔 10 min 摇混一次。加入两滴约 0.1 mol/L 的碘溶液,检验淀粉是否水解完全。若无蓝色出现,则水解完全,否则将毛氏抽脂瓶重新置于水浴中,直至蓝色消失,取出冷却至室温。

6.1.2 不含淀粉的试样:称取混合均匀的固体试样约 1.5 g,液体试样约 10 g(精确到 0.1 mg)于毛氏抽脂瓶(5.6)中,加入 10 mL 45 ℃±2 ℃的水,将试样洗入毛氏抽脂瓶(5.6)的小球中,充分混合,直到试样完全散开,冷却至室温。

6.1.3 脂肪的提取:向毛氏抽脂瓶(5.6)中加入 3.0 mL 氨水(4.5),混匀。置于 60 ℃±2 ℃水浴(5.3)中 15 min～20 min,冷却至室温。加入 10 mL 乙醇(4.3)和 1 滴刚果红溶液(4.16),混匀。再加入 25 mL 乙醚(4.2),塞上软木塞,放到毛氏抽脂瓶(5.6)摇混器上振荡 1 min,也可采用手动振摇方式,再加入 25 mL 石油醚(4.1),振荡 1 min,不低于 4 000 转/分钟离心分层。倾出上清液于脂肪收集瓶(5.8)中,为第一次提取。在剩余试样液中再加入 5 mL 乙醇,25 mL 乙醚,25 mL 石油醚按上述操作步骤进行第二次提取。用离心机(5.5)离心分层后倾出上清液与第一次的上清液合并。将脂肪收集瓶(5.8)置于旋转蒸发器(5.2)上,在 60 ℃±2 ℃通入氮气条件下旋转蒸发除去溶剂,保留残渣,即为脂肪。

6.1.4 脂肪酸甲酯的制备:将上述脂肪用正己烷(4.4)溶解并定容至 10.0 mL,取出 3.0 mL 于 10 mL 具塞试管中,加入 0.3 mL 氢氧化钾-甲醇溶液(4.10)。盖紧瓶盖,涡旋振荡器(5.4)上剧烈振摇 2 min,4 000 转/分钟离心 5 min 后将上清液转入气相色谱试样瓶中,此为试样测定液。

6.2 测定

6.2.1 参考色谱条件

色谱柱:填料为氰丙基芳基聚硅氧烷的毛细管柱,柱长 100 m,内径 0.25 mm,膜厚 0.2 μm;或同等性能的色谱柱。

进样口温度:250 ℃;载气(N_2)。

检测器温度:300 ℃。

分流比:10∶1。

进样量:1.0 μL。

程序升温:如表 1 所示。

表 1 程序升温条件

升温速率(℃/min)	温度(℃)	保持时间(min)
	120	0
10	175	10
5	210	5
5	230	5

6.2.2 标准曲线的制备

在仪器最佳工作条件下,对系列标准工作液(4.14)分别进样,以峰面积为纵坐标,标准工作液浓度为横坐标绘制标准工作曲线。

6.2.3 反式脂肪酸甲酯色谱峰的鉴别

对脂肪酸甲酯标准混合溶液(4.15)进样,进行顺反脂肪酸甲酯分离程度及定性的鉴定。反十八碳一烯酸甲酯和反十八碳二烯酸甲酯色谱峰的位置参见附录 A 中的图 A.1。

6.2.4 试样液的测定

将试样测定液注入气相色谱仪,试样测定液中反式脂肪酸甲酯峰位置参见附录 A 图 A.1。分别测定区域 C18:1t 和区域 C18:2t 的峰面积,查标准曲线得到试样测定液中反十八碳一烯酸甲酯和反十八碳二烯酸甲酯的质量浓度。

7 分析结果的表述

试样中反十八碳一烯酸和反十八碳二烯酸含量分别计为 X_1 和 X_2,按式(1)分别计算:

$$X_{(1或2)} = \frac{c_i \times V \times M_{ai}}{m \times M_{bi}} \times 100 \qquad \cdots\cdots(1)$$

式中:

$X_{(1或2)}$——试样中反十八碳一烯酸或反十八碳二烯酸含量,单位为毫克每百克(mg/100 g);

V——试样的定容体积,单位毫升(mL);

m——试样质量,单位为克(g);

c_i——试样测定液中反十八碳一烯酸甲酯或反十八碳二烯酸甲酯的质量浓度,单位为毫克每毫升(mg/mL);

M_{ai}——反十八碳一烯酸或反十八碳二烯酸的相对分子质量;

M_{bi}——反十八碳一烯酸甲酯或反十八碳二烯酸甲酯的相对分子质量。

试样中反式脂肪酸的总含量 X,按式(2)计算:

$$X = X_1 + X_2 \qquad \cdots\cdots(2)$$

式中:

X——反式脂肪酸的总含量,单位为毫克每百克(mg/100 g);

X_1——试样中反十八碳一烯酸的含量,单位为毫克每百克(mg/100 g);

X_2——试样中反十八碳二烯酸的含量,单位为毫克每百克(mg/100 g)。

以重复性条件下获得的两次独立测定结果的算术平均值表示，结果保留三位有效数字。

8 精密度

在重复性条件下获得两次独立测定结果的绝对差值不得超过算术平均值的10%。

9 其他

本标准检出限为：反式脂肪酸总含量30 mg/kg。

附 录 A
（资料性附录）
反式脂肪酸混合标准溶液气相色谱图

A.1 反式脂肪酸混合标准溶液气相色谱图

反式脂肪酸混合标准溶液气相色谱图见图 A.1。

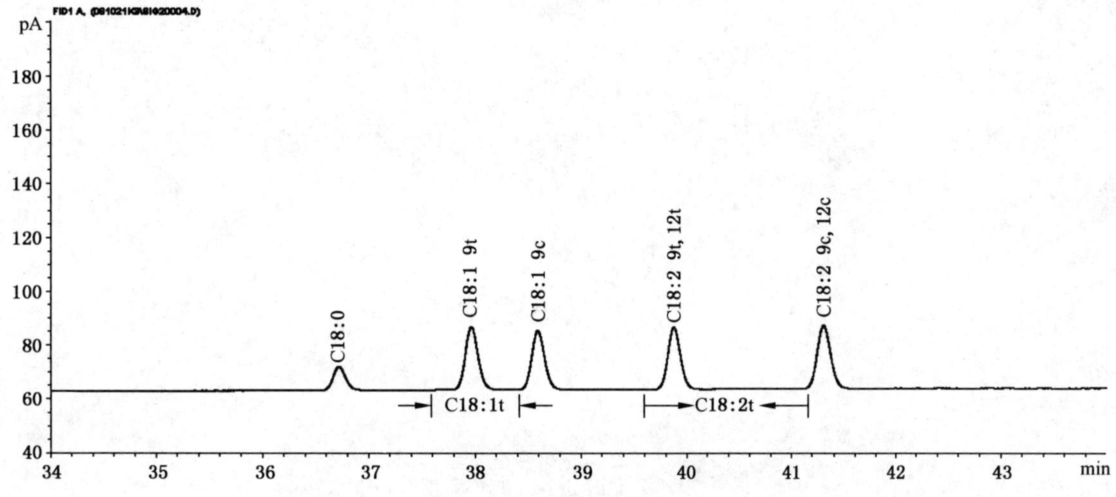

图 A.1 反式脂肪酸混合标准溶液气相色谱图

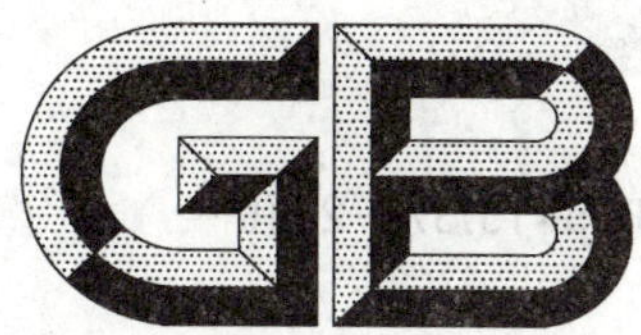

中华人民共和国国家标准

GB 5413.37—2010

食品安全国家标准

乳和乳制品中黄曲霉毒素 M_1 的测定

National food safety standard

Determination of aflatoxin M_1 in milk and milk products

2010-03-26 发布　　　　2010-06-01 实施

中华人民共和国卫生部 发布

前　言

本标准第一法对应于 ISO 14501:2007 Milk and milk powder—Determination of aflatoxin M_1 content—Clean-up by immunoaffinity chromatography and determination by high-performance liquid chromatography，本标准第一法与 ISO 14501:2007 的一致性程度为非等效；本标准第二法和第三法代替 GB/T 18980—2003；本标准第四法来自于 NY/T 1664—2008《牛乳中黄曲霉毒素 M_1 的快速检测双流向酶联免疫法》。

本标准附录 A 和附录 B 为资料性附录。

食品安全国家标准
乳和乳制品中黄曲霉毒素 M_1 的测定

1 范围

本标准规定了乳和乳制品中黄曲霉毒素 M_1 的测定方法。

本标准第一法适用于乳和乳制品中黄曲霉毒素 M_1 的测定;第二法适用于乳、乳粉,以及低脂乳、脱脂乳、低脂乳粉和脱脂乳粉中黄曲霉毒素 M_1 的测定;第三法适用于乳和乳粉中黄曲霉毒素 M_1 的测定;第四法适用于液态乳和乳粉中黄曲霉毒素 M_1 的测定。

2 规范性引用文件

本标准中引用的文件对于本标准的应用是必不可少的。凡是注日期的引用文件,仅所注日期的版本适用于本标准。凡是不注日期的引用文件,其最新版本(包括所有的修改单)适用于本标准。

第一法 免疫亲和层析净化 液相色谱-串联质谱法

3 原理

试样液体或固体试样提取液经均质、超声提取、离心,取上清液经免疫亲和柱净化,洗脱液经氮气吹干,定容,微孔滤膜过滤,经液相色谱分离,电喷雾离子源离子化,多反应离子监测(MRM)方式检测。基质加标外标法定量。

4 试剂和材料

除非另有规定,本方法所用试剂均为分析纯,水为GB/T 6682规定的一级水。

4.1 甲酸(HCOOH)。

4.2 乙腈(CH_3CN):色谱纯。

4.3 石油醚(C_nH_{2n+2}):沸程为30 ℃~60 ℃。

4.4 三氯甲烷($CHCl_3$)。

4.5 氮气:纯度≥99.9%。

4.6 黄曲霉毒素 M_1 标准样品:纯度≥98%。

4.7 乙腈-水溶液(1+4):在400 mL水中加入100 mL乙腈。

4.8 乙腈-水溶液(1+9):在450 mL水中加入50 mL乙腈。

4.9 0.1%甲酸水溶液:吸取1 mL甲酸(4.1),用水稀释至1 000 mL。

4.10 乙腈-甲醇溶液(50+50):在500 mL乙腈中加入500 mL甲醇。

4.11 氢氧化钠溶液(0.5 mol/L):称取2 g氢氧化钠溶解于100 mL水中。

4.12 空白基质溶液

分别称取与待测样品基质相同的、不含所测黄曲霉毒素的阴性试样8份于100 mL烧杯中。以下操作按6.1试液提取和6.2净化步骤进行。合并所得8份试样的纯化液,用0.22 μm微孔滤膜的一次性滤头(5.23)过滤。弃去前0.5 mL滤液,接取少量滤液供液相色谱-质谱联用仪检测。

获得色谱-质谱图后,对照附录A中的图A.2,在相应的保留时间处,应不含黄曲霉毒素 M_1。剩余滤液转移至棕色瓶中,在-20 ℃电冰箱内保存,供配制标准系列溶液使用。

4.13 黄曲霉毒素 M_1 标准储备溶液：分别称取标准品黄曲霉毒素 M_1 0.10 mg(精确至 0.01 mg)，用三氯甲烷(4.4)溶解定容至 10 mL。此标准溶液浓度为 0.01 mg/mL。溶液转移至棕色玻璃瓶中后，在 −20 ℃ 电冰箱内保存，备用。

4.14 黄曲霉毒素 M_1 标准系列溶液：吸取黄曲霉毒素 M_1 标准储备溶液(4.13)10 μL 于 10 mL 容量瓶中，用氮气将三氯甲烷吹至近干，空白基质溶液(4.12)定容至刻度，所得浓度为 10 ng/mL 的 M_1 标准中间溶液。再用空白基质溶液(4.12)将黄曲霉毒素 M_1 标准中间溶液稀释为 0.5 ng/mL、0.8 ng/mL、1.0 ng/mL、2.0 ng/mL、4.0 ng/mL、6.0 ng/mL、8.0 ng/mL 的系列标准工作液。

5 仪器和设备

5.1 液相色谱-质谱联用仪，带电喷雾离子源。

5.2 色谱柱：ACQUITY UPLC HSS T3[1)]，柱长 100 mm，柱内径 2.1 mm；填料粒径 1.8 μm，或同等性能的色谱柱。

5.3 天平：感量为 0.001 g 和 0.000 01 g。

5.4 匀浆器。

5.5 超声波清洗器。

5.6 离心机：转速≥6 000 r/min。

5.7 50 mL 具塞 PVC 离心管。

5.8 水浴：温控 30 ℃±2 ℃，50 ℃±2 ℃，温度范围 25 ℃～60 ℃。

5.9 容量瓶：100 mL。

5.10 玻璃烧杯：250 mL，50 mL。

5.11 带刻度的磨口玻璃试管：5 mL，10 mL，20 mL。

5.12 移液管：1.0 mL，2.0 mL 和 50.0 mL。

5.13 玻璃棒。

5.14 10 目圆孔筛。

5.15 250 mL 分液漏斗。

5.16 100 mL 圆底烧瓶。

5.17 旋转蒸发仪。

5.18 pH 计：精度为 0.01。

5.19 250 mL 具塞锥形瓶。

5.20 免疫亲和柱：针筒式 3 mL。

5.21 10 mL 和 50 mL 一次性注射器。

5.22 固相萃取装置(带真空系统)。

5.23 一次性微孔滤头：带 0.22 μm 微孔滤膜(水相系)。

6 分析步骤

6.1 试液提取

6.1.1 乳：称取 50 g(精确至 0.01 g)混匀的试样，置于 50 mL 具塞离心管(5.7)中，在水浴(5.8)中加热到 35 ℃～37 ℃。在 6 000 r/min 下离心 15 min。收集全部上清液，供净化用。

6.1.2 发酵乳(包括固体状、半固体状和带果肉型)：称取 50 g(精确至 0.01 g)混匀的试样，用 0.5 mol/L 的氢氧化钠溶液(4.11)在酸度计(5.18)指示下调 pH 至 7.4，在 9 500 r/min 下匀浆(5.4)

1) 给出这一信息是为了方便本标准的使用者，并不表示对该产品的认可，如果其他等效产品具有相同的效果，则可使用这些等效的产品。

5 min，以下按 6.1.1 进行操作。

6.1.3　乳粉和粉状婴幼儿配方食品：称取 10 g（精确至 0.01 g）试样，置于 250 mL 烧杯中。将 50 mL 已预热到 50 ℃的水加入到乳粉中，用玻璃棒将其混合均匀。如果乳粉仍未完全溶解，将烧杯置于 50 ℃的水浴（5.8）中放置 30 min。溶解后冷却至 20 ℃，移入 100 mL 容量瓶中，用少量的水分次洗涤烧杯，洗涤液一并移入容量瓶中，用水定容至刻度，摇匀后分别移至两个 50 mL 离心管（5.7）中，在 6 000 r/min 下离心 15 min，混合上清液，用移液管移取 50 mL 上清液供净化处理用。

6.1.4　干酪：称取经切细、过 10 目圆孔筛混匀的试样 5 g（精确至 0.01 g），置于 50 mL 离心管（5.7）中，加 2 mL 水和 30 mL 甲醇，在 9 500 r/min 下匀浆 5 min，超声提取 30 min，在 6 000 r/min 下离心 15 min。收集上清液并移入 250 mL 分液漏斗中。在分液漏斗中加入 30 mL 石油醚（4.3），振摇 2 min，待分层后，将下层移于 50 mL 烧杯中，弃去石油醚层。重复用石油醚提取 2 次。将下层溶液移到 100 mL 圆底烧瓶中，减压浓缩至约 2 mL，浓缩液倒入离心管中，烧瓶用乙腈-水溶液（1+4）（4.7）5 mL 分 2 次洗涤，洗涤液一并倒入 50 mL 离心管中，加水稀释至约 50 mL，在 6 000 r/min 下离心 5 min，上清液供净化处理。

6.1.5　奶油：称取 5 g（精确至 0.01 g）试样，置于 50 mL 烧杯中，用 20 mL 石油醚（4.3）将其溶解并移于 250 mL 具塞锥形瓶中。加 20 mL 水和 30 mL 甲醇，振荡 30 min 后，将全部液体移于分液漏斗中，待分层后，将下层溶液全部移到 100 mL 圆底烧瓶中，在旋转蒸发仪（5.17）中减压浓缩至约 5 mL，加水稀释至约 50 mL，供净化处理。

6.2　净化

6.2.1　免疫亲和柱的准备

将一次性的 50 mL 注射器筒与亲和柱（5.20）上顶部相串联，再将亲和柱与固相萃取装置连接起来。

注：根据免疫亲和柱的使用说明书要求，控制试液的 pH 值。

6.2.2　试样的纯化

将以上 6.1 试液提取液移至 50 mL 注射器筒（5.21）中，调节固相萃取装置的真空系统，控制试样以 2 mL/min～3 mL/min 稳定的流速过柱。取下 50 mL 的注射器筒，装上 10 mL 注射器筒。注射器筒内加入水，以稳定的流速洗柱，然后，抽干亲和柱。脱开真空系统，在亲和柱下部放入 10 mL 刻度试管，上部装上另一个 10 mL 注射器筒，加入 4 mL 乙腈（4.2），洗脱黄曲霉毒素 M_1，洗脱液收集在刻度试管中（5.11）中，洗脱时间不少于 60 s。然后用氮气缓缓地在 30 ℃下将洗脱液蒸发至近干（如果蒸发至干，会损失黄曲霉毒素 M_1），用乙腈-水溶液（1+9）稀释至 1 mL。

6.3　液相色谱参考条件

流动相：A 液，0.1%甲酸溶液；B 液，乙腈-甲醇溶液（1+1）。

梯度洗脱：参见附录 A 中的表 A.1。

流动相流动速度：0.3 mL/min。

柱温：35 ℃。

试液温度：20 ℃。

进样量：10 μL。

6.4　质谱参考条件

检测方式：多离子反应监测（MRM），详见表 1 中母离子、子离子和碰撞能量。扫描图参见附录 A 中的图 A.1。

表 1　离子选择参数表

黄曲霉毒素	母离子	定量子离子	碰撞能量	定性子离子	碰撞能量	离子化方式
M_1	329.0	273.5	22	259.5	22	ESI+

离子源控制条件：参见附录 A 中的表 A.2。

6.5 定性

试样中黄曲霉毒素 M_1 色谱峰的保留时间与相应标准色谱峰的保留时间相比较，变化范围应在±2.5%之内。

黄曲霉毒素 M_1 的定性离子的重构离子色谱峰的信噪比应大于等于 3(S/N≥3)，定量离子的重构离子色谱峰的信噪比应大于等于 10(S/N≥10)。

每种化合物的质谱定性离子必须出现，至少应包括一个母离子和两个子离子，而且同一检测批次，对同一化合物，样品中目标化合物的两个子离子的相对丰度比与浓度相当的标准溶液相比，其允许偏差不超过表 2 规定的范围。

表 2 定性时相对离子丰度的最大允许偏差

相对离子丰度	>50%	>20%至 50%	>10%至 20%	≤10%
允许相对偏差	±20%	±25%	±30%	±50%

各检测目标化合物以保留时间和两对离子(特征离子对/定量离子对)所对应的 LC-MS/MS 色谱峰面积相对丰度进行定性。要求被测试样中目标化合物的保留时间与标准溶液中目标化合物的保留时间一致(一致的条件是偏差小于 20%)，同时要求被测试样中目标化合物的两对离子对应 LC-MS/MS 色谱峰面积比与标准溶液中目标化合物的面积比一致。

6.6 试样测定

按照 6.3 和 6.4 确立的条件，测定试液(6.2)和标准系列溶液(4.14)中黄曲霉毒素 M_1 的离子强度，外标法定量。色谱图见附录 A 的图 A.2。

色谱参考保留时间：黄曲霉毒素 M_1 3.23 min。

6.7 空白试验

不称取试样，按 6.5 的步骤做空白实验。应确认不含有干扰被测组分的物质。

6.8 标准曲线绘制

将标准系列溶液(4.14)由低到高浓度进样检测，以峰面积-浓度作图，得到标准曲线回归方程。

6.9 定量测定

待测样液中被测组分的响应值应在标准曲线线性范围内，超过线性范围时，则应将样液用空白基质溶液稀释后重新进样分析或减少取样量，重新按 6.1 进行处理后再进样分析。

7 分析结果的表述

外标法定量，按式(1)计算黄曲霉毒素 M_1 的残留量。

$$X = \frac{A \times V \times f \times 1}{m} \quad \cdots\cdots (1)$$

式中：

X——试样中黄曲霉毒素 M_1 的含量，单位为微克每千克(μg/kg)；

A——试样中黄曲霉毒素 M_1 的浓度，单位为纳克每毫升(ng/mL)；

V——样品定容体积，单位毫升(mL)；

f——样液稀释因子；

m——试样的称样量，单位克(g)。

以重复性条件下获得的两次独立测定结果的算术平均值表示，结果保留三位有效数字。

8 精密度

在重复性条件下获得的两次独立测定结果的绝对差值不得超过算术平均值的 10%。

第二法 免疫亲和层析净化高效液相色谱法

9 原理

亲和柱内含有的黄曲霉毒素 M_1 特异性单克隆抗体交联在固体支持物上，当试样通过亲和柱时，抗体选择性地与黄曲霉毒素 M_1（抗原）键合，形成抗体-抗原复合体。用水洗柱除去柱内杂质，然后用洗脱剂洗脱吸附在柱上的黄曲霉毒素 M_1，收集洗脱液。用带有荧光检测器的高效液相色谱仪测定洗脱液中黄曲霉毒素 M_1 含量。

10 试剂和材料

除非另有规定，本方法所用试剂均为分析纯，水为 GB/T 6682 规定的一级水。

10.1 免疫亲和柱：亲和柱的最大容量不小于 100 ng 黄曲霉毒素 M_1（相当于 50 mL 浓度为 2 μg/L 的试样），当标准溶液含有 4 ng 黄曲霉毒素 M_1（相当于 50 mL 浓度为 80 ng/L 的试样）时回收率不低于 80%。应该定期检查亲和柱的柱效和回收率，对于每个批次的亲和柱至少检查一次（见 10.1.1 和 10.1.2）。

10.1.1 柱效检查

用移液管（11.4）移取 1.0 mL 的黄曲霉毒素 M_1 标准储备液（10.5.2）到 20 mL 的锥形试管中（11.9）。用恒流的氮气（10.3）将液体慢慢吹干，然后用 10 mL 10%的乙腈水溶液（10.2.2）溶解残渣，用力摇荡。

将该溶液加入到 40 mL 的水中，充分混匀，全部通过免疫亲和柱（10.1）。按说明书要求使用免疫亲和柱。淋洗免疫亲和柱后，洗脱黄曲霉毒素 M_1。将洗脱液进行适当稀释后，用高效液相色谱仪测定免疫亲和柱键合的黄曲霉毒素 M_1 含量。

计算黄曲霉毒素 M_1 的回收率，将其结果与 10.1 中所要求的指标进行比较。

10.1.2 回收率检查

用移液管（11.4）移取 0.8 mL 0.005 μg/mL 的黄曲霉毒素 M_1 标准工作液（10.5.3）到 10 mL 的水中，充分混匀，全部通过免疫亲和柱。按说明书使用免疫亲和柱。淋洗免疫亲和柱，洗脱下黄曲霉毒素 M_1。将洗脱液进行适当稀释后，用高效液相色谱仪测定免疫亲和柱键合的黄曲霉毒素 M_1 含量。计算黄曲霉毒素 M_1 的回收率，将其结果与 10.1 中所要求的指标进行对比。

10.2 乙腈（CH_3CN）：色谱纯。

10.2.1 25%乙腈水溶液：将 250 mL 的乙腈（10.2）与 750 mL 的水混溶（使用前需要脱气）。

10.2.2 10%乙腈水溶液：将 100 mL 的乙腈（10.2）与 900 mL 的水混溶（使用前需要脱气）。

10.3 氮气（N_2）。

10.4 三氯甲烷：加入 0.5 %～1.0%质量比（与三氯甲烷质量比）的乙醇进行稳定。

10.5 黄曲霉毒素 M_1 标准溶液，纯度≥98%。

10.5.1 浓度的校正

黄曲霉毒素 M_1 三氯甲烷标准溶液浓度为 10 μg/mL。根据下面的方法，在最大吸收波段处测定溶液的吸光度，以确定黄曲霉毒素 M_1 的实际浓度。

用分光光度计（11.11）在 340 nm～370 nm 处测定，扣除三氯甲烷的空白本底，读取标准溶液的吸光度值。在接近 360 nm 最大吸收波段 λ_{max} 处，测得吸光度值为 A，根据式（2）计算浓度值：

$$c_i = \frac{A \times M \times 100}{\varepsilon} \qquad \cdots\cdots（2）$$

式中：

c_i——黄曲霉毒素 M_1 实际浓度，单位为微克每毫升（μg/mL）；

A——在 λ_{max} 处测得的吸光度值；

M——328 g/mol，黄曲霉毒素 M_1 的摩尔质量，单位为克每摩尔(g/mol)；

ε——19950，溶于三氯甲烷中的黄曲霉毒素 M_1 的吸光系数，单位为平方米每摩尔(m^2/mol)。

10.5.2　**标准储备液**

确定黄曲霉毒素 M_1 标准溶液的实际浓度值后(10.5.1)，继续用三氯甲烷将其稀释为浓度为 0.1 μg/mL 的储备液。储备液密封后于冰箱中 5 ℃以下避光保存。在此条件下，储备液可以稳定两个月。

10.5.3　**黄曲霉毒素 M_1 标准工作液**

从冰箱中取出标准储备液(10.5.2)放置至室温，移取一定量的储备液进行稀释制备成工作液。工作液临用前配制。

黄曲霉毒素 M_1 标准工作液配制：用移液管(11.4)准确移取 1.0 mL 的储备液(10.5.2)到 20 mL 的锥形试管中(11.9)，用和缓的氮气(10.3)将溶液吹干，然后用 20.0 mL 10%的乙腈水溶液(10.2.2)将残渣重新溶解，30 min 内振摇，混匀，配成浓度为 0.005 μg/mL 的黄曲霉毒素 M_1 标准工作液。在用氮气对储备液吹干的过程中，一定要仔细操作，避免因温度降低太多而出现结露。

在作标准曲线时，黄曲霉毒素 M_1 的进样绝对含量分别是 0.05 ng、0.1 ng、0.2 ng、0.4 ng。根据高效液相色谱仪进样环的容积量，用工作液配置一系列适当浓度的黄曲霉毒素 M_1 标准溶液，稀释液用 10%乙腈水溶液(10.2.2)。

11　仪器和设备

11.1　一次性注射器：10 mL 和 50 mL。

11.2　真空系统。

11.3　离心机：转速≥7 000 r/min。

11.4　移液管：1.0 mL、2.0 mL 和 50.0 mL。

11.5　玻璃烧杯：250 mL。

11.6　容量瓶：100 mL。

11.7　水浴：温控 30 ℃± 2 ℃，50 ℃±2 ℃，温度范围 36 ℃±1 ℃。

11.8　滤纸：中速定性滤纸。

11.9　带刻度的磨口锥形玻璃试管：5 mL、10 mL、20 mL。

11.10　高效液相色谱仪

11.10.1　无脉冲泵：适合恒定体积流量约 1 mL/min 的泵。

11.10.2　进样系统：具有固定或可变容积的进样环，进样体积 50 μL～500 μL。

11.10.3　反相色谱柱：填充 3 μm 或者 5 μm 的十八烷基硅胶，加有填充反相材料的保护柱。

11.10.4　荧光检测器：具有 365 nm 激发波长、435 nm 发射波长，在适当的色谱条件下能够测定 0.02 ng 的黄曲霉毒素 M_1(相当于 5 倍噪音)。

11.11　紫外分光光度计：波长范围为 200 nm～400 nm。

11.12　天平：感量为 0.01 g。

12　分析步骤

所有的操作分析均应在避光条件下进行。

12.1　**试样制备**

12.1.1　乳：将试样在水浴(11.7)中加热到 35 ℃～37 ℃。用滤纸(11.8)过滤(根据情况，可以使用多层滤纸进行过滤)，或者在 7 000 r/min 离心 15 min。至少收集 50 mL 试样，按照 12.4 继续操作。

12.1.2　乳粉：称取 10 g 样品(精确到 0.1 g)，置于 250 mL 的烧杯(11.5)中。将 50 mL 已预热到50 ℃

的水多次少量地加入到乳粉中，用搅拌棒将其混合均匀。如果乳粉不能完全溶解，将烧杯在 50 ℃的水浴(11.7)中放置至少 30 min，仔细混匀。将溶解的乳粉冷却至 20 ℃后，移入 100 mL 容量瓶(11.6)中，用少量的水分次淋洗烧杯，淋洗液一并移入容量瓶中，再用水定容至刻度。用滤纸(11.8)过滤乳，或者在 7 000 r/min 下离心 15 min。至少收集 50 mL 的乳试样，按照 12.4 继续进行分析。

12.1.3　发酵乳：按照“第一法”中 6.1.2 的前处理方法进行。

12.1.4　干酪：按照“第一法”中 6.1.4 的前处理方法进行。

12.1.5　奶油：按照“第一法”中 6.1.5 的前处理方法进行。

12.2　免疫亲和柱的准备

将一次性的 50 mL 注射器筒(11.1)与亲和柱(10.1)的顶部相连，再将亲和柱与真空系统(11.2)连接起来。

12.3　试样的提取与纯化

用移液管移取 50 mL 试样(12.1.1 或 12.1.2)到 50 mL 注射器(11.1)中，调节真空系统(11.2)，控制试样以 2 mL/min～3 mL/min 稳定的流速过柱。

取下 50 mL 的注射器，装上 10 mL 注射器。注射器内加入 10 mL 水，以稳定的流速洗柱，然后，抽干亲和柱。

脱开真空系统，装上另一个 10 mL 注射器，加入 4 mL 乙腈(10.2)。缓缓推动注射器栓塞，通过柱塞控制流速，洗脱黄曲霉毒素 M_1，洗脱液收集在锥形管(11.9)中，洗脱时间不少于 60 s。然后用和缓的氮气(10.3)在 30 ℃下将洗脱液蒸发至体积为 50 μL～500 μL(如果蒸发至干，会损失黄曲霉毒素 M_1)。再用水稀释 10 倍至最终体积为 V_i(即 500 μL～5 000 μL)。

注：如果注入高效液相色谱仪含黄曲霉毒素 M_1 的样品，乙腈含量超过 10%，色谱峰变宽。如果水含量超过 90%，则对色谱峰的形状没有影响。

12.4　高效液相色谱分析

12.4.1　色谱条件

色谱柱：C_{18}，长 25 cm，内径 4.6 mm；

流动相：25%乙腈水溶液(10.2.1)；

流速：1 mL/min。

12.4.2　黄曲霉毒素 M_1 的标准曲线

根据高效液相色谱仪进样环容积，选择适当进样体积数 V_i，分别注入含有 0.05 ng、0.1 ng、0.2 ng 和 0.4 ng 的黄曲霉毒素 M_1 标准溶液。绘制成峰面积或峰高对黄曲霉毒素 M_1 质量的标准曲线。

12.4.3　色谱分析

根据样品洗脱液色谱图中黄曲霉毒素 M_1 的峰高或峰面积值，从标准曲线上得出样品洗脱液中所含有的黄曲霉毒素 M_1 的质量(ng)。

如果样品洗脱液的黄曲霉毒素 M_1 的峰面积或峰高值高于标准曲线范围，用水定容稀释样品洗脱液后，重新进样分析。

13　分析结果的表述

13.1　乳

应用式(3)计算被测样品中的黄曲霉毒素 M_1 的含量 ω_m。

$$\omega_m = \frac{m_A \times V_f \times 1}{V_i \times V} \qquad \cdots\cdots(3)$$

式中：

ω_m——黄曲霉毒素 M_1 的含量，单位为微克每升(μg/L)；

m_A——样品洗脱液黄曲霉毒素 M_1 的峰面积或峰高从标准曲线上得出的黄曲霉毒素 M_1 的质量，

单位为纳克(ng)；

V_i——样品洗脱液的进样体积，单位为微升(μL)；

V_f——样品洗脱液的最终体积，单位为微升(μL)；

V——通过免疫亲和柱的被测样品的体积，单位为毫升(mL)。

式(3)适用于未经稀释的试样，否则应该乘以稀释倍数。

以重复性条件下获得的两次独立测定结果的算术平均值表示，结果保留三位有效数字。

13.2 乳粉

应用式(4)计算被测样品中的黄曲霉毒素 M_1 的含量 ω_p。

$$\omega_p = \frac{m_A \times V_f \times 1}{V_i \times m} \quad \cdots\cdots(4)$$

式中：

ω_p——黄曲霉毒素 M_1 的含量，单位为微克每千克(μg/kg)；

m——50 mL 样液(12.3)中所含乳粉质量，单位为克(g)。

m_A、V_f、V_i 的含义与13.1中所定义的一样。

以重复性条件下获得的两次独立测定结果的算术平均值表示，结果保留三位有效数字。

14 精密度

各实验室试验结果的精密度总结于附录B中，这些数据不适用于其他的污染水平和被测样。

第三法 免疫层析净化荧光分光度法

15 原理

试样经过离心、脱脂、过滤，滤液经含有黄曲霉毒素 M_1 特异性单克隆抗体的免疫亲和柱层析净化，黄曲霉毒素 M_1 交联在层析介质中的抗体上。此抗体对黄曲霉毒素 M_1 具有专一性，当样品通过亲和柱时，抗体选择性地与所有存在的黄曲霉毒素 M_1(抗原)键合。用甲醇-水(1+9)将免疫亲和柱上杂质除去，以甲醇-水(8+2)通过免疫亲和柱洗脱，将溴溶液衍生后的洗脱液置于荧光光度计中测定黄曲霉毒素 M_1 含量。

16 试剂和材料

除非另有规定，本方法所用试剂均为分析纯，水为GB/T 6682规定的一级水。

16.1 甲醇(CH_3OH)：色谱纯。

16.2 氯化钠(NaCl)。

16.3 甲醇-水(1+9)：取10 mL甲醇加入90 mL水。

16.4 甲醇-水(8+2)：取80 mL甲醇加入20 mL水。

16.5 溴溶液储备液(0.01%)：称取适量溴，溶于水后，配成0.01%的储备液，避光保存。

16.6 溴溶液工作液(0.002%)：取10 mL 0.01%的溴溶液储备液加入40 mL水混匀，于棕色瓶中保存备用。现用现配。

16.7 二水硫酸奎宁[$(C_{20}H_{24}N_2O_2)_2 \cdot H_2SO_4 \cdot 2H_2O$]。

16.8 硫酸溶液(0.05 mol/L)：取2.8 mL浓硫酸，缓慢加入适量水中，冷却后定容至1 000 mL。

16.9 荧光光度计校准溶液：称取0.340 g二水硫酸奎宁，用0.05 mol/L硫酸溶液(16.8)溶解并定容至100 mL，此溶液荧光光度计读数相当于2.0 μg/L黄曲霉毒素 M_1 标准溶液。0.05 mol/L硫酸溶液(16.8)荧光光度计读数相当于0.0 μg/L黄曲霉毒素 M_1。

17 仪器和设备

17.1 荧光光度计。

17.2 离心机：转速≥7 000 r/min。

17.3 玻璃纤维滤纸：直径 11 cm，孔径 1.5 μm。

17.4 黄曲霉毒素 M_1 免疫亲和柱。

17.5 空气压力泵。

17.6 玻璃试管：直径 12 mm，长 75 mm，无荧光特性。

17.7 玻璃注射器：10 mL。

18 分析步骤

18.1 试样提取

18.1.1 乳：取 50.0 mL 试样，加入 1.0 g 氯化钠(16.2)，7 000 r/min 下离心 10 min，小心移取用于分析的乳底脱脂层，不要碰触顶部脂肪层，将脱脂的乳以玻璃纤维滤纸(17.3)过滤，滤液备用。

18.1.2 乳粉：称取 5 g 试样(精确至 0.01 g)，用 30 ℃～60 ℃水将其慢慢溶解，定容至 50 mL，加入 1.0 g 氯化钠(16.2)，以下按 18.2 的步骤操作。

18.2 净化

将免疫亲和柱(17.4)连接于 10 mL 玻璃注射器(17.7)下。准确移取 10.0 mL 上述滤液(18.1)注入玻璃注射器中，将空气压力泵(17.5)与注射器连接，调节压力使溶液以约 6 mL/min 流速缓慢通过免疫亲和柱(17.4)，直至 2 mL～3 mL 空气通过柱体。以 10 mL 甲醇-水(1+9)(16.3)清洗柱子两次，弃去全部流出液，并使 2 mL～3 mL 空气通过柱体。准确加入 1.0 mL(V_1)甲醇-水(8+2)(16.4)洗脱液洗脱，流速为 1 mL/min～2 mL/min，收集全部甲醇-水洗脱液于玻璃试管(17.6)中，备用。

18.3 测定

18.3.1 荧光光度计校准

在激发波长 360 nm、发射波长 450 nm 条件下，以 0.05 mol/L 的硫酸溶液(16.8)为空白，调节荧光光度计的读数值为 0.0 μg/L；以荧光光度计校准溶液(16.9)调节荧光光度计的读数值 2.0 μg/L。

18.3.2 样液测定

取上述洗脱液加入 1.0 mL(V)0.002%溴溶液，1 min 后立即用荧光光度计测定样液中黄曲霉毒素 M_1 含量 c_1。

18.3.3 空白试验

用水代替试样，按 18.1～18.3 步骤做空白试验。

19 分析结果的表述

19.1 乳

乳检测结果按式(5)计算：

$$X_1 = \frac{(c_1 - c_0) \times V_1 \times 10}{V} \qquad \cdots\cdots(5)$$

式中：

X_1——试样中黄曲霉毒素 M_1 含量，单位为微克每升(μg/L)；

c_1——荧光光度计中读取的样液中黄曲霉毒素 M_1 的浓度，单位为微克每升(μg/L)；

c_0——荧光光度计中读取的空白试验中黄曲霉毒素 M_1 的浓度，单位为微克每升(μg/L)；

V_1——最终净化甲醇-水(8+2)洗脱液体积，单位为毫升(mL)；

V——通过亲和柱试样体积，单位为毫升(mL)；

10——仪器的读数系数。

以重复性条件下获得的两次独立测定结果的算术平均值表示,结果保留到小数点后一位。

19.2 乳粉

乳粉检测结果按式(6)计算:

$$X_2 = \frac{(c_2 - c_0) \times V_1 \times 10 \times V}{m} \quad \cdots\cdots\cdots\cdots (6)$$

式中:

X_2——试样中黄曲霉毒素 M_1 含量,单位为微克每千克(μg/kg);

c_2——荧光光度计中读取的样液中黄曲霉毒素 M_1 的浓度,单位为微克每升(μg/L);

c_0——荧光光度计中读取的空白试验中黄曲霉毒素 M_1 的浓度,单位为微克每升(μg/L);

V_1——最终净化甲醇-水(8+2)洗脱液体积,单位为毫升(mL);

V——通过亲和柱试样体积,单位为毫升(mL);

m——50 mL 试样中所含乳粉的质量,单位为克每毫升(g/mL);

10——仪器的读数系数。

以重复性条件下获得的两次独立测定结果的算术平均值表示,结果保留到小数点后一位。

第四法　双流向酶联免疫法

20 原理

利用酶联免疫竞争原理,样品中残留的黄曲霉毒素 M_1 与定量特异性酶标抗体反应,多余的游离酶标抗体则与酶标板内的包被抗原结合,通过流动洗涤,加入酶显色底物显色后,与标准点比较定性。

21 试剂和材料

除非另有规定,本方法所用试剂均为分析纯,水为 GB/T 6682 规定的二级水。

21.1 黄曲霉毒素 M_1 双流向酶联免疫试剂盒,2 ℃～7 ℃保存。

21.1.1 黄曲霉毒素 M_1 系列标准溶液。

21.1.2 酶联免疫试剂颗粒(含特异性酶标抗体)。

21.1.2.1 抗黄曲霉毒素 M_1 抗体。

警告:不应破损,否则立即销毁。

21.1.2.2 酶结合物。

21.1.3 酶显色底物。

22 仪器和设备

22.1 样品试管,带有密封盖,内置酶联免疫试剂颗粒(21.1.2)。

22.2 移液器(管),450 μL±50 μL。

22.3 酶联免疫检测加热器,40 ℃±5 ℃。

22.4 双流向酶联免疫检测读数仪。

23 分析步骤

23.1 加热器(22.3)预热到 45 ℃±5 ℃,并至少保持 15 min。

23.2 液体试样或乳粉试样复原后振摇混匀,移取 450 μL 至样品试管(22.1)中,充分振摇,使其中的酶联免疫试剂颗粒(21.1.2)完全溶解。

23.3 将样品试管(22.1)和酶联免疫检测试剂盒(21.1)同时置于预热过的加热器内保温,保温时间

5 min～6 min。使试样中的黄曲霉毒素 M_1 和酶联免疫试剂颗粒中的酶标记黄曲霉毒素 M_1 抗体结合。

23.4 将样品试管内的全部内容物倒入试剂盒(21.1)的样品池中，样品将流经“结果显示窗口”向绿色的激活环流去。

23.5 当激活环的绿色开始消失变为白色时，立即用力按下激活环按键。

23.6 试剂盒(21.1)继续放置在加热器(22.3)中保温保持 4 min，使显色反应完成。

23.7 将试剂盒从加热器中取出水平放置，立即进行检测结果判读，结果判读应在 1 min 内完成。

24 分析结果的表述

24.1 目测判读结果

试样点的颜色深于质控点，或两者颜色相当，检测结果为阴性。

试样点的颜色浅于质控点，检测结果为阳性。

24.2 双流向酶联免疫检测读数仪判读结果

数值≤1.05，显示 Negative，检测结果为阴性。

数值＞1.05，显示 Positive，检测结果为阳性。

注：阳性样品需用第一法定量检测方法进一步确认。

25 其他

本标准第一法的定量限为 0.01 μg/kg(以乳计)；第二法乳粉中黄曲霉毒素 M_1 的最低检测限为 0.08 μg/kg，乳中黄曲霉毒素 M_1 的最低检测限为 0.008 μg/L；第三法乳中的黄曲霉毒素 M_1 的检出限为 0.1 μg/L，乳粉中黄曲霉毒素 M_1 的检出限为 0.1 μg/kg；第四法的检出限为 0.5 μg/kg。

附 录 A
（资料性附录）
黄曲霉毒素 M_1 免疫亲和层析净化 液相色谱-串联质谱法色谱图及参考条件

A.1 黄曲霉毒素 M_1 免疫亲和层析净化 液相色谱-串联质谱法色谱图及参考条件

免疫亲和层析净化 液相色谱-串联质谱法黄曲霉毒素 M_1 子离子扫描图见图 A.1。

免疫亲和层析净化 液相色谱-串联质谱法黄曲霉毒素 M_1 色谱-质谱图见图 A.2。

免疫亲和层析净化 液相色谱-串联质谱法液相色谱梯度洗脱条件见表 A.1。

免疫亲和层析净化 液相色谱-串联质谱法离子源控制条件见表 A.2。

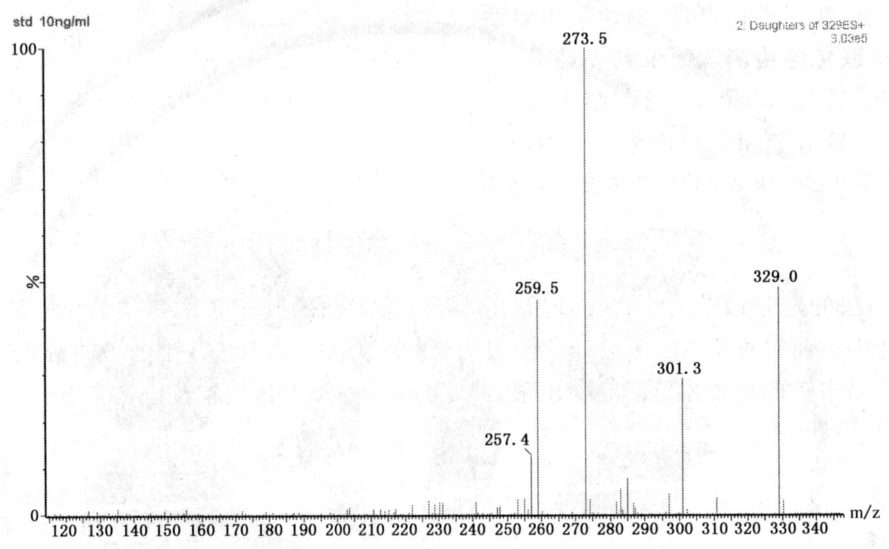

图 A.1 黄曲霉毒素 M_1 子离子扫描图

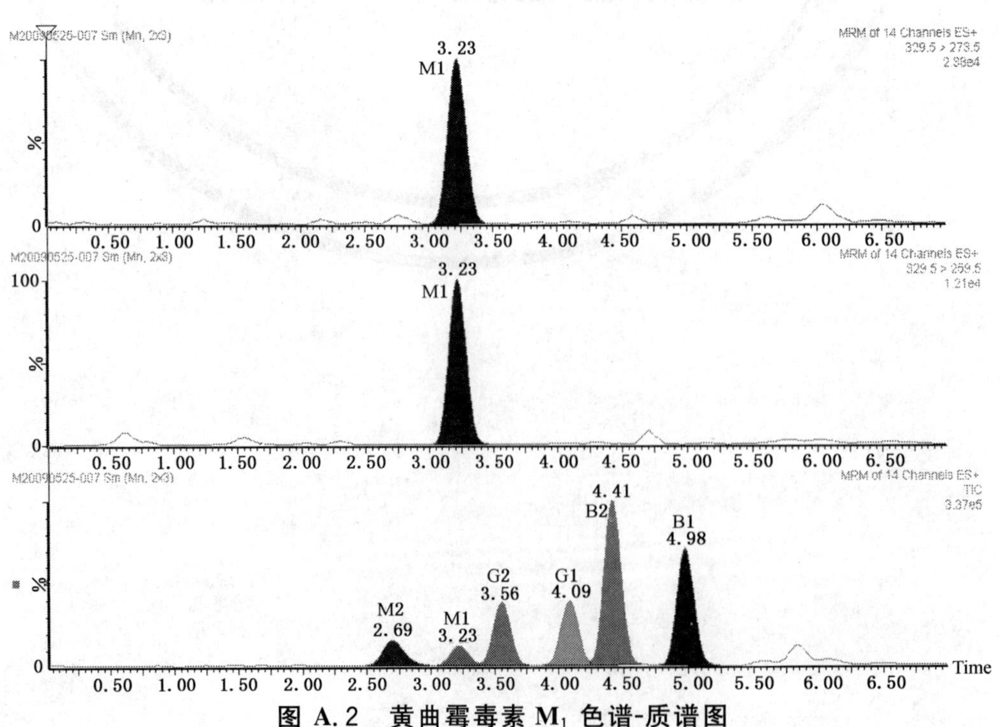

图 A.2 黄曲霉毒素 M_1 色谱-质谱图

表 A.1 液相色谱梯度洗脱条件

时间(min)	流动相 A(%)	流动相 B(%)	梯度变化曲线
0	68.0	32.0	—
4.20	55.0	45.0	6
5.00	0.0	100.0	6
5.70	0.0	100.0	1
6.00	68.0	32.0	6
注:1 为即时变化,6 为线性变化。			

表 A.2 离子源控制条件

电离方式	电喷雾电离,负离子
毛细管电压(kV)	3.5
锥孔电压(V)	45
射频透镜 1 电压(V)	12.5
射频透镜 2 电压(V)	12.5
离子源温度(℃)	120
锥孔反吹气流量(L/h)	50
脱溶剂气温度(℃)	350
脱溶剂气流量(L/h)	500
电子倍增电压(V)	650

附 录 B
（资料性附录）
多个不同实验室的试验结果

世界各地16个实验室参加了低脂肪(1%)和高脂肪(28%)乳粉样品的协同试验。高脂肪样品是用于制作参比物质的剩留物，所以黄曲霉毒素 M_1 的含量是已知的。

对于乳粉，其污染水平为0.08 μg/kg～0.6 μg/kg，即对于乳而言，污染水平为8 ng/L～60 ng/L。

试验结果根据ISO 5725-1和ISO 5725-2规定的统计方法获得，其精密度的数据列于表B.1。

表B.1 精密度数据

样品编号	1	2	3	4	5
实验室个数[a]	12	4	13	11	14
平均值/(ng/kg)	81	150	80	202	580
重复性值 r/(ng/kg)	23	60.1	15	27	203
再现性值 R/(ng/kg)	52	98	41	61	310
重复性变异系数/(%)	9.9	14.0	6.8	4.7	12.5
复验性变异系数/(%)	23	22.7	18.3	10.8	19.1

[a] 减少的实验室数是根据Cochran和Grubbs统计方法应该从样本中剔除的数据。

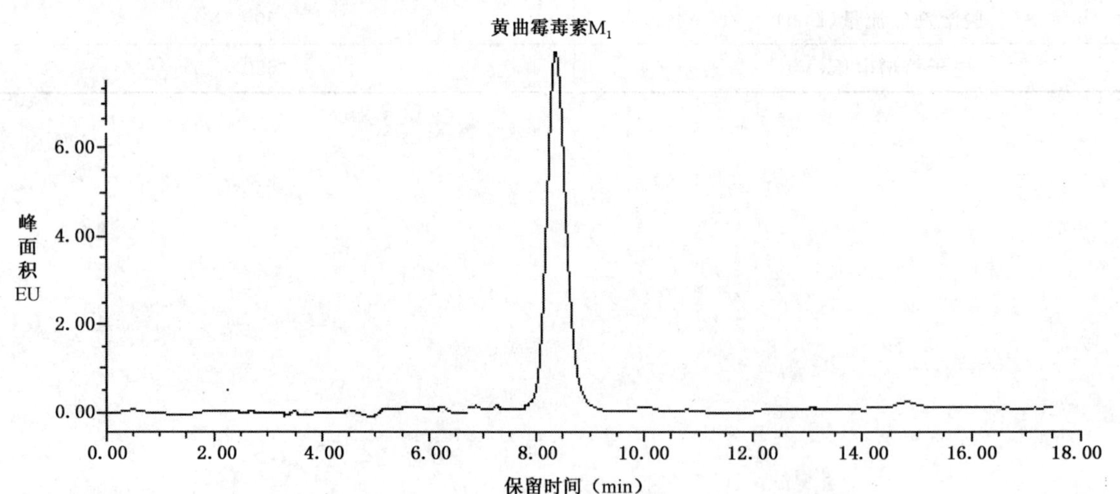

图B.1 高效液相色谱分离黄曲霉毒素 M_1 的标准图

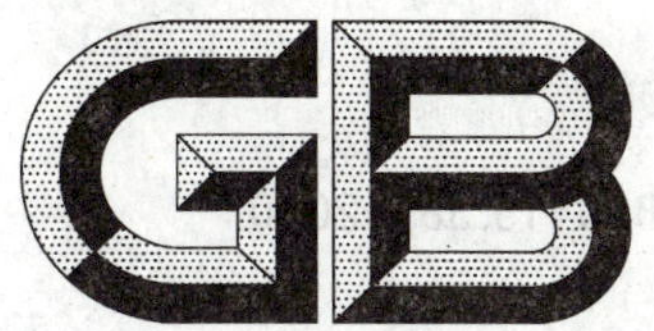

中华人民共和国国家标准

GB 5413.38—2010

食品安全国家标准
生乳冰点的测定

National food safety standard
Determination of freezing point in raw milk

2010-03-26 发布　　2010-06-01 实施

中华人民共和国卫生部　发布

前　言

本标准非等效采用国际标准 ISO 5764/IDF 108:2002 Milk—Determination of freezing point—Thermistor cryoscope method(reference method)。

本标准系首次发布。

食品安全国家标准
生乳冰点的测定

1 范围

本标准规定了热敏电阻冰点仪测定生乳冰点的基准方法。

本标准适用于生乳冰点的测定。

2 规范性引用文件

本标准中引用的文件对于本标准的应用是必不可少的。凡是注日期的引用文件，仅所注日期的版本适用于本标准。凡是不注日期的引用文件，其最新版本(包括所有的修改单)适用于本标准。

3 术语和定义

生乳冰点 FPD (freezing point depression)

使用本标准规定测得的数值为原料乳的冰点，单位以摄氏千分之一度(m℃)表示。

4 原理

样品管中放入一定量的乳样，置于冷阱中，于冰点以下制冷。当被测乳样制冷到－3 ℃时，进行引晶，结冰后通过连续释放热量，使乳样温度回升至最高点。并在短时间内保持恒定，为冰点温度平台，该温度即为该乳样的冰点值。

5 试剂和材料

除非另有说明，本方法所用试剂均为分析纯或以上规格，水为GB/T 6682规定的一级水。

5.1 **氯化钠(NaCl)**：磨细后置于干燥炉中，130 ℃± 5 ℃干燥 24 h以上，于干燥器中冷却至室温。

5.2 **乙二醇($C_2H_6O_2$)**。

5.3 **校准液**

选择两种不同冰点的氯化钠标准溶液，氯化钠标准溶液与被测牛奶样品的冰点值相近，且所选择的两份氯化钠标准溶液的冰点值之差不得少于100 m℃，见表1。

表1 氯化钠标准溶液的冰点(20 ℃)

氯化钠溶液(g/L)	氯化钠溶液(g/kg)	冰点(m℃)
6.731	6.763	－400.0
6.868	6.901	－408.0
7.587	7.625	－450.0
8.444	8.489	－500.0
8.615	8.662	－510.0
8.650	8.697	－512.0
8.787	8.835	－520.0
8.959	9.008	－530.0

表 1（续）

氯化钠溶液(g/L)	氯化钠溶液(g/kg)	冰点(m℃)
9.130	9.181	−540.0
9.302	9.354	−550.0
9.422	9.475	−557.0
10.161	10.220	−600.0

5.3.1 校准液 A(20 ℃～25 ℃室温下)：称取 6.731 g(精确至 0.000 1 g)氯化钠(5.1)，溶于少量水中，定容至 1 000 mL 容量瓶中。其冰点值为−0.400 ℃。

5.3.2 校准液 B(20 ℃室温下)：称取 9.422 g(精确至 0.000 1 g)氯化钠(5.1)，溶于少量水中，定容至 1 000 mL 容量瓶中。其冰点值为−0.557 ℃。

5.4 冷却液

准确量取 330 mL 乙二醇(5.2)于 1 000 mL 容量瓶中，用水定容至刻度并摇匀，其体积分数为 33%。

6 仪器和设备

6.1 天平：感量为 0.1 mg。

6.2 热敏电阻冰点仪：带有热敏电阻控制的冷却装置(冷阱)，热敏电阻探头，搅拌器和引晶装置(见图 1)及温度显示仪。

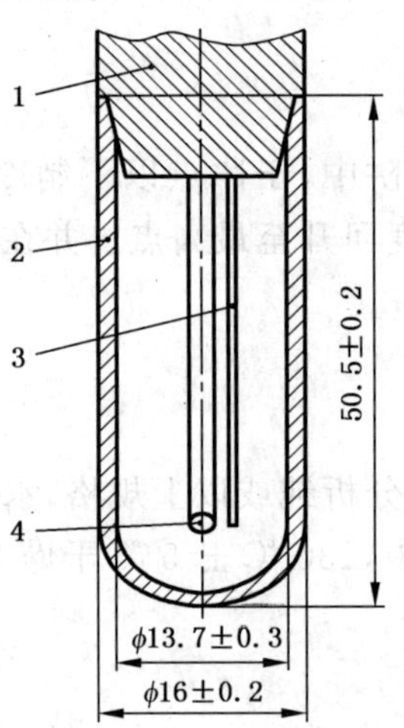

1——顶杆；
2——样品管；
3——搅拌金属棒；
4——热敏探头。

图 1 热敏电阻冰点仪检测装置

6.2.1 检测装置、温度传感器和相应的电子线路

温度传感器为直径为 1.60 mm±0.4 mm 的玻璃探头，在 0 ℃时的电阻在 3 Ω 和 30 kΩ 之间。当探头在测量位置时，热敏电阻的顶部应位于样品管的中轴线，且顶部离内壁与管底保持相等距离(见图 1)。温度传感器和相应的电子线路在−400 m℃至−600 m℃之间测量分辨率为 1 m℃或更好。

仪器正常工作时，此循环系统在−400 m℃到−600 m℃范围之间任何一个点的线性误差应不超过 1 m℃。

6.2.2 搅拌金属棒：耐腐蚀，在冷却过程中搅拌测试样品。

搅拌金属棒应根据相应仪器的安放位置来调整振幅。正常搅拌时金属棒不得碰撞玻璃传感器或样品管壁。

6.2.3 引晶装置:操作时,测试样品达到−3.0 ℃时启动引晶的机械振动装置。

在引晶时使搅拌金属棒在 1 s~2 s 内加大振幅,使其碰撞样品管壁。

6.3 样品管:硼硅玻璃,长度 50.5 mm±0.2 mm,外部直径为 16.0 mm±0.2 mm,内部直径为 13.7 mm±0.3 mm。

6.4 称量瓶。

6.5 容量瓶:1 000 mL。

6.6 烘箱:温度可控制在 150 ℃±5 ℃。

6.7 干燥器。

6.8 移液器:1 mL~5 mL。

7 分析步骤

7.1 试样制备

测试样品要保存在 0 ℃到 6 ℃的冰箱中,样品抵达实验室时立即检测效果最好。测试前样品温度到达室温,且测试样品和氯化钠标准溶液测试时的温度应一致。

7.2 仪器预冷

开启冰点仪,等待冰点仪传感探头升起后,打开冷阱盖,按生产商规定加入相应体积冷却液(5.4),盖上盖子,冰点仪进行预冷。预冷 30 min 后,开始测量。

7.3 常规仪器校准

7.3.1 A 校准

用移液器分别吸取 2.20 mL 校准液 A(5.3.1),依次放入三个样品管中,在启动后的冷阱中插入装有校准液 A(5.3.1)的样品管。当重复测量值在−0.400 ℃±0.002 0 ℃校准值时,完成校准。

7.3.2 B 校准

用移液器分别吸取 2.20 mL 校准液 B(5.3.2),依次放入三个样品管中,在启动后的冷阱中插入装有校准液 B(5.3.2)的样品管。当重复测量值在−0.557 ℃±0.002 0 ℃校准值时,完成校准。

7.4 样品测定

将样品 2.20 mL 转移到一个干燥清洁的样品管中,将待测样品管放到仪器上的测量孔中。冰点仪的显示器显示当前样品温度,温度呈下降趋势,测试样品达到−3.0 ℃时启动引晶的机械振动,搅拌金属棒开始振动引晶,温度上升,当温度不再发生变化时,冰点仪停止测量,传感头升起,显示温度即为样品冰点值。

测试结束后,应保证探头和搅拌金属棒清洁、干燥,必要时,可用柔软洁净的纱布仔细擦拭。

如果引晶在达到−3.0 ℃之前发生,则该测定作废,需重新取样。测定结束后,移走样品管,并用水冲洗温度传感器和搅拌金属棒并擦拭干净。

每一样品至少进行两次平行测定,绝对差值≤4 m℃时,可取平均值作为结果。

8 分析结果的表述

如果常规校准检查的结果证实仪器校准的有效性,则取两次测定结果的平均值,保留三位有效数字。

9 精密度

在重复性条件下获得的两次独立测定结果的绝对差值不超过 4 m℃。

10 其他

本标准的方法检出限为 2 m℃。

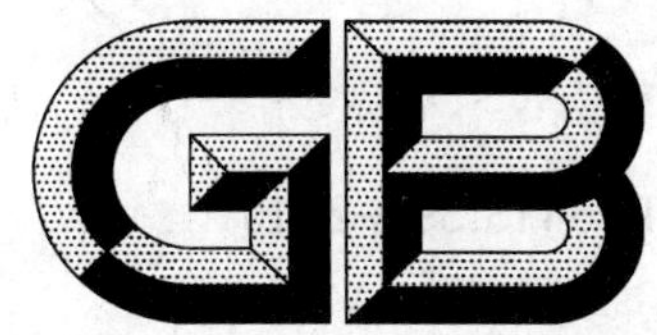

中华人民共和国国家标准

GB 5413.39—2010

食品安全国家标准
乳和乳制品中非脂乳固体的测定

National food safety standard

Determination of nonfat total milk solids in milk and milk products

2010-03-26 发布　　　　2010-06-01 实施

中华人民共和国卫生部 发布

前　言

本标准代替 GB/T 5409—1985《牛乳检验方法》、GB/T 5416—1985《奶油检验方法》。

本标准所代替标准的历次版本发布情况为：

——GB/T 5409—1985；

——GB/T 5416—1985。

食品安全国家标准
乳和乳制品中非脂乳固体的测定

1 范围

本标准规定了生乳、巴氏杀菌乳、灭菌乳、调制乳、发酵乳中非脂乳固体的测定方法。

本标准适用于生乳、巴氏杀菌乳、灭菌乳、调制乳、发酵乳中非脂乳固体的测定。

2 规范性引用文件

本标准中引用的文件对于本标准的应用是必不可少的。凡是注日期的引用文件，仅所注日期的版本适用于本标准。凡是不注日期的引用文件，其最新版本（包括所有的修改单）适用于本标准。

3 原理

先分别测定出乳及乳制品中的总固体含量、脂肪含量（如添加了蔗糖等非乳成分含量，也应扣除），再用总固体减去脂肪和蔗糖等非乳成分含量，即为非脂乳固体。

4 试剂和材料

除非另有规定，本方法所用试剂均为分析纯，水为GB/T 6682规定的三级水。

4.1 平底皿盒：高20 mm～25 mm，直径50 mm～70 mm的带盖不锈钢或铝皿盒，或玻璃称量皿。

4.2 短玻璃棒：适合于皿盒的直径，可斜放在皿盒内，不影响盖盖。

4.3 石英砂或海砂：可通过500 μm孔径的筛子，不能通过180 μm孔径的筛子，并通过下列适用性测试：将约20 g的海砂同短玻棒一起放于一皿盒中，然后敞盖在100 ℃±2 ℃的干燥箱中至少烘2 h。把皿盒盖盖后放入干燥器中冷却至室温后称量，准确至0.1 mg。用5 mL水将海砂润湿，用短玻棒混合海砂和水，将其再次放入干燥箱中干燥4 h。把皿盒盖盖后放入干燥器中冷却至室温后称量，精确至0.1 mg，两次称量的差不应超过0.5 mg。如果两次称量的质量差超过了0.5 mg，则需对海砂进行下面的处理后，才能使用：

将海砂在体积分数为25%的盐酸溶液中浸泡3 d，经常搅拌。尽可能地倾出上清液，用水洗涤海砂，直到中性。在160 ℃条件下加热海砂4 h。然后重复进行适用性测试。

5 仪器和设备

5.1 天平：感量为0.1 mg。

5.2 干燥箱。

5.3 水浴锅。

6 分析步骤

6.1 总固体的测定

在平底皿盒(4.1)中加入20 g石英砂或海砂(4.3)，在100 ℃±2 ℃的干燥箱中干燥2 h，于干燥器冷却0.5 h，称量，并反复干燥至恒重。称取5.0 g（精确至0.000 1 g）试样于恒重的皿内，置水浴上蒸干，擦去皿外的水渍，于100 ℃±2 ℃干燥箱中干燥3 h，取出放入干燥器中冷却0.5 h，称量，再于100 ℃±2 ℃干燥箱中干燥1 h，取出冷却后称量，至前后两次质量相差不超过1.0 mg。试样中总固体的含量按式(1)计算：

$$X = \frac{m_1 - m_2}{m} \times 100 \qquad \cdots\cdots (1)$$

式中：

X——试样中总固体的含量，单位为克每百克(g/100 g)；

m_1——皿盒、海砂加试样干燥后质量，单位为克(g)；

m_2——皿盒、海砂的质量，单位为克(g)；

m——试样的质量，单位为克(g)。

6.2 **脂肪的测定**(按 GB 5413.3 中规定的方法测定)。

6.3 **蔗糖的测定**(按 GB 5413.5 中规定的方法测定)。

7 分析结果的表述

$$X_{NFT} = X - X_1 - X_2 \qquad \cdots\cdots (2)$$

式中：

X_{NFT}——试样中非脂乳固体的含量，单位为克每百克(g/100 g)；

X——试样中总固体的含量，单位为克每百克(g/100 g)；

X_1——试样中脂肪的含量，单位为克每百克(g/100 g)；

X_2——试样中蔗糖的含量，单位为克每百克(g/100 g)。

以重复性条件下获得的两次独立测定结果的算术平均值表示，结果保留三位有效数字。

中华人民共和国国家标准

GB 5420—2010

食品安全国家标准
干　　酪

National food safety standard

Cheese

2010-03-26 发布　　　　2010-12-01 实施

中华人民共和国卫生部　发布

前 言

本标准对应于国际食品法典委员会(CAC)的标准 Codex Stan 283—1978(Revision 1999,Amendment 2006,2008)Codex General Standard for Cheese,本标准与 Codex Stan 283—1978(Revision 1999,Amendment 2006,2008)的一致性程度为非等效。

本标准代替 GB 5420—2003《干酪卫生标准》以及 GB/T 21375—2008《干酪(奶酪)》中的部分指标,GB/T 21375—2008《干酪(奶酪)》中涉及到本标准的指标以本标准为准。

本标准与 GB 5420—2003 相比,主要变化如下:

——标准名称改为《干酪》;

——修改了“范围”的描述;

——增加了“术语和定义”;

——删除了“理化指标”;

——“污染物限量”直接引用 GB 2762 的规定;

——“真菌毒素限量”直接引用 GB 2761 的规定;

——修改了“微生物指标”的表示方法;

——“微生物限量”中增加了单核细胞增生李斯特氏菌指标;

——增加了对营养强化剂的要求。

本标准所代替标准的历次版本发布情况为:

——GB 5420—1985、GB 5420—2003。

食品安全国家标准

干　　酪

1　范围

本标准适用于成熟干酪、霉菌成熟干酪和未成熟干酪。

2　规范性引用文件

本标准中引用的文件对于本标准的应用是必不可少的。凡是注日期的引用文件，仅所注日期的版本适用于本标准。凡是不注日期的引用文件，其最新版本(包括所有的修改单)适用于本标准。

3　术语和定义

3.1　干酪　cheese

成熟或未成熟的软质、半硬质、硬质或特硬质、可有涂层的乳制品，其中乳清蛋白/酪蛋白的比例不超过牛奶中的相应比例。干酪由下述方法获得：

a)　在凝乳酶或其他适当的凝乳剂的作用下，使乳、脱脂乳、部分脱脂乳、稀奶油、乳清稀奶油、酪乳中一种或几种原料的蛋白质凝固或部分凝固，排出凝块中的部分乳清而得到。这个过程是乳蛋白质(特别是酪蛋白部分)的浓缩过程，即干酪中蛋白质的含量显著高于所用原料中蛋白质的含量；

b)　加工工艺中包含乳和(或)乳制品中蛋白质的凝固过程，并赋予成品与a)所描述产品类似的物理、化学和感官特性。

3.1.1　成熟干酪　ripened cheese

生产后不能马上使(食)用，应在一定温度下储存一定时间，以通过生化和物理变化产生该类干酪特性的干酪。

3.1.2　霉菌成熟干酪　mould ripened cheese

主要通过干酪内部和(或)表面的特征霉菌生长而促进其成熟的干酪。

3.1.3　未成熟干酪　unripened cheese

未成熟干酪(包括新鲜干酪)是指生产后不久即可使(食)用的干酪。

4　技术要求

4.1　原料要求

4.1.1　生乳：应符合 GB 19301 的要求。

4.1.2　其他原料：应符合相应的安全标准和/或有关规定。

4.2　感官要求：应符合表1的规定。

表1　感官要求

项　目	要　　求	检验方法
色泽	具有该类产品正常的色泽。	取适量试样置于 50 mL 烧杯中，在自然光下观察色泽和组织状态。闻其气味，用温开水漱口，品尝滋味。
滋味、气味	具有该类产品特有的滋味和气味。	
组织状态	组织细腻，质地均匀，具有该类产品应有的硬度。	

4.3 **污染物限量**:应符合 GB 2762 的规定。

4.4 **真菌毒素限量**:应符合 GB 2761 的规定。

4.5 **微生物限量**:应符合表 2 的规定。

表 2 微生物限量

项 目	采样方案[a] 及限量(若非指定,均以 CFU/g 表示)				检验方法
	n	c	m	M	
大肠菌群	5	2	100	1 000	GB 4789.3 平板计数法
金黄色葡萄球菌	5	2	100	1 000	GB 4789.10 平板计数法
沙门氏菌	5	0	0/25 g	—	GB 4789.4
单核细胞增生李斯特氏菌	5	0	0/25 g	—	GB 4789.30
酵母[b] ≤	50				GB 4789.15
霉菌[b] ≤	50				

a 样品的分析及处理按 GB 4789.1 和 GB 4789.18 执行。

b 不适用于霉菌成熟干酪。

4.6 **食品添加剂和营养强化剂**

4.6.1 食品添加剂和营养强化剂质量应符合相应的安全标准和有关规定。

4.6.2 食品添加剂和营养强化剂的使用应符合 GB 2760 和 GB 14880 的规定。

ICS 13.220.50
C 82

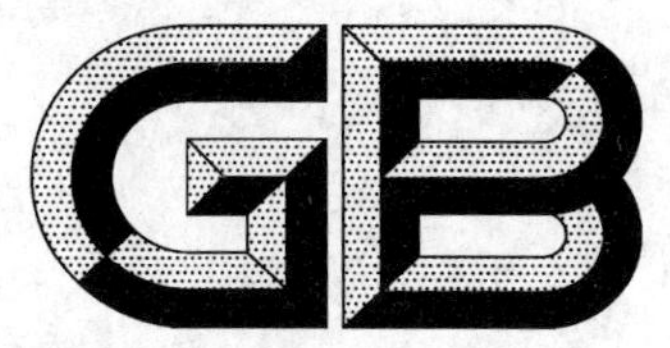

中华人民共和国国家标准

GB/T 5464—2010/ISO 1182:2002
代替 GB/T 5464—1999

建筑材料不燃性试验方法

Non-combustibility test method for building materials

(ISO 1182:2002,Reaction to fire tests for building products—
Non-combustibility test,IDT)

2010-09-26 发布　　　　2011-02-01 实施

中华人民共和国国家质量监督检验检疫总局
中国国家标准化管理委员会　发布

前　言

本标准使用翻译法等同采用 ISO 1182:2002《建筑材料对火反应试验　不燃性试验》(英文版)。

为便于使用,本标准做了下列编辑性修改:

——“本国际标准”一词改为“本标准”;

——用小数点“.”代替作为小数点的逗号“,”;

——删除了国际标准的目次和前言。

本标准代替 GB/T 5464—1999《建筑材料不燃性试验方法》。

本标准与 GB/T 5464—1999 相比主要变化如下:

——将标准的适用范围作了修改(1999 版第 1 章,本版第 1 章);

——增加了规范性引用文件、术语和定义的内容(本版第 2 章和第 3 章);

——试样的体积改为(76±8)cm^3(1999 年版 3.1.2,本版 5.1);

——增加了试样的状态调节程序,试验前应按 EN 13238 进行状态调节,然后再放入烘箱中进行干燥(1999 年版 3.3,本版第 6 章);

——删除了对加热炉管总壁厚的要求(1999 版 4.2.1,本版 4.2.1);

——删除了圆柱管的外径要求,并修改了加热炉管与圆柱管之间填充材料的密度要求(1999 版 4.2.3,本版 4.2.2 和附录 B);

——增加了对松散材料试样架的要求(见 4.3.4);

——增加了接触式热电偶的要求(见 4.5);

——增加了天平的要求(见 4.7);

——增加了试验环境要求的部分内容(1999 版 4.5.1,本版 7.1);

——增加了炉温平衡要求的部分内容(1999 版 6.5,本版 7.2.4);

——修改了炉壁温度的要求,增加了炉壁温度和炉内温度的校准程序(1999 版 6.6,本版 7.3);

——在标准的正文中删除有关试样中心热电偶、试样中心温度、试样表面热电偶、试样表面温度的内容,将其放在附录 C 中(1999 版 4.1.4、4.4.4 、4.4.5、7.1.7、7.1.8、7.2.3、8.1.1、8.1.2、8.2.2、8.3.2,本版 4.1.5、附录 C);

——试验结束时间改为热电偶达到最终温度平衡的时间或试验时间为 60 min(1999 版 7.1.8,本版的 7.4.7 和 D.2);

——删除了评定判据的内容(1999 版附录 A);

——删除了评述的内容(1999 版附录 B);

——修改了“试验报告小结表”的内容,并将修改后的内容作为“试验报告”的内容(1999 版附录 C,本版第 9 章);

——增加了资料性附录“试验方法的精确性”(见附录 A);

——增加了资料性附录“试验装置的典型设计”(见附录 B);

——增加了规范性附录“附加热电偶”(见附录 C);

——增加了资料性附录“温度记录”(见附录 D)。

本标准的附录 C 是规范性附录,附录 A、附录 B 和附录 D 是资料性附录。

本标准由中华人民共和国公安部提出。

本标准由全国消防标准化技术委员会防火材料分技术委员会(SAC/TC 113/SC 7)归口。

本标准起草单位:公安部四川消防研究所。

本标准主要起草人:张羽、姚建军、邓小兵。

本标准所代替标准的历次版本发布情况为:

——GB/T 5464—1985、GB/T 5464—1999。

建筑材料不燃性试验方法

1 范围

本标准规定了在特定条件下匀质建筑制品和非匀质建筑制品主要组分的不燃性试验方法。

试验方法的精确性参见附录A。

2 规范性引用文件

下列文件中的条款通过本标准的引用而成为本标准的条款。凡是注日期的引用文件,其随后所有的修改单(不包括勘误的内容)或修订版均不适用于本标准,然而,鼓励根据本标准达成协议的各方研究是否可使用这些文件的最新版本。凡是不注日期的引用文件,其最新版本适用于本标准。

GB/T 16839.2—1997 热电偶 第2部分:允差(idt IEC 60584-2:1982)

ISO 13943 消防安全 词汇

EN 13238 建筑制品的对火反应试验 状态调节程序和基材选择的一般规则

3 术语和定义

ISO 13943中确立的以及下列术语和定义适用于本标准。

3.1

建筑制品 building product

包括安装、构造、组成等相关信息的建筑材料、构件或组件。

3.2

建筑材料 building material

单一物质或若干物质均匀散布的混合物,例如金属、石材、木材、混凝土、含均匀分布胶合剂或聚合物的矿物棉等。

3.3

松散填充材料 loose fill material

形状不固定的材料。

3.4

匀质制品 homogeneous product

由单一材料组成的制品或整个制品内部具有均匀的密度和组分。

3.5

非匀质制品 non-homogeneous product

不满足匀质制品定义的制品。由一种或多种主要和/或次要组分组成。

3.6

主要组分 substantial component

构成非匀质制品一个显著部分的材料,单层面密度≥1.0 kg/m² 或厚度≥1.0 mm的一层材料可视作主要组分。

4 试验装置

4.1 概述

4.1.1 试验装置应满足7.1规定的条件。加热炉的典型设计参见附录B。其他满足7.1的加热炉设计也可采用。

4.1.2 在下述试验装置中，除规定了公差外，全部尺寸均为公称值。

4.1.3 装置为一加热炉系统。加热炉系统有电热线圈的耐火管，其外部覆盖有隔热层，锥形空气稳流器固定在加热炉底部，气流罩固定在加热炉顶部。

4.1.4 加热炉安装在支架上，并配有试样架和试样架插入装置。

4.1.5 应按4.4的规定布置热电偶测量炉内温度、炉壁温度。若要求测量试样表面温度和试样中心温度，附录C给出了附加热电偶的详细信息。接触式热电偶应符合4.5的规定，并应沿其中心轴线测量炉内温度。

4.2 加热炉、支架和气流罩

4.2.1 加热炉管应由表1规定的密度为(2 800±300)kg/m^3 的铝矾土耐火材料制成，高(150±1)mm，内径(75±1)mm，壁厚(10±1)mm。

表1 加热炉管铝矾土耐火材料的组分

材　料	含量/%(质量百分数)
三氧化二铝(Al_2O_3)	>89
二氧化硅和三氧化二铝(SiO_2，Al_2O_3)	>98
三氧化二铁(Fe_2O_3)	<0.45
二氧化钛(TiO_2)	<0.25
四氧化三锰(Mn_3O_4)	<0.1
其他微量氧化物(Na，K，Ca，Mg 氧化物)	其他

4.2.2 加热炉管安置在一个由隔热材料制成的高150 mm、壁厚10 mm的圆柱管的中心部位，并配以带有内凹缘的顶板和底板，以便将加热炉管定位。加热炉管与圆柱管之间的环状空间内应填充适当的保温材料，典型的保温填充材料参见附录B。

4.2.3 加热炉底面连接一个两端开口的倒锥形空气稳流器，其长为500 mm，并从内径为(75±1)mm的顶部均匀缩减至内径为(10±0.5)mm的底部。空气稳流器采用1 mm厚的钢板制作，其内表面应光滑，与加热炉之间的接口处应紧密、不漏气、内表面光滑。空气稳流器的上半部采用适当的材料进行外部隔热保温，典型的外部隔热保温材料参见附录B。

4.2.4 气流罩采用与空气稳流器相同的材料制成，安装在加热炉顶部。气流罩高50 mm、内径(75±1)mm，与加热炉的接口处的内表面应光滑。气流罩外部应采用适当的材料进行外部隔热保温。

4.2.5 加热炉、空气稳流器和气流罩三者的组合体应安装在稳固的水平支架上。该支架具有底座和气流屏，气流屏用以减少稳流器底部的气流抽力。气流屏高550 mm，稳流器底部高于支架底面250 mm。

4.3 试样架和插入装置

4.3.1 试样架见图1，采用镍/铬或耐热钢丝制成，试样架底部安有一层耐热金属丝网盘，试样架质量为(15±2)g。

4.3.2 试样架应悬挂在一根外径6 mm、内径4 mm的不锈钢管制成的支承件底端。

4.3.3 试样架应配以适当的插入装置，能平稳地沿加热炉轴线下降，以保证试样在试验期间准确地位于加热炉的几何中心。插入装置为一根金属滑动杆，滑动杆能在加热炉侧面的垂直导槽内自由滑动。

4.3.4 对于松散填充材料，试样架应为圆柱体，外径与5.1规定的试样外径相同，采用类似4.3.1规定的制作试样架底部的金属丝网的耐热钢丝网制作。试样架顶部应开口，且质量不应超过30 g。

单位为毫米

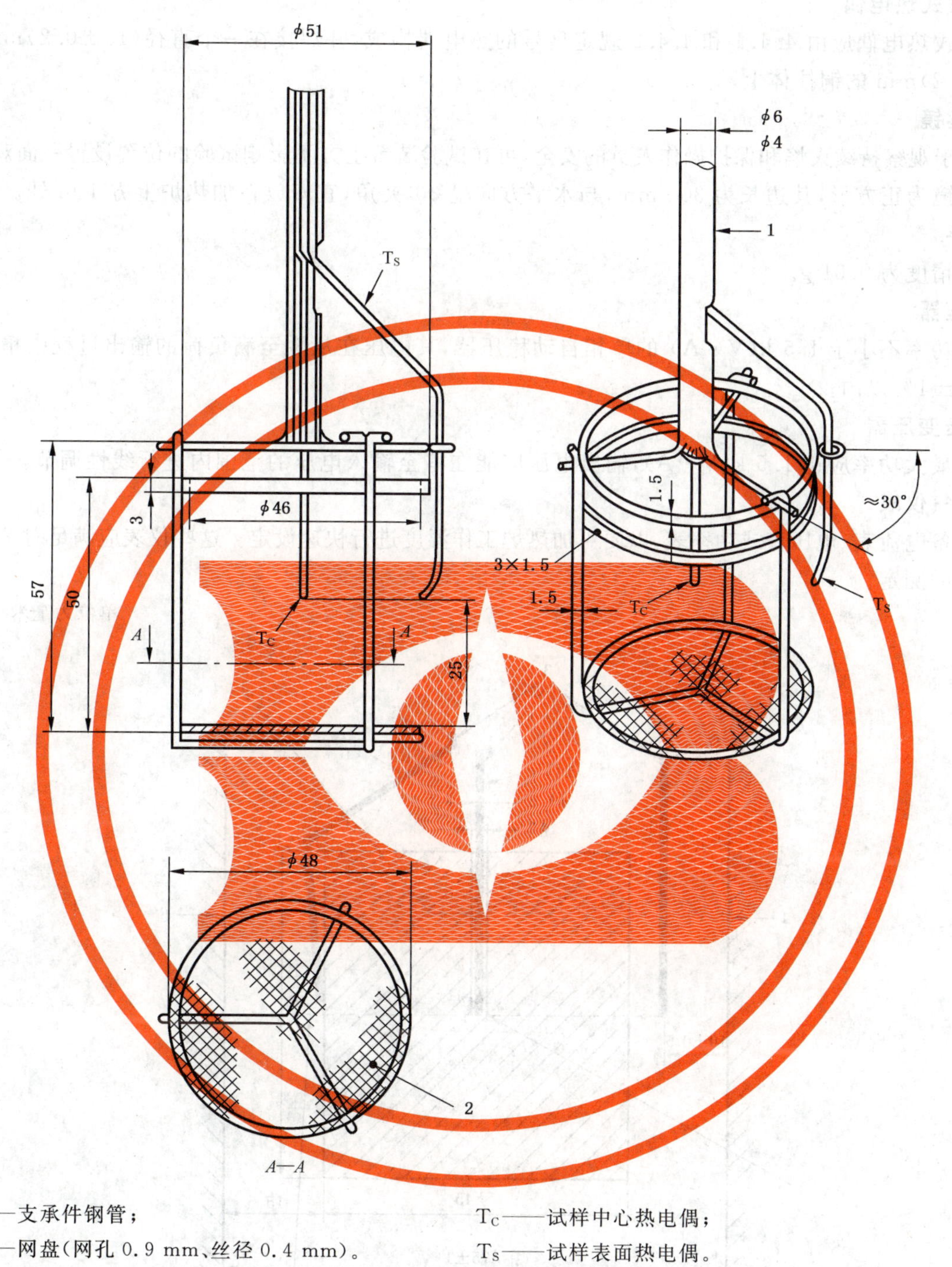

1——支承件钢管；

2——网盘(网孔 0.9 mm、丝径 0.4 mm)。

T_C——试样中心热电偶；

T_S——试样表面热电偶。

注：对于 T_C 和 T_S 可任选使用。

图 1 试样架

4.4 热电偶

4.4.1 采用丝径为 0.3 mm，外径为 1.5 mm 的 K 型热电偶或 N 型热电偶，其热接点应绝缘且不能接地。热电偶应符合 GB/T 16839.2 规定的一级精度要求。铠装保护材料应为不锈钢或镍合金。

4.4.2 新热电偶在使用前应进行人工老化，以减少其反射性。

4.4.3 如图 2 所示，炉内热电偶的热接点应距加热炉管壁(10±0.5)mm，并处于加热炉管高度的中点。热电偶位置可采用图 3 所示的定位杆标定，借助一根固定于气流罩上的导杆以保持其准确定位。

4.4.4 附加热电偶及其定位的详细信息参见附录C。

4.5 接触式热电偶

接触式热电偶应由4.4.1和4.4.2规定型号的热电偶构成，并焊接在一个直径(10±0.2)mm和高度(15±0.2)mm的铜柱体上。

4.6 观察镜

为便于观察持续火焰和保护操作人员的安全，可在试验装置上方不影响试验的位置设置一面观察镜。观察镜为正方形，其边长为300 mm，与水平方向呈30°夹角，宜安放在加热炉上方1 m处。

4.7 天平

称量精度为0.01 g。

4.8 稳压器

额定功率不小于1.5 k(V·A)的单相自动稳压器，其电压在从零至满负荷的输出过程中精度应在额定值的±1%以内。

4.9 调压变压器

控制最大功率应达1.5 k(V·A)，输出电压应能在零至输入电压的范围内进行线性调节。

4.10 电气仪表

应配备电流表、电压表或功率表，以便对加热炉工作温度进行快速设定。这些仪表应满足对7.2.3规定的电量的测定。

单位为毫米

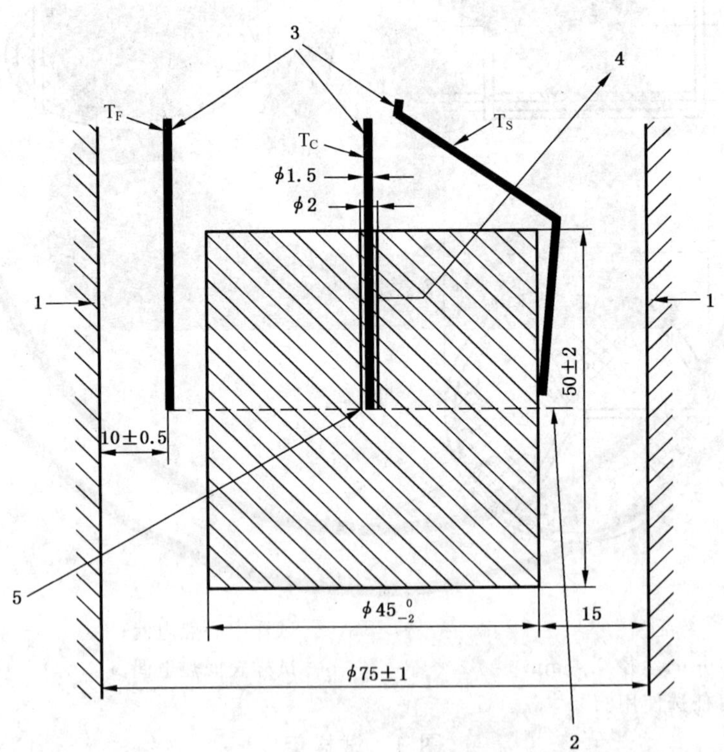

1——炉壁；
2——中部温度；
3——热电偶；
4——直径2 mm的孔；
5——热电偶与材料间的接触。
T_F——炉内热电偶；
T_C——试样中心热电偶；
T_S——试样表面热电偶。

注：对于T_C和T_S可任选使用。

图2 加热炉、试样和热电偶的位置

单位为毫米

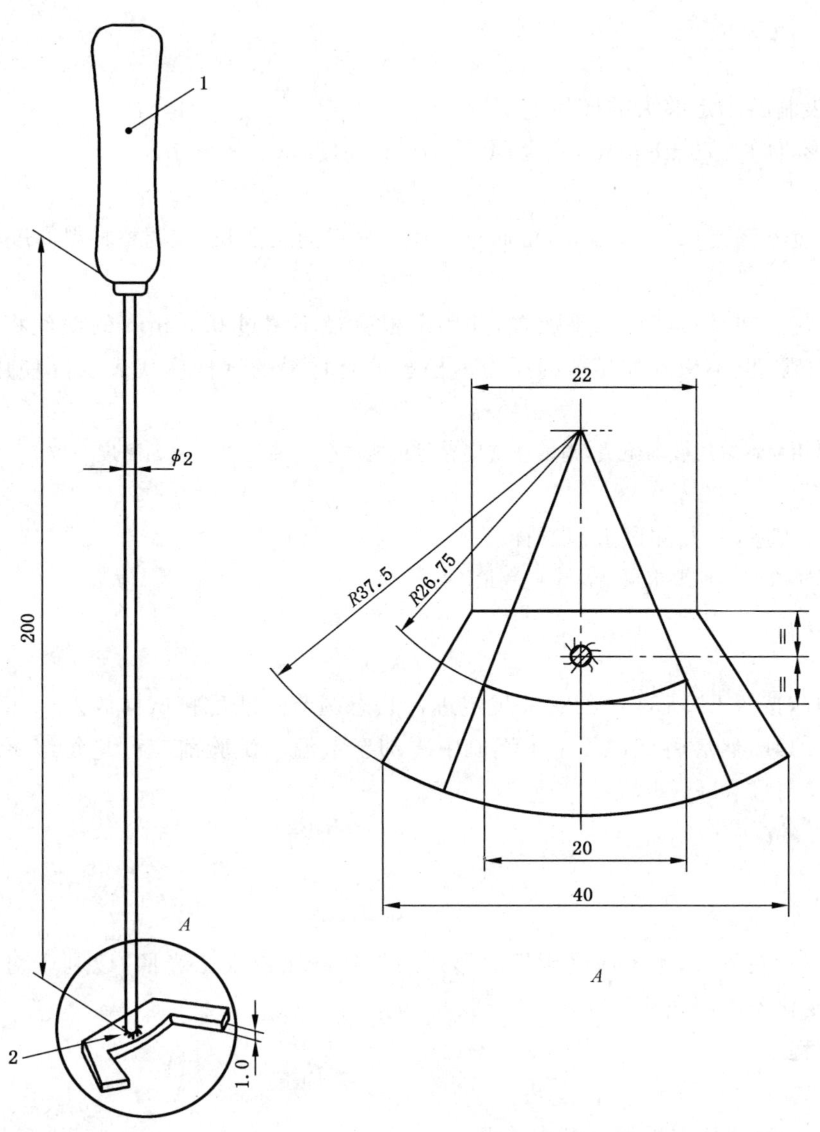

1——手柄；
2——焊接处。

图 3 定位杆

4.11 功率控制器

可用来代替 4.8、4.9 和 4.10 规定的稳压器、调压变压器和电气仪表，它的型式是相角导通控制、能输出 1.5 k(V·A)的可控硅器件。其最大电压不超过 100 V，而电流的限度能调节至"100%功率"，即等于电阻带的最大额定值。功率控制器的稳定性约 1%，设定点的重复性为±1%，在设定点范围内，输出功率应呈线性变化。

4.12 温度记录仪

温度显示记录仪应能测量热电偶的输出信号，其精度约 1 ℃或相应的毫伏值，并能生成间隔时间不超过 1 s 的持续记录。

注：记录仪工作量程为 10 mV，在大约＋700 ℃的测量范围内的测量误差小于±1 ℃。

4.13 计时器

记录试验持续时间，其精度为 1 s/h。

4.14 干燥皿

贮存经状态调节的试样(见第 6 章)。

5 试样

5.1 概要

试样应从代表制品的足够大的样品上制取。

试样为圆柱形，体积(76±8)cm^3，直径(45_{-2}^{0})mm，高度(50±3)mm。

5.2 试样制备

5.2.1 若材料厚度不满足(50±3)mm，可通过叠加该材料的层数和/或调整材料厚度来达到(50±3)mm的试样高度。

5.2.2 每层材料均应在试样架中水平放置，并用两根直径不超过 0.5 mm 的铁丝将各层捆扎在一起，以排除各层间的气隙，但不应施加显著的压力。松散填充材料的试样应代表实际使用的外观和密度等特性。

注：如果试样是由材料多层叠加组成，则试样密度宜尽可能与生产商提供的制品密度一致。

5.3 试样数量

按 7.4 给出的程序，一共测试五组试样。

注：若分级体系标准有其他要求可增加试样数量。

6 状态调节

试验前，试样应按照 EN 13238 的有关规定进行状态调节。然后将试样放入+(60±5)℃ 的通风干燥箱内调节(20～24)h，然后将试样置于干燥皿中冷却至室温。试验前应称量每组试样的质量，精确至 0.01 g。

7 试验步骤

7.1 试验环境

试验装置不应设在风口，也不应受到任何形式的强烈日照或人工光照，以利于对炉内火焰的观察。试验过程中室温变化不应超过+5 ℃。

7.2 试验前准备程序

7.2.1 试样架

将试样架(见 4.3)及其支承件从炉内移开。

7.2.2 热电偶

炉内热电偶应按 4.4.3 的规定进行布置，若要求使用附加热电偶，则按 4.4.4 及附录 C 的规定进行布置，所有热电偶均应通过补偿导线连接到温度记录仪(见 4.12)上。

7.2.3 电源

将加热炉管的电热线圈连接到稳压器(见 4.8)、调压变压器(见 4.9)、电气仪表(见 4.10)或功率控制器(见 4.11)，见图 4。试验期间，加热炉不应采用自动恒温控制。

在稳态条件下，电压约 100 V 时，加热线圈通过约(9～10)A 的电流。为避免加热线圈过载，建议最大电流不超过 11 A。

对新的加热炉管，开始时宜慢慢加热，加热炉升温的合理程序是以约 200 ℃分段，每个温度段加热 2 h。

7.2.4 炉内温度的平衡

调节加热炉的输入功率，使炉内热电偶(见 4.4)测试的炉内温度平均值平衡在+(750±5)℃至少 10 min，其温度漂移(线性回归)在 10 min 内不超过 2 ℃，并要求相对平均温度的最大偏差(线性回归)在 10 min 内不超过 10 ℃(参见附录 D)，并对温度作连续记录。

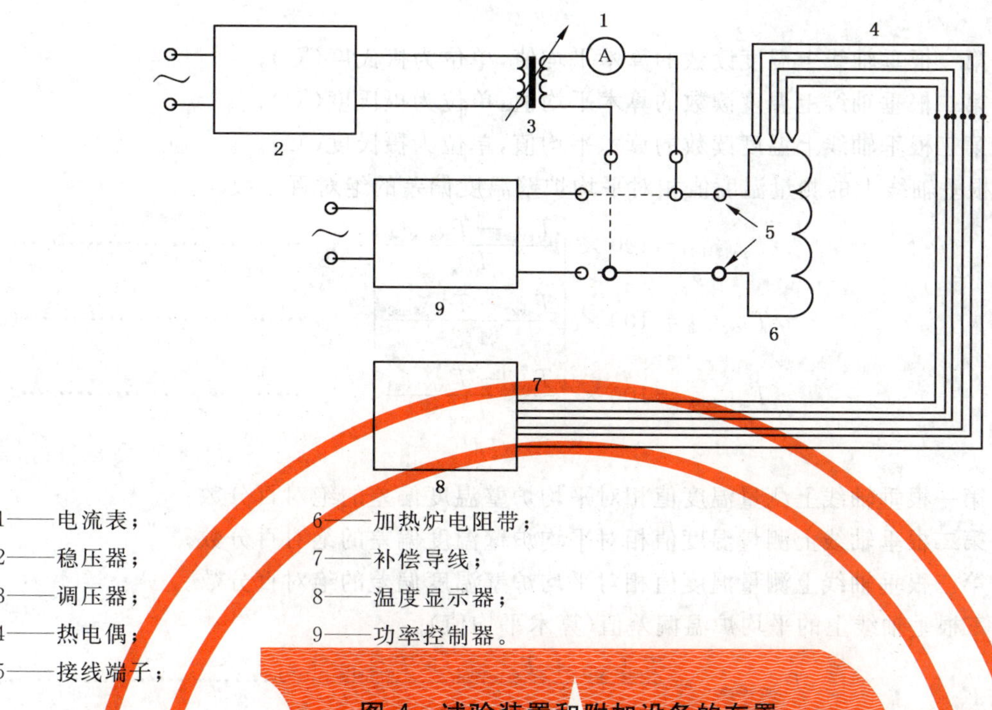

1——电流表；
2——稳压器；
3——调压器；
4——热电偶；
5——接线端子；
6——加热炉电阻带；
7——补偿导线；
8——温度显示器；
9——功率控制器。

图 4 试验装置和附加设备的布置

7.3 校准程序

7.3.1 炉壁温度

7.3.1.1 当炉内温度稳定在 7.2.4 规定的温度范围时，应使用 4.5 规定的接触式热电偶和 4.12 规定的温度记录仪在炉壁三条相互等距的垂直轴线上测量炉壁温度。对于每条轴线，记录其加热炉管高度中心处及该中心上下各 30 mm 处三点的壁温（见表 2）。采用合适的带有热电偶和隔热套管的热电偶扫描装置，可方便地完成对上述规定位置的测定过程，应特别注意热电偶与炉壁之间的接触保持良好，如果接触不好将导致温度读数偏低。在每个测温点，应待热电偶的记录温度稳定后，才读取该点的温度值。

表 2 炉壁温度读数

垂轴线	位 置		
	a(30 mm 处)	b(0 mm 处)	c(−30 mm 处)
1(0°)	$T_{1;a}$	$T_{1;b}$	$T_{1;c}$
2(+120°)	$T_{2;a}$	$T_{2;b}$	$T_{2;c}$
3(+240°)	$T_{3;a}$	$T_{3;b}$	$T_{3;c}$

7.3.1.2 计算并记录按 7.3.1.1 规定测量的 9 个温度读数的算术平均值，将其作为炉壁平均温度 T_{avg}。

$$T_{avg}=\frac{T_{1;a}+T_{1;b}+T_{1;c}+T_{2;a}+T_{2;b}+T_{2;c}+T_{3;a}+T_{3;b}+T_{3;c}}{9} \quad \cdots\cdots(1)$$

分别计算按 7.3.1.1 规定测量的三根垂轴线上温度读数的算术平均值，将其作为垂轴上的炉壁平均温度。

$$T_{avg.\,axis1}=\frac{T_{1;a}+T_{1;b}+T_{1;c}}{3} \quad \cdots\cdots(2a)$$

$$T_{avg.\,axis2}=\frac{T_{2;a}+T_{2;b}+T_{2;c}}{3} \quad \cdots\cdots(2b)$$

$$T_{avg.\,axis3}=\frac{T_{3;a}+T_{3;b}+T_{3;c}}{3} \quad \cdots\cdots(2c)$$

式中：

$T_{avg.\,axis1}$——第一根垂轴线上温度读数的算术平均值，单位为摄氏度(℃)；

$T_{avg.\,axis2}$——第二根垂轴线上温度读数的算术平均值，单位为摄氏度(℃)；

$T_{avg.\,axis3}$——第三根垂轴线上温度读数的算术平均值，单位为摄氏度(℃)。

分别计算三根垂轴线上的测量温度值相对平均炉壁温度偏差的绝对百分数。

$$T_{dev.\,axis1}=100\times\left|\frac{T_{avg}-T_{avg.\,axis1}}{T_{avg}}\right| \quad\cdots\cdots(3a)$$

$$T_{dev.\,axis2}=100\times\left|\frac{T_{avg}-T_{avg.\,axis2}}{T_{avg}}\right| \quad\cdots\cdots(3b)$$

$$T_{dev.\,axis3}=100\times\left|\frac{T_{avg}-T_{avg.\,axis3}}{T_{avg}}\right| \quad\cdots\cdots(3c)$$

式中：

$T_{dev.\,axis1}$——第一根垂轴线上测量温度值相对平均炉壁温度偏差的绝对百分数；

$T_{dev.\,axis2}$——第二根垂轴线上测量温度值相对平均炉壁温度偏差的绝对百分数；

$T_{dev.\,axis3}$——第三根垂轴线上测量温度值相对平均炉壁温度偏差的绝对百分数。

计算并记录三根垂轴线上的平均炉温偏差值(算术平均值)。

$$T_{avg.\,dev.\,axis}=\frac{T_{dev.\,axis1}+T_{dev.\,axis2}+T_{dev.\,axis3}}{3} \quad\cdots\cdots(4)$$

计算按 7.3.1.1 规定测量的三根垂轴线上同一位置的温度读数的算术平均值。

$$T_{avg.\,levela}=\frac{T_{1;a}+T_{2;a}+T_{3;a}}{3} \quad\cdots\cdots(5a)$$

$$T_{avg.\,levelb}=\frac{T_{1;b}+T_{2;b}+T_{3;b}}{3} \quad\cdots\cdots(5b)$$

$$T_{avg.\,levelc}=\frac{T_{1;c}+T_{2;c}+T_{3;c}}{3} \quad\cdots\cdots(5c)$$

式中：

$T_{avg.\,levela}$——三个垂轴线上位置 a 的温度读数的算术平均值，单位为摄氏度(℃)；

$T_{avg.\,levelb}$——三个垂轴线上位置 b 的温度读数的算术平均值，单位为摄氏度(℃)；

$T_{avg.\,levelc}$——三个垂轴线上位置 c 的温度读数的算术平均值，单位为摄氏度(℃)。

计算所测得的三根垂轴线上同一位置的温度值相对平均炉壁温度偏差的绝对百分数。

$$T_{dev.\,levela}=100\times\left|\frac{T_{avg}-T_{avg.\,levela}}{T_{avg}}\right| \quad\cdots\cdots(6a)$$

$$T_{dev.\,levelb}=100\times\left|\frac{T_{avg}-T_{avg.\,levelb}}{T_{avg}}\right| \quad\cdots\cdots(6b)$$

$$T_{dev.\,levelc}=100\times\left|\frac{T_{avg}-T_{avg.\,levelc}}{T_{avg}}\right| \quad\cdots\cdots(6c)$$

式中：

$T_{dev.\,levela}$——三根垂轴线上位置 a 的温度值相对平均炉壁温度偏差的绝对百分数；

$T_{dev.\,levelb}$——三根垂轴线上位置 b 的温度值相对平均炉壁温度偏差的绝对百分数；

$T_{dev.\,levelc}$——三根垂轴线上位置 c 的温度值相对平均炉壁温度偏差的绝对百分数。

计算并记录三根垂轴线上同一位置的平均炉壁温度偏差值(算术平均值)。

$$T_{avg.\,level}=\frac{T_{dev.\,levela}+T_{dev.\,levelb}+T_{dev.\,levelc}}{3} \quad\cdots\cdots(7)$$

三根垂轴线上的温度相对平均炉壁温度的偏差量($T_{avg.\,dev.\,axis}$)(4)不应超过 0.5%。

三根垂轴上同一位置的平均温度偏差量相对平均炉壁温度的偏差量($T_{avg.\,level}$)(7)不应超过 1.5%。

7.3.1.3 确认在位置（+30 mm）处的炉壁温度平均值 $T_{avg.levela}$（5a）低于在位置（−30 mm）处的炉壁温度平均值 $T_{avg,levelc}$（5c）。

7.3.2 炉内温度

在炉内温度稳定在 7.2.4 规定的温度范围以及按 7.3.1 的规定校准炉壁温度后，使用 4.5 规定的接触式热电偶和 4.12 规定的温度记录仪沿加热炉中心轴线测量炉温。以下程序需采用一个合适的定位装置以对接触式热电偶进行准确定位。垂直定位的参考面应是接触式热电偶的铜柱体的上表面。

沿加热炉的中心轴线，在加热管高度中点位置记录该测温点的温度值。

沿中心轴线上中点向下以不超过 10 mm 的步长移动接触式热电偶，直至抵达加热炉管底部，待温度读数稳定后，记录每个测温点的温度值。

沿加热炉中心轴线从最低点向上以不超过 10 mm 的步长移动接触式热电偶，直至抵达加热炉管的顶部，待温度读数稳定后，记录每个测温点的温度值。

沿加热炉中心轴线从顶部向下以不超过 10 mm 的步长移动接触式热电偶，直至抵达加热炉管的底部，待温度读数稳定后，记录每个测温点的温度值。

每个测温点均记录有两个温度值，其中一个是向上移动测量的温度值，另一个是向下移动时测量的温度值。计算并记录这些等距测温点的算术平均值。

位于同一高度位置的温度平均值应处于以下公式规定的范围（见图 5）：

$$T_{min}=541\ 653+(5\ 901\times x)-(0.067\times x^2)+(3\ 375\times 10^{-4}\times x^3)-(8\ 553\times 10^{-7}\times x^4)$$

$$T_{max}=613\ 906+(5\ 333\times x)-(0.081\times x^2)+(5\ 779\times 10^{-4}\times x^3)-(1\ 767\times 10^{-7}\times x^4)$$

式中 x 指炉内高度（mm），$x=0$ 对应加热炉的底部，表 3 给出了图 5 中的数据。

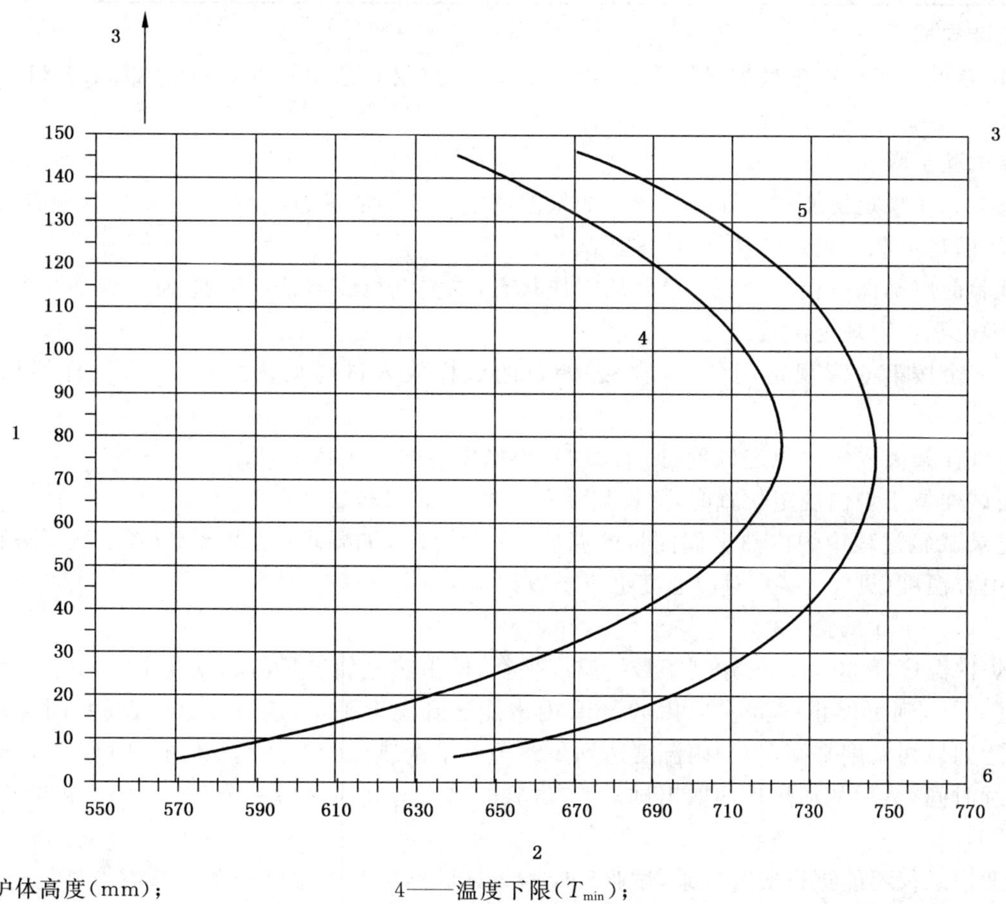

1——炉体高度（mm）；
2——温度（℃）；
3——炉体顶部；
4——温度下限（T_{min}）；
5——温度上限（T_{max}）；
6——炉体底部。

图 5 采用热传感器沿炉内中心轴线测量的温度曲线分布图

表 3 炉内温度分布值

高度/mm	T_{min}/℃	T_{max}/℃
145	639.4	671.0
135	663.5	697.5
125	682.8	716.1
115	697.9	728.9
105	709.3	737.4
95	717.3	742.8
85	721.8	745.9
75	722.7	747.0
65	719.6	746.0
55	711.9	742.5
45	698.8	735.5
35	679.3	723.5
25	652.2	705.0
15	616.2	677.5
5	569.5	638.6

7.3.3 校准周期

当使用新的加热炉或更换加热炉管、加热电阻带、隔热材料或电源时，应执行 7.3.1 和 7.3.2 规定的程序。

7.4 标准试验步骤

7.4.1 按 7.2.4 规定使加热炉温度平衡。如果温度记录仪不能进行实时计算，最后应检查温度是否平衡。若不能满足 7.2.4 规定的条件，应重新试验。

7.4.2 试验前应确保整台装置处于良好的工作状态，如空气稳流器整洁畅通、插入装置能平稳滑动、试样架能准确位于炉内规定位置。

7.4.3 将一个按第 6 章规定制备并经状态调节的试样放入试样架内(见 4.3)，试样架悬挂在支承件上。

7.4.4 将试样架插入炉内规定位置(见 4.3.3)，该操作时间不应超过 5 s。

7.4.5 当试样位于炉内规定位置时，立即启动计时器(见 4.13)。

7.4.6 记录试验过程中炉内热电偶测量的温度(见 4.4.3)，如要求(见附录 C)测量试样表面温度(见 4.4.4)和中心温度(见 4.4.4)，对应温度也应予以记录。

7.4.7 进行 30 min 试验

如果炉内温度在 30 min 时达到了最终温度平衡，即由热电偶测量的温度在 10 min 内漂移(线性回归)不超过 2 ℃，则可停止试验。如果 30 min 内未能达到温度平衡，应继续进行试验，同时每隔 5 min 检查是否达到最终温度平衡，当炉内温度达到最终温度平衡或试验时间达 60 min 时应结束试验。记录试验的持续时间，然后从加热炉内取出试样架，试验的结束时间为最后一个 5 min 的结束时刻或 60 min (参见附录 D)。

若温度记录仪不能进行实时计录，试验后应检查试验结束时的温度记录。若不能满足上述要求，则应重新试验。

若试验使用了附加热电偶，则应在所有热电偶均达到最终温度平衡时或当试验时间为 60 min 时结束试验。

7.4.8 收集试验时和试验后试样碎裂或掉落的所有碳化物、灰和其他残屑，同试样一起放入干燥皿中冷却至环境温度后，称量试样的残留质量。

7.4.9 按7.4.1～7.4.8的规定共测试五组试样。

7.5 试验期间的观察

7.5.1 按7.4的规定，在试验前和试验后分别记录每组试样的质量并观察记录试验期间试样的燃烧行为。

7.5.2 记录发生的持续火焰及持续时间，精确到秒。试样可见表面上产生持续5 s或更长时间的连续火焰才应视作持续火焰。

7.5.3 记录以下炉内热电偶的测量温度，单位为摄氏度：

a) 炉内初始温度 T_1，7.2.4规定的炉内温度平衡期的最后10 min的温度平均值；

b) 炉内最高温度 T_m，整个试验期间最高温度的离散值；

c) 炉内最终温度 T_f，7.4.7试验过程最后1 min的温度平均值。

温度数据记录示例参见附录D。

若使用了附加热电偶，按附录C的规定记录温度数据。

8 试验结果表述

8.1 质量损失

计算并记录按7.5.1规定测量的各组试样的质量损失，以试样初始质量的百分数表示。

8.2 火焰

计算并记录按7.5.2规定的每组试样持续火焰持续时间的总和，以秒为单位。

8.3 温升

计算并记录按7.5.3规定的试样的热电偶温升，$\Delta T = T_m - T_f$，以摄氏度为单位。

9 试验报告

试验报告应包括下述内容，且应明确区分由委托试验单位提供的数据和试验得出的数据：

a) 关于试验所依据的标准为本标准的说明；

b) 试验方法的偏差；

c) 试验室的名称及地址；

d) 报告的发布日期及编号；

e) 委托试验单位的名称及地址；

f) 已知生产商/供应商的名称及地址；

g) 到样日期；

h) 制品标识；

i) 有关抽样程序的说明；

j) 制品的一般说明，包括密度、面密度、厚度及结构信息；

k) 状态调节信息；

l) 试验日期；

m) 按7.3.1和7.3.2规定表述的校准结果；

n) 若使用了附加热电偶，按第8章和C.5规定表述的试验结果；

o) 试验中观察到的现象；

p) 以下陈述："试验结果与特定试验条件下试样的性能有关；试验结果不能作为评价制品在实际使用条件下潜在火灾危险性的唯一依据"。

附 录 A
（资料性附录）
试验方法的精确性

CEN/TC 127 曾进行了系列循环验证试验，采用的试验程序在功能上等同本标准描述的程序。

表 A.1 给出了循环验证试验中测试的制品。

表 A.1 循环验证试验的制品

制品	密度/(kg/m^3)	厚度/mm
玻璃棉	10.9	100
石棉	145	50
纤维增强硅钙板	460	50.8
木纤维板	50	—
石膏纤维板(10wt%纸纤维)	1 100	25
纤维素松散填充材料	30	—
矿棉松散填充材料	30	—
蛭石硅酸钙	190	50.1
聚苯乙烯水泥板	—	—

表 A.2 给出了根据 ISO 5725-2[1] 计算出的温升(ΔT,℃)、质量损失(Δm,%)、燃烧时间(t_f,s)等三个参数在 95%的置信水平下的统计平均值(m)、标准偏差(S_r 和 S_R)、重复性(r)和再现性(R)等数值。r 和R 值等于合理标准偏差值的 2.8 倍。统计数据包括离散值，但异常值除外。

表 A.2 循环验证试验的统计结果

ΔT/℃	平均值 m	标准偏差 S_r	标准偏差 S_R	r	R	S_r/m %	S_R/m %
	1.60～144.17	1.13～20.17	1.13～54.26	3.15～56.47	3.15～151.94	9.37～70.36	0.64～0.36
Δm/%	2.12～90.13	0.25～1.68	0.33～3.06	0.71～4.70	0.93～8.57	0.55～30.64	1.34～30.64
t_f/s	0.00～251.22	0.00～37.05	0.00～61.75	0.00～103.73	0.00～172.90	9.19～43.37	23.94～136.19

每个参数都可获得 S_r、S_R、r 和 R 的线性模型。表 A.3 给出了相应的系数。图 A.1 给出的 ΔT 曲线的例子，对于质量损失(%)和燃烧时间(s)这两个参数，由统计结果推导的模型实际意义不大，尽管这些模型在统计意义上是正确的。比线性模型更复杂的模型可能会更好地拟合这些参数，但在循环验证试验中未予以考虑。

表 A.3 系列试验的统计模型

参数	S_r	S_R	r	R
ΔT/℃	$=1.26+0.10\times\Delta T$	$=0.96+0.26\times\Delta T$	$=3.53+0.29\times\Delta T$	$=2.68+0.73\times\Delta T$
Δm/%	$=0.00+0.09\times\Delta m$	$=0.00+0.11\times\Delta m$	$=0.00+0.24\times\Delta m$	$=0.00+0.30\times\Delta m$
t_f/s	$=0.00+0.14\times t_f$	$=0.00+0.32\times t_f$	$=0.00+0.38\times t_f$	$=0.00+0.89\times t_f$

1) ISO 5725-2:1994 测试方法与结果的准确度(正确度和精密度) 第 2 部分：确定标准测试方法重复性和可再现性的基本方法。

当上述模型能够正确拟合这些参数，它们可用作预测“试验结果”的工具。这可通过以下举例来说明：假设一个试验室测试给定制品的一个试样，温升的测量结果为+25 ℃，如果该试验室对相同产品进行第二次测试，那么 r 的估计值为

$$r = 3.53 + 0.29 \times 25 \approx 11\ ℃$$

则第二次试验的结果落在+14 ℃～+36 ℃之间的概率为95%。

现在假设同样的产品由另一个试验室进行试验，那么 R 的评估值为

$$R = 2.68 + 0.73 \times 25 \approx 21\ ℃$$

则该试验室的试验结果落在+4 ℃～+46 ℃之间的概率为90%。

单位为摄氏度

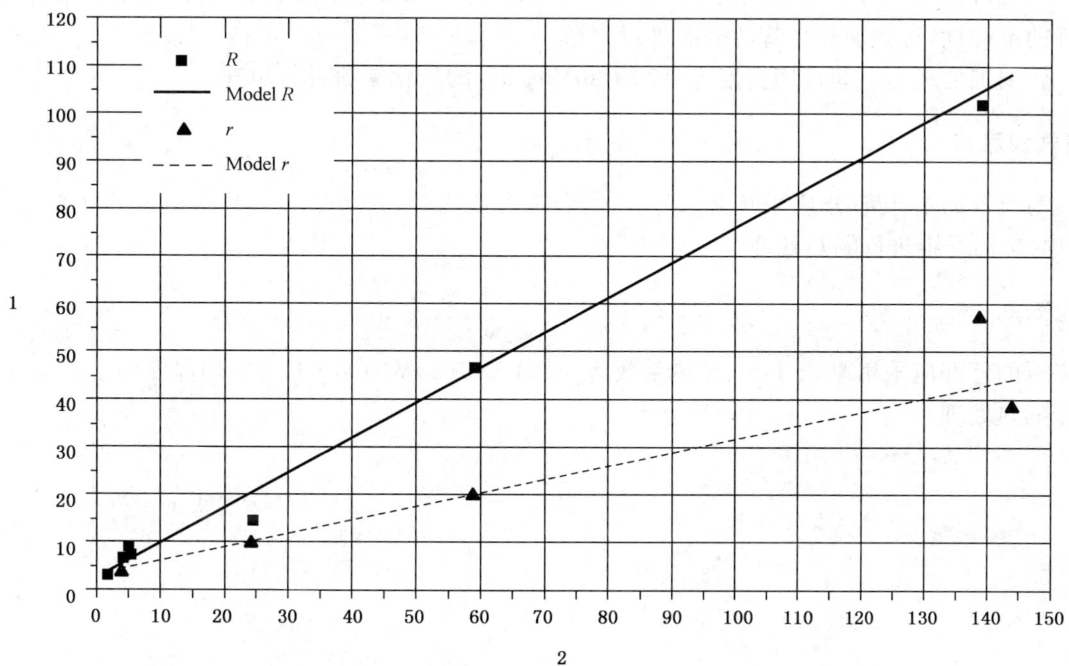

1——ΔT；

2——估计的 m 平均值；

▲ r；

——R 模型；

■ R；

----r 模型。

图 A.1　ΔT(℃)的统计模型

附 录 B
（资料性附录）
试验装置的典型设计

B.1 典型试验设备

典型的试验设备如图 B.1 所示。

B.2 加热炉管

加热炉管可按图 B.2 所示的缠绕方式采用 0.2 mm 厚、3 mm 宽的 80/20 的镍铬电阻带进行缠绕。为了缠绕的准确性，可在加热炉管的表面进行开槽。

在炉管周围的环形空间可用密度为(170±30)kg/m^3 的氧化镁粉进行填充。

B.3 空气稳流器

空气稳流器的上半部分应采用厚 25 mm、导热系数为(0.04±0.01)W/(m·K)(平均温度为+20 ℃)的矿棉纤维进行隔热处理。

B.4 气流罩

气流罩的外部应采用厚 25 mm、导热系数为(0.04±0.01)W/(m·K)(平均温度为+20 ℃)的矿棉纤维进行隔热处理。

单位为毫米

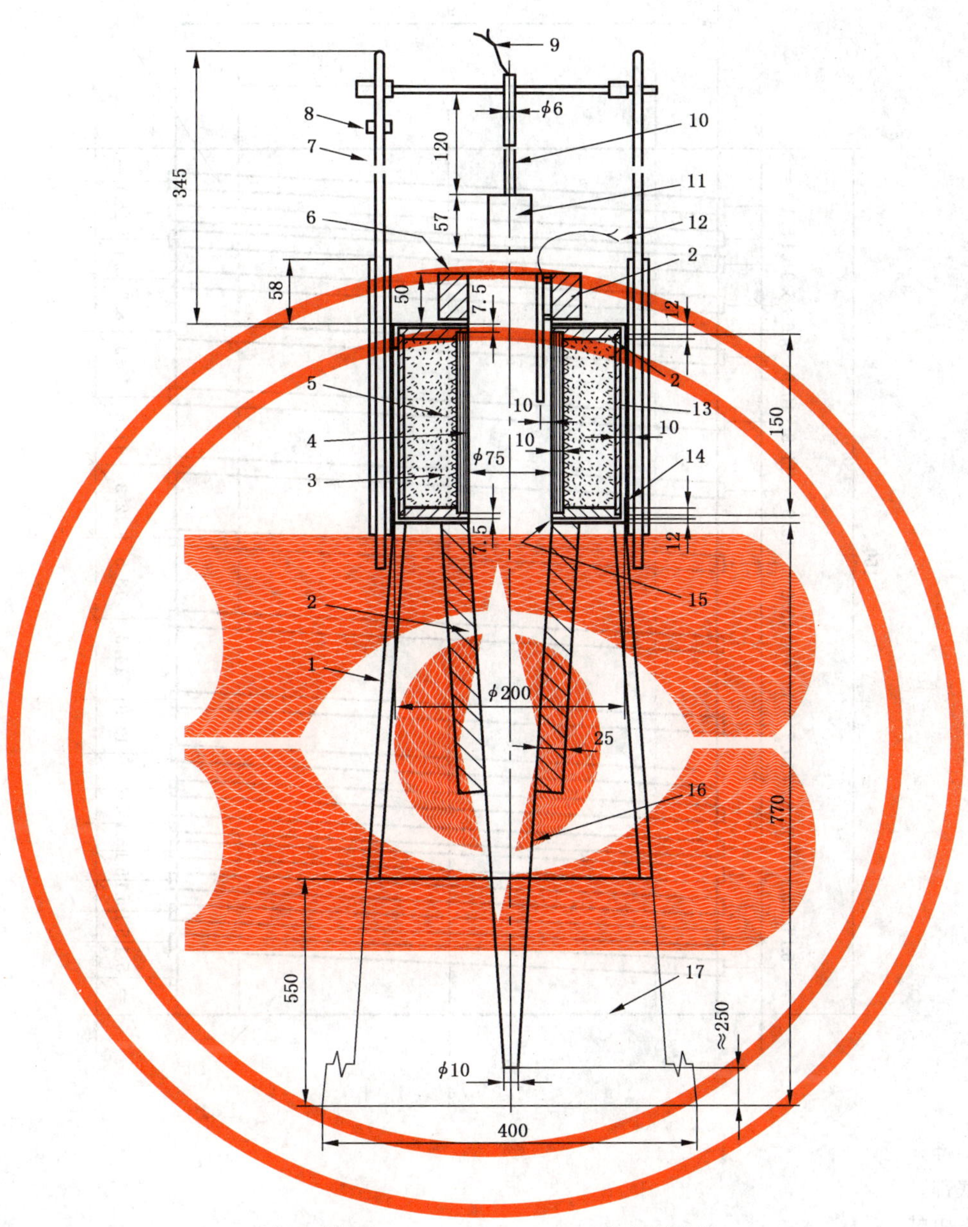

1——支架；
2——矿棉隔热层；
3——氧化镁粉；
4——耐火管；
5——加热电阻带；
6——气流罩；
7——插入装置；
8——定位块；
9——试样热电偶；
10——支撑件钢管；
11——试样架；
12——炉内热电偶；
13——外部隔热管；
14——矿棉；
15——密封件；
16——空气稳流器；
17——气流屏（钢板）。

图 B.1 典型的试验装置图

单位为毫米

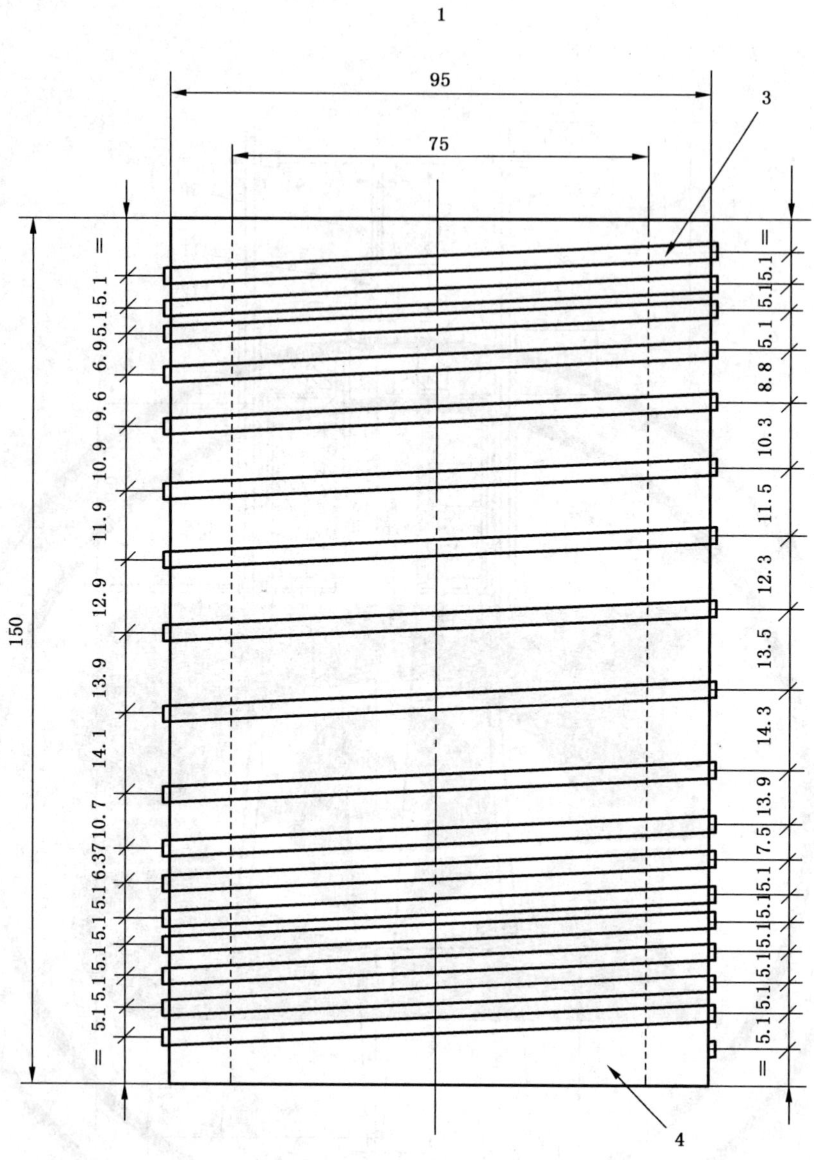

1——顶部；

2——底部；

3——电阻带；

4——耐火管。

图 B.2　加热线圈

附 录 C
（规范性附录）
附加热电偶

C.1 前言

除了测量炉内温度和炉壁温度(4.1.5)外，如果需要，也可设置热电偶来测量试样几何中心及试样表面的温度，这两支附加热电偶的具体要求见 C.2～C.4。

C.2 热电偶的位置

C.2.1 试样中心热电偶

试样中心热电偶的放置应使其热接点位于试样的几何中心(见图 1 和图 2)。可从试样顶部沿中轴线开 2 mm 的孔来实现。

C.2.2 试样表面热电偶

试样表面热电偶的放置应使其热接点在试验开始时位于试样中部，并应与炉内热电偶处于同一直径的相对方向(见图 1 和图 2)。

C.3 试验程序

按第 7 章规定进行试验，并全程记录试验过程中两支热电偶的测量温度。

在某些情况下，试样中心热电偶不能提供额外的信息，因此可不设中心热电偶。对于热稳定性较差的材料也可不设中心热电偶。

C.4 试验的现象观察

除了 7.5 中要求的观察内容外，还应记录以下内容：

a) 试样中心最高温度 T_C(max)；

b) 试样中心最终温度 T_C(final)；

c) 试样表面最高温度 T_S(max)；

d) 试样表面最终温度 T_S(final)。

试样表面和中心最大和最终温度在 7.5.3 中有相应的定义。

C.5 试验结果的表述

温升应根据两支热电偶对每个试样的记录进行计算：

a) 试样中心温升：$\Delta T_C = T_C(\text{max}) - T_C(\text{final})$；

b) 试样表面温升：$\Delta T_S = T_S(\text{max}) - T_S(\text{final})$。

附　录　D
（资料性附录）
温　度　记　录

D.1　初始温度的平衡

初始温度平衡的判定条件在 7.2.4 中给出。即在 10 min 以上时间段内达到以下条件：

——平均温度 T_{avg}=(750±5)℃；

——$|T-T_{avg}|\leqslant 10$ ℃；

——漂移(线性回归)≤2 ℃。

在图 D.1 中给出了一个初始温度平衡的例子：

——平均温度+750.4 ℃；

——温度最大偏差=4.3 ℃；

——漂移=0.7 ℃。

根据 7.5.3 中对初始温度的定义，T_i 即等于 T_{avg}，图 D.1 中给出的例子中 T_i=750.4 ℃

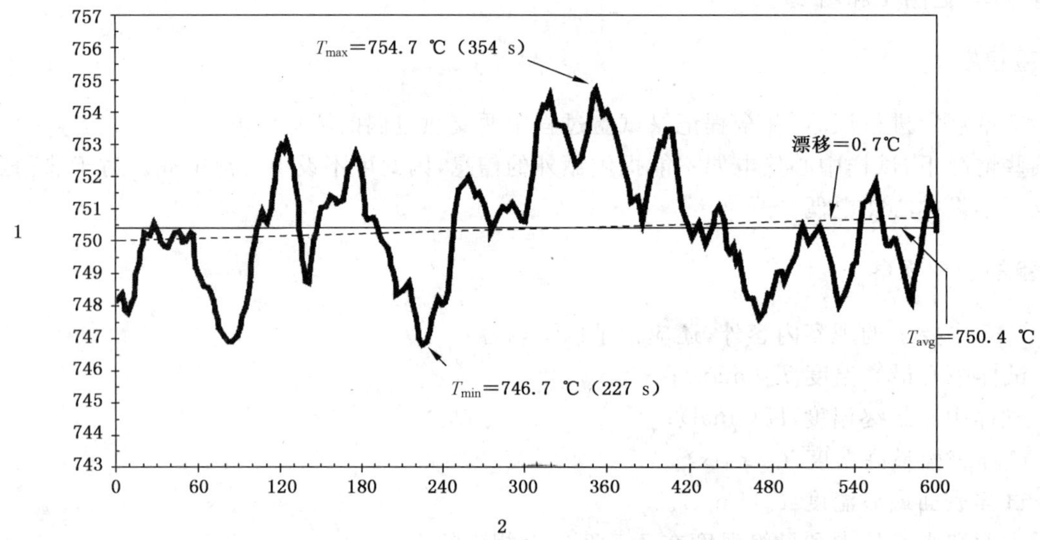

1——温度(℃)；

2——时间(s)。

图 D.1　初始温度平衡的例子

D.2　最终温度的平衡

如果温度在 30 min 内达到平衡条件，那么试验结束时间应为 30 min。如果温度在 30 min 至 60 min 内达到平衡条件，那么达到平衡的时间即为试验结束时间。如果温度在 60 min 内没能达到平衡，那么试验应在 60 min 时结束。

最终温度的平衡条件是在 10 min 期间漂移在 2 ℃内，以 5 min 的时间间隔进行计算。

在图 D.2 及表 D.1 中给出了最终温度平衡的例子。

如果温度漂移在(35～45)min 之间小于 2 ℃(10 min 内)，那么温度平衡条件是在 45 min 达到的，试验应在 45 min 时结束。

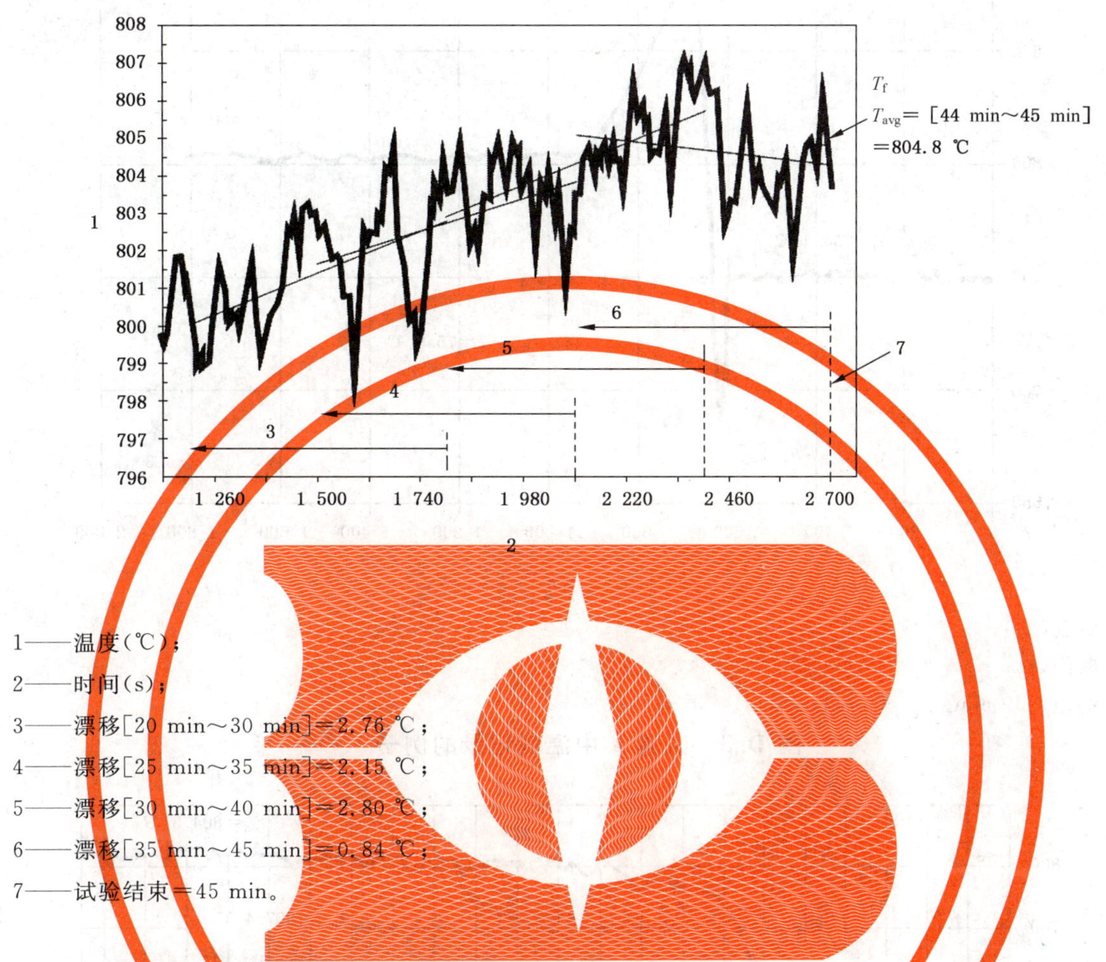

1——温度(℃)；

2——时间(s)；

3——漂移[20 min～30 min]=2.76 ℃；

4——漂移[25 min～35 min]=2.15 ℃；

5——漂移[30 min～40 min]=2.80 ℃；

6——漂移[35 min～45 min]=0.84 ℃；

7——试验结束=45 min。

图 D.2　最终温度平衡的例子

D.3　温升的确定

温升的计算在 8.3 中进行了描述，通过 T_m 和 T_f 计算得来。在图 D.3 和图 D.4 中给出了两个典型的温度记录例子，结果总结于表 D.1 中。

表 D.1　试验结果

例子	结束时间	T_i/℃	T_m/℃	T_f/℃	T_m-T_f/℃
图 D.3	30 min	750.4	877.8	802.3	75.5
图 D.4	45 min	748.4	807.4	804.8	2.6

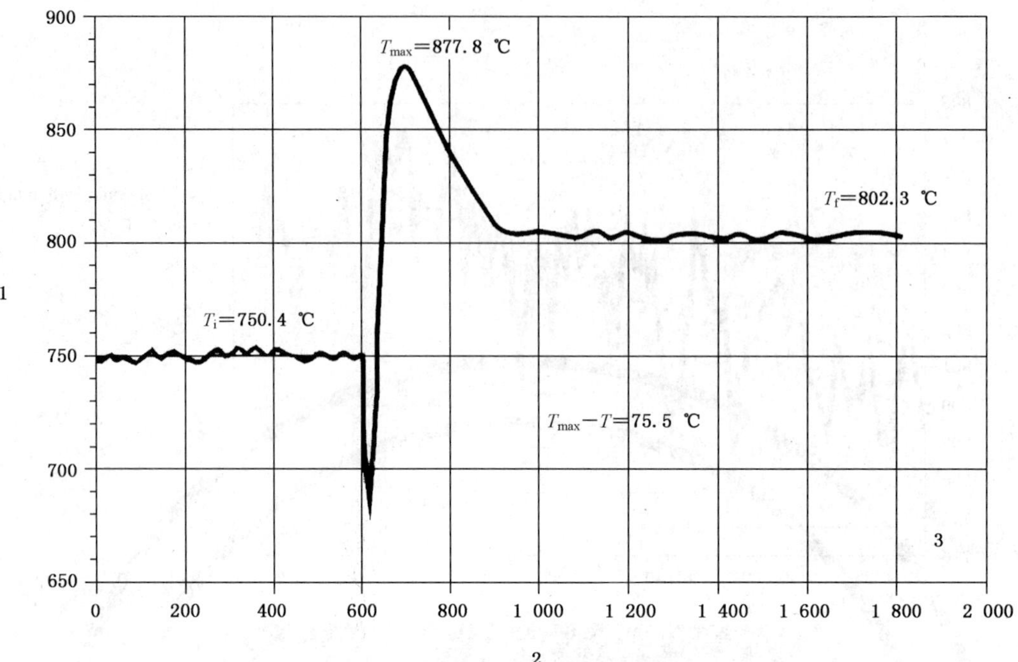

1——温度(℃);

2——时间(s);

3——终温=30 min。

图 D.3 试验 A 中温度记录的例子

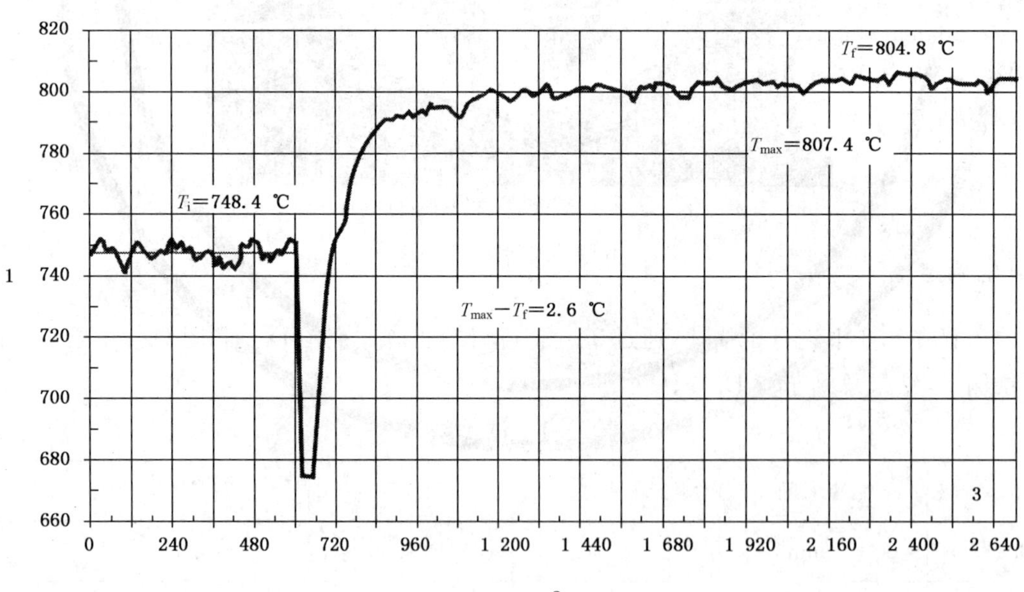

1——温度(℃);

2——时间(s);

3——终温=45 min。

图 D.4 试验 B 中温度记录的例子

ICS 67.040
X 04

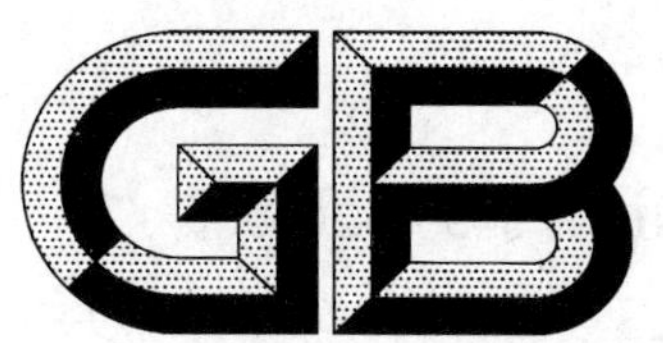

中华人民共和国国家标准

GB/T 5490—2010
代替 GB/T 5490—1985

粮油检验　一般规则

Inspection of grain and oils—General rules

2010-06-30 发布　　　　2011-01-01 实施

中华人民共和国国家质量监督检验检疫总局
中国国家标准化管理委员会　发布

前　言

本标准代替 GB/T 5490—1985《粮食、油料及植物油脂检验　一般规则》。

本标准与 GB/T 5490—1985 相比较，主要变化如下：

——增加了粮油检验的相关术语和定义、检验方法选择、仪器设备要求、检验要求；

——对仲裁方法进行了补充；

——对检验结果计算作了修改与补充；

——引用相应的国家标准替代了原标准中的附录 A“误差和数据处理”、附录 B“几种标准溶液的配制和标定”；

——修改了粮油检验的一般流程，将粮食、油料及其制品的检验程序按粮食种类和检验项目分别进行表述，并改为资料性附录。

本标准的附录 B 为规范性附录，附录 A 为资料性附录。

本标准由国家粮食局提出。

本标准由全国粮油标准化技术委员会归口。

本标准起草单位：国家粮食局标准质量中心、河南工业大学、四川省工业贸易学校、南京财经大学、黑龙江省粮油质量检测站、湖北省粮油质量检测站、中国储备粮管理总公司吉林分公司、成都粮食储藏科学研究所、北京粮食科学研究所。

本标准主要起草人：唐瑞明、张玉荣、周显青、周子诚、袁建、宋秀娟、熊宁、顾祥明、邴永晋、杨正尧、高艳娜、杨浩然、郑家丰、周展明。

本标准所代替标准的历次版本发布情况为：

——GB/T 5490—1985。

粮油检验　一般规则

1　范围

本标准规定了粮食、油料及制品的质量检验相关术语和定义、样品登记、样品要求、检验方法选择、试剂要求、仪器设备要求、检验要求、原始记录和检验单以及结果计算与处理。

本标准适用于商品粮食、油料及制品的质量检验。

2　规范性引用文件

下列文件中的条款通过本标准的引用而成为本标准的条款。凡是注日期的引用文件，其随后所有的修改单(不包括勘误的内容)或修订版均不适用于本标准，然而，鼓励根据本标准达成协议的各方研究是否可使用这些文件的最新版本。凡是不注日期的引用文件，其最新版本适用于本标准。

GB/T 601　化学试剂　标准滴定溶液的制备

GB/T 602　化学试剂　杂质测定用标准溶液的制备

GB/T 603　化学试剂　试验方法中所用制剂及制品的制备

GB/T 8170　数值修约规则与极限数值的表示和判定

3　术语和定义

下列术语和定义适用于本标准。

3.1

样品　sample

能够代表被检粮油质量的少量实物。可分为点样、集合样、送检样品(实验室样品)、试样。

3.2

点样　increment

按规定的方法，使用规定的扦样工具，从被检粮油的一个采样点扦取的少量样品。

3.3

集合样　aggregate sample

按规定的代表数量，把扦取所得的全部点样聚集、混匀所得到的样品。

3.4

送检样品　submitted sample

实验室样品　laboratory sample

按规定的方法，使用分样工具，将集合样充分混匀并缩分到一定数量，送至实验室的样品。

3.5

保留样品　retention sample

分取样品同时获得的与送检样品或试样相同的样品，作为核查、复检及应对意外情况的备份。

3.6

试样　experiment sample

按规定方法制备的用于实验室检验的样品。

3.7

平行试验　parallel test

从实验室样品分样开始或从试样制备后的称样开始，采用完全相同的分析步骤、仪器、试剂进行的操作，以获得相互独立的测试结果。

3.8

空白试验 blank test

除不加试样外，采用与试样测试完全相同的分析步骤、仪器、试剂进行的操作。所得的结果用于扣除试样测试中的本底和计算检验方法的检出限。

3.9

回收试验 recovery test

试样中加入已知量的被测组分，采用与试样测试完全相同的分析步骤、仪器、试剂进行的操作，与试样测试结果比较，检查被加入的组分是否定量回收，所得结果用百分数表示，称为回收率，以判断测试过程是否存在系统误差，验证测试方法的可靠性、准确性。

4 样品登记

样品必须登记。登记项目包括(但不限于)：样品编号、样品名称(种类、品种)、产地、代表数量、生产年度、储存时间、扦样地点(车、船、仓库、堆垛)、包装或散装、扦样单位及人员姓名、扦样日期等。

5 样品要求

5.1 扦样应按有关规定执行。

5.2 送检样品数量应能满足检验项目的要求，原则上不少于 2 kg。

5.3 根据检验项目的要求，选用适当的容器和包装运送和保存样品。

5.4 运送、保存过程中必须采用适当措施(如密封、低温等)，防止样品损坏、丢失，避免可能发生的霉变、生虫、氧化、挥发成分的逸散及污染等。

5.5 检验后的样品在检验结束后应妥善保存至少一个月，以备复检。对易发生变化的检验项目不予复检。对检验项目易发生变化的样品和易变质的样品不予保存，但事前应对送检方声明。

6 检验方法选择

6.1 一个检验项目有多个标准检验方法时，可根据检验方法的适用范围和实验室的条件选择使用。

6.2 委托检验按委托方指定的检验方法或双方协商的检验方法进行检验。

6.3 仲裁检验时，以标准中规定的仲裁方法进行检验；没有规定仲裁方法时，一个检验项目只有一个方法标准，则以该方法标准标明的第一法为仲裁方法；未标明第一法或一个检验项目有多个方法标准时，则由有关方协商确定仲裁方法。

7 试剂要求

7.1 检验用水，未注明其他要求时，系指蒸馏水或去离子水。未指明溶液用何种溶剂配制时，均为水溶液。

7.2 检验中需用的试剂，除基准物质和特别注明试剂纯度要求外，均为分析纯；未指明具体浓度的硫酸、硝酸、盐酸、氨水，均指市售试剂规格的浓度。

7.3 标准滴定溶液的制备按 GB/T 601 执行，杂质测定用标准溶液的制备按 GB/T 602 执行，实验中所使用的制剂及制品的制备按 GB/T 603 执行。

7.4 液体的滴：指蒸馏水自标准滴管流下一滴的量，在 20 ℃时，20 滴约 1 mL。

8 仪器设备要求

8.1 所选仪器设备应符合标准中规定的量程、精度和性能要求。

8.2 对涉及计量的仪器设备及量具(包括玻璃量具)应按国家有关规定进行检定或校准。

8.3 玻璃量具和玻璃器皿应按有关要求洗净后使用。

8.4 检验方法中所列仪器为主要仪器，实验室常用仪器可不列入。

9 检验要求

9.1 按照标准方法中规定的分析步骤进行检验。

9.1.1 称取：用天平进行的称量操作，其准确度要求用数值的有效数位表示，如“称取 20.0 g……”指称量准确至±0.1 g；“称取 20.00 g……”指称量准确至±0.01 g。

9.1.2 准确称取：用天平进行的称量操作，其准确度为±0.000 1 g。

9.1.3 恒量：在规定条件下，连续两次干燥或灼烧后的质量差不超过规定的范围。

9.1.4 量取：用量筒或量杯取液体物质的操作。

9.1.5 吸取：用移液管、刻度吸量管取液体物质的操作。

9.2 为减少随机误差的影响，测试应进行平行试验，以获得相互独立的测定值，由相互独立的测定值得到可靠的最终测试结果。

9.3 对测试存在本底以及需要计算检验方法的检出限时，应进行空白试验。

9.4 判断分析过程是否存在系统误差，以及验证测试方法的可靠性、准确性时，应进行回收试验。

9.5 对检验中可能存在的不安全因素(如中毒、爆炸、腐蚀、燃烧等)应有防护措施。

9.6 主要粮食、油料质量检验程序参见附录 A。

10 原始记录和检验单

10.1 试样检验必须有完整的原始记录。原始记录应具有原始性、真实性和可追溯性。

10.2 原始记录的内容包括(但不限于)：样品编号、样品名称(种类、品种)、检验依据、检验项目、检验方法、环境温度、湿度、主要仪器设备(名称、型号、编号)、测试数据、计算公式和计算结果、检测人及校核人、检验日期。

10.3 检验人员应按照原始记录正确填写质量检验单。

11 结果计算与处理

11.1 测定值的运算和有效数字的修约应符合 GB/T 8170 的规定。

11.2 最终测试结果

11.2.1 重复性条件下，两次独立测试结果的绝对差与标准规定的允许差(重复性限 $r=2.8\times s_r$)相比较，如果两个测试结果的绝对差不大于允许差，以两个独立测试结果的平均值为最终测试结果。

11.2.2 如果两个独立测试结果的绝对差大于允许差，则必须再进行 2 次独立测试，共获得 4 个独立测试结果。若 4 个独立测试结果的极差($X_{max}-X_{min}$)等于或小于允许差的 1.3 倍[或重复性临界极差 $C_rR_{95}(4)=3.6\times s_r$]，则以 4 个独立测试结果的平均值作为最终测试结果；如果 4 个独立测试结果的极差($X_{max}-X_{min}$)大于允许差的 1.3 倍[或重复性临界极差 $C_rR_{95}(4)=3.6\times s_r$]，则以 4 个独立测试结果的中位数作为最终测试结果。

11.2.3 标准规定需要进行两次以上的独立测试时，其重复性临界极差 $C_rR_{95}(n)$ 按附录 B 计算，最终测试结果参照 11.2.1 和 11.2.2 的判定方法确定。

11.3 如果测试结果在方法的检出限以下，可用“未检出”表述测试结果，但应注明检出限数值。

11.4 测试报告应包括(但不限于)以下内容：

——最终测试结果，并说明测试次数，是平均值还是中位数；

——样品的全部信息；

——采样方法(如果已知)；

——测试方法；

——标准没有具体说明的、或者被认为是可选性的，以及所有可能影响结果的操作细节。

附 录 A
（资料性附录）
粮食、油料质量检验程序

A.1 稻谷检验程序

稻谷检验程序见图 A.1。

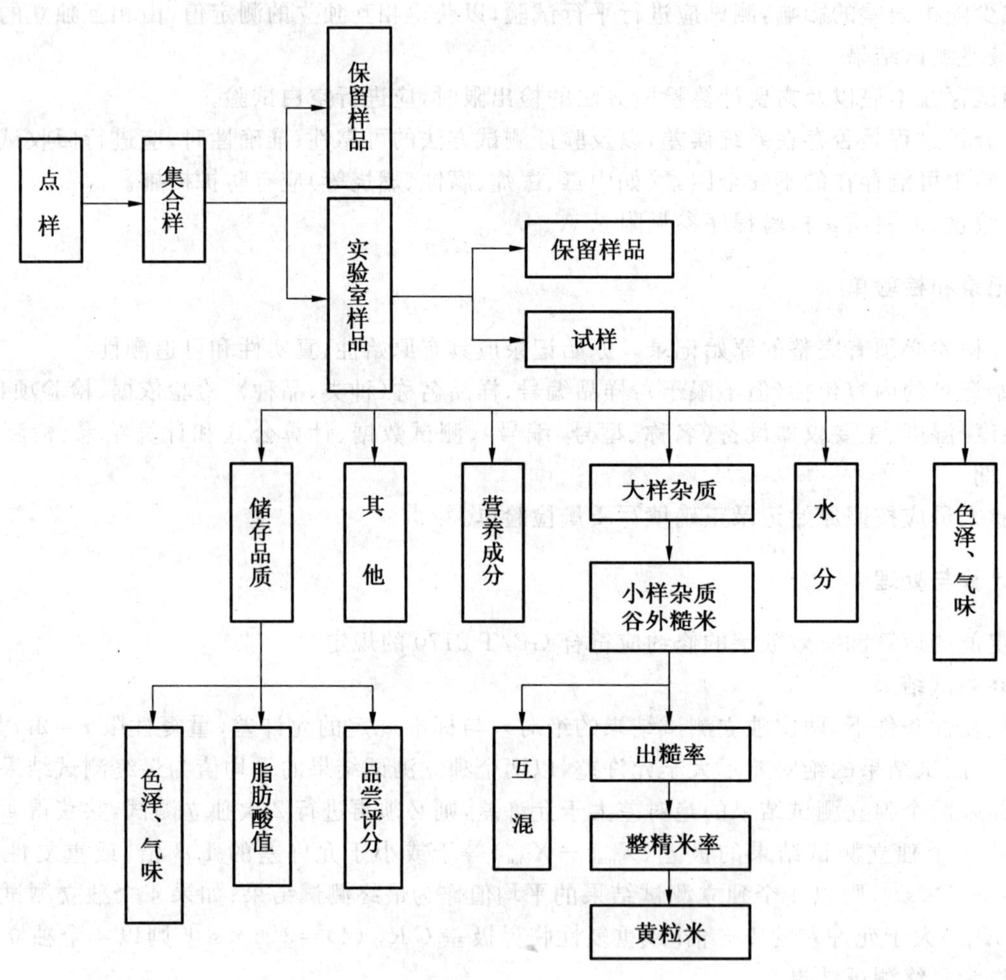

图 A.1 稻谷检验程序

A.2 小麦、玉米检验程序

小麦、玉米检验程序见图 A.2。

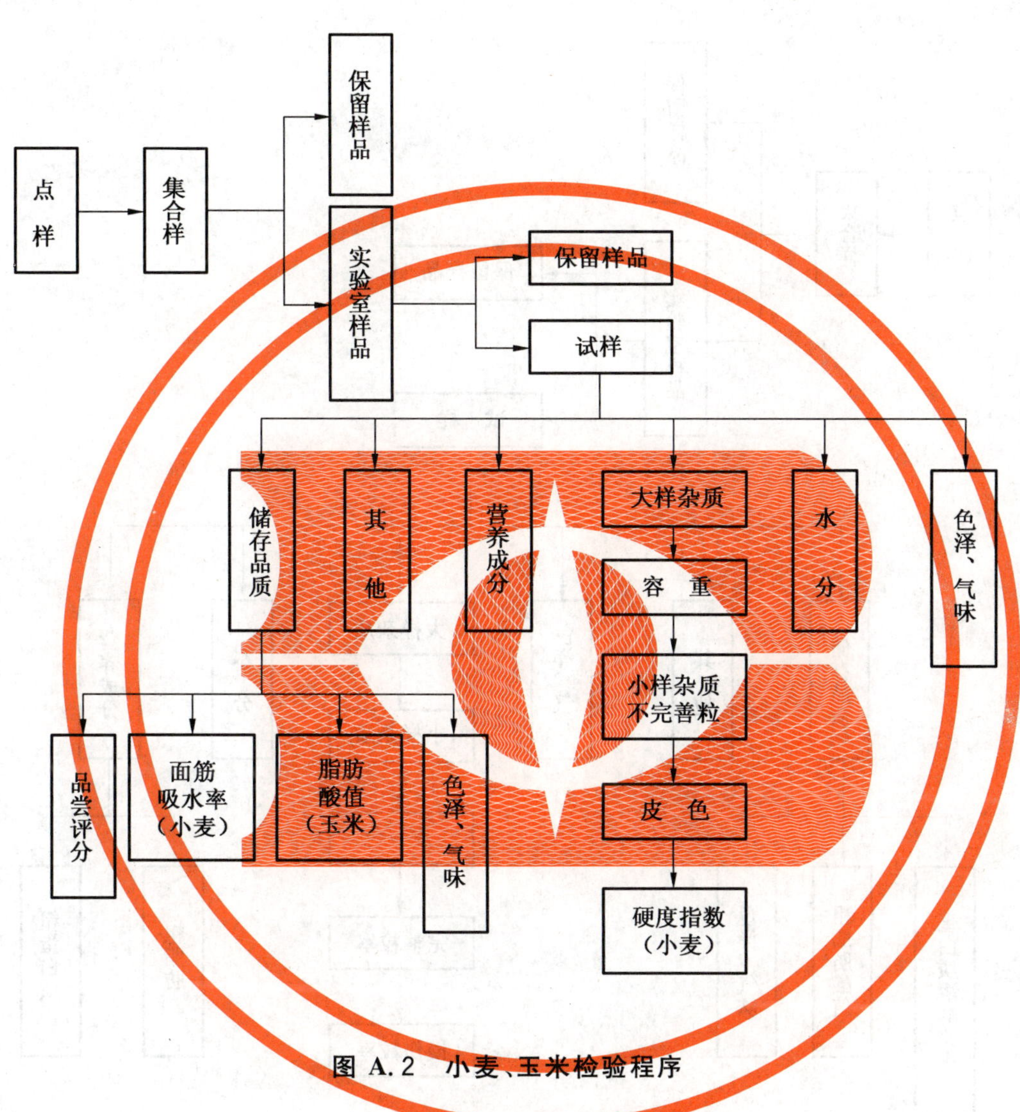

图 A.2 小麦、玉米检验程序

A.3 大豆检验程序

大豆检验程序见图 A.3。

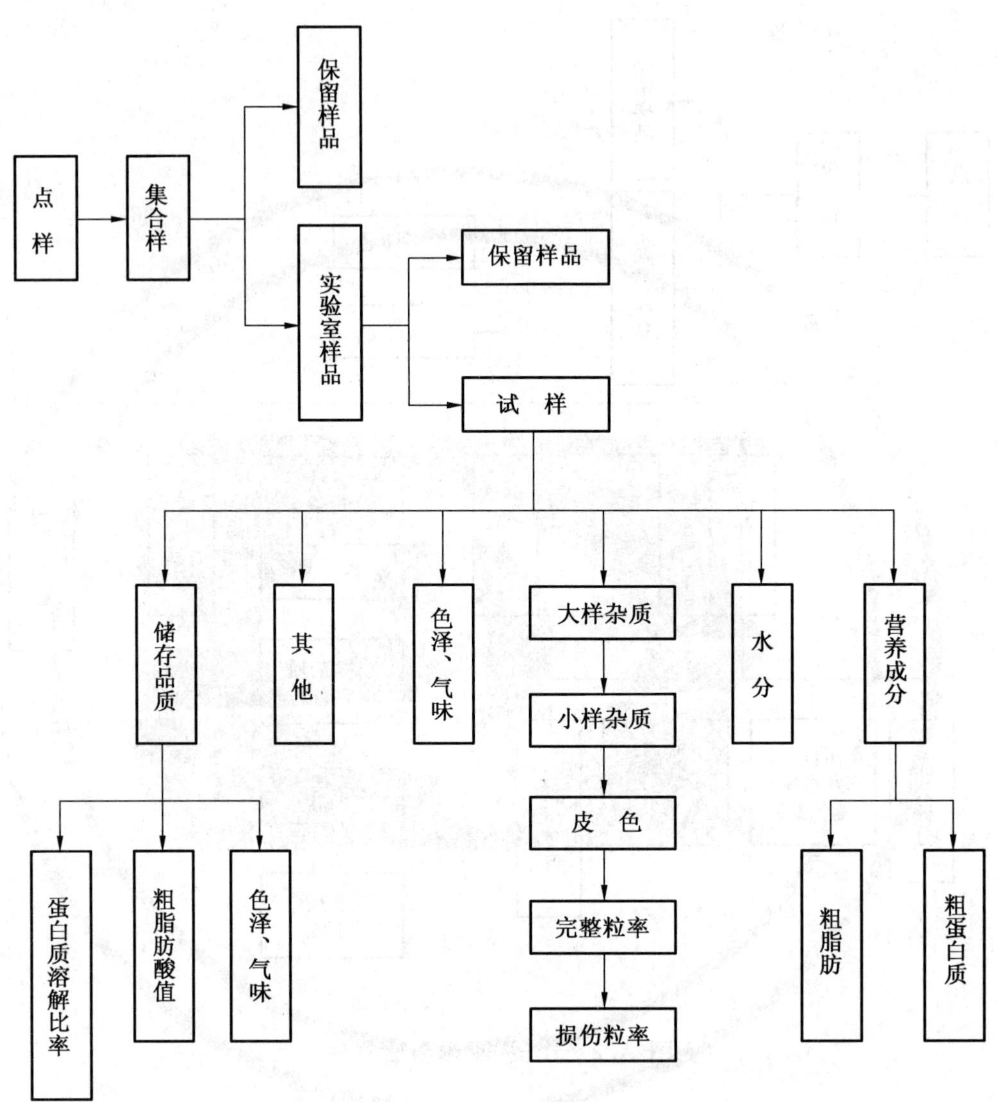

图 A.3 大豆检验程序

A.4　米类检验程序

米类检验程序见图 A.4。

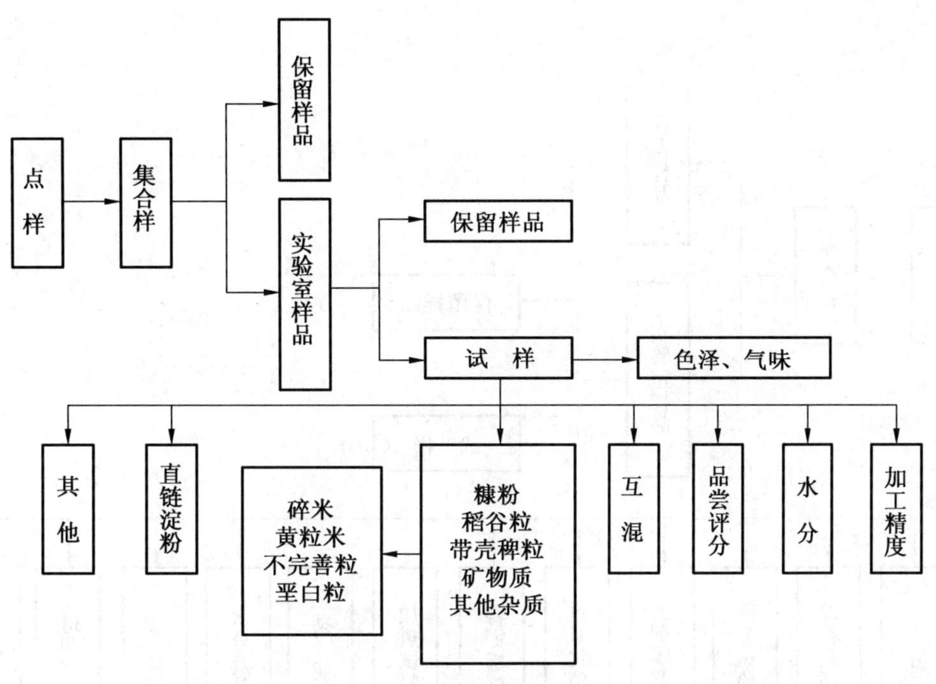

图 A.4　米类检验程序

A.5　小麦粉检验程序

小麦粉检验程序见图 A.5。

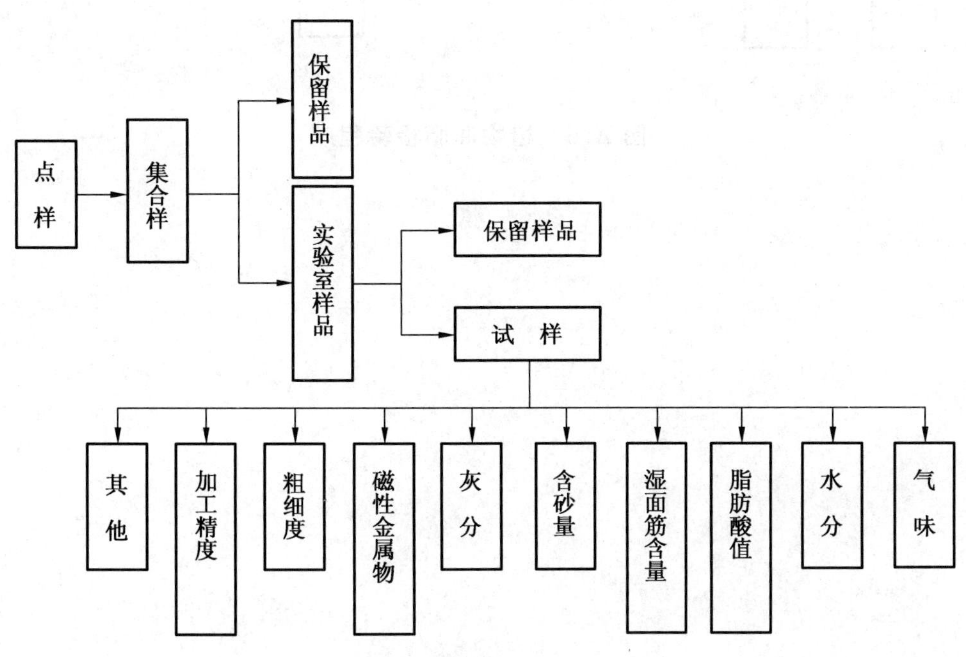

图 A.5　小麦粉检验程序

A.6 植物油脂检验程序

植物油脂检验程序见图 A.6。

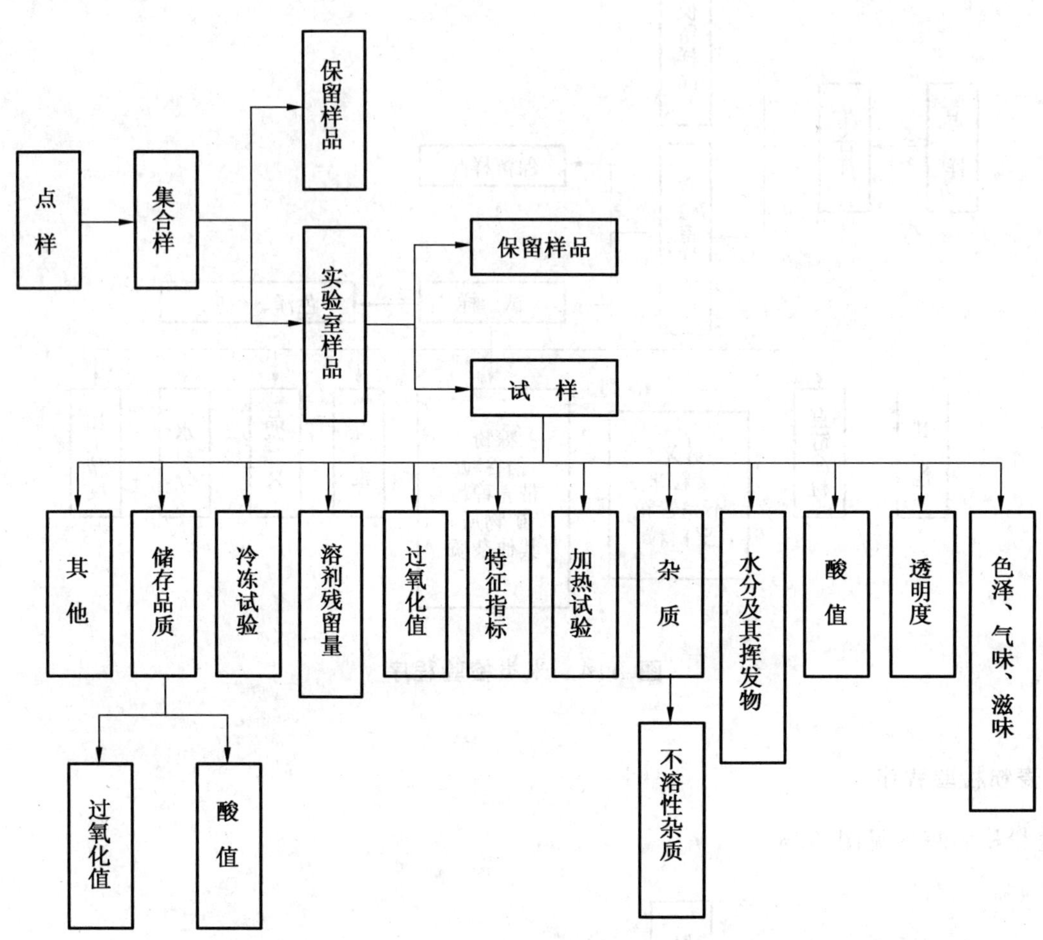

图 A.6 植物油脂检验程序

附　录　B
（规范性附录）
重复性临界极差的计算

重复性临界极差按式(B.1)计算：

$$C_rR_{95}(n)=f(n)s_r \qquad \cdots\cdots(B.1)$$

式中：

$C_rR_{95}(n)$——在重复性条件下 n 次独立测定，概率 95%时的重复性临界极差；

n——测定次数；

$f(n)$——临界极差系数，不同独立测定次数的临界极差系数 $f(n)$ 见表 B.1；

s_r——重复性标准差。

表 B.1　临界极差系数 $f(n)$

n	$f(n)$	n	$f(n)$	n	$f(n)$	n	$f(n)$
2	2.8	7	4.2	12	4.6	17	4.9
3	3.3	8	4.3	13	4.7	18	4.9
4	3.6	9	4.4	14	4.7	19	5.0
5	3.9	10	4.5	15	4.8	20	5.0
6	4.0	11	4.6	16	4.8		

ICS 67.040
X 10

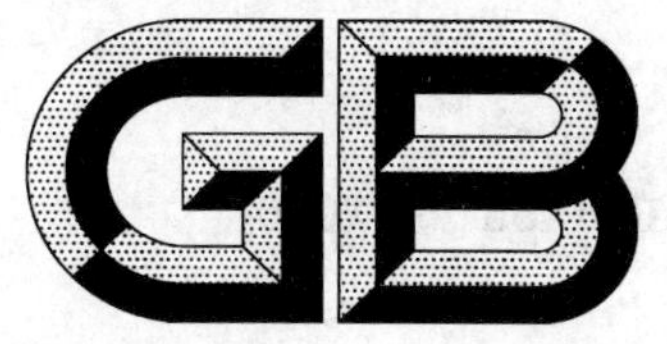

中华人民共和国国家标准

GB/T 5517—2010
代替 GB/T 5517—1985

粮油检验　粮食及制品酸度测定

Inspection of grain and oils—Determination of acidity in grain and produce

2010-09-26 发布　　2011-03-01 实施

中华人民共和国国家质量监督检验检疫总局
中国国家标准化管理委员会　发布

前　言

本标准是对 GB/T 5517—1985《粮食、油料检验　粮食酸度测定法》的修订。

本标准与 GB/T 5517—1985 的主要差异如下：

——增加了“前言”、“规范性引用文件”、“术语和定义”、“原理”、“扦样”项；

——细化了试样制备要求和试样振荡提取方法；

——规范了测定值重复性要求。

本标准由国家粮食局提出。

本标准由全国粮油标准化技术委员会归口。

本标准主要起草单位：南京财经大学、江苏省产品质量监督检验研究院。

本标准主要起草人：杨慧萍、袁建、张征、蔡晶、杨晓蓉。

本标准所代替标准的历次版本发布情况为：

——GB/T 5517—1985。

粮油检验　粮食及制品酸度测定

1　范围

本标准规定了粮食及制品酸度测定的术语和定义、原理、试剂和材料、仪器和用具、扦样、操作步骤及结果计算与表示的要求。

本标准适用于粮食及其制品酸度的测定。

2　规范性引用文件

下列文件中的条款通过本标准的引用而成为本标准的条款。凡是注日期的引用文件，其随后所有的修改单（不包括勘误的内容）或修订版均不适用于本标准，然而，鼓励根据本标准达成协议的各方研究是否可使用这些文件的最新版本。凡是不注日期的引用文件，其最新版本适用于本标准。

GB/T 601　化学试剂　标准滴定溶液的制备

GB/T 5490　粮油检验　一般规则

GB 5491　粮食、油料检验　扦样、分样法

3　术语和定义

下列术语和定义适用于本标准。

3.1

酸度　acidity

粮食及其制品中含有的磷酸、酸性磷酸盐、乳酸、乙酸等水溶性酸性物质的总量。以 10 g 样品所消耗的 0.1 mol/L 氢氧化钾或氢氧化钠标准溶液的毫升数计。

4　原理

在室温下用水浸提试样中水溶性酸性物质（如磷酸及其酸性盐、乳酸、乙酸等），用氢氧化钾或氢氧化钠标准溶液滴定，计算酸度。

5　试剂和材料

本标准所列试剂均为分析纯，水为蒸馏水。

5.1　氢氧化钾或氢氧化钠标准溶液 c(KOH 或 NaOH)＝0.01 mol/L：按 GB/T 601 执行。

5.2　三氯甲烷。

5.3　酚酞指示剂：10 g/L 的 95％乙醇溶液。

5.4　不含二氧化碳的蒸馏水：将水煮沸 15 min，逐出二氧化碳，冷却、密闭。

6　仪器和用具

6.1　粉碎机：可使粉碎的样品 95％以上通过 CQ16 筛（相当于 40 目），粉碎样品时磨膛不应发热。

6.2　具塞磨口锥形瓶：250 mL。

6.3　振荡器：往返式，振荡频率为 100 次/min。

6.4　中速定性滤纸。

6.5 移液管:10 mL、20 mL。

6.6 锥形瓶:100 mL。

6.7 量筒:50 mL、250 mL。

6.8 玻璃漏斗和漏斗架。

6.9 天平:感量 0.01 g。

6.10 滴定管:10 mL,最小刻度 0.05 mL。

7 扦样

7.1 一般规则

按 GB/T 5490 执行。

7.2 扦样、分样

按 GB 5491 执行。

8 操作步骤

8.1 试样制备

取混合均匀的样品约 80 g~100 g,用粉碎机(6.1)粉碎,粉碎细度要求 95%以上通过 CQ16 筛(40 目),粉碎后的全部筛分样品充分混合,装入磨口瓶中,制备好的样品应立即测定。

8.2 测定

称取试样(8.1)15 g,置入 250 mL 具塞磨口锥形瓶(6.2),加蒸馏水(5.4)150 mL(V_3)(先加少量水与试样混成稀糊状,再全部加入,V_3),滴入三氯甲烷(5.2)5 滴,加塞后摇匀,在室温下放置提取 2 h,每隔 15 min 摇动 1 次[或置于振荡器(6.3)上振荡 70 min],浸提完毕后静置数分钟用干燥滤纸(6.4)过滤,用移液管(6.5)吸取滤液 10 mL(V_4),注入 100 mL 锥形瓶(6.6)中,再加蒸馏水(5.4)20 mL 和酚酞指示剂(5.3)3 滴,用氢氧化钾标准溶液(5.1)滴定至微红色 0.5 min 内不消失为止,记下所消耗的氢氧化钾标准溶液毫升数 V_1。

另用 30 mL 蒸馏水(5.4)作空白试验,记下所消耗的氢氧化钾标准溶液毫升数 V_2。

注:防腐剂三氯甲烷有毒,操作时应在通风良好的通风橱内进行。

9 结果计算与表示

9.1 结果计算

酸度按式(1)计算:

$$X=(V_1-V_2)\times\frac{V_3}{V_4}\times\frac{c}{0.1}\times\frac{10}{m} \quad\cdots\cdots(1)$$

式中:

X——试样酸度,以 10 g 样品所消耗的 0.1 mol/L 氢氧化钾毫升数计,单位为毫升每 10 克(mL/10 g);

V_1——试样滤液消耗的氢氧化钾标准溶液体积,单位为毫升(mL);

V_2——空白试验消耗的氢氧化钾标准溶液体积,单位为毫升(mL);

V_3——浸提试样的水体积,单位为毫升(mL);

V_4——用于滴定的试样滤液体积,单位为毫升(mL);

c——氢氧化钾标准溶液的浓度,单位为摩尔每升(mol/L);

m——试样的质量,单位为克(g)。

9.2 重复性

在重复性条件下获得的两次独立测定结果的绝对差值不应超过其算术平均值的10%。

9.3 结果表示

将符合重复性要求的两次独立测定结果的算术平均值作为测定结果，结果保留一位小数。

ICS 67.200.10
X 14

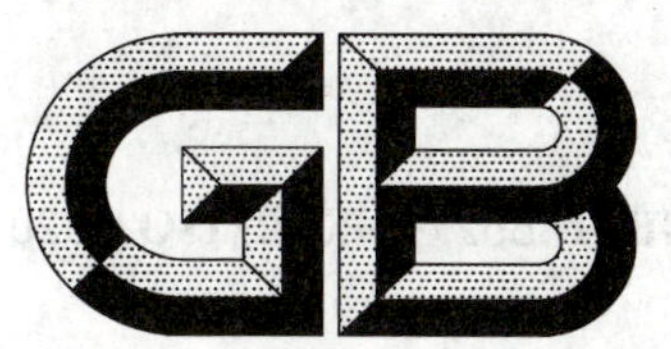

中华人民共和国国家标准

GB/T 5527—2010/ISO 6320:2000
代替 GB/T 5527—1985

动植物油脂 折光指数的测定

Animal and vegetable fats and oils—Determination of refractive index

(ISO 6320:2000,IDT)

2010-09-26 发布 2011-03-01 实施

中华人民共和国国家质量监督检验检疫总局
中国国家标准化管理委员会 发布

前言

本标准等同采用ISO 6320:2000《动植物油脂　折光指数的测定》(英文版)。

本标准代替GB/T 5527—1985《植物油脂检验　折光指数测定法》。

为了便于使用,本标准对ISO 6320:2000进行了下列编辑性修改:

——删除国际标准的前言;

——将"本国际标准"改为"本标准";

——用小数点"."代替原文中作为小数点的逗号",";

——对有关公式进行了编号;

——用GB/T 15687代替原国际标准中的ISO 661:1989;

——在9.2中按测定顺序增加了序号,使测定步骤更清晰。

本标准与GB/T 5527—1985相比较的主要技术差异如下:

——增加了规范性引用文件;

——增加了术语定义和原理;

——增加了扦样与试样制备;

——增加了精密度要求和测试报告。

本标准的附录A为资料性附录。

本标准由国家粮食局提出。

本标准由全国粮油标准化技术委员会归口。

本标准起草单位:辽宁省粮油检验监测所、国家粮食局科学研究院、抚顺市粮油监督监测中心、沈阳市粮油检测计量所、锦州市粮食质量监督管理站。

本标准起草人:郁伟、林家永、崔国华、闵国春、薛雅琳、孙晓燕、吴敏、张春林。

本标准所代替标准的历次版本发布情况为:

——GB/T 5527—1985。

动植物油脂
折光指数的测定

1 范围

本标准规定了动植物油脂折光指数的测定方法。

2 规范性引用文件

下列文件中的条款通过本标准的引用而成为本标准的条款。凡是注日期的引用文件,其随后所有的修改单(不包括勘误的内容)或修订版均不适用于本标准,然而,鼓励根据本标准达成协议的各方研究是否可使用这些文件的最新版本。凡是不注日期的引用文件,其最新版本适用于本标准。

GB/T 15687　动植物油脂　试样的制备(GB/T 15687—2008,ISO 661:2003,IDT)

3 术语和定义

下列术语和定义适用于本标准。

3.1

折光指数(介质的)　refractive index (of a medium)

一定波长的光线在真空中的传播速度与其在该介质中传播速度的比率。

注1:在实际应用中,以空气中的光速替代真空中的光速,除另有规定外,所选择的波长是钠D线(589.6 nm)的平均波长。

注2:给定物质的折光指数随入射光线波长与温度的变化而变化,所用符号为 n_D^t,其中 t 为摄氏温度。

4 原理

在规定温度下,用折光仪测定液态试样的折光指数。

5 试剂

仅使用分析纯试剂,使用蒸馏水、去离子水或相同纯度的水。

5.1　十二烷酸乙酯:纯度适合于测定折光指数,已知折光率。

5.2　已烷,或其他合适溶剂,例如石油醚、丙酮或甲苯:用于清洗折射仪棱镜。

6 仪器

实验室常用仪器,尤其是下列仪器。

6.1　折光仪:折光指数测定范围为 $n_D=1.300$ 至 $n_D=1.700$,折光指数可读至±0.000 1,例如Abbe型。

6.2　光源:钠蒸气灯。如果折射仪装有消色差补偿系统,也可使用白光。

6.3　标准玻璃板:已知折光指数。

6.4　水浴:带循环泵和恒温控制装置,控温精度为±0.1 ℃。

6.5　水浴:试样为固体时,能保持测定所需的温度。

7 扦样

实验室收到的样品应具有代表性,在运输或存储过程中不得受损和变质。

扦样不是本标准规定的内容，推荐采用 GB/T 5524[1]。

8 试样制备

按 GB/T 15687 制备试样。

用于折光指数测定的试样应为经过干燥和过滤的油脂试样。

对于固态样品，按 GB/T 15687 方法制备试样，然后移入适合的容器，置于水浴(6.5)中，水浴温度设定在该试样测定时的温度，放置足够时间，让试样温度达到稳定。

9 操作步骤

注 3：如果需要核对是否满足重复性要求(11.2)，则按 9.1 和 9.2 的分析步骤进行两个单样测定。

9.1 仪器校正

按仪器操作说明书的操作步骤，通过测定标准玻璃板(6.3)的折光指数或者测定十二烷酸乙酯(5.1)的折光指数，对折射仪(6.1)进行校正。

9.2 测定

在下列一种温度条件下测定试样的折光指数：

a) 20 ℃，适用于该温度下完全液态的油脂；

b) 40 ℃，适用于 20 ℃下不能完全熔化，40 ℃下能完全熔化的油脂；

c) 50 ℃，适用于 40 ℃下不能完全熔化，50 ℃下能完全熔化的油脂；

d) 60 ℃，适用于 50 ℃下不能完全熔化，60 ℃下能完全熔化的油脂；

e) 80 ℃或 80 ℃以上，用于其他油脂，例如，完全硬化的脂肪或蜡。

9.2.1 让水浴(6.4)中的热水循环通过折光仪，使折光仪棱镜保持在测定要求的恒定温度。

9.2.2 用精密温度计测量折光仪流出水的温度。测定前，将棱镜可移动部分下降至水平位置，先用软布，再用溶剂(5.2)润湿的棉花球擦净棱镜表面，让其自然干燥。

9.2.3 依照折光仪操作说明书的操作步骤进行测定，读取折光指数，精确至 0.000 1，并记下折光仪棱镜的温度。

9.2.4 测定结束后，立即用软布，再用溶剂(5.2)润湿的棉花球擦净棱镜表面，让其自然干燥。

9.2.5 测定折光指数两次以上，计算三次测定结果的算术平均值，作为测定结果。

10 结果计算

如果测定温度 t_1 与参照温度 t 之间差异小于 3 ℃，则按式(1)计算在参照温度 t 下的折光指数 n_D^t。

$$n_D^t = n_D^{t_1} + (t_1 - t)F \qquad (1)$$

式中：

t_1——测定温度，单位为摄氏度(℃)；

t——参照温度(参见 9.2)，单位为摄氏度(℃)；

F——校正系数：

当 $t=20$ ℃时，F 为 0.000 35；

当 $t=40$ ℃、$t=50$ ℃和 $t=60$ ℃时，F 为 0.000 36；

当 $t=80$ ℃或 80 ℃以上时，F 为 0.000 37。

如果测定温度 t_1 与参照温度 t 之间差异等于或大于 3 ℃时，重新进行测定。

测定结果取至小数点后第 4 位。

11 精密度

11.1 实验室间测试

附录A详述了本标准精密度的实验室间比对测试结果，对于其他浓度范围和测试物质来说，本测试结果也许并不适用。

11.2 重复性

在同一实验室，由同一操作者使用相同设备，按相同的测试方法，并在短时间内对同一被测对象相互独立进行测试获得的两次独立测试结果的绝对差值大于附录A的表A.1中重复性限(r)的情况不得超过5%。

11.3 再现性

在不同的实验室，由不同的操作者使用不同的设备，按相同的测试方法，对同一被测对象相互独立进行测试获得的两次独立测试结果的绝对差值大于附录A的表A.1中再现性限(R)的情况不得超过5%。

12 测试报告

测试报告需说明：

——测试样品所需的所有有关信息；

——若已知采样方法，则注明；

——采用的检验方法及引用标准；

——本标准中没有具体说明的，或者被认为是可选性的，以及所有可能影响结果的操作细节；

——测试结果，如果进行了重复性试验，则报告最终结果。

附 录 A
(资料性附录)
联合实验室测试结果

在德国,对5个样品进行了9个实验室间的联合试验,按照ISO 5725-1和ISO 5725-2进行了数据统计分析,得到的精密度结果数据列于表A.1。

表A.1 联合实验室测试结果

项目	样品				
	菜籽油	葵花籽油	改性 亚麻籽油	改性 蓖麻油	蓖麻油
参与实验室数	9	9	9	9	9
剔除离群值后的实验室数	9	9	9	9	9
所有实验室对试样的测定数	45	45	45	45	45
平均值	1.473 24	1.457 512	1.482 33	1.483 91	1.479 30
重复性标准偏差,S_r	0.000 06	0.000 06	0.000 06	0.000 05	0.000 05
重复性变异系数/%	0.004	0.004	0.004	0.003	0.003
重复性极限值,$r(r=2.8S_r)$	0.000 17	0.000 17	0.000 17	0.000 15	0.000 13
再现性标准偏差,S_R	0.000 27	0.000 30	0.000 33	0.000 40	0.000 35
再现性变异系数/%	0.018	0.020	0.022	0.027	0.024
再现性极限值,$R(R=2.8S_R)$	0.000 75	0.000 84	0.000 94	0.001 12	0.000 98

参 考 文 献

[1] GB/T 5524—2008 动植物油脂 扦样(GB/T 5524—2008,ISO 5555:2001,IDT)

[2] ISO 5725-1:1994 Accuracy (trueness and precision) of measurement methods results—Part 1:General principles and definitions.

[3] ISO 5725-2:1994 Accuracy (trueness and precision) of measurement methods results—Part 2:Basic method for the determination of repeatability and reproducibility of a standard measurement method.

ICS 71.100.40
G 72

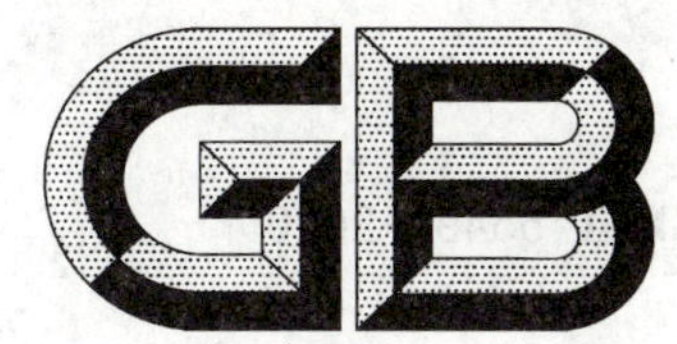

中华人民共和国国家标准

GB/T 5549—2010
代替 GB/T 5549—1990

表面活性剂　用拉起液膜法测定表面张力

Surface active agents—Determination of surface tension by drawing up liquid films

(ISO 304:1985,NEQ)

2011-01-04 发布　　　　2011-12-01 实施

中华人民共和国国家质量监督检验检疫总局
中国国家标准化管理委员会
发布

前　言

本标准按照 GB/T 1.1—2009 给出的规则起草。

本标准代替 GB/T 5549—1990《表面活性剂　用拉起液膜法测定表面张力》，与 GB/T 5549—1990 相比，主要变化如下：

——增加了前言；

——增加了圆环尺寸示意图及圆环测量示意图；

——增加了试验报告章节。

本标准与国际标准 ISO 304:1985《表面活性剂　用拉起液膜法测定表面张力》的一致性程度为非等效。

本标准与国际标准 ISO 304:1985 的主要差异：

——本标准不包括 ISO 的铂-铱丝镫形环法和长方形薄铂板法；

——测量精密度的差异(第 9 章精密度)。

本标准由中国石油和化学工业联合会提出。

本标准由全国化学标准化技术委员会(特种)界面活性剂分技术委员会(SAC/TC 63/SC 8)归口。

本标准起草单位：上海染料研究所有限公司、辽宁奥克化学股份有限公司。

本标准主要起草人：庄永斌、刘兆滨、黄伟卿、刘卫琴。

本标准的历次版本发布情况：

——GB/T 5549—1985、GB/T 5549—1990。

表面活性剂 用拉起液膜法测定表面张力

1 范围

本标准规定了用拉起液膜法来测定表面活性剂溶液的表面张力。

本标准适用于表面活性剂，有机溶液和含有一种或多种表面活性剂的混合液以及纯液体或溶液的表面张力的测定。

2 规范性引用文件

下列文件对于本文件的应用是必不可少的。凡是注日期的引用文件，仅所注日期的版本适用于本文件。凡是不注日期的引用文件，其最新版本(包括所有的修改单)适用于本文件。

GB/T 6682 分析实验室用水规格和试验方法(GB/T 6682—2008，ISO 3696：1987，MOD)

3 术语和定义

下列术语和定义适用于本标准。

3.1

表面张力 surface tension

由自由表面能引起的沿液面表面通途用在单位长度上的力，在数值上同单位表面上的自由表面能相等。单位是毫牛顿每米(mN/m)。

4 原理

一个平整的圆环放入待测的表面活性剂溶液中，被向上提出液面时，会在圆环与液面之间形成一液膜，此液膜对圆环产生一个垂直向下力，测定出拉破圆环下液膜所需的最小的力，即为该待测溶液的表面张力。

5 试剂及溶液

5.1 所用水均为GB/T 6682分析实验室用水规格和试验方法中的二级水。

5.2 表面活性剂溶液：取一定量的表面活性剂样品，用水小心地配制成试样溶液。溶液的温度要保持一定，温度变化应在0.5 ℃之内。

5.3 测定用的水不允许和软木塞尤其是橡皮塞接触，以防污染水质。

5.4 在临界浓度点附近进行测定时[例如在克拉夫特(Krafft)点、环氧乙烷缩合物的浊点等]，误差较大，所以最好在高于克拉夫特点或低于环氧乙烷缩合物的浊点温度下进行测定。

溶液的表面对于大气灰尘或周围的挥发性化学溶剂非常敏感，所以不要在进行测定的房间内处理挥发性物品，仪器应用罩子罩起来。

6 实验室常用仪器

6.1 表面张力仪：表面张力值相差不允许超过 0.2 mN/m 的表面张力仪。

6.2 测量杯：能盛足够液体量，直径大于 8 cm 的圆筒形玻璃皿。

6.3 铂-铱丝圆环：丝直径为 0.3 mm，圆环的周长通常在 40 mm～60 mm 之间，用一铂丝镫形环固定在悬杆上。如图 1 所示。

单位为毫米

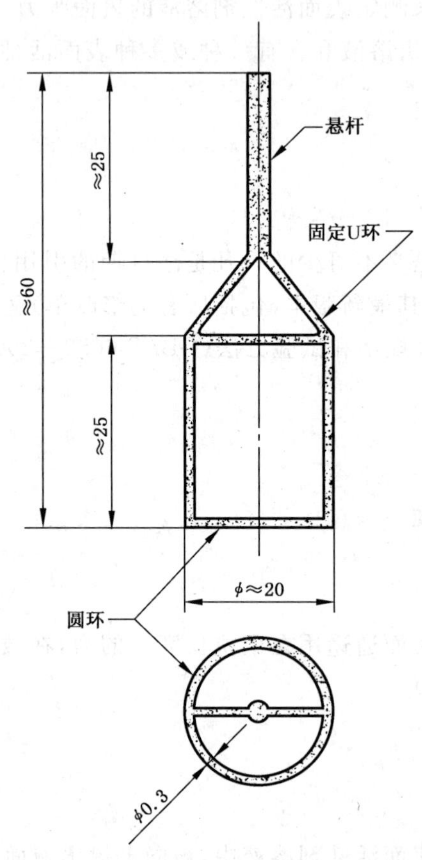

图 1 圆环尺寸示意图

7 分析步骤

7.1 清洗仪器

把测试用的铂金圆环测量杯先用重铬酸钾饱和溶液和硫酸的混合液（重铬酸钾饱和溶液＋硫酸＝100 mL＋900 mL）浸洗，然后用水彻底冲洗干净。

清洁的铂金圆环和测量杯内表面要避免用手指触摸。

7.2 校正仪器

首先调节界面张力仪底部的升降螺丝，使仪器平台呈水平。之后，检查铂金圆环的周边是否水平，如不呈水平则调正之。再调整零点，然后将已知质量的游码置于仪器的圆环上，测出其读数。用式(1)

计算应得的值：

$$\frac{m\times g}{2L} \quad \cdots\cdots(1)$$

式中：

g——重力加速度，单位为米每二次方秒（m/s^2）；

m——游码的质量，单位为克（g）；

L——铂金圆环的周长，单位为米（m）。

如测出的读数与计算值不符时，调节仪器直至符合为止。

7.3 测定（见附录 B）

测定应在恒温室中进行。测试液的温度应保持恒定，该温度一般可在（20～25）℃范围内任选一种。

测定时，测量杯先用待测溶液冲洗几次，然后用移液管从大量待测溶液的中部吸取试验份样于测量杯内，将此测量杯放在仪器的平强上，升起平台至铂金圆环浸入测试溶液的中部，再慢慢地放低平台，同时调节连接铂金圆环的臂上的拉力，使臂上的平衡指针与反射镜上的红线重合。继续小心缓慢地降低平台，并不断调节臂上的拉力，使铂金圆环上、下二力始终保持平衡。当铂金圆环刚露出液面时，在圆环与液面之间会形成一液膜，当拉力增大到一定程度时，液膜破裂，读出此时刻盘上的读数，即为该测试溶液测得的表面张力值。

重复上述操作，连续测试 5 次。

8 分析结果的表述

将 5 次连续测得的数值取其算术平均值。

本方法系采用圆环测定溶液的表面张力。实际表面张力值 V（mN/m）应根据测得的表面张力值 p 乘以校正因子 F 而得，计算式(2)如下

$$V=p\cdot F \quad \cdots\cdots(2)$$

JZHY—180 型界面张力仪的校正因子 F 是由计算式(3)求得：

$$F=0.725\,0+\sqrt{\frac{0.014\,52p}{C^2(\rho_1-\rho_2)!}+0.045\,34-\frac{1.679}{R/r}} \quad \cdots\cdots(3)$$

式中：

C——铂金圆环的周长，单位为厘米（cm）；

R——铂金圆环的平均半径，单位为厘米（cm）；

r——铂金丝的半径，单位为厘米（cm）；

p——测得表面张力值，单位为毫牛顿每米（mN/m）；

ρ_1——测试溶液的密度，单位为克每立方厘米（g/cm^3）；

ρ_2——空气的密度，单位为克每立方厘米（g/cm^3）。

9 精密度

同一样品连续 5 次测得的表面张力值相差不允许超过 0.2 mN/m。

10 试验报告

试验报告应包括以下内容：

——完全鉴定待测产品所必须的所有资料，包括取样方法，表面活性剂溶液的临界溶解温度。如克拉夫特温度，环氧乙烷缩合物的浊点等；
——所用的参考方法，同时指明所用的测量单元和测量杯的直径；
——所用水的性质，或所用溶液的性质和溶液的浓度；
——测定温度；
——测定时溶液的时效，即从溶液配制到测定的间隔时间；
——表面张力随时间的变化，直至达到平衡；
——结果和所用的表示方法；
——本国家标准或本标准所引用的标准中未规定的或任选的任何操作细节，以及会影响结果的任何情况。

附 录 A
(规范性附录)
界面张力仪示意图

界面张力仪示意图见图 A.1。

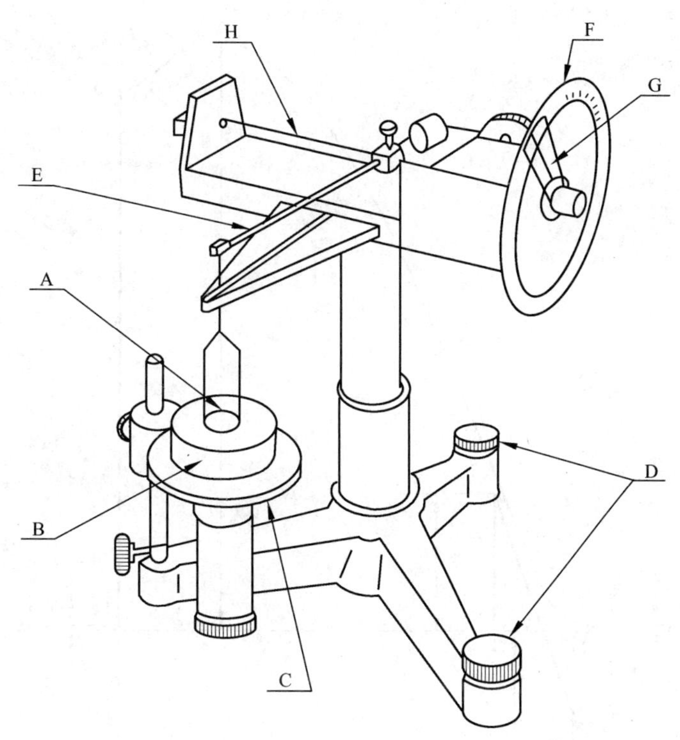

A——铂金圆环;
B——测量杯;
C——平台;
D——调节水平的螺丝;
E——连接圆环的臂;
F——刻度盘;
G——游标;
H——钢丝。

图 A.1

附 录 B
（规范性附录）
测定步骤示意图

力 F 和测量单元位置 L 的函数关系见图 B.1，测定表面张力示意图见图 B.2。

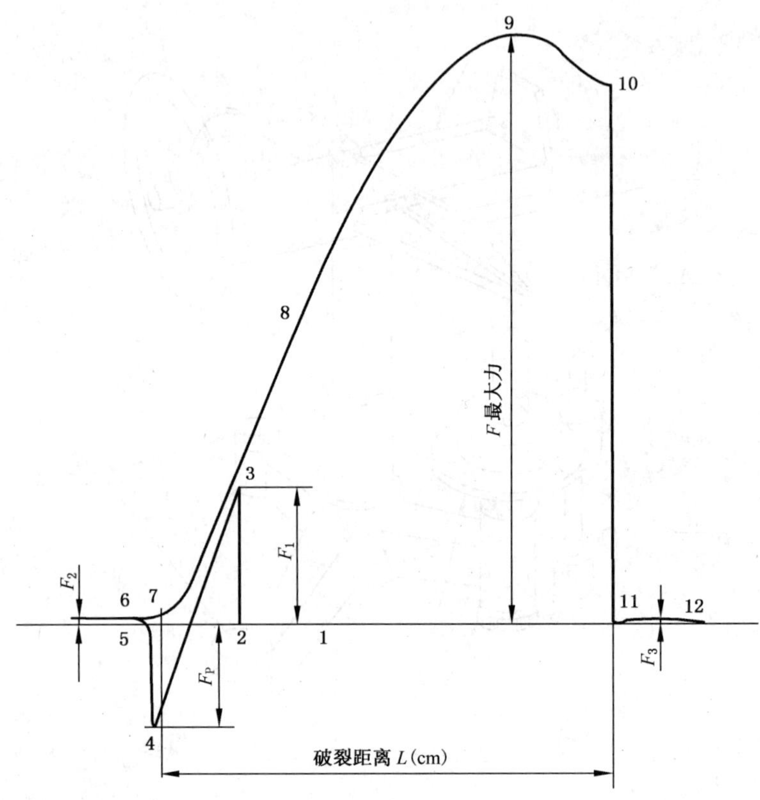

图 B.1 力 F 和测量单元位置 L 的函数关系图

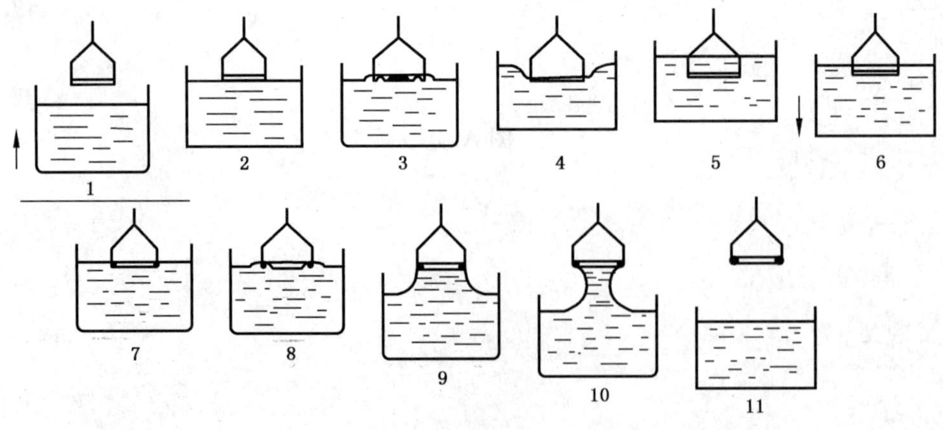

图 B.2 测量表面张力示意图

图 B.1 中步骤 1～5 对应于盛有测定液的测量杯上移及圆环浸入液体内时的情况。步骤 1～2，圆环位于液面之上(见示意图 B.2-1)。步骤 2，圆环刚触及液面(见示意图 B.2-2)。步骤 2～3，液体润湿圆环，并对圆环施加一个牵引力 F_1(见示意图 B.2-3)。步骤 3～4，圆环压迫液面，牵引力 F_1 减小，压力 F_P 增加(见示意图 B.2-4)。步骤 4 时，圆环嵌入液面。步骤 4～5，压力 F_P 减小，由于润湿了圆环的上半部分，故产生了牵引力 F_2。步骤 5～6，圆环进入液体内(见示意图 B.2-5)。图 B.1 中，步骤 6～12 对应于盛有测定液的测量杯下移及圆环从液体内上浮移动时的情况。步骤 6～7，圆环仍浸没于液体内(见示意图 B.2-6)。步骤 7，圆环的上部刚触及液面(见示意图 B.2-7)。步骤 7～8，力 F 呈线形变化。步骤 7～10，液膜的形状连续变化。步骤 9 时，液体对圆环施加了一个最大牵引力 $F_{最大}$(见示意图 B.2-9)。步骤 10，液膜和圆环分离(见示意图 B.2-10)。步骤 10～11，液膜破裂后，牵引力 F 减小。滞留的 F_3 力是由遗留在圆环上的液膜造成的(见示意图 B.2-11)。步骤 11～12，圆环离开液体(见示意图 B.2-11)。

ICS 71.100.40
G 72

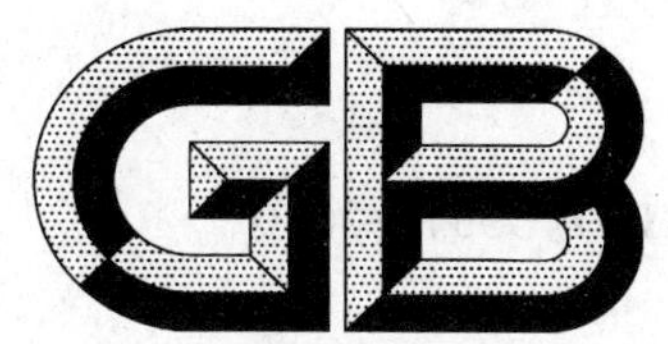

中华人民共和国国家标准

GB/T 5551—2010
代替 GB/T 5551—1992

表面活性剂 分散剂中钙、镁离子总含量的测定方法

Surface active agents—Determination for total calcium ion and magnesium ion contents in dispersing agents

(ISO 2482:1973,Sodium chloride for industrial use—Determination of calcium and magnesium contents—EDTA complexometric methods,NEQ)

2011-01-04 发布 2011-12-01 实施

中华人民共和国国家质量监督检验检疫总局
中国国家标准化管理委员会 发布

前　言

本标准代替 GB/T 5551—1992《表面活性剂分散剂中钙、镁总含量的测定方法》。

本标准与原标准的主要差异：

——编写格式按 GB/T 1.1—2009《标准化工作导则　第1部分：标准的结构和编写》；

——将标准的名称改为《表面活性剂　分散剂中钙、镁离子总含量的测定方法》；

——增加了前言；

——增加了 pH 复合电极；

——添置自动电极电位滴定仪为本标准检测所用仪器；

——将原标准中仪器分辨率为 0.1 mV 改为分辨率为 1 mV；

——删除了原标准中铜试剂；

——增加了试验报告章节。

本标准与国际标准 ISO 2482:1973《工业用氯化钠——钙和镁含量的测定——EDTA 络合滴定法》的一致性程度为非等效。

本标准与国际标准 ISO 2482:1973 的主要技术变化为：

——修改了测定的原理，将原来的用媒介黑 11 作为指示剂用 EDTA 滴定来确定终点的方法，修改成了采用电极电位的突跃变化来确定终点；

——修改并增加了规范性引用文件；

——删除了 ISO 2482:1973 中的 5.2、5.5、5.8 以及 5.9；

——修改了 ISO 中 5.6 以及 5.7 配制 EDTA 标准体积溶液的方法，由原先的 0.02 mol/L 和 0.002 mol/L 两种标准体积溶液修改成 0.010 mol/L。

本标准由中国石油和化学工业联合会提出。

本标准由上海市染料研究所有限公司归口。

本标准起草单位：上海染料研究所有限公司、辽宁奥克化学股份有限公司。

本标准主要起草人：李琴、刘兆滨、黄伟卿、刘卫琴。

本标准历次版本发布情况为：

——GB/T 5551—1985、GB/T 5551—1992。

表面活性剂　分散剂中钙、镁离子总含量的测定方法

1　范围

本标准规定了测定表面活性剂中分散剂类产品钙、镁离子总含量方法。

本标准适用于表面活性剂类中分散剂产品钙、镁离子总含量的测定。

2　规范性引用文件

下列文件对于本文件的应用是必不可少的。凡是注日期的引用文件，仅所注日期的版本适用于本文件。凡是不注日期的引用文件，其最新版本(包括所有的修改单)适用于本文件。

GB/T 601　化学试剂　标准滴定溶液的制备

GB/T 603　化学试剂　试验方法中所用制剂及制品的制备(GB/T 603—2002,ISO 6353-1:1982,NEQ)

GB/T 9725　化学试剂　电位滴定法通则(GB/T 9725—2007,ISO 6353-1:1982,MOD)

3　原理

将试样配成定量溶液，在掩蔽剂存在下，采用EDTA标准溶液进行络合滴定，以离子选择电极作为指示电极，测定溶液中电极电位的变化，根据电极电位的突跃变化来确定终点，按耗用的EDTA标准溶液的体积计算出样品中钙、镁离子总含量。

4　试剂和材料

4.1　实验室用蒸馏水：三级水。

4.2　盐酸溶液：化学纯，$c(HCl)=0.2$ moL/L。

4.3　三乙醇胺溶液：稀释1+4水溶液。

4.4　氢氧化钠溶液：化学纯，10%(质量分数)。

4.5　乙二胺四乙酸二钠(EDTA)标准滴定溶液：$c(EDTA)=0.010$ mol/L，按GB/T 601中4.15配制和标定。

4.6　氢氧化铵-氯化铵缓冲溶液(pH≈10)：按GB/T 603中4.4.9配制。

5　仪器和设备

5.1　烧杯：容量150 mL、250 mL。

5.2　容量瓶：容量500 mL。

5.3　滴定管：容量10 mL，棕色酸式滴定管。

5.4　移液管：容量50 mL、1 mL。

5.5　自动电极电位滴定仪或类似性能仪器，分刻度为1 mV。

5.6 PCa-1 型离子选择性电极。

5.7 232 型甘汞电极。

5.8 pH 复合电极。

5.9 秒表。

6 测定液的制备

6.1 试样溶液的制备

根据预计的钙、镁离子总含量,称取表 1 中规定的试样质量,精确至 0.001 g,置于 250 mL 烧杯中,用蒸馏水溶解,移入 500 mL 容量瓶中,稀释至刻度摇匀,备用。

表 1 试样的称取量

试样中预计的钙、镁离子总含量(质量分数)/ %	试样质量/ g
1.0~2.0	1
0.5~1.0	2
0.1~0.5	4
<0.1	8

6.2 测定液的制备

用移液管吸取上述试样溶液,置于 150 mL 烧杯中,加入盐酸溶液 2 滴~3 滴,三乙醇胺溶液 2 滴~3 滴,氢氧化钠溶液 1 滴~2 滴,氢氧化铵-氯化铵缓冲溶液 0.15 mL~0.20 mL,测定液的 pH 值范围应为 10.0~10.5。测定液需现用现配。

7 测定

将测定液置于电极电位滴定仪的磁力搅拌装置上,启动磁力搅拌,插入钙离子选择电极及甘汞电极,将两电极与电极电位滴定仪相连接。

逐滴加入 EDTA 标准滴定溶液,并观察电极电位的变化,当每加入 1 滴(约 0.05 mL)EDTA 标准滴定溶液导致电位值(mV)变化开始增大时,应放慢滴加的速度,约 2 min 加 1 滴,直至电位变化不大时为止,记录每次滴加 EDTA 标准滴定溶液后滴定管的读数及测得的电位值。每次测定完毕后,用蒸馏水清洗电极 3 min~5 min。

同时做一空白试验

一个试样平行测定两次,以其算术平均值作为测定结果。

8 测定结果的表述

8.1 滴定终点的确定

按 GB/T 9725 中 6.2.2 规定确定终点。

8.2 结果的计算

分散剂中钙、镁离子总量的质量分数(以钙计)按式(1)计算；

$$X=\frac{(V-V_0)\cdot c\times 0.04008\times 10}{m}\times 100 \qquad \cdots\cdots(1)$$

式中：

X ——分散剂中钙、镁离子总量的质量分数(以钙计),%；

V ——试样耗用 EDTA 标准滴定溶液的体积,单位为毫升(mL)；

V_0 ——空白试验耗用 EDTA 标准滴定溶液的体积,单位为毫升(mL)；

c ——滴定用 EDTA 标准滴定溶液的实际浓度,单位为摩尔每升(moL/L)；

m ——试样的质量,单位为克(g)；

0.040 08 ——与 1.00 mL EDTA 标准滴定溶液[c(EDTA)=1.000 moL/L]相当的,以克表示的钙的质量。

9 允许差

本方法各次测定值的允许差见表 2：

表 2 测定值的允许差

试样中的钙、镁离子总含量(质量分数)/%	允许差(质量分数)/%
1.0～2.0	≤0.04
0.5～1.0	≤0.02
0.1～0.5	≤0.01
<0.1	≤0.005

10 试验报告

试验报告应包括以下内容：

——所用测试方法的参考文件；

——本标准所表示的结果；

——本标准中未包括的或任选的任何操作；

——在测定过程中的任何不正常情况；

——应给出完全鉴别样品所需的所有细节。

ICS 71.100.40
G 72

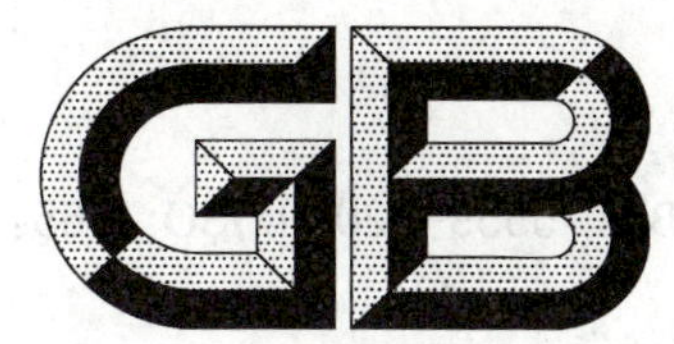

中华人民共和国国家标准

GB/T 5559—2010/ISO 1065:1991
代替 GB/T 5559—1993

环氧乙烷型及环氧乙烷-环氧丙烷嵌段聚合型非离子表面活性剂　浊点的测定

Non-ionic surface active agents obtained from ethylene oxide and ethylene oxide/propylene oxide block copolymers—Determination of cloud point

(ISO 1065:1991, Non-ionic surface active agents obtained from ethylene oxide and mixed non-ionic surface active agents—Determination of cloud point, IDT)

2011-01-04 发布　　2011-12-01 实施

中华人民共和国国家质量监督检验检疫总局
中国国家标准化管理委员会
发布

前　言

本标准按照GB/T 1.1—2009给出的规则起草。

本标准代替GB/T 5559—1993《环氧乙烷型及环氧乙烷-环氧丙烷嵌段聚合型非离子表面活性剂浊点的测定》，与GB/T 5559—1993相比，主要技术变化如下：

——增加了前言；

——增加了一个引用文件；

——增加了精密度章节；

——增加了试验报告章节；

——增加了采样章节；

——提高采标程度；

——本标准用锥形瓶替代碘量瓶；

——删除了原标准中的5.3以及7.3.2.2。

本标准使用翻译法等同采用国际标准ISO 1065:1991《由环氧乙烷制得的非离子表面活性剂及混合的非离子表面活性剂——浊点的测定》。

与本标准中规范性引用的国际文件有一致性对应关系的我国文件如下：

——GB/T 22362—2008　实验室玻璃仪器　烧瓶(ISO 1773:1997,NEQ)

为了便于使用，本标准做了下列编辑性修改：

——将标准名称改为《环氧乙烷型及环氧乙烷-环氧丙烷嵌段聚合型非离子表面活性剂　浊点的测定》。

本标准由中国石油和化学工业联合会提出。

本标准由全国化学标准化技术委员会(特种)界面活性剂分技术委员会(SAC/TC63/SC8)归口。

本标准起草单位：浙江皇马科技股份有限公司、上海染料研究所有限公司。

本标准主要起草人：李琴、钱建芳、黄伟卿。

本标准历次版本发布情况为：

——GB/T 5559—1985、GB/T 5559—1993。

环氧乙烷型及环氧乙烷-环氧丙烷嵌段聚合型非离子表面活性剂　浊点的测定

1　范围

本标准规定了测定非离子表面活性剂浊点的5种方法。

方法A、B及C,主要适用于由环氧乙烷与亲油物缩合衍生的不含氧丙烯基的非离子表面活性剂。选择A法、B法或C法取决于被测产品水溶液变浑浊时的温度。

方法D和E拟供A、B、C法均不适用的产品,经有关各方协议后采用。这类产品包括混合非离子表面活性剂,如由环氧乙烷/环氧丙烷嵌段共聚物衍生的非离子表面活性剂。D法和E法的选择取决于被测产品的酸性水溶液变混浊时的温度。但E法不适用于由脂肪酸或脂肪酸酯衍生的产品。

注:由脂肪酸或脂肪酸酯衍生的产品,其浊点只有在证实了测定的重复性后才能测定。

2　规范性引用文件

下列文件对于本文件的应用是必不可少的。凡是注日期的引用文件,仅所注日期的版本适用于本文件。凡是不注日期的引用文件,其最新版本(包括所有的修改单)适用于本文件。

GB/T 6367　表面活性剂　已知钙硬度水的制备(GB/T 6367—1997,idt ISO 2174:1990)

GB/T 6372—2006　表面活性剂和洗涤剂　样品分样方法(ISO 607:1980,IDT)

ISO 1773:1976　实验室玻璃仪器　烧瓶

3　方法的选用

注:某些相当纯的环氧乙烷衍生物,如溶解在电导率极低的蒸馏水中,可能不能测定其混浊温度。这种情况下,溶液在一定的温度并不变混浊,而仅观察到澄清度略微减少。不过,用氯化钠水溶液(234 mg/L)代替蒸馏水,可测定混浊温度。

3.1　方法A

若试样的水溶液在10 ℃～90 ℃间变混浊,则在蒸馏水中进行测定(见8.1)。

3.2　方法B

若试样的水溶液在低于10 ℃时变混浊或试样不能充分溶解于水时,则在25%(质量分数)二乙二醇丁醚水溶液中进行测定(见8.2)。本方法不适用于某些含环氧乙烷低的试样,以及不溶于25%(质量分数)二乙二醇丁醚溶液的试样。

3.3　方法C

若试样的水溶液在高于90 ℃时变混浊,则需在密封安瓿内进行测定。使用密封安瓿可使操作在压力下进行,以达到比在大气压下溶液的沸点还要高的温度(见8.3)。

注:如有关各方同意,也可测定在盐溶液中的浊点,但该方法不很灵敏,并且在盐溶液得到的结果与密封安瓿瓶法得到的结果之间也没有简单的相关性。

3.4 方法 D

若试样的酸性水溶液在 10 ℃～90 ℃间变混浊，则在浓度 $c(HCl)=1.0$ moL/L 的盐酸标准溶液中进行测定(见 8.4)。

3.5 方法 E

若试样的酸性水溶液在高于 90 ℃时变混浊，则在每升含 50 g 正丁醇及 0.04 g 钙离子(Ca^{2+})的水溶液中进行测定(见 8.5)。

4 原理

将规定浓度的试样溶液，在测试条件下加热至液体完全不透明，冷却并不断搅拌，观察在不透明消失时的温度。

5 试剂和溶液

分析时，除非另有规定，只用认可的分析纯试剂和蒸馏水或纯度相当的水。

5.1 二乙二醇丁醚溶液

化学纯，25%(质量分数)溶液。

二乙二醇丁醚[$C_4H_9O(CH_2)_2O(CH_2)_2OH$]具有以下性质：

——密度：$\rho_{20}=(0.945\pm0.002)$g/mL；

——折射率：$n_D{}^{20}=1.432\pm0.001$；

——含水量：<0.1%(质量分数)。

注：其中若含有不同量的杂质，对浊点有一定程度的影响。

5.2 盐酸溶液

浓度 $c(HCl)=1.0$ moL/L。

5.3 钙-丁醇溶液

每升含有 50 g 正丁醇及 0.04 g 钙离子(Ca^{2+})水溶液。按 GB/T 6367 配制已知钙硬度的水。

6 仪器和设备

普通实验室仪器，及：

6.1 锥形瓶，容量为 250 mL。符合 ISO 1773:1976。

6.2 温度计，分度为 0.1 ℃，具有适用于试样被测温度的范围。

6.3 量筒，容量为 100 mL。

6.4 烧杯，容量为 1 000 mL，装有透明导热体(例如乙二醇)。

6.5 试管，容量为 20 mL。

6.6 安瓿，外径 14 mm，内径 12 mm，高 120 mm 的安全玻璃制成，外罩丝网。

6.7 分析天平。

6.8 常规加热器。

6.9 磁力搅拌器(具加热功能)。

7 取样

表面活性剂实验室样品应按 GB/T 6372—2006 规定制备和贮存。

8 测定步骤

要点:浊点与结合到基分子上的环氧乙烷数有关,又取决于溶液的浓度。因此,以明确规定的浓度进行试验室至关重要的。

8.1 方法 A

8.1.1 试样

称取试样 0.5 g(见第 7 章),精确至 0.01 g。

8.1.2 测定

将试样放入锥形瓶中,加入 100 mL 蒸馏水,摇匀,使试样完全溶解。

将 15 mL 试样溶液倒入试管中,插入温度计,然后将试管移入烧杯中,加热,用温度计轻轻搅拌直至溶液完全呈混浊状(溶液的温度应不超过混浊温度 10 ℃),停止加热,试管仍保留在烧杯中,用温度计轻轻搅拌溶液,使其慢慢冷却,记录混浊消失时的温度。

注:视非离子产品的性质及其制备原料的纯度,液体可能保持清澈或乳色(见第 3 章注,关于物质的纯度)。

用不同的试样平行测定二次,平行测定结果之差不大于 0.5 ℃。

8.2 方法 B

8.2.1 试样

称取试样 5 g(见第 7 章),精确至 0.01 g。

8.2.2 测定

将试样放入锥形瓶中,加 45 g 二乙二醇丁醚溶液,摇匀,使试样完全溶解。操作同方法 A(见 8.1.2,从第二段开始)。

8.3 方法 C

8.3.1 试样

称取试样 0.5 g(见第 7 章),精确至 0.01 g。

8.3.2 测定(安瓿法)

将试样放入锥形瓶中,加入 100 mL 蒸馏水,摇匀,使试样完全溶解。

用管吸取试样溶液加入安瓿中,深度约 40 mm,用火将安瓿口封死,再用丝网将安瓿罩住,移入装有导热体的烧杯中,安瓿上端略伸出烧杯。为防止因封口不好而产生的安瓿爆裂,在装置前应放置安全玻璃或透明塑料保护屏。测试装置见图 1 所示。

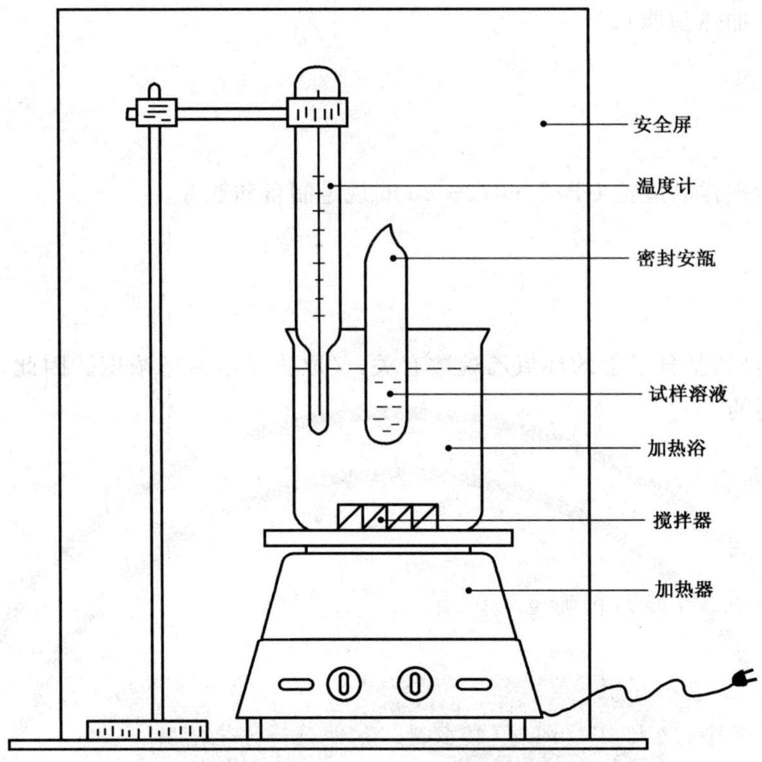

图1　方法C的测试装置图

将温度计插入加热浴内安瓿旁，开动磁搅拌器并加热。当安瓿内液体变混浊时，停止加热，继续搅拌，使其冷却，如同方法A所述（见8.1.2），记录混浊完全消失时的温度。

用不同的试样，进行几次温度测定，直至得到至少两次结果之差不高于0.5 ℃。

注：如有关各方同意，可在盐溶液中测定浊点，而不用密封安瓿。该方法与方法A（见8.1）相似，但溶解表面活性剂于100 mL 50 g/L氯化钠水溶液中，而不是1 000 mL蒸馏水中。

8.4　方法D

8.4.1　试样

称取试样1 g（见第7章），精确至0.01 g。

8.4.2　测定

将试样放入锥形瓶中，加入50 mL盐酸水溶液，摇匀，使试样完全溶解，再加入盐酸溶液至最终体积为100 mL。

将15 mL该溶液加入试管，插温度计于管内，置试管于烧杯内，然后用加热器加热，同时用温度计搅拌溶液至完全不透明。（不透明性以模糊带状出现，然后聚结。溶液温度应不比不透明性出现时的温度超过10 ℃）。搅拌使其缓慢冷却。记下不透明带消失时的温度。

注：视非离子产品的性质及其制备原料的纯度，液体可能保持清澈或乳色（见第3章注）。

用不同的试样，进行几次温度测量，直至得到至少两次结果之差不高于0.5 ℃。

8.5　方法E

8.5.1　试样

称取试样1 g（见第7章），精确至0.01 g。

8.5.2 测定

将试样放入锥形瓶中，加入 100 mL 钙-丁醇水溶液，摇匀，使试样完全溶解。操作同方法 D（见 8.4.2第二段开始）。

9 分析结果的表述

平行测定结果的差值不高于 0.5 ℃，取平行测定算术平均值为测定结果。将非离子表面活性剂溶液重新变清或变乳色的平均温度表示至小数第一位，并说明测定时所用介质。

例如：

——5 g/L 蒸馏水溶液的浊点；

——100 g/kg 二乙二醇丁醚溶液的浊点；

——5 g/L 溶液在密封安瓿内的浊点；

——10 g/L 1 mol/L 盐酸溶液的浊点；

——10 g/L 钙-丁醇溶液的浊点。

10 精密度

10.1 重复性

由同一分析者对同一样品，同时或相继迅速进行的两次测定结果之差应不超过 0.5 ℃。

10.2 再现性

同一样品由两个不同的实验室测得结果之差应不超过 1 ℃。

11 实验报告

实验报告应包括以下内容：

——完全鉴别样品所需的全部资料；

——本标准所引用的标准及方法；

——测量的介质；

——结果及表示单位；

——测定时所注意的异常现象；

——本标准未规定或任选的所有操作。

ICS 77.140.80
J 31

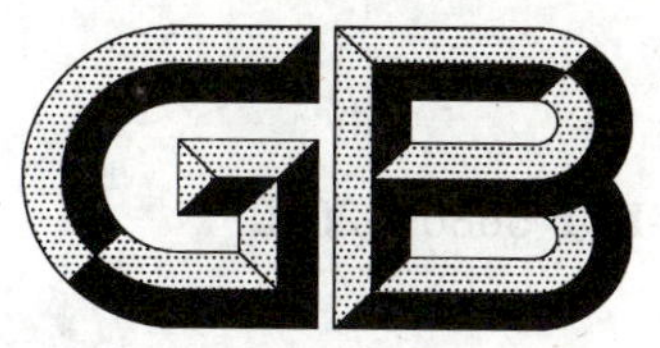

中华人民共和国国家标准

GB/T 5680—2010
代替 GB/T 5680—1998

奥氏体锰钢铸件

Austenitic manganese steel castings

(ISO 13521:1999,MOD)

2010-12-23 发布 2011-06-01 实施

中华人民共和国国家质量监督检验检疫总局
中国国家标准化管理委员会 发布

前　言

本标准修改采用ISO 13521:1999《奥氏体锰钢铸件》。

本标准与ISO 13521:1999相比,主要的技术性差异如下:

——修改了牌号表示方法;

——降低了有害元素S的含量;

——增加了含钨奥氏体锰钢铸件牌号;

——增加了金相组织要求;

——增加了部分牌号锰钢试样的力学性能(下屈服强度、抗拉强度、断后伸长率、冲击吸收能);

——增加了无损探伤检验要求;

——增加了对铸件外观质量的规定;

——增加了取样检验规则;

——增加了标志、贮存、包装、运输要求;

——删除了第3章一般交付条件和第8章附加要求。

本标准代替GB/T 5680—1998《高锰钢铸件》。

本标准与GB/T 5680—1998相比,主要技术内容修订如下:

——修改了标准名称;

——修改了牌号表示方法;

——调整和增加了牌号;

——调整了化学成分;删除了钢的成品化学成分允许偏差要求;

——对有害元素P进行了强制控制,降低了P的含量;

——各牌号允许加入微量V、Ti、Nb、B和RE等元素;

——增加了热处理规范;

——减小了锰钢铸件尺寸公差和重量公差;

——修改了重大焊补要求;

——增加了铸件本体附铸试块要求;

——修改了硬度检验规则;

——修改了金相试样取样要求;

——增加了晶粒度要求;

——提高了单铸试块(试样)的热处理要求;

——增加了单铸Y型试块规范。

本标准的附录A和附录B为规范性附录。

本标准由全国铸造标准化技术委员会(SAC/TC 54)提出并归口。

本标准负责起草单位:暨南大学、浙江裕融实业有限公司。

本标准参加起草单位:江西铜业集团(德兴)铸造有限公司、郑州鼎盛工程技术有限公司、广西钟山长城矿山机械厂、中铁宝桥股份有限公司、中铁山桥集团有限公司、宁国市东方碾磨材料有限责任公司、徐州卡勒米特抗磨工程研究所、南京建达机械设备有限公司、安徽省机械科学研究所。

本标准主要起草人:李卫、李来龙、黄明富、卢洪波、周忆平、翟耀忠、刘辉、赵金斌、王东善、王健、宋量。

本标准所代替标准的历次版本发布情况:

——GB 5680—1985、GB/T 5680—1998。

奥氏体锰钢铸件

1 范围

本标准规定了奥氏体锰钢铸件(以下简称铸件)的牌号,技术要求,试验方法,检验规则,标志、贮存、包装和运输等要求。

本标准适用于冶金、建材、电力、建筑、铁路、国防、煤炭、化工和机械等行业的受不同程度冲击负荷的耐磨损铸件。其他类型的耐磨损奥氏体锰钢铸件也可参照执行。

2 规范性引用文件

下列文件中的条款通过本标准的引用而成为本标准的条款。凡是注日期的引用文件,其随后所有的修改单(不包括勘误的内容)或修订版均不适用于本标准,然而,鼓励根据本标准达成协议的各方研究是否可使用这些文件的最新版本。凡是不注日期的引用文件,其最新版本适用于本标准。

GB/T 222 钢的成品化学成分允许偏差

GB/T 223.4 钢铁及合金 锰含量的测定 电位滴定或可视滴定法

GB/T 223.5 钢铁 酸溶硅和全硅含量的测定 还原型硅钼酸盐分光光度法

GB/T 223.11 钢铁及合金 铬含量的测定 可视滴定或电位滴定法

GB/T 223.23 钢铁及合金 镍含量的测定 丁二酮肟分光光度法

GB/T 223.26 钢铁及合金 钼含量的测定 硫氰酸盐分光光度法

GB/T 223.43 钢铁及合金 钨含量的测定 重量法和分光光度法

GB/T 223.59 钢铁及合金 磷含量的测定 铋磷钼蓝分光光度法和锑磷钼蓝分光光度法

GB/T 223.67 钢铁及合金 硫含量的测定 次甲基蓝分光光度法

GB/T 223.69 钢铁及合金 碳含量的测定 管式炉内燃烧后气体容量法

GB/T 228 金属材料 室温拉伸试验方法

GB/T 229 金属材料 夏比摆锤冲击试验方法

GB/T 231.1 金属材料 布氏硬度试验 第1部分:试验方法

GB/T 232 金属材料 弯曲试验方法

GB/T 5613 铸钢牌号表示方法

GB/T 5677 铸钢件射线照相检测

GB/T 6060.1 表面粗糙度比较样块 铸造表面

GB/T 6394 金属平均晶粒度测定法

GB/T 6414—1999 铸件 尺寸公差与机械加工余量

GB/T 9443 铸钢件渗透检测

GB/T 11351 铸件重量公差

GB/T 13925 铸造高锰钢金相

GB/T 15056 铸造表面粗糙度 评定方法

GB/T 20066 钢和铁 化学成分测定用试样的取样和制样方法

3 牌号

奥氏体锰钢共分为10个牌号,见表1。

4 技术要求

4.1 制造

除另有规定外，炼钢方法和铸造工艺由供方自行决定。

4.2 化学成分

4.2.1 各牌号的化学成分应符合表1规定。

表1 奥氏体锰钢铸件的牌号及其化学成分

牌号	化学成分(质量分数)/%							
	C	Si	Mn	P	S	Cr	Mo	Ni	W
ZG120Mn7Mo1	1.05～1.35	0.3～0.9	6～8	≤0.060	≤0.040	—	0.9～1.2	—	—
ZG110Mn13Mo1	0.75～1.35	0.3～0.9	11～14	≤0.060	≤0.040	—	0.9～1.2	—	—
ZG100Mn13	0.90～1.05	0.3～0.9	11～14	≤0.060	≤0.040	—	—	—	—
ZG120Mn13	1.05～1.35	0.3～0.9	11～14	≤0.060	≤0.040	—	—	—	—
ZG120Mn13Cr2	1.05～1.35	0.3～0.9	11～14	≤0.060	≤0.040	1.5～2.5	—	—	—
ZG120Mn13W1	1.05～1.35	0.3～0.9	11～14	≤0.060	≤0.040	—	—	—	0.9～1.2
ZG120Mn13Ni3	1.05～1.35	0.3～0.9	11～14	≤0.060	≤0.040	—	—	3～4	—
ZG90Mn14Mo1	0.70～1.00	0.3～0.6	13～15	≤0.070	≤0.040	—	1.0～1.8	—	—
ZG120Mn17	1.05～1.35	0.3～0.9	16～19	≤0.060	≤0.040	—	—	—	—
ZG120Mn17Cr2	1.05～1.35	0.3～0.9	16～19	≤0.060	≤0.040	1.5～2.5	—	—	—
注：允许加入微量V、Ti、Nb、B和RE等元素。									

4.2.2 钢的成品化学成分允许偏差应符合GB/T 222的规定。

4.3 热处理

当铸件厚度小于45 mm且含碳量少于0.8%时，ZG90Mn14Mo1可以不经过热处理而直接供货。厚度大于或等于45 mm且含碳量高于或等于0.8%的ZG90Mn14Mo1以及其他所有牌号的铸件必须进行水韧处理(水淬固溶处理)，铸件应均匀地加热和保温，水韧处理温度不低于1 040 ℃，且须快速入水处理，铸件入水后水温不得超过50 ℃。

4.4 硬度

除非供需双方另有约定，室温条件下铸件硬度应不高于300 HBW。

4.5 金相组织、力学性能、弯曲性能和无损探伤检验

经供需双方商定，室温条件下可对锰钢铸件、试块和试样做金相组织、力学性能(下屈服强度、抗拉强度、断后伸长率、冲击吸收能)、弯曲性能和无损探伤检验，可选择其中一项或多项作为产品验收的必检项目，具体要求见附录A。

4.6 表面质量

4.6.1 铸件不允许有裂纹和影响使用性能的夹渣、夹砂、冷隔、气孔、缩孔、缩松、缺肉等铸造缺陷。

4.6.2 铸件浇口、冒口、毛刺、粘砂等应清除干净，浇口、冒口打磨残余量应符合供需双方认可的规定。

4.6.3 铸件表面粗糙度应按GB/T 6060.1选定，并在图样或订货合同规定。

4.7 尺寸、形位和重量公差

铸件的几何形状，尺寸、形位和重量偏差应符合图样或订货合同规定。如图样和订货合同中无规

定，铸件尺寸偏差应达到 GB/T 6414—1999 中 CT11 级的规定，有关形位公差要求列于附录 B，铸件重量偏差应达到 GB/T 11351 中 MT11 级的规定。

4.8 焊补

4.8.1 铸件缺陷允许焊补，焊补前须将铸件缺陷部位清理干净，焊补后应不影响铸件的使用和外观质量。

4.8.2 铸件经较大范围焊补后，是否再次进行水韧处理，应由供需双方商定。

4.8.3 除非供需双方另有商定，铸件为焊补面准备的坡口深度超过壁厚的 40% 或 25 mm（以坡口深度较小者为准），被认为是重大焊补。

4.8.4 重大焊补须经需方事先同意。重大焊补应有焊补位置和范围等记录，施焊条件由供方确定。需方如果对焊前准备、焊条材质、焊补工艺、焊后处理有要求，应与供方协商。焊补后均应按照检验铸件的同一标准进行检验。

4.9 矫正

铸件如产生变形，允许在水韧处理后和室温下对铸件矫正。

5 试验方法

5.1 化学分析

5.1.1 化学分析用试样（块）应取盛钢桶内或浇注中途的钢液制取。

5.1.2 化学分析用试样的取样和制样方法按 GB/T 20066 的规定执行。

5.1.3 化学分析的方法按 GB/T 223.69、GB/T 223.5、GB/T 223.4、GB/T 223.59、GB/T 223.67、GB/T 223.11、GB/T 223.26、GB/T 223.23、GB/T 223.43 的规定执行。也可以使用光谱分析法等现代仪器分析方法。

5.2 布氏硬度试验按 GB/T 231.1 规定进行。

5.3 表面粗糙度检验方法按 GB/T 6060.1 和 GB/T 15056 规定执行。

5.4 铸件几何形状和尺寸检验应选择相应精度的检测工具、量块、样板或划线检验。

6 检验规则

6.1 检验地点和时间

6.1.1 检验地点由供需双方商定，检验一般应在供方进行，检验样品可在供方的工厂内选取。

6.1.2 根据双方协议，供需双方商定检验日期。在供方地点检验时，如果需方代表在商定时间未到场，为避免制造周期中断，除非明文禁止，供方可以自行检验，并将检验结果提交需方。

6.2 检验权利和责任

6.2.1 铸件和试样的检验一般由供方检查部门进行。

6.2.2 供方不具备必需的检验手段，或供需双方对铸件质量发生争议时，检验可在第三方独立机构进行。

6.2.3 需方代表有权进入制造和存放待查铸件、试块、试样的地点，并可根据规定指定待选样品，有权参加样品选取和铸件、试块、试样制备以及检验。

6.3 检验批的划分

检验批的划分按以下三种，具体要求由供需双方商定。

6.3.1 按炉次分批：铸件为同一类型，由同一炉次浇注，在同一炉作相同热处理的为一批。

6.3.2 按数量或重量分批：同一牌号在熔炼工艺稳定的条件下，多个炉次浇铸的并经相同工艺多炉次热处理后，以一定数量或以一定重量的铸件为一批。

6.3.3 按件分批：指某些铸件技术上有特殊要求的，以一件或几件为一批。

6.4 化学成分检验

每炉作为一批，每批取一个试样进行化学成分检验。如果检验结果为不合格，则要加倍取样复检，其中仍有一个试样为不合格，则该批铸件为不合格。采取切屑时，应取自铸造表面 6 mm 以下。

6.5 硬度检验

6.5.1 硬度应在铸件表面下方大于等于 2 mm 处测试。当硬度在铸件本体测试有困难时，硬度也可以在铸件本体的附铸试块上测试。硬度测试面须经机械加工、线切割或电火花技术制取，但线切割或电火花加工面还须机械加工去掉热影响区。

6.5.2 在未完成水韧处理之前，附铸试块不可与铸件本体脱离。如果需方未提出特殊要求，附铸试块的位置和尺寸由供方决定。

6.5.3 硬度检验按批进行，每批随机抽取 3 件铸件（或 3 个试块）进行检验，若有 1 件不合格，可再随机抽取同样数量的铸件（试块）进行复检，两次取样不合格铸件（试块）数量大于或等于 2 时，则该批铸件为不合格。若第一次取样即有 2 件（试块）不合格，则该批次铸件为不合格。按件分批时，抽样方法由供需双方商定。硬度检验不合格时，允许对该批铸件及试块重新热处理，然后进行标准所要求的硬度检验。重新热处理后硬度检验合格，则该批铸件仍为合格。但是，未经需方同意，不允许对铸件及试块进行多于两次的重新热处理。

6.6 表面质量检验

铸件的表面质量按 4.6 要求逐件检验。

6.7 尺寸、形位和重量检验

铸件的尺寸、形位和重量偏差可按 4.7 的要求逐件检验或按供需双方商定的方法抽检。

6.8 检验结果的修约

化学成分和硬度的检验结果，可按照标准规定的试验方法中的原则加以修约，尺寸测量结果不能修约。

7 标志、贮存、包装和运输

7.1 标志和合格证

7.1.1 每个铸件表面应做下列标志：

a) 需方名称、地址和到站；

b) 铸件名称、规格和牌号；

c) 装箱号；

d) 毛重量与净重量；

e) 供方名称和地址。

当无法在铸件上做出标志时，标志可打印在附于每批铸件的标牌上。

7.1.2 出厂铸件应附有检验部门出具的产品合格证或质量合格证明书，包括：

a) 供方名称和地址；

b) 商标；

c) 铸件名称和牌号；

d) 铸件检验批号；

e) 检验结果（检验报告）；

f） 铸件图号或订货合同号；

g） 标准号；

h） 出厂日期。

7.2 贮存、包装和运输

铸件在检验合格后应进行防护处理和包装。

铸件防护、贮存、包装和运输应符合订货合同的规定。

附 录 A
（规范性附录）
补 充 要 求

经供需双方商定，可规定下列补充要求（A.1、A.2、A.3 和 A.4）中的一项或多项作为产品验收的必检项目，而未规定的条款不作为验收依据。

A.1 金相组织检验

除了 ZG120Mn7Mo1，水韧处理后其他牌号铸件或附铸试块的显微组织应为奥氏体或奥氏体加少量碳化物。

A.1.1 碳化物按 GB/T 13925 中规定分未溶、析出和过热三类级别进行评定。

A.1.1.1 未溶碳化物级别不大于 W3 级为合格。

A.1.1.2 析出碳化物级别不大于 X3 级为合格。

A.1.1.3 过热碳化物级别不大于 G2 级为合格。

A.1.1.4 碳化物超过 A.1.1.1、A.1.1.2 或 A.1.1.3 规定时，可在铸件或附铸试块上取样复查，或在铸件及其附铸试块重新水韧处理后取样复检，其复检结果若过热碳化物超过规定者应判废，未溶和析出碳化物超过规定者允许重新水韧处理。但是，未经需方同意，不允许对铸件及试块进行多于两次的重新热处理。

A.1.2 非金属夹杂物按 GB/T 13925 中规定评级，不大于 4A 和 4B 级且视场内超过 6 mm 的夹杂物不超过 2 个为合格。

A.1.3 晶粒度按 GB/T 6394 中规定评级，显微晶粒度级别数不小于 2 为合格。

A.1.4 金相试样的制取应距铸造表面不少于 6 mm。试验方法按 GB/T 13925 规定进行。

A.2 力学性能（下屈服强度、抗拉强度、断后伸长率、冲击吸收能）检验

A.2.1 经水韧处理后的 ZG120Mn13 和 ZG120Mn13Cr2 试样的力学性能（下屈服强度、抗拉强度、断后伸长率、冲击吸收能）应符合表 A.1 的规定。

表 A.1 奥氏体锰钢及其铸件的力学性能

牌 号	力 学 性 能			
	下屈服强度 R_{eL} MPa	抗拉强度 R_m MPa	断后伸长率 A %	冲击吸收能 K_{U2} J
ZG120Mn13	—	≥685	≥25	≥118
ZG120Mn13Cr2	≥390	≥735	≥20	—

A.2.2 拉伸试验按 GB/T 228 的规定执行。冲击试验按 GB/T 229 的规定执行。

A.2.3 所用试样取自浇铸铸件时单独铸出试块，也可在铸件或铸件附铸试块上切取。单铸试块的形状和尺寸应符合图 A.1、图 A.2 或图 A.3 的要求。除另有规定外，单铸试块与其所代表的锰钢和铸件应用相同工艺同炉一起进行水韧处理。在未完成水韧处理之前，附铸试块不可与铸件本体脱离。如果需方未提出特殊要求，附铸试块的位置和尺寸由供方决定。

A.2.4 下屈服强度、抗拉强度、断后伸长率等力学性能检验按批进行，每批取一个试样，若不合格，可从同一批中取两个备用拉伸试样进行复检，如两个新试样中任一个的检验结果仍达不到技术要求，则该

批铸件为不合格。

A.2.5　冲击吸收能检验按批进行，每一批取三个U型缺口(缺口深度为2 mm)的夏比冲击试样，三个试样冲击吸收能量的平均值应符合表A.1中的规定。三个检验中只允许有一个值低于规定值，但不得低于规定下限值的70%。若不合格，可从同一批中取三个备用冲击试样进行复检，复检结果与原结果相加重新计算平均值，若新平均值不能满足规定的要求，或复检值中有任何一个低于规定的下限值的70%时，则该批铸件为不合格。

A.2.6　因下列原因而不符合规定的力学性能检验结果视为无效。

a)　试样安装不当或试验机功能不正常；

b)　拉伸试样在标距之外断裂；

c)　试样制备不当；

d)　试样中存在异常。

在此情况下，应从同一试块(铸件)或同批次的另一试块(铸件)中制取一个新试样，其检验结果可代替不良试样的检验结果。

A.2.7　力学性能检验不合格时，允许对该批试块及铸件重新热处理，然后进行标准所要求的所有力学性能检验。重新热处理后力学性能检验合格，则该批试块及铸件仍为合格。但是，未经需方同意，不允许对试块及铸件进行多于两次的重新热处理。

A.3　弯曲性能检验

A.3.1　弯曲试样和其所代表的锰钢用同炉钢液在单独的铸型中浇铸。其断面尺寸为13 mm×19 mm，长度为300 mm，而且除了需要清理表面不平整或脱碳层外，试样无需加工和磨削就进行水韧处理和检验。

A.3.2　在室温条件下，试样应能向着断面13 mm厚度方向冷弯150°而不完全断裂。如果弯曲后试样表面有裂纹，但试样仍保持在一块上，同样视为合格。

A.3.3　除另有规定外，弯曲试样与其所代表的锰钢和铸件应用相同工艺同炉一起进行水韧处理。

A.3.4　弯曲检验按A.2.4、A.2.6和A.2.7要求进行。

A.3.5　除A.3.1、A.3.2、A.3.3和A.3.4外，弯曲试验按GB/T 232规定执行。

A.4　无损探伤

A.4.1　渗透探伤

用渗透探伤检测铸件表面缺陷时，需要检查的表面和验收的质量等级由供需双方商定，其检测方法和评级标准按GB/T 9443的规定执行。

A.4.2　射线照相检查

用X或γ射线检查铸件内部缺陷时，需要检查的范围和验收的质量等级由供需双方商定，其检查方法和评级标准按GB/T 5677的规定执行。

A.5　残余元素的化学分析

当需要规定残余元素时，由供需双方商定残余元素的项目、含量及总量。

A.6　单铸试块

单铸试块中基尔试块、梅花试块和Y型试块的形状和尺寸应分别符合图A.1、图A.2和图A.3的要求。

单位为毫米

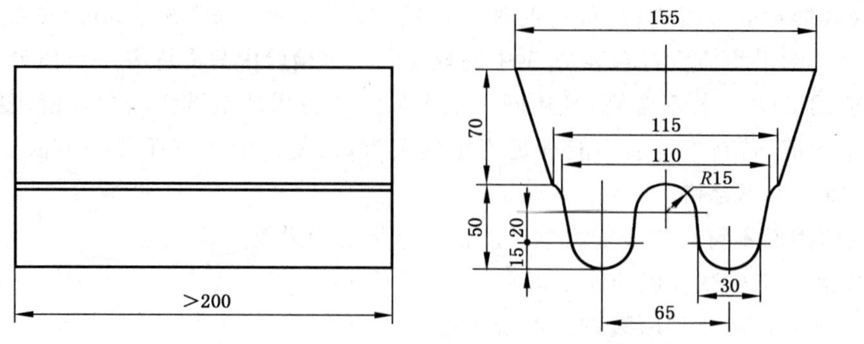

图 A.1 基尔试块

单位为毫米

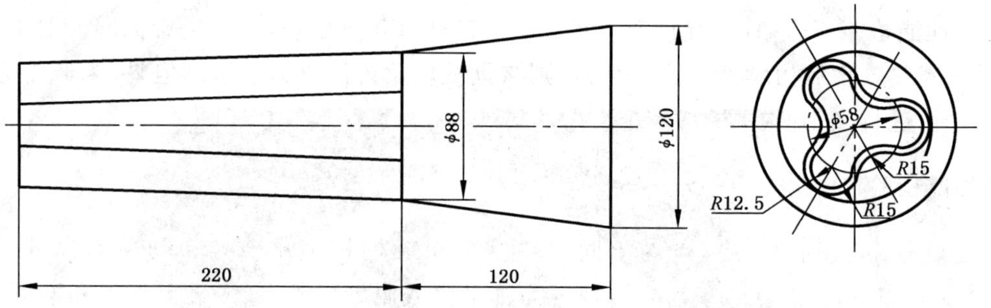

图 A.2 梅花试块

单位为毫米

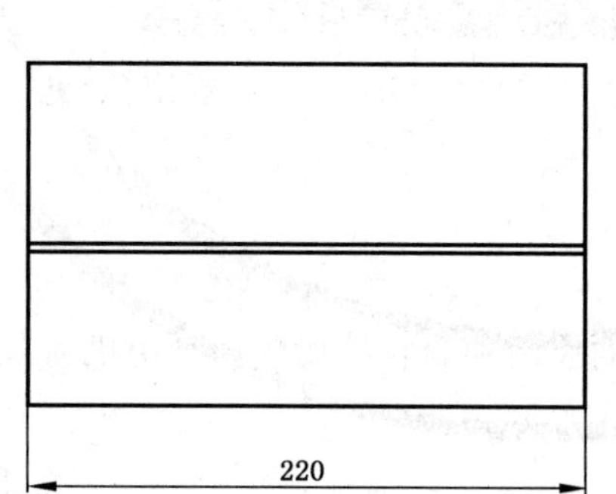

图 A.3 Y 型试块

附　录　B
（规范性附录）
铸件的形位公差

由于锰钢铸件机械加工较困难，常为毛坯直接使用，其形状、装配尺寸公差列于表B.1、表B.2、表B.3和表B.4，以供制造厂生产时选用。

表B.1　铸孔和槽的尺寸公差

单位为毫米

孔径和槽尺寸	≤25	＞25～40	＞40～63	＞63～100
公差值	+3.0 0	+3.5 −0	+4.0 −0	+4.5 −0

表B.2　装配孔距的尺寸公差

单位为毫米

装配尺寸孔距	≤160	＞160～250	＞250～400	＞400～630	＞630～1 000	＞1 000～1 600
公差值	±2.5	±3.0	±3.5	±4.0	±4.5	±5

表B.3　直线度和平面度公差

单位为毫米

铸件基本尺寸	≤250	＞250～400	＞400～630	＞630～1 000	＞1 000～1 600	＞1 600～2 500
公差值	2	3	4	5	6	7

表B.4　圆度公差

单位为毫米

铸件基本尺寸	≤400	＞400～630	＞630～1 600	＞1 000～1 600	＞1 600～2 500
公差值	4.5	5	6	7	8

ICS 13.180
A 25

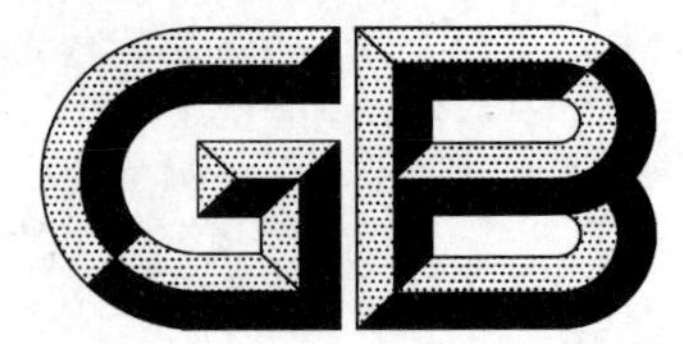

中华人民共和国国家标准

GB/T 5703—2010
代替 GB/T 5703—1999

用于技术设计的人体测量基础项目

Basic human body measurements for technological design

(ISO 7250-1:2008, Basic human body measurements for technological design—Part 1: Body measurement definitions and landmarks, MOD)

2011-01-14 发布　　2011-07-01 实施

中华人民共和国国家质量监督检验检疫总局
中国国家标准化管理委员会　发布

前　言

本标准按照 GB/T 1.1—2009 给出的规则起草。

本标准使用重新起草法修改采用 ISO 7250-1:2008《用于技术设计的人体测量基础项目　第 1 部分:人体测量项目的定义和标记点》。

本标准与 ISO 7250-1:2008 相比,主要技术差异如下:

——增加了规范性附录 A。

本标准代替 GB/T 5703—1999《用于技术设计的人体测量基础项目》,与 GB/T 5703—1999 相比,主要技术差异如下:

——附录 A 中增加了 72 项新的测量项目和 14 个相应的测点;

——附录 A 中删除了容貌面长、容貌上面长和耳屏点间颌下弧长 3 项原有的测量项目,以及颅侧点、耳上附着点、耳下附着点、耳上点、耳下点、下唇中点、口裂点和耻骨联合点 8 个与本标准中测量项目无关的测点。

——删除了附录 B。

本标准由全国人类工效学标准化技术委员会(SAC/TC 7)提出并归口。

本标准起草单位:中国标准化研究院、空军航空医学研究所、北京服装学院、总装防化研究院。

本标准主要起草人:张欣、冉令华、郭小朝、肖惠、郑嵘、丁松涛、刘太杰。

本标准所代替标准的历次版本发布情况为:

——GB/T 5703—1985;GB/T 5703—1999。

引　言

人的健康和舒适在很大程度上依赖于人体同诸如衣着、工作场所、运输工具、住宅和娱乐活动等各种因素之间的几何关系。为了优化工作场所和居住环境的技术设计，确保人与环境之间的和谐性，必须量化人体尺寸和体形。

用于技术设计的人体测量基础项目

1 范围

本标准给出了用于不同人群间比对的人体测量基础项目的描述。

本标准中规定的基本项目,旨在为专业人员提供服务,帮助他们测定人群,并将有关知识用于产品的设计以及人们日常工作和生活场所的设计。

本标准不作为如何获取人体测量数据的准则,而是为工效学专家和设计者提供在解决设计任务时需要的有关解剖学基础、人体测量学基础以及测量原则方面的资料。

本标准宜与相关的国家或国际的标准或法规一起使用,以确保人群测定的一致性。针对各种不同应用,宜在本标准的基础项目列表之外增加一些特定的测量项目。

2 术语和定义

下列术语和定义适用于本文件。

2.1

人群 population group

具有某种共同生活环境或行为的人的群体。

注:人群有各种不同的划定方式,例如依据地域或年龄。

2.2 人体测量术语

2.2.1

肩峰点 acromion

肩胛骨外缘的最外侧点。

注:肩峰点高通常等同于肩高。

2.2.2

腹侧 ventral

前侧 anterior

朝向身体前部的方向。

2.2.3

两 bi

前缀:表示连接一对对称测点。

注:例如,两肩峰点(biacromion)、两耳屏点(bitragion)。

2.2.4

股二头肌 biceps femoris

大腿后部最大的肌肉。

2.2.5

颈椎点 cervicale

第七颈椎棘突尖端的点。

2.2.6

三角肌 deltoid muscle

上臂肩部外侧缘最大的肌肉。

2.2.7

远位 distal

远离人体质心的方向。

2.2.8

法兰克福平面 Frankfurt plane

当头的正中矢状面保持垂直时，两耳屏点和右眶下点所构成的标准水平面。

注：此平面也称眼耳平面。

2.2.9

眉间点 glabella

在正中矢状面上两侧眉弓之间最前的点。

2.2.10

臀褶 gluteal fold

臀部和大腿之间的皮肤皱褶。

2.2.11

抓握轴 grip axis

手中抓握的握棒的纵轴。

2.2.12

尾侧 caudal

下 inferior

远离头部朝向尾部的方向。

2.2.13

枕外隆突点 inion

头枕部在正中矢状面上可沿项肌上缘摸到的最低点。

2.2.14

外侧 lateral

远离正中矢状面的方向。

2.2.15

内侧 medial

朝向身体中线的方向。

2.2.16

颏下点 gnathion

下颌颏部在正中矢状面上的最下点。

2.2.17

胸中点 mesosternal

左右第三和第四胸肋关节之间中点的连线与正中矢状面的交点。

2.2.18

掌骨 metacarpal

腕骨和指骨之间的长骨。

2.2.19

鼻梁点　sellion

鼻根部的最凹点。

2.2.20

指骨(趾骨)　phalanx (phalange)

手指骨或脚趾骨。

2.2.21

背侧　dorsal

后　posterior

朝向身体后部的方向。

2.2.22

突　process

骨头上明显的隆起。

2.2.23

近位　proximal

朝向身体质心的方向。

2.2.24

桡骨　radius

前臂拇指侧的长骨。

2.2.25

矢状面　sagittal

人体前后方向的正中平面(正中矢状面)或平行于它的平面(侧矢状面)。

2.2.26

茎突　styloid process

桡骨或尺骨在腕部最远端的隆突。

2.2.27

颅侧　cranial

上　superior

朝向头顶的方向。

2.2.28

甲状软骨　thyroid cartilage

颈前部最突出的软骨。

2.2.29

胫骨点　tibiale

小腿胫骨内侧髁内上缘的最高点。

2.2.30

耳屏点　tragion

耳屏上切迹(耳屏上缘与前缘相交的点)。

2.2.31

尺骨　ulna

前臂小指侧的长骨。

2.2.32

头顶点　vertex

头部以法兰克福平面定位时正中矢状面上的最高点。

3　测量条件和工具

3.1　测量条件

下列测量条件应与测量数值结果同时记录。建议对测量项目和过程进行拍照或详细绘图。

a)　被测者的衣着

测量时,被测者应裸体或尽可能少着装,且免冠赤足。

b)　支撑面

站立面(地面)、平台或坐面应平坦、水平且不变形。

c)　身体对称

对于可以在身体任何一侧进行的测量项目,建议在两侧都进行测量,如果做不到这一点,应注明此测量项目是在哪一侧测量的。

3.2　测量工具

推荐的标准测量工具包括人体测高仪(包括圆杆直脚规和圆杆弯脚规)、直脚规、弯脚规、体重计和软尺。

3.2.1　人体测高仪

用于测量身体各测点与标准参照面(如地面或坐面)之间直线距离的专用工具。

3.2.2　直脚规和弯脚规

用于测量人体各部位的宽度、厚度以及参照点之间距离的工具。

3.2.3　软尺

用于测量身体围长或弧长的工具。

3.2.3.1　测量块

边长为 200 mm 的立方体测量块,用于确定一个人坐姿时臀部的最向后突出点。

3.2.3.2　握棒

直径为 20 mm 的棒,用于抓握项目的测量。

3.3　其他条件

胸部及其他受呼吸影响的项目宜在被测者正常呼吸状态下进行测量。

4　人体测量基础项目

4.1　立姿测量项目

4.1.1　体重

说明:人体质量。

测量方法:被测者站立在体重计上。

测量仪器:体重计。

4.1.2 身高

说明:地面到头顶点的垂直距离。见图1。

测量方法:被测者足跟并拢,身体挺直站立。头以法兰克福平面定位。

测量仪器:人体测高仪。

4.1.3 眼高

说明:地面到眼外角点的垂直距离。见图2。

测量方法:被测者足跟并拢,身体挺直站立,头以法兰克福平面定位。

测量仪器:人体测高仪。

4.1.4 肩高

说明:地面到肩峰点的垂直距离。见图3。

测量方法:被测者足跟并拢,身体挺直站立。肩部放松,上臂自然下垂。

测量仪器:人体测高仪。

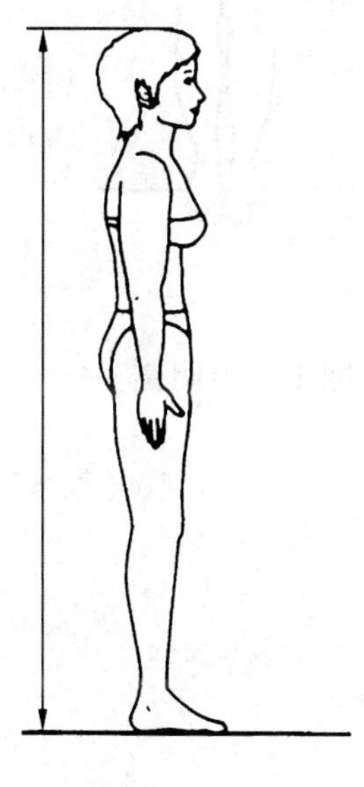

图1 身高

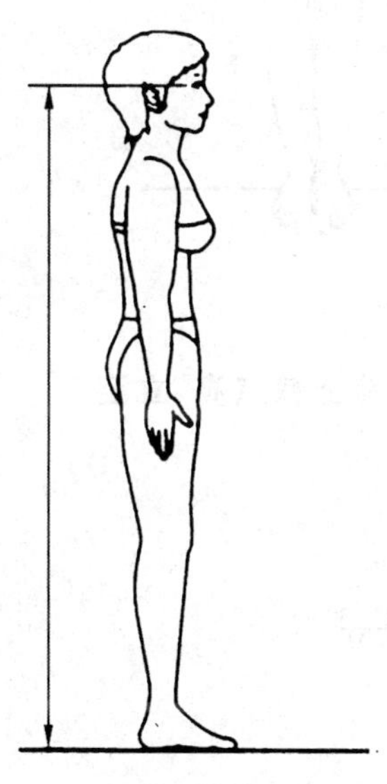

图2 眼高

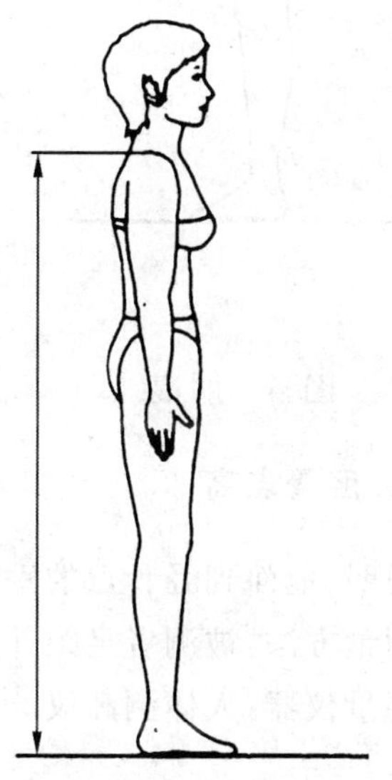

图3 肩高

4.1.5 肘高

说明:地面到弯屈肘部的最下点的垂直距离。见图4。

测量方法:被测者足跟并拢,身体挺直站立,上臂自然下垂,前臂与上臂弯屈呈直角。

测量仪器:人体测高仪。

4.1.6 髂前上棘点高,立姿

说明:地面到髂前上棘点(髂前上棘向前下方最突出的点)的垂直距离。见图5。

测量方法:被测者足跟并拢,身体挺直站立。

测量仪器:人体测高仪。

4.1.7 会阴高

说明:地面到耻骨联合下方的垂直距离。见图 6。

测量方法:被测者先以双腿叉开 100 mm 的姿势站立,人体测高仪的滑动臂靠在大腿的内侧面,略向上移动,使其轻轻靠在耻骨相应部位。在测量时,被测者要足跟并拢,身体挺直站立。

测量仪器:人体测高仪。

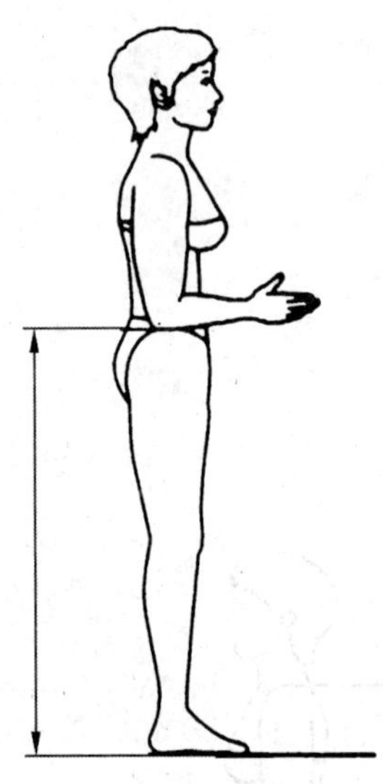

图 4 肘高

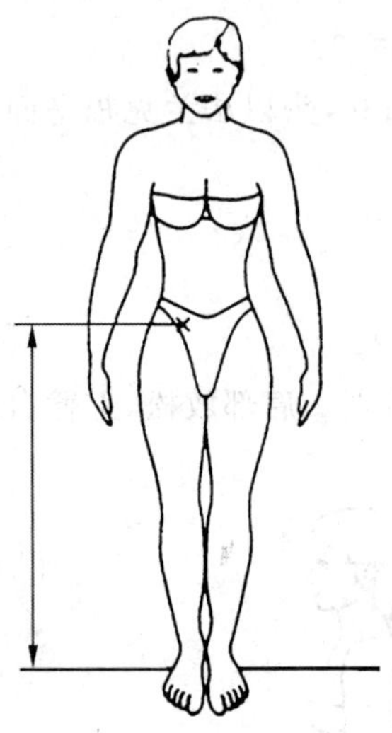

图 5 髂前上棘点高,立姿

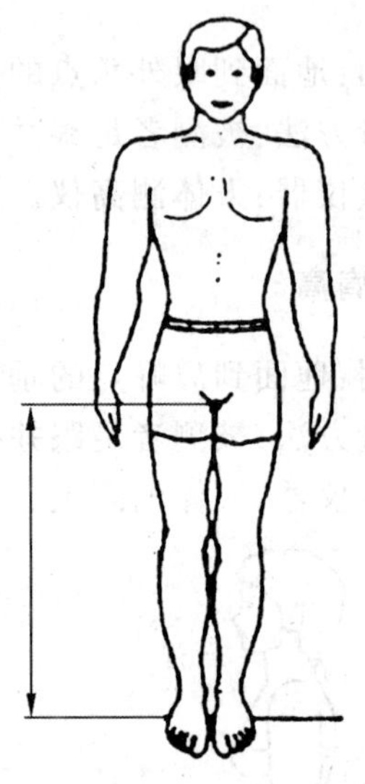

图 6 会阴高

4.1.8 胫骨点高

说明:地面到胫骨点的垂直距离。见图 7。

测量方法:被测者足跟并拢,身体挺直站立。

测量仪器:人体测高仪。

4.1.9 胸厚,立姿

说明:在胸中点高度处测得的躯干正中矢状面的前后距离。见图 8。

测量方法:被测者足跟并拢,身体挺直站立,双臂自然下垂。

测量仪器:圆杆弯脚规。

4.1.10 体厚,立姿

说明:身体最大厚度。见图 9。

测量方法:被测者足跟并拢,双臂自然下垂,身体靠墙挺直站立。

测量仪器:人体测高仪(圆杆直角规)。

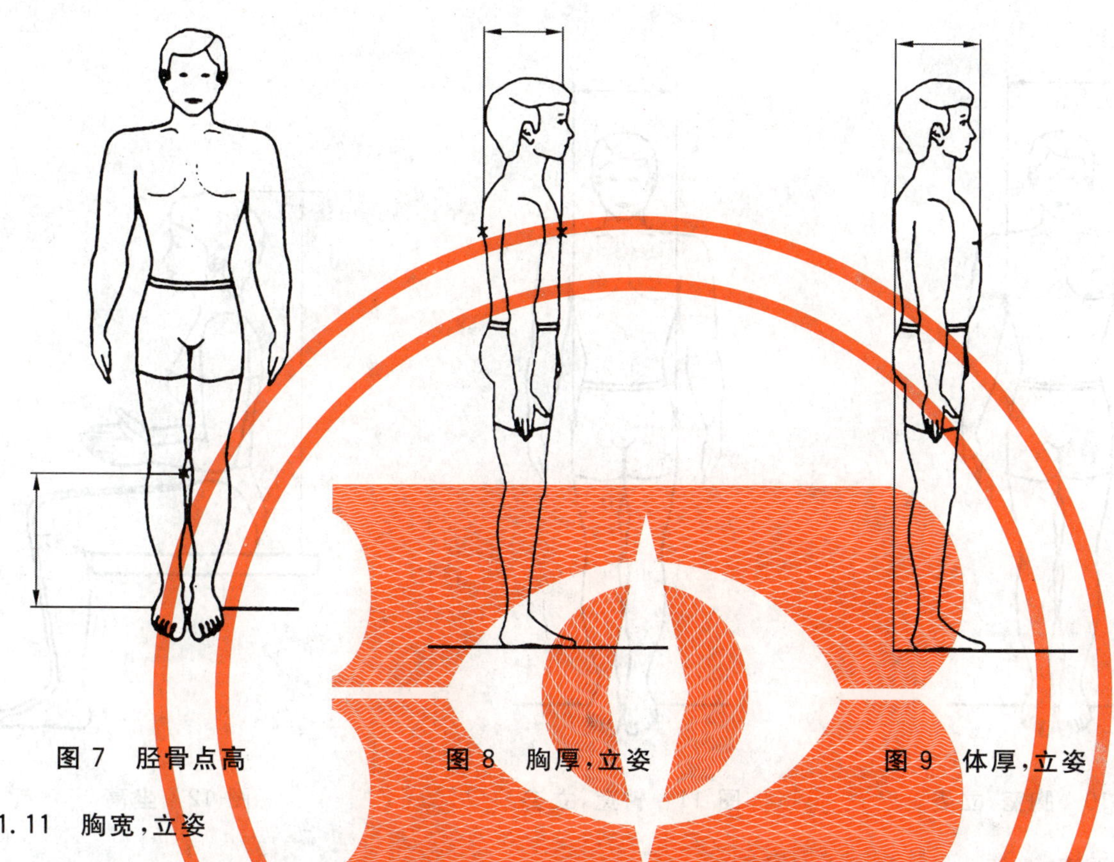

图 7 胫骨点高　　图 8 胸厚,立姿　　图 9 体厚,立姿

4.1.11 **胸宽,立姿**

说明:在胸中点高度处测得的躯干宽度。见图 10。

测量方法:被测者足跟并拢,身体挺直站立,双臂自然垂下。

测量仪器:人体测高仪(圆杆直脚规)。

4.1.12 **臀宽,立姿**

说明:臀部两侧的最大水平距离。见图 11。

测量方法:被测者足跟并拢,身体挺直站立,测量时不能压迫臀部肌肤。

测量仪器:人体测高仪(圆杆直脚规)。

4.2 坐姿测量项目

4.2.1 **坐高**

说明:水平坐面到头顶点的垂直距离。见图 12。

测量方法:被测者躯干挺直,大腿完全由坐面支撑,小腿自然下垂,头以法兰克福平面定位。

测量仪器:人体测高仪。

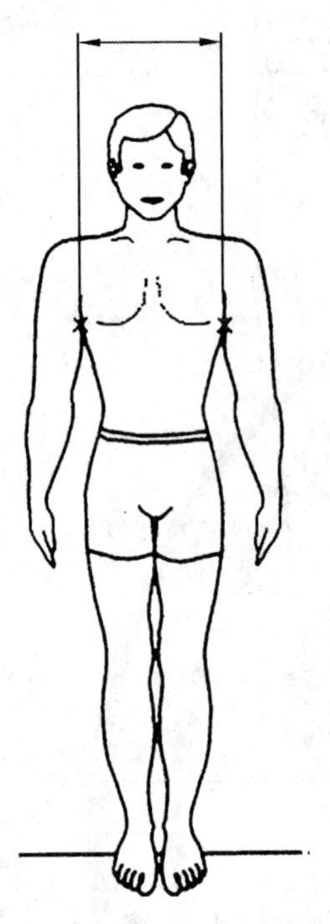

图 10 胸宽,立姿

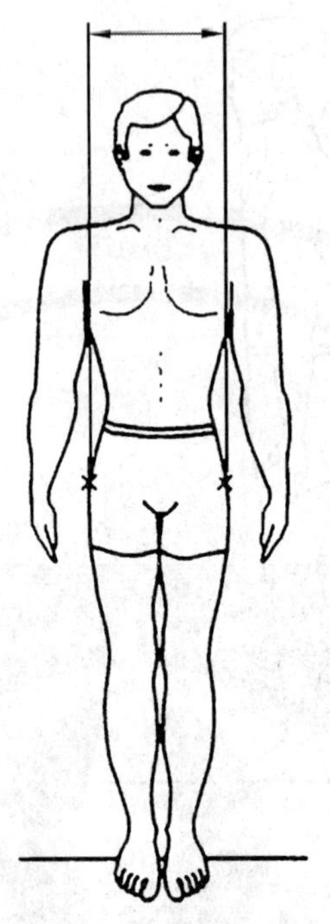

图 11 臀宽,立姿

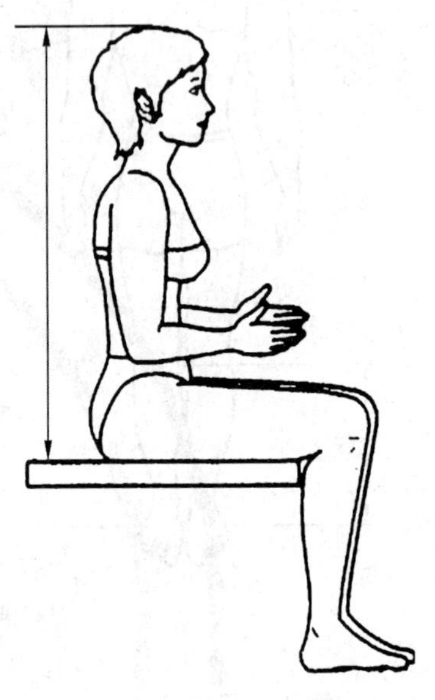

图 12 坐高

4.2.2 眼高,坐姿

说明:水平坐面到眼外角点的垂直距离。见图 13。

测量方法:被测者躯干挺直,两大腿完全由坐面支撑,两小腿自然下垂,头以法兰克福平面定位。

测量仪器:人体测高仪。

4.2.3 颈椎点高,坐姿

说明:水平坐面到颈椎点的垂直距离。见图 14。

测量方法:被测者躯干挺直,且大腿完全由坐面支撑,小腿自然下垂,头以法兰克福平面定位。

测量仪器:人体测高仪。

4.2.4 肩高,坐姿

说明:水平坐面到肩峰点的垂直距离。见图 15。

测量方法:被测者躯干挺直,两大腿完全由坐面支撑,两小腿自然下垂。肩部放松,上臂自然下垂。

测量仪器:人体测高仪。

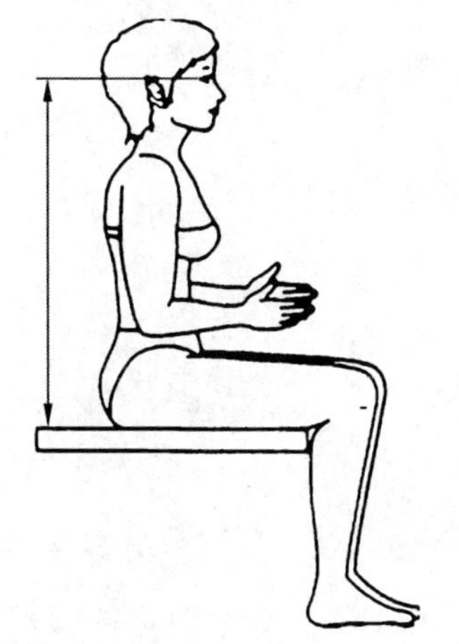

图 13 眼高,坐姿

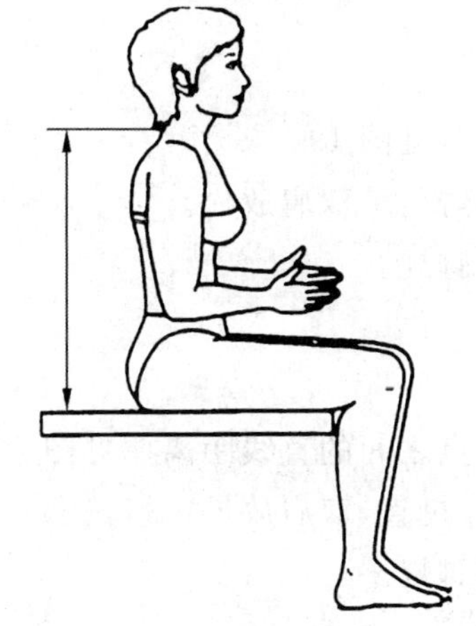

图 14 颈椎点高,坐姿

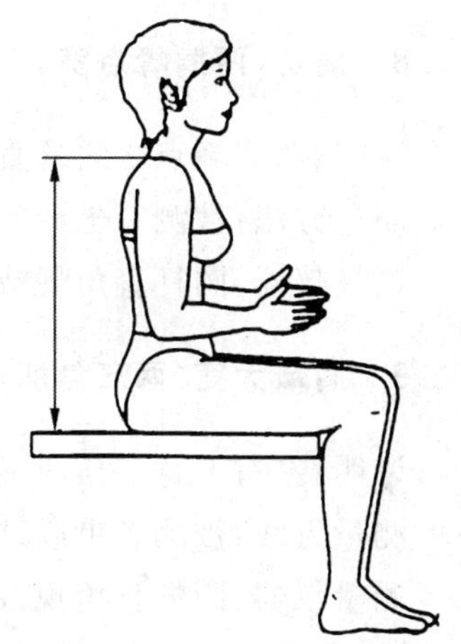

图 15 肩高,坐姿

4.2.5 肘高,坐姿

说明:水平坐面到与前臂水平屈肘的最下点的垂直距离。见图 16。

测量方法:被测者躯干挺直,且大腿完全由坐面支撑,小腿自然下垂,上臂自然下垂,前臂呈水平。

测量仪器:人体测高仪。

4.2.6 肩肘距

说明:肩峰点到与前臂水平屈肘的最下点的垂直距离。见图 17。

测量方法:被测者躯干挺直,两大腿由坐面支撑,两小腿自然下垂,上臂自然下垂,前臂呈水平。

测量仪器:人体测高仪(圆杆直角规)。

4.2.7 肘腕距

说明:墙壁到腕部(尺骨茎突)的水平距离。见图 18。

测量方法:被测者坐或挺直站立,背靠墙壁,上臂自然下垂。双肘触墙,两前臂呈水平。

测量仪器:人体测高仪(圆杆直角规)。

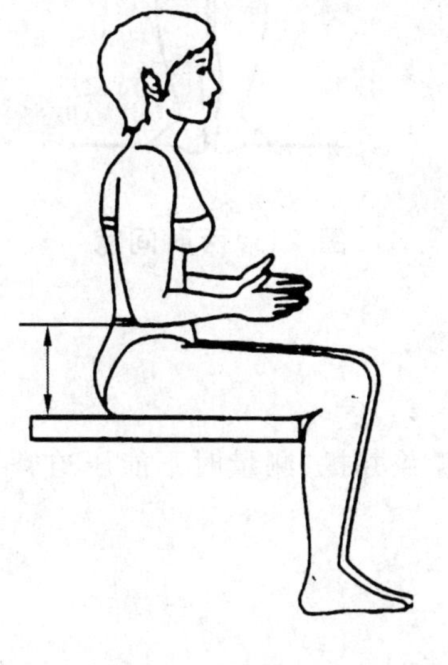

图 16 肘高,坐姿

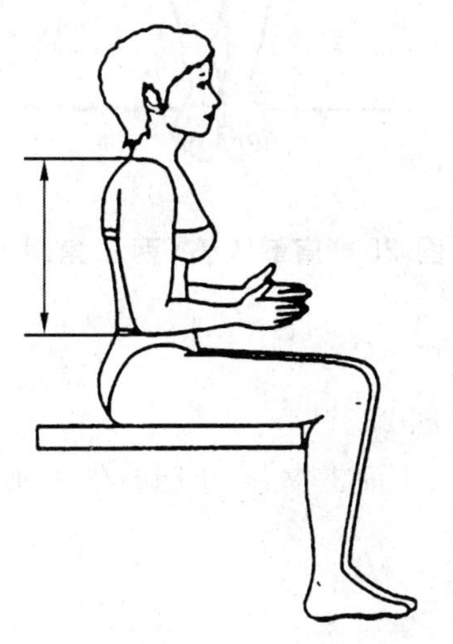

图 17 肩肘距

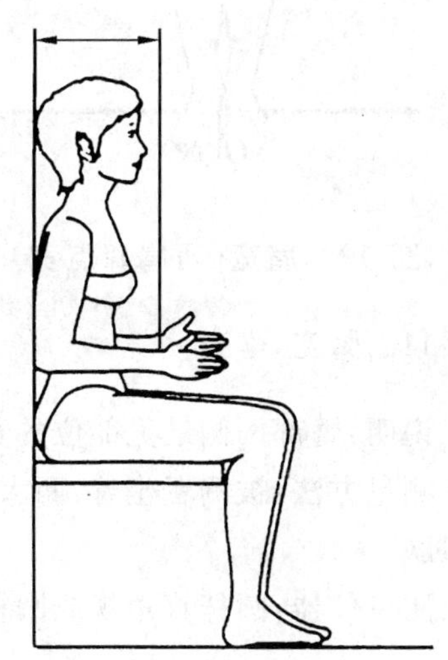

图 18 肘腕距

4.2.8 肩宽(两肩峰点宽)

说明:两肩峰点之间的直线距离。见图19。

测量方法:被测者坐或站立,身体挺直,双肩放松。

测量仪器:圆杆直角规或圆杆弯脚规。

4.2.9 肩最大宽(两三角肌间)

说明:左右上臂三角肌最外突出点之间的直线距离。见图20。

测量方法:被测者坐或站立,身体挺直,双肩放松。

测量仪器:圆杆直角规或圆杆弯脚规。

4.2.10 两肘间宽

说明:两肘部外侧面之间的最大水平距离。见图21。

测量方法:被测者坐或站立,身体挺直,两上臂自然下垂并轻靠体侧,两前臂水平弯屈且彼此平行,并与地面平行。测量时,不压迫肘部肌肤。

测量仪器:圆杆直角规或圆杆弯脚规。

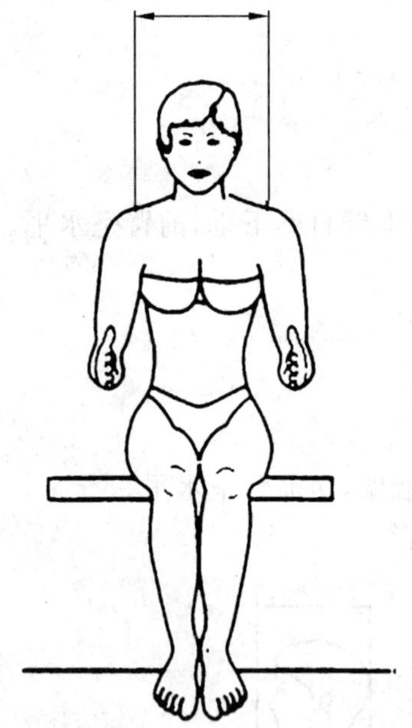

图19 肩宽(两肩峰点宽)

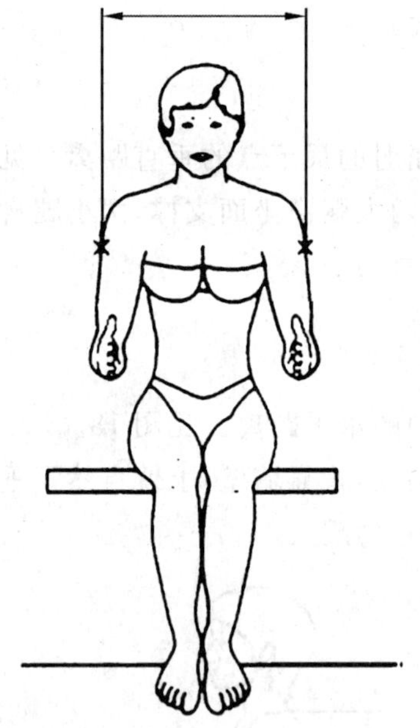

图20 肩最大宽(两三角肌间)

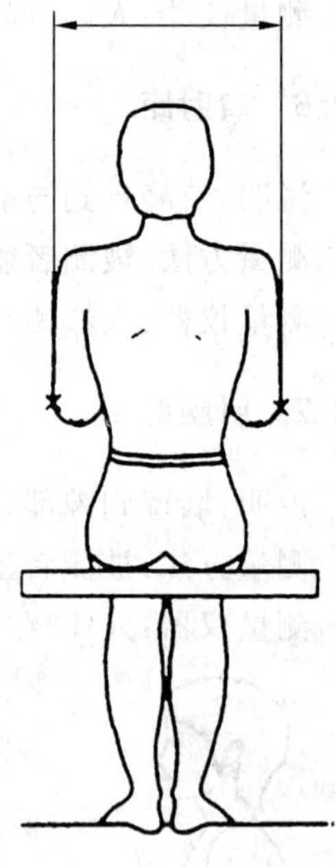

图21 两肘间宽

4.2.11 臀宽,坐姿

说明:臀部两侧最宽部位的宽度。见图22。

测量方法:被测者坐着,两大腿完全由坐面支撑着,小腿自然下垂,两膝盖并拢,测量时不能压迫臀部肌肤。

测量仪器:圆杆直角规或圆杆弯脚规。

4.2.12 **小腿加足高(腘高)**

说明:膝部弯成直角,从足底面到膝弯屈处的大腿下面的垂直距离。见图23。

测量方法:坐姿测量时,被测者大腿和小腿弯成直角;立姿测量时,则将足搁放在升高的平台上,移动测高仪的滑动臂轻靠股二头肌的肌腱。

测量仪器:人体测高仪。

4.2.13 **大腿厚,坐姿**

说明:坐面到大腿最高点的垂直距离,见图24。

测量方法:被测者躯干挺直,膝部弯成直角,双足平放在地面。

测量仪器:人体测高仪。

图22 臀宽,坐姿　　图23 小腿加足高(腘高)　　图24 大腿厚,坐姿

4.2.14 **膝高,坐姿**

说明:地面到髌骨上缘的最高点的垂直距离。见图25。

测量方法:被测者躯干挺直,膝部弯成直角,双足平放在地面。

测量仪器:人体测高仪。

4.2.15 **腹厚,坐姿**

说明:坐姿时,腹部前后最突出部位的水平直线距离。见图26。

测量方法:被测者躯干挺直,双臂自然下垂。

测量仪器:人体测高仪(圆杆直角规)。

4.2.16 **乳头点胸厚**

说明:在乳头点高度处胸部的最大厚度。见图27。

测量方法:被测者坐或站立,女子戴普通胸罩,双臂自然下垂。

测量仪器:圆杆直角规。

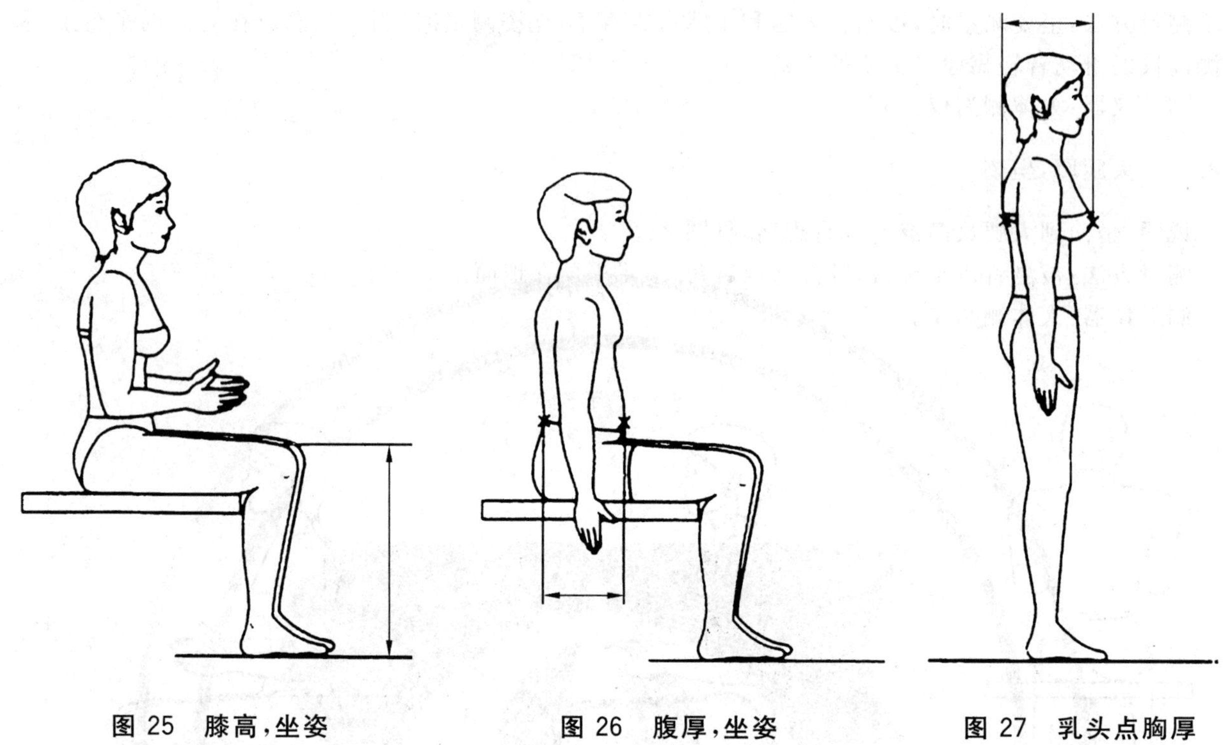

图 25　膝高，坐姿　　图 26　腹厚，坐姿　　图 27　乳头点胸厚

4.2.17　臀—腹厚，坐姿

说明：腹部最向前突处与臀部最向后突处之间最大的投影厚度。见图 28。

测量方法：被测者躯干挺直，两大腿完全由坐面支撑着，小腿自然下垂，臀部最后点靠在一垂直板，测量从垂直板到腹部最向前突处的距离。

测量仪器：人体测高仪。

4.3　特定部位的测量项目

4.3.1　手长

说明：中指指尖点到桡骨茎突和尺骨茎突之间掌面连线的垂直距离。见图 29。

测量方法：被测者前臂水平，手伸直，四指并拢，掌心向上，两个茎突连线的测点大致在腕部皮肤皱纹的中间。

测量仪器：直脚规。

4.3.2　掌长

说明：桡骨茎突和尺骨茎突的掌面连线到中指近位的掌面皱纹之间的垂直距离。见图 30。

测量方法：被测者前臂水平，手伸直，四指并拢，掌心朝上。在手的掌面进行测量。

测量仪器：直脚规。

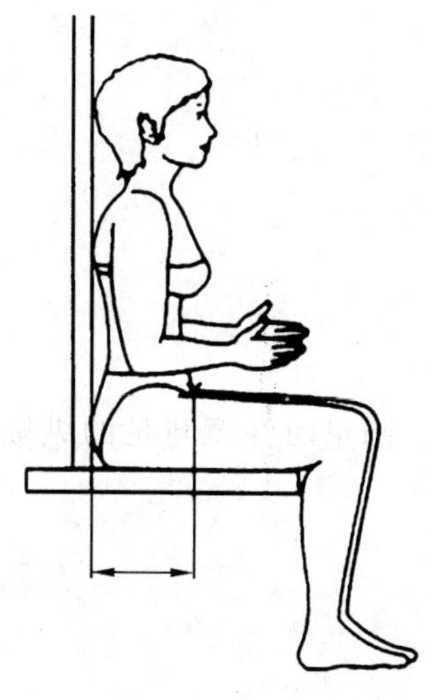
图 28　臂—腹厚，坐姿

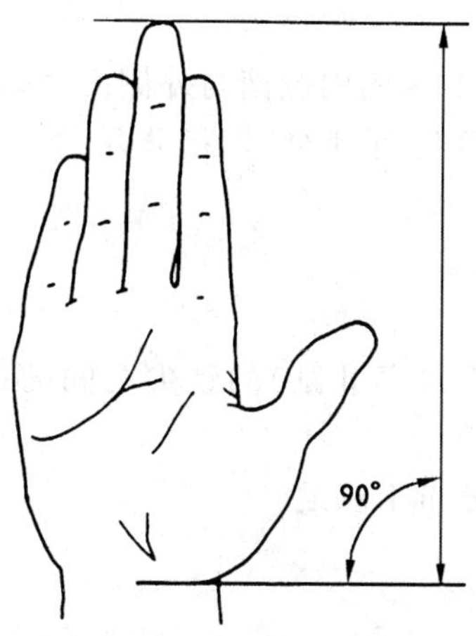

图 29　手长

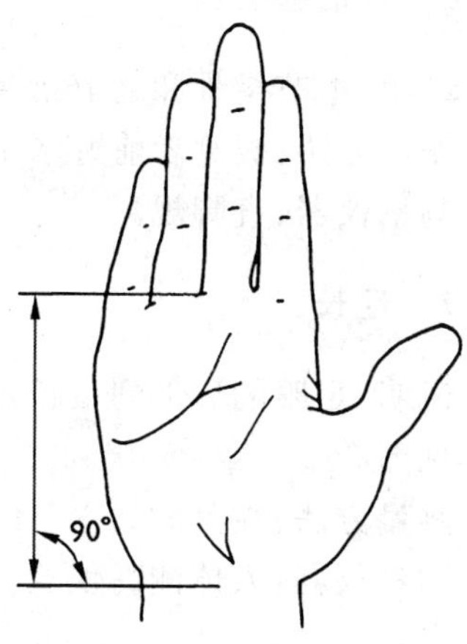

图 30　掌长

4.3.3　手宽

说明：在第Ⅱ到第Ⅴ掌骨头水平处，掌面桡尺两侧间的投影距离。见图 31。

测量方法：被测者前臂水平，手伸直，四指并拢，掌心朝上。

测量仪器：直脚规。

4.3.4　食指长

说明：从第Ⅱ指的指尖到该指近位掌面的指皱褶之间的距离。见图 32。

测量方法：被测者前臂水平，掌心朝上，手平伸，手指分开，测量在手的掌面进行。

测量仪器：直脚规。

4.3.5　食指近位宽

说明：中节指骨和近节指骨之间关节区的内侧面与外侧面之间的最大距离。见图 33。

测量方法：被测者前臂水平，掌心朝上，手平伸，四指分开。

测量仪器：直脚规。

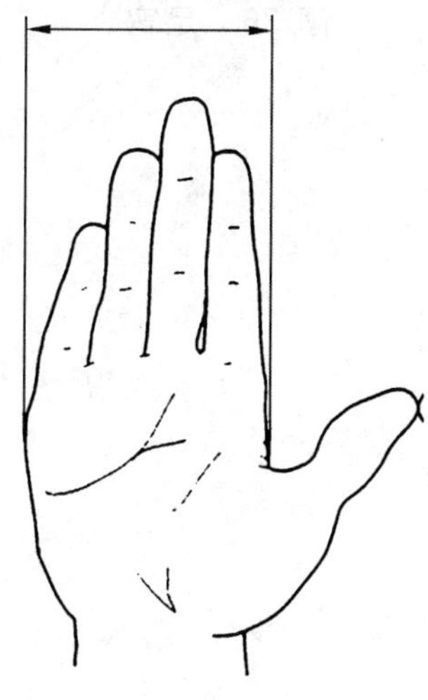
图 31　手宽

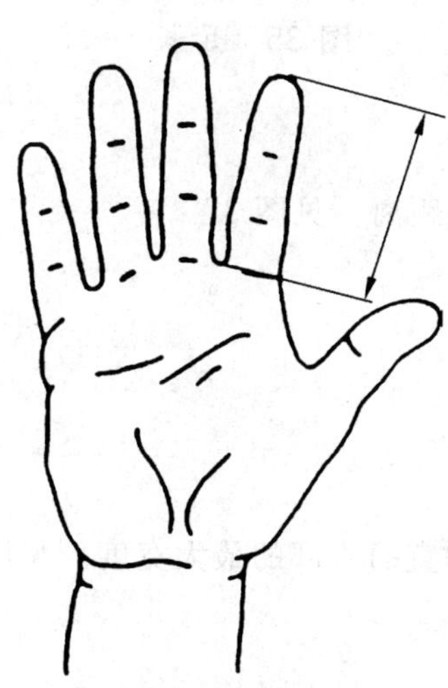
图 32　食指长

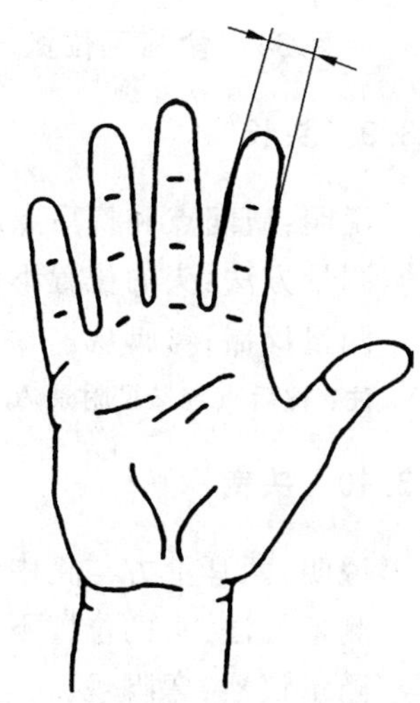
图 33　食指近位宽

4.3.6 **食指远位宽**

说明：中节指骨和远节指骨之间关节区的内侧面与外侧面之间的最大距离。见图 34。

测量方法：被测者前臂水平，掌心朝上，手平伸，四指分开。

测量仪器：直脚规。

4.3.7 **足长**

说明：足跟的后部到最长足趾（第Ⅰ或第Ⅱ趾）的趾尖之间的最大距离，测量时注意与足的纵轴平行。见图 35。

测量方法：被测者站立，体重均匀分布于双足。

测量仪器：人体测高仪。

4.3.8 **足宽**

说明：足的内外侧间与足纵轴相垂直的最大距离。见图 36。

测量方法：被测者站立，体重均匀分布于双足。

测量仪器：弯脚规。

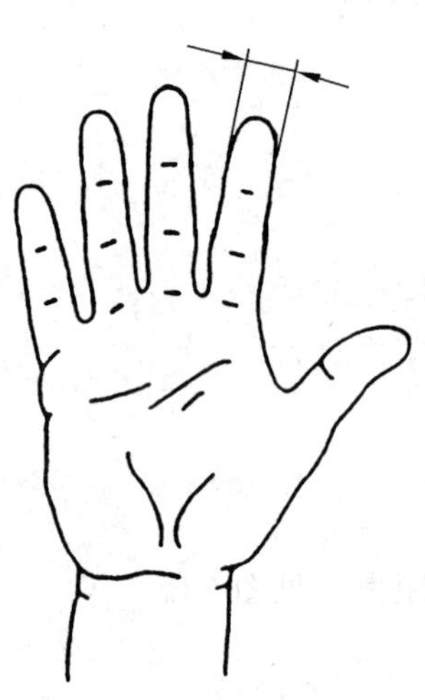

图 34 食指远位宽

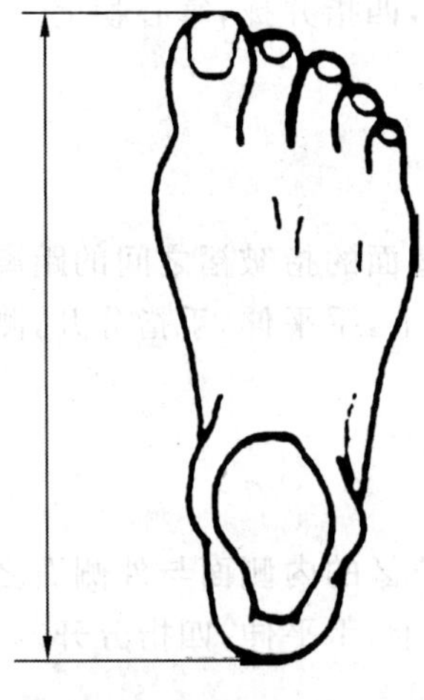

图 35 足长

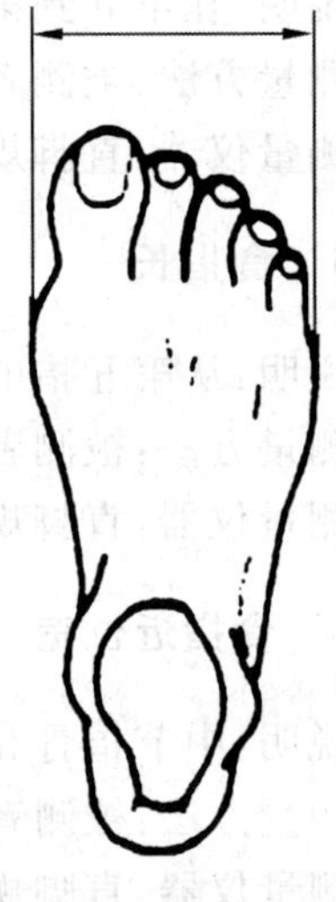

图 36 足宽

4.3.9 **头长**

说明：眉间点和枕后点之间的直线距离。见图 37。

测量方法：头的位置不影响测量。

测量仪器：弯脚规。

注：枕后点定义见附录 A.2.1.2。

4.3.10 **头宽**

说明：两耳上方与正中矢状面相垂直的头部的最大宽度。见图 38。

测量方法：头的位置不影响测量。

测量仪器：弯脚规。

4.3.11　**形态面长**

说明：鼻梁点和颏下点之间的距离。见图 39。

测量方法：被测者自然闭嘴，头以法兰克福平面定位。

测量仪器：直脚规。

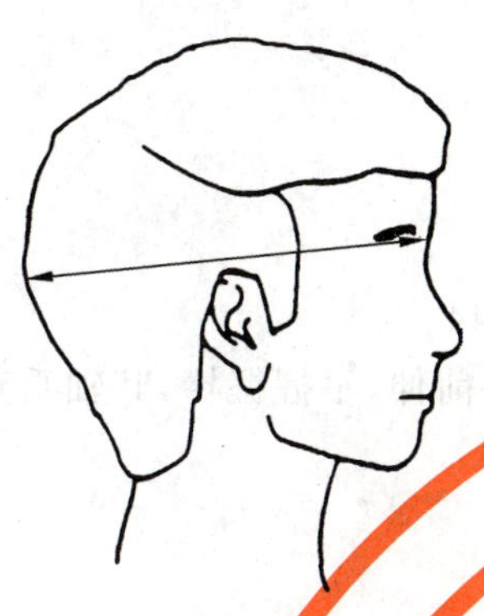

图 37　头长

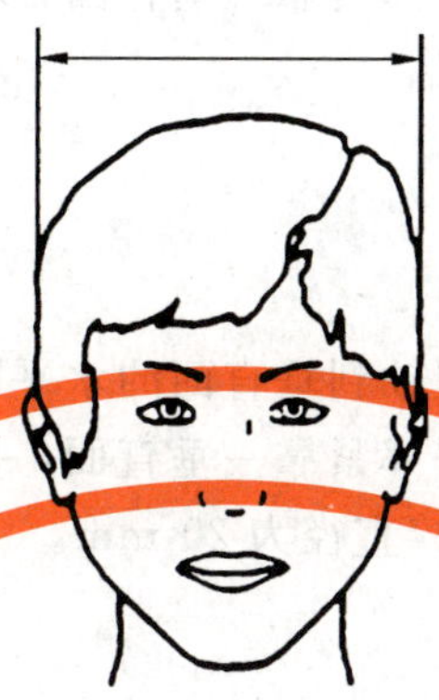

图 38　头宽

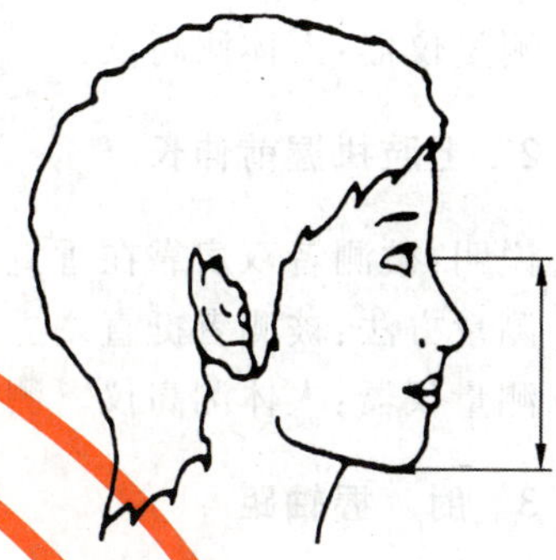

图 39　形态面长

4.3.12　**头围**

说明：由眉间点绕过枕后点的最大水平周长。见图 40。

测量方法：软尺放在眉间点经枕后点绕头一周，测量时头发包含在内。

测量仪器：软尺。

4.3.13　**头矢状弧**

说明：从眉间点经过头顶到枕外隆突点的弧长。见图 41。

测量方法：软尺放在眉间点沿着头顶到枕外隆突点，测量时头发包含在内。

测量仪器：软尺。

4.3.14　**耳屏间弧**

说明：从一侧耳屏点越过头的冠状面到另一侧耳屏点的弧长。见图 42。

测量方法：软尺贴在头的一侧耳屏点越过冠状面到另一侧耳屏点。测量时，头发包含在内。

测量仪器：软尺。

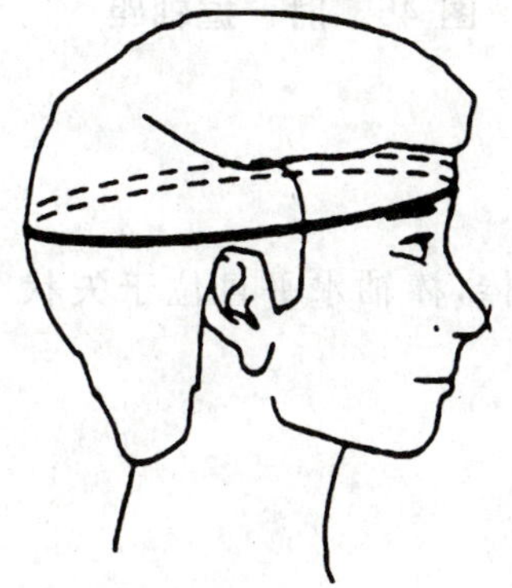

图 40　头围

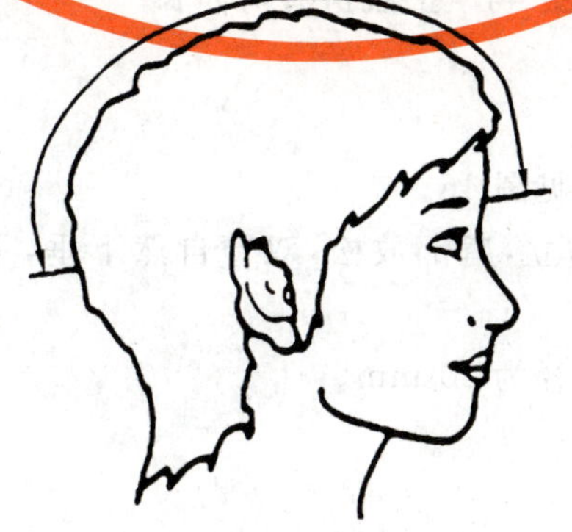

图 41　头矢状弧

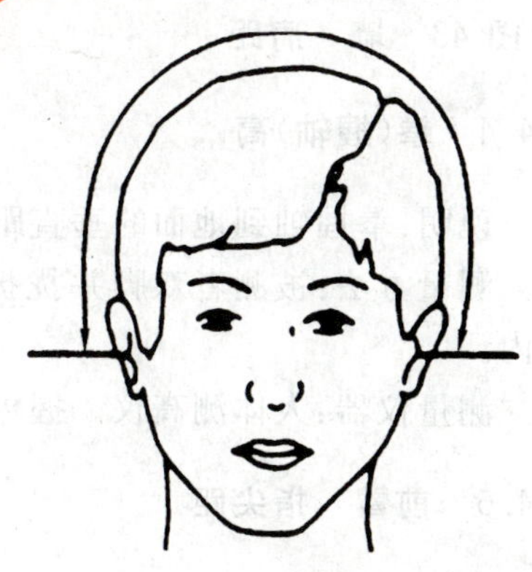

图 42　耳屏间弧

4.4 功能测量项目

4.4.1 墙 肩距

说明:肩峰点到垂直面的水平距离。见图 43。

测量方法:被测者挺直站立,肩胛部和臀部紧靠一垂直面,双肩对该垂直面的压力相等,手臂完全水平前伸。

测量仪器:人体测高仪。

4.4.2 上肢执握前伸长

说明:被测者双肩靠在垂直面时,从手握轴到垂直面的水平距离。见图 44。

测量方法:被测者挺直站立,肩胛部和臀部紧靠一垂直面,一只手臂水平前伸,手握握棒,其轴垂直。

测量仪器:人体测高仪。测量所握的握棒直径为 20 mm。

4.4.3 肘 握轴距

说明:肘弯屈成直角时,从上臂肘部的后面到握轴的水平距离。见图 45。

测量方法:被测者坐或站立,上臂自然下垂,手握握棒,使其轴垂直。

测量仪器:人体测高仪。测量握棒的直径为 20 mm。

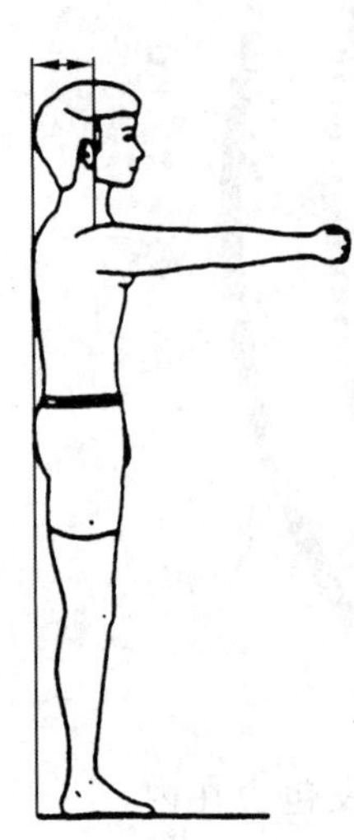

图 43 墙 肩距

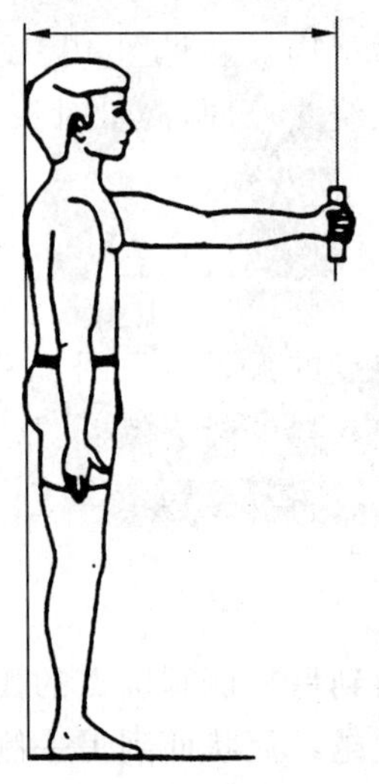

图 44 上肢执握前伸长

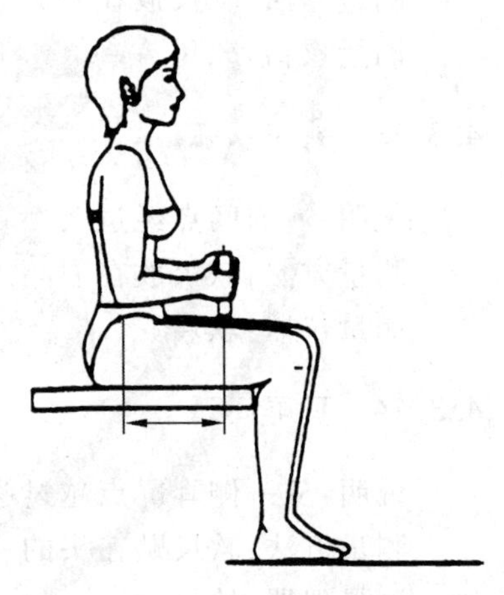

图 45 肘 握轴距

4.4.4 拳(握轴)高

说明:拳握轴到地面的垂直距离。见图 46。

测量方法:被测者双脚并拢挺直站立,肩部放松,双臂自然下垂,手握握棒,棒轴水平且位于矢状面内。

测量仪器:人体测高仪。握棒的直径为 20 mm。

4.4.5 前臂 指尖距

说明:从上臂肘部的后面到指尖点的水平距离,肘部弯屈呈直角。见图 47。

测量方法:被测者躯干挺直,上臂下垂,前臂水平,手前伸。

测量仪器:人体测高仪(圆杆直角规)。

4.4.6 臀 腘距

说明:从膝部后腘窝处到臀部最后点的水平距离。见图 48。

测量方法:被测者躯干挺直,两大腿完全放在坐椅面,坐椅面尽可能靠膝后腘窝,小腿自然下垂。用垂直于坐椅面的测量块抵触臀部最向后的突出点,测量从测量块到坐椅面前缘的距离。

测量仪器:人体测高仪(圆杆直脚规),测量块。

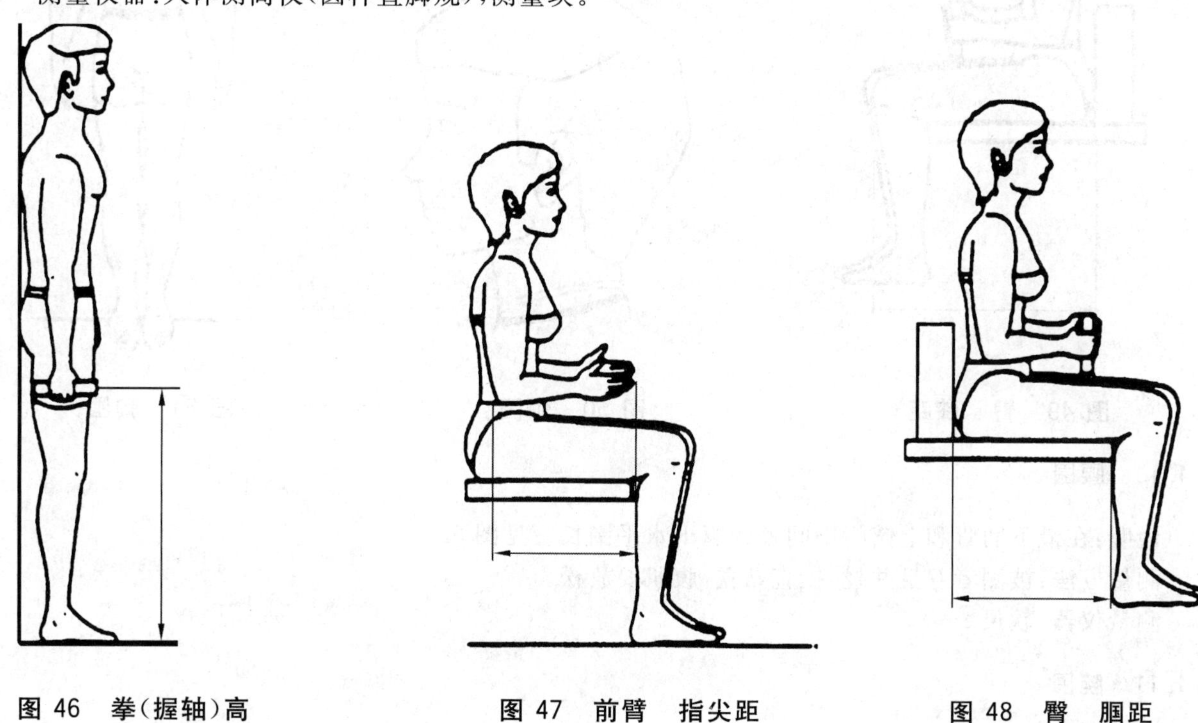

图 46 拳(握轴)高　　图 47 前臂 指尖距　　图 48 臀 腘距

4.4.7 臀 膝距

说明:从膝盖的最前点到臀部的最后点的水平距离。见图 49。

测量方法:被测者躯干挺直,两大腿完全放在坐椅面,坐椅面尽可能靠膝后腘窝,小腿自然下垂。用垂直于坐椅面的测量块抵触臀部最向后的突出点,测量从测量块到膝盖最前点的距离。

测量仪器:人体测高仪(圆杆直脚规),测量块。

4.4.8 颈围

说明:甲状软骨凸下缘点处的颈部围长。见图 50。

测量方法:被测者躯干挺直,头以法兰克福平面定位。

测量仪器:软尺。

4.4.9 胸围

说明:在乳头水平位置测量的胸部围长。见图 51。

测量方法:被测者双足并拢,挺直站立。两手臂自然下垂,妇女戴普通胸罩。

测量仪器:软尺。

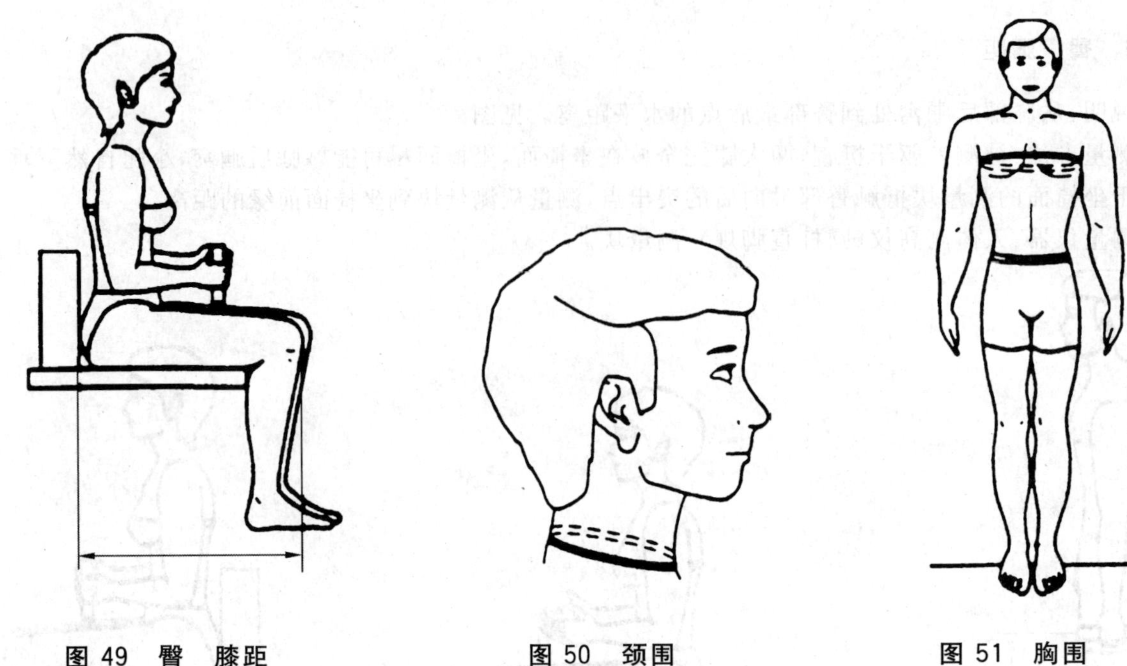

图 49 臀 膝距　　图 50 颈围　　图 51 胸围

4.4.10 腰围

说明：在最下肋骨和上髂嵴中间处的躯干水平围长。见图 52。

测量方法：被测者双足并拢，挺直站立，腹肌要放松。

测量仪器：软尺。

4.4.11 腕围

说明：手伸直时，桡骨茎突和尺骨茎突水平位置的腕部围长。见图 53。

测量方法：被测者前臂保持水平，手展开且手指伸直。

测量仪器：软尺。

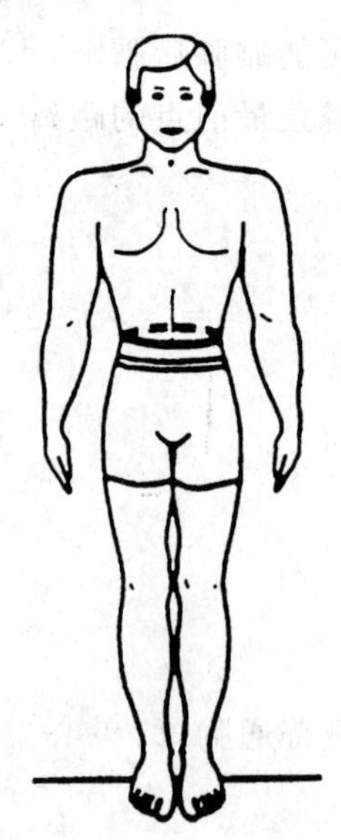

图 52 腰围

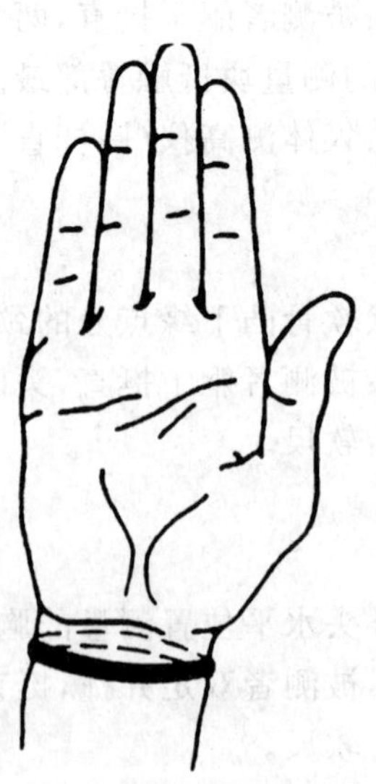

图 53 腕围

4.4.12 大腿围

说明：大腿最大的围长。见图 54。

测量方法：被测者站立，用软尺紧靠臀褶下方水平环绕大腿测得的围长。

测量仪器：软尺。

4.4.13 腿肚围

说明：小腿肚的最大围长。见图 55。

测量方法：被测者站立，用软尺水平地绕过小腿肚测得的最大围长。

测量仪器：软尺。

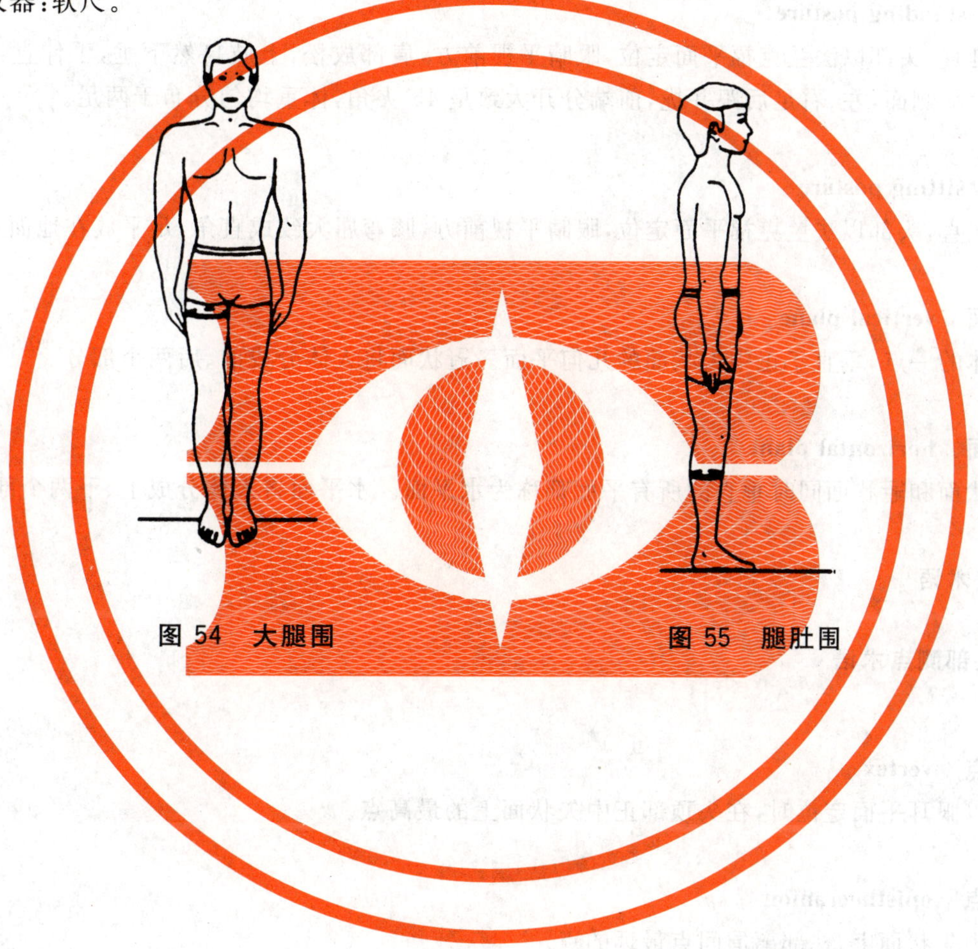

图 54 大腿围

图 55 腿肚围

附 录 A
（规范性附录）
推荐使用的人体测量术语

A.1 基本术语

A.1.1

立姿 standing posture

身体挺直，头部以法兰克福平面定位，眼睛平视前方，肩部放松，上肢自然下垂，手伸直，掌心向内，手指轻贴大腿侧面，左、右足后跟并拢，前端分开大致呈45°夹角，体重均匀分布于两足。

A.1.2

坐姿 sitting posture

躯干挺直，头部以法兰克福平面定位，眼睛平视前方，膝弯屈大致成直角，足平放在地面上。

A.1.3

冠状面 vertical plane

过身体的一点，垂直于正中矢状面的几何平面。冠状面将人体分成前、后两个部分。

A.1.4

水平面 horizontal plane

与矢状面和冠状面同时垂直的所有平面都称为水平面。水平面将人体分成上、下两个部分。

A.2 测点术语

A.2.1 头部测点术语

A.2.1.1

头顶点 vertex

头部以眼耳平面定位时，在头顶部正中矢状面上的最高点。

A.2.1.2

枕后点 opisthocranion

在正中矢状面上，枕部离眉间点最远的点。

A.2.1.3

颧点 zygion

颧弓处向外侧最突出的点。

A.2.1.4

眼内角点 entocanthion

在眼裂内角处，上、下眼睑缘相接的点。

A.2.1.5

眼外角点 ectocanthion

在眼裂外角处，上、下眼睑缘相接的点。

A.2.1.6

瞳孔点 papilla

瞳孔中心点。

A.2.1.7

眶下点 orbitale

眼眶下缘的最低点。

A.2.1.8

鼻尖点 pronasale

头部以法兰克福平面定位时，鼻尖处向前最突出的点。

A.2.1.9

鼻翼点 alare

鼻翼最外侧点。

A.2.1.10

鼻下点 subnasale

在正中矢状面上，鼻中膈与上唇皮肤所构成的角的最深点。

A.2.1.11

口角点 cheilion

口裂的外角上，上、下唇黏膜缘在外侧端相接的点。

A.2.1.12

颏下点 gnathion

头部以眼耳平面定位时，颏部在正中矢状面上的最低点。

A.2.1.13

下颌角点 gonion

下颌角向外、后方最突出的点。

A.2.2 躯干部和四肢部测点术语

A.2.2.1

颈窝点 fossa jugularis

左、右锁骨胸骨端上缘的连线与正中矢状面的交点。

A.2.2.2

颈根外侧点 lateral neck root point

在外侧颈三角处，斜方肌前缘与在颈外侧部位上连结颈窝点和颈椎点曲线的交点。

A.2.2.3

锁骨点 clavicular point

锁骨凸处最突出的点。

A.2.2.4

胸上点 suprasternale

胸骨柄上缘的颈静脉切迹与正中矢状面的交点。

A.2.2.5

乳头点 thelion

乳头的中心点。

A.2.2.6

腋窝前点　anterior armpit

在腋窝前裂上,胸大肌附着处的最下端点。

A.2.2.7

腋窝后点　posterior armpit

在腋窝后裂上,大圆肌附着处的最下端点。

A.2.2.8

肩端点　shoulder tip

锁骨与肩胛岗相连接部位向上的最高点。

A.2.2.9

肩外侧点　lateral shoulder point

肩胛骨外侧面最突出的点。

A.2.2.10

桡骨点　radiale

桡骨小头上缘的最高点。

A.2.2.11

桡骨茎突点　stylion radiale

桡骨茎突的下端点。

A.2.2.12

尺骨茎突点　stylion ulna

尺骨茎突的下端点。

A.2.2.13

肘点　elbow

曲肘90°,尺骨鹰嘴向后下方最突出的点。

A.2.2.14

髂嵴点　iliocristale

髂嵴向外最突出的点。

A.2.2.15

髂前上棘点　iliospinale anterius

髂前上棘向前下方最突出的点。

A.2.2.16

大转子点　trochanterion

股骨大转子的最高点。

A.2.2.17

臀峰点　peak of buttock

臀部向后最突出的点。

A.2.2.18

会阴点　perineum point

左、右坐骨结节最下点的连线与正中矢状面的交点。

A.2.2.19

髌骨中点　patella center point

髌骨上下端连线的中点。

A.2.2.20

胫骨前下点　anterior distal end of tibia point

胫骨下端的最前缘点。

A.2.2.21

内踝点　sphyrion

胫骨内踝的下端点。

A.2.2.22

外踝点　malleolus fibulae point

腓骨外踝的下端点。

A.2.2.23

指点　phalangion

在手背面第一节指骨近位端向上最突出的点,指点在各指分别称为第Ⅰ～第Ⅴ指点。

A.2.2.24

指尖点　fingertip

上肢下垂时,手中指尖端上最向下的点称中指指尖点。其余各指上,分别称指尖点。

A.2.2.25

尺侧掌骨点　metacarpale ulna

第五掌骨小头向尺侧最突出的点。

A.2.2.26

足后跟点　pternion

立姿时,足后跟部向后最突出的点。

A.2.2.27

趾尖点　acropodion

足趾的端点。

A.3　测量项目术语

A.3.1　立姿测量项目

A.3.1.1

颏下点高　gnathion height

颏下点至地面的垂直距离。

A.3.1.2

颈椎点高　cervicale height

颈椎点至地面的垂距。

A.3.1.3

肩端点高　shoulder tip height

肩端点至地面的垂直距离。

A.3.1.4

锁骨点高　clavicle height

锁骨点至地面的垂直距离。

A.3.1.5

胸上点高 suprasternal height

胸上点至地面的垂直距离。

A.3.1.6

乳头高 nipple height

乳头点至地面的垂直距离。

A.3.1.7

乳房下缘高 underbreast height

在前胸壁上，从乳头点的垂线与乳房下缘的交点至地面的垂直距离。

A.3.1.8

腋窝后点高 posterior axillary height

腋窝后点至地面的垂直距离。

A.3.1.9

桡骨点高 radial height

桡骨点至地面的垂直距离。

A.3.1.10

腰围高 waist height

最下的肋骨和上髂嵴的中间处至地面的垂直距离。

A.3.1.11

臀峰点高 peak of buttock height

臀峰点至地面的垂直距离。

A.3.1.12

大转子点高 trochanter height

大转子点至地面的垂直距离。

A.3.1.13

膝高 knee height

膑骨中点至地面的垂直距离。

A.3.1.14

腿肚高 calf height

小腿腿肚向后最突出点至地面的垂直距离。

A.3.1.15

外踝高 lateral malleolus height

外踝点至地面的垂直距离。

A.3.1.16

内踝高 medial malleolus height

内踝点至地面的垂直距离。

A.3.1.17

颈前长 anterior neck length

在躯干前正中线上，从颏下点至胸上点的曲线长。

A.3.1.18

颈后长 posterior neck length

在头部后正中线上，从枕外隆突点至颈椎点的曲线长。

A. 3. 1. 19

颈后弧长　posterior neck hemicircumference

两侧颈根外侧点经颈椎点间的弧长。

A. 3. 1. 20

颈侧腋前弧长　side neck-to-anterior axilliary arc

从颈根外侧点至腋窝前点间的弧长。

A. 3. 1. 21

颈侧腋后弧长　side neck-to-posterior axilliary arc

从颈根外侧点至腋窝后点间的弧长。

A. 3. 1. 22

背横弧长　transverse arc of back

左、右腋窝后点间的背部水平弧长。

A. 3. 1. 23

胸前长　waist front length

在躯干前正中线上,从胸上点至腰围部位的曲线长。

A. 3. 1. 24

背后长　waist back length

在躯干后正中线上,从颈椎点至腰围部位的曲线长。

A. 3. 1. 25

腋后腕长　posterior armpit-to-wrist length

上肢自然下垂时,从腋窝后点,经肘点至尺骨茎突点间的曲线长。

A. 3. 1. 26

腋后肘长　posterior armpit-to-elbow length

上肢自然下垂时,从腋窝后点至肘点间的曲线长。

A. 3. 1. 27

腋后腰节长　posterior armpit-to-waist length

从腋窝后点沿躯干后正中线平行向下,与腰围交点间的曲线长。

A. 3. 1. 28

前肩端腰节长　anterior shoulder tip-to-waist arc

从肩端点沿躯干前正中线平行向下,与腰围交点间的曲线长。

A. 3. 1. 29

后肩端腰节长　posterior shoulder tip-to-waist arc

从肩端点沿躯干后正中线平行向下,与腰围交点间的曲线长。

A. 3. 1. 30

肩长　shoulder length

颈根外侧点至肩峰点的直线距离。

A. 3. 1. 31

斜肩长　acromion-to-neck root length

从颈根外侧点至肩峰点间的曲线长。

A. 3. 1. 32

上肢长　length of upper extremity

上肢自然下垂时,肩峰点至中指指尖点的垂直距离。

A.3.1.33

全臂长　arm length

上肢自然下垂时，肩峰点至桡骨茎突点的垂直距离。

A.3.1.34

上臂长　upperarm length

上肢自然下垂时，肩峰点至桡骨点的垂直距离。

A.3.1.35

前臂长　forearm length

上肢自然下垂时，桡骨点至桡骨茎突点的垂直距离。

A.3.1.36

上肢长　length of upper extremity

上肢自然下垂时，从肩峰点至中指指尖点的垂直距离。

A.3.1.37

下肢长　lower extremity length

会阴点至内踝点的直线距离。

A.3.1.38

大腿长　thigh length

髂前上棘点至胫骨点的垂直距离。

A.3.1.39

小腿长　leg length

胫骨点至内踝点的垂直距离。

A.3.1.40

会阴上部前后长　crotch length

在躯干前正中线上，以腰围部位为起点，经会阴点至在躯干后正中线上的腰围部位的曲线长。

A.3.1.41

上臂根厚　armpit breadth

腋窝前点至腋窝后点的直线距离。

A.3.1.42

腰厚　waist depth

在腰围高度处，腰部的最大厚度。

A.3.1.43

腹厚　abdominal depth

在髂嵴点高度处，腹部的最大厚度。

A.3.1.44

臀厚　hip depth

臀峰点高度处，臀部的最大厚度。

A.3.1.45

大腿厚　thigh depth

臀沟下缘处，大腿前、后最突出部位间的纵向水平直线距离。

A.3.1.46

腿肚厚　calf breadth

在小腿腿肚最粗处，前、后最突出部位间的纵向水平直线距离。

A.3.1.47

颈宽　neck breadth

甲状软骨凸下缘点处,颈的最大横向水平直线距离。

A.3.1.48

肩端宽　shoulder tips distance

左、右肩端点间的直线距离。

A.3.1.49

最大体宽　maximum body breadth

左、右臂向外最突出部位间的横向水平直线距离。

A.3.1.50

两乳头点间宽　internipple breadth

左、右乳头点之间的直线距离。

A.3.1.51

背宽　back breadth

左、右腋窝后点间的直线距离。

A.3.1.52

腰宽　waist breadth

在腰围高度处,腰部两侧最大水平直线距离。

A.3.1.53

腹宽　abdominal breadth

在髂嵴点高度处,腹部两侧最大水平直线距离。

A.3.1.54

两髂嵴点间宽　crista iliaca breadth

左、右髂嵴点间的直线距离。

A.3.1.55

髂前上棘点间宽　spinal breadth

左、右髂前上棘点间的直线距离。

A.3.1.56

大转子点间宽　trochanteric breadth

左、右大转子点之间的直线距离。

A.3.1.57

大腿宽　thigh breadth

臀沟下缘处,大腿胫侧和腓侧最突出部位间的横向水平直线距离。

A.3.1.58

颈根围　neck root circumference

以颈椎点为起点,经左、右颈根外侧点和颈窝点至起点的围长。

A.3.1.59

最大体围　maximum body circumference

经两侧肩外侧点的躯干上部水平围长。

A.3.1.60

胸上围　upper chest circumference

通过左、右腋窝后点的水平围长。

A.3.1.61

胸下围　lower chest circumference

乳房下缘部位水平围长。

A.3.1.62

上臂根围　scye circumference

以肩峰点为起点，经腋窝前点和腋窝后点至起点的围长。

A.3.1.63

上臂围　biceps circumference

上肢自然下垂时，在上臂肱二头肌最粗处的水平围长。

A.3.1.64

前臂围　least forearm circumference

上肢自然下垂时，在前臂最粗处的水平围长。

A.3.1.65

肘围　elbow circumference

上肢自然下垂时，经肘点的水平围长。

A.3.1.66

腹围　abdominal circumference

经髂嵴点的腹部水平围长。

A.3.1.67

臀围　hip circumference

经臀峰点的水平围长。

A.3.1.68

下肢根围　inguinal circumference

以大转子点为起点，经股腹沟和臀沟至起点的围长。

A.3.1.69

膝围　knee circumference

经膑骨中点的膝部水平围长。

A.3.1.70

踝上围　ankle circumference

内踝点上方最细处的水平围长。

A.3.2　立姿功能测量项目

A.3.2.1

中指指点高　phalangion Ⅲ height

上肢自然下垂，手指伸直时，中指指点至地面的垂直距离。

A.3.2.2

中指指尖点高　middle fingertip height

上肢自然下垂，手指伸直时，从中指指尖点至地面的垂直距离。

A.3.2.3

中指指尖点上举高　middle fingertip height, upward reach

上肢垂直上举时，中指指尖点至地面的垂直距离。

A.3.2.4

双臂功能上举高　functional upward reach with both arms

两臂向上最大限度地伸展时，手握轴至地面的垂直距离。

A. 3. 2. 5

上肢执握上伸长　grip upward reach

上肢垂直上举时，从手握轴至地面的垂直距离。

A. 3. 2. 6

上肢前伸长　armreach from back

上肢向前方自然地水平伸展时，从背部后缘至中指指尖点的水平直线距离。

A. 3. 2. 7

两臂展开宽　arms span

两臂侧向最大限度地水平伸展时，两中指指尖点之间的直线距离。

A. 3. 2. 8

两臂功能展开宽　functional arms span

侧向最大限度地水平伸展的左、右手握轴之间的直线距离。

A. 3. 2. 9

两肘展开宽　akimodo

被测者两臂在水平面上弯屈，腰伸直，手掌朝下，手指伸直，并拢并且触及胸部，当侧向最大限度地水平伸展时，两肘尖之间的直线距离。

A. 3. 3　坐姿测量项目

A. 3. 3. 1

坐姿髂嵴点高　iliocristale height，sitting

坐姿时，髂嵴点至水平坐面的垂直距离。

A. 3. 3. 2

两大腿宽　bithigh breadth

坐姿时，被测者膝和足皆并拢，两大腿向外最突部位间的横向水平直线距离。

A. 3. 3. 3

坐姿腹围　abdominal circumference，sitting

坐姿时，经髂嵴点的腹部水平围长。

A. 3. 4　坐姿功能项目

A. 3. 4. 1

坐姿下肢长　lower extremity length，sitting

下肢向前方最大限度地水平伸展，踝关节呈直角状态时，从臀部后缘至足后跟掌面的水平直线距离。

A. 3. 4. 2

坐姿两膝宽　biepicondylar breadth，sitting

坐姿时，被测者膝和足皆并拢，两膝向外最突部位间的横向水平直线距离。

A. 3. 5　头部测量项目

A. 3. 5. 1

头全高　total head height

从头顶点至颏下点的垂直距离。

A. 3. 5. 2

头耳高　auricular height

头顶点至耳屏点的垂直距离。

A.3.5.3

面宽　bizygomatic breadth

左、右颧点之间的直线距离。

A.3.5.4

两耳外宽　ear-to-ear breadth

左、右两耳向外最突出部位间的水平直线距离。

A.3.5.5

两耳屏间宽　bitragion breadth

左、右耳屏点之间的直线距离。

A.3.5.6

两下颌角间宽　bigonial breadth

左、右下颌角点之间的直线距离。

A.3.5.7

瞳孔间距　interpupillary distance

两眼平视前方时，左、右瞳孔点之间的直线距离。

A.3.5.8

两眼内宽　interocular breadth

左、右眼内角点之间的直线距离。

A.3.5.9

两眼外宽　biocular breadth

左、右眼外角点之间的直线距离。

A.3.5.10

头冠状围　transversal circumference

以头顶点为起点，经颏下点至起点的围长。

A.3.5.11

耳屏点间枕弧长　bitragion-occipital arc

从一侧耳屏点经枕后点至另一侧耳屏点的弧长。

A.3.5.12

耳屏点间颏下弧长　bitragion-gnathion arc

从一侧耳屏点经颏下点至另一侧耳屏点的弧长。

A.3.5.13

鼻高　nose height

鼻梁点至鼻下点的直线距离。

A.3.5.14

鼻长　nose length

鼻梁点至鼻尖点的直线距离。

A.3.5.15

鼻宽　nose breadth

左、右鼻翼点之间的直线距离。

A.3.5.16

口宽　mouth breadth

左、右口角点之间的直线距离。

A.3.6　手部测量项目

A.3.6.1

掌厚　hand depth

中指指点部位，手掌面和手背面间的最大直线距离。

A.3.6.2

手最大宽　maximum hand breadth

尺侧掌骨点至姆指指点的直线距离。

A.3.6.3

手背长　back of hand length

中指指点至桡骨茎突点和尺骨茎突点在背侧面连线的垂直距离。

A.3.6.4

中指长　finger Ⅲ length

中指指尖点至其掌指关节的近位弯屈肤纹的直线距离。

A.3.6.5

拇指长　finger Ⅰ length

拇指指尖点至其掌指关节的近位弯屈肤纹的直线距离。

A.3.6.6

拇指至食指指尖距　fingertip Ⅰ-Ⅱ distance

被测者尽量伸展五指，然后平放在桌面上，保持五指不动，从拇指指尖点至食指指尖点间的直线距离。

A.3.6.7

拇指至小指指尖距　fingertip Ⅰ-Ⅴ distance

在掌面上，将拇指和小指作最大限度外展时，从拇指指尖点至小指指尖点间的直线距离。

A.3.6.8

拇指尖最大活动距离　maximum lateral moving distance of fingertip Ⅰ

被测者右手握“拇指尖最大活动距离尺”立杆部，拇指尽量左展，再尽量右展，且第Ⅰ掌骨部位不离开立杆时，拇指指尖点活动的最大直线距离。

A.3.6.9

拳最大厚　maximum grip diameter

右手自然握拳，将拇指置于食指桡侧时，拇指和指关节间拳最大厚度。

A.3.6.10

拳最大宽　maximum grip breadth

右手自然握拳，将拇指置于食指桡侧时，手关节处拳最大宽度。

A.3.6.11

最大握径　maximum grasping diameter

将拇指指尖与中指指尖相触，在内侧大致呈圆形时。中指指点(phⅢ)与拇指指关节最外突部位间的直线距离。

A.3.6.12

手握围　grip circumference

被测者手握一个测量锥，手的尺侧朝向锥尖，由食指与大拇指所形成的环的内围长。这时，大拇指自由地置在外侧，其余各指指尖很容易接触到它们所对的掌面的皮肤。

A.3.6.13

拳围　fist girth

轻握拳，将拇指置食指的桡侧时，以中指指点为起点，经拇指第一指前中部和小指指点至起点的围长。

A.3.7　足部测量项目

A.3.7.1

足围　foot girth

以胫侧跖骨点为起点，经足背、腓侧跖骨点和足底至起点的围长。

A.3.7.2

足后跟围　heel girth

以胫骨前下点为起点，经足后跟点至起点的最大围长。

A.3.7.3

足面长　foot dorsum length

从胫骨前下点至最长足趾趾尖点的直线距离。

参 考 文 献

［1］ HERTZBERG，H. T. E. et al. Anthropometric survey of Turkey，Greece and Italy. Pergamon Press，1963

［2］ KNUSSMANN，R. et al.（eds.）. Anthropologie，Handbuch der vergleichenden Biologie des Menschen（begründet von Rudolf Martin）. Vol. I/1. Fischer，Stuttgart，1988

［3］ WEINER，J. S. and LOURIE，J. A.（eds.）. Human biology：A guide to field methods. Blackwell Scientific Press，Oxford，1969

ICS 47.020.70
U 65

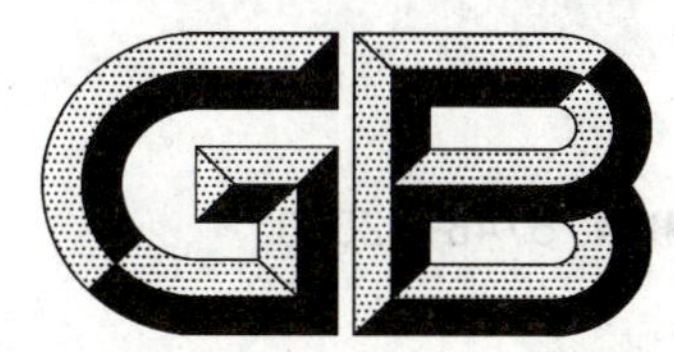

中华人民共和国国家标准

GB/T 5743—2010
代替 GB/T 5743—1994

船用自动操舵仪

Marine autopilot

2010-09-02 发布　　2010-12-01 实施

中华人民共和国国家质量监督检验检疫总局
中国国家标准化管理委员会　发布

前　言

本标准代替GB/T 5743—1994《船用自动操舵仪通用技术条件》。

本标准与GB/T 5743—1994相比主要变化如下：

——标准名称由“船用自动操舵仪通用技术条件”改为“船用自动操舵仪”；

——编排格式按GB/T 1.1—2000作了修改；

——增加了设计章节(4.4)；

——增加了接口要求(4.6)；

——修改了报警要求[4.3.6.1b)、4.3.6.3]；

——删除了可靠性要求；

——删除了霉菌要求。

本标准由中国船舶工业集团公司提出。

本标准由全国海洋船标准化技术委员会航海仪器分技术委员会(SAC/TC 12/SC 5)归口。

本标准起草单位：九江中船仪表有限责任公司。

本标准主要起草人：于福岭、王继军、丁华、肖宁、段德智、张洪斌、郭玉芳。

本标准所代替标准的历次版本发布情况为：

——GB/T 5743—1985、GB/T 5743—1994。

船用自动操舵仪

1 范围

本标准规定了船用自动操舵仪(以下简称操舵仪)的技术要求、试验方法和检验规则等。

本标准适用于船用自动操舵仪的设计、制造和验收。

2 规范性引用文件

下列文件中的条款通过本标准的引用而成为本标准的条款。凡是注日期的引用文件,其随后所有的修改单(不包括勘误的内容)或修订版均不适用于本标准,然而,鼓励根据本标准达成协议的各方研究是否可使用这些文件的最新版本。凡是不注日期的引用文件,其最新版本适用于本标准。

GB/T 191 包装储运图示标志(GB/T 191—2008,ISO 780:1997,MOD)

GB 4208 外壳防护等级(IP 代码)(GB 4208—2008,IEC 60529:2001,IDT)

GB/T 13306 标牌

GB/T 13384 机电产品包装通用技术条件

CB/T 3973—2005 船舶与海上技术 磁罗经在船上的定位(ISO 694:2000,IDT)

IEC 60945:2002 海上导航和无线电通信设备及系统 一般要求 测试方法和要求的测试结果

IEC 61162-1 海上导航和无线电通信设备及系统 数字接口 第1部分:单通话器和多受话器

3 术语和定义

下列术语和定义适用于本标准。

3.1

自动操舵仪 autopilot

根据指令信号自动完成操纵舵机的装置。

3.2

自动操舵 automatic steering

使船舶自动地稳定在给定航向上航行的操舵方式。

3.3

随动操舵 follow-up steering

使舵机按给定舵角指令转舵的操舵方式。

3.4

简易操舵 on-off steering

使舵机按给定转向转舵的操舵方式。

3.5

平均转舵速度 average rudder rate

舵叶从一舷满舵到另一舷满舵所转过角度除以该段时间的商值。

3.6

航向稳定度 course keeping accuracy

自动航行时,航向变化曲线与指令航向角直线之间所形成的面积之和除以该段时间的商值。

3.7

自动操舵灵敏度　automatic steering sensitivity

自动操舵时，在系统正常工作条件下，使操舵仪的末级元件动作的最小偏航值。

3.8

随动操舵灵敏度　follow-up steering sensitivity

随动操舵时，在系统正常工作条件下，使操舵仪的末级元件动作的最小给定舵角值。

3.9

天气调节装置　weather regulation unit

自动操舵时能根据天气条件，调整航向灵敏度的装置。

3.10

舵角复示值　rudder angle feed back value

指操舵仪上舵角接收机的复示值。

4　要求

4.1　组成

自动操舵仪至少应包括下列装置：

a)　航向信号处理器，包括航向指示器；

b)　航向预置装置；

c)　自动操舵装置；

d)　调节装置；

e)　转换装置(带操舵状态指示器)；

f)　符合本标准的报警装置。

4.2　外观

4.2.1　设备外观不应出现涂覆层脱落、龟裂，零件变形和锈蚀等现象。

4.2.2　零部件不应受到机械损伤和破坏，紧固件不应松动和脱落。

4.3　功能

4.3.1　操舵控制装置

操舵仪若有一个以上操舵控制装置时，应满足：

a)　应有能选择操舵控制装置投入运行的措施，并有明显的标记；

b)　各操舵控制装置应有防止同时操纵操舵装置动力设备的措施；

c)　各操舵控制装置的操舵方向应一致，向左转动舵轮或旋钮时为操左舵，向右转动舵轮或旋钮时为操右舵。

4.3.2　双套操舵选择

操舵仪如与互为独立的相同的双套操舵装置动力设备配套使用时，在所选择的各操舵控制装置上，均能对操舵装置动力设备进行操纵，并应能分别单独进行，或按用户需要亦可双套同时进行。

4.3.3　操舵方式

操舵仪各种操舵方式，可在易见部位显示操舵方式。当需要改变操舵方式时，转换可在任何条件下完成，且均能在 3 s 内实现转换。

当从“手动(随动和简易)”转换到“自动”时，操舵控制装置将当前实际航向设为预定航向。

4.3.4　参数调节装置

4.3.4.1　若操舵仪不具有航行参数自动调节装置时，则应提供天气调节装置和随船舶操纵性能不同而改变航行参数的调节装置。

4.3.4.2　除了航向修正装置能调节船舶航向外，其他任何旋钮的调节，均不应明显地影响船舶的航向，当用航向修正装置改变航向时，一次改变航向的范围不应小于±10°。

4.3.5 电源控制

当电源中断后，再恢复时，操舵仪应自动恢复工作。

4.3.6 报警装置

4.3.6.1 在下列情况下，操舵仪应能发出视觉和听觉报警：

a) 当操舵仪系统电源失电时；

b) 当接收操舵装置动力设备过载、失电、断相、低液位、油温高及舵机装置阀件故障信号时；

c) 在自动操舵工作状态，当船舶超出给定航向所允许的偏航值时。

4.3.6.2 报警装置应由单独电源供电，并有相应指示。

4.3.6.3 报警装置应具有检查、消音功能。

4.3.6.4 报警装置应安装在操舵仪主操纵台附近。

4.3.6.5 用于故障报警的灯光显示应为红色，对可稍缓采取措施的报警灯光显示则可用黄色。

4.4 设计

4.4.1 操舵仪所使用的外购配套件和原材料应具有合格证明书。并应采用耐久、滞燃、耐潮和耐霉的材料。

4.4.2 操舵仪各仪器内的导线要成束敷设，活动部分应有保护措施，导线端头应具有与接线图相符的耐久性标记，安装应便于维修，电源线应单独敷设。

4.4.3 控制旋钮的数量应尽可能减少，在设计时，应采取防止这些控制旋钮无意碰动而误操作的措施。

4.4.4 凡是影响驾驶人员正常工作的照明装置应能进行亮度调节，用于警告和报警的照明指示除外。

4.4.5 用隔离或屏蔽的方法保护有冗余的分系统的电源、控制装置和关键零部件。

4.5 性能

4.5.1 电源变化

操舵仪在表1所示电压和频率波动的情况下应能正常工作。

表1 电源变化

电源	项目	
	电压变化(额定电压)/%	频率变化(额定频率)/%
交流	+10 +10	+6 −6
	−10 −10	+6 −6
直流	+10 −20	—
蓄电池	+30 −25	—

4.5.2 转舵范围

操舵仪的转舵范围为左、右各35°，并应设舵角限位装置。

4.5.3 平均转舵速度

海洋船舶不小于2.5°/s，内河船舶不小于3.5°/s。

4.5.4 操舵灵敏度

4.5.4.1 自动操舵灵敏度值应不大于0.5°航向。

4.5.4.2 随动操舵灵敏度值应不大于1°给定舵角。

4.5.5 随动误差

随动操舵时，在规定操舵范围内，舵角复示值与给定舵角值之间的差值不应大于1°。

4.5.6 舵角指示误差

舵角指示误差应不大于1°舵角，零位误差应不大于0.5°舵角。

4.5.7 航向稳定度

自动操舵航行在经济航速时，经过适当调整各参数后应满足下列稳定度要求：

a) 在0～3级海况时，船舶航向稳定度不大于1°；

b) 在4～5级海况时，船舶航向稳定度不大于3°。

4.6 接口

与其他设备连接的接口应符合IEC 61162-1的要求。

4.7 环境适应性

操舵仪应能在下列环境条件下正常工作：

a) 环境温度

安装在舱室内的仪器为－15 ℃～55 ℃；

安装在舱室外及无保温措施的甲板上的仪器为－25 ℃～70 ℃。

b) 湿热

温度为40 ℃±3 ℃；

湿度为93%±3%。

c) 倾斜

横倾±22.5°；

纵倾±10°。

d) 摇摆

横摇±22.5°，周期10 s；

纵摇±10°，周期6 s。

e) 振动

操舵仪振动应符合IEC 60945:2002相关条款的要求。

f) 盐雾

操舵仪周围空气含有盐雾。

g) 外壳防护

安装在驾驶室、舵机舱的装置应符合GB 4208的IP23的要求。

4.8 电磁兼容性

操舵仪电磁兼容性应符合IEC 60945:2002相关条款的要求。

4.9 安全性

4.9.1 操舵仪各分装置的外壳应有可靠接地措施，并有明显接地标志，当电源端不接地时，对设备的外露导电部件应采取保护接地。

4.9.2 操舵仪的结构设计应具有防止无意接近设备内部的危险电压的措施，并应在设备内部设置明显的大于50 V电压(直流或交流电压合成的瞬时电压)的警告标志。

4.9.3 设备的位置安排应使工作人员在操作、保养、维护、修理或调整过程中，尽量避免危险，例如高压电、电磁辐射等。

4.10 噪声

操舵仪工作时产生的噪声功率峰值，对安装于驾驶室的组成部分应不超过60 dB(A)，对安装于舵机舱的组成部分应不超过75 dB(A)。

4.11 安全距离

操舵仪各分装置对磁罗经的最小安全距离应符合CB/T 3973—2005的要求。

4.12 介电强度

在正常大气压条件下，操舵仪各装置应能承受与下列条件相应的介电强度试验 1 min，而无击穿、闪烁现象。

当额定电压不大于 60 V 时，试验电压为 500 V；

当额定电压大于 60 V 时，试验电压为 2 000 V。

4.13 绝缘电阻

在正常大气压条件下，操舵仪系统的热态绝缘电阻应不低于 2 MΩ（冷态绝缘电阻由产品技术条件规定）。各组成部分的冷态绝缘电阻不应低于 10 MΩ。

5 试验方法

5.1 外观

目测检查操舵仪外观的符合性。结果应符合 4.1、4.2 的规定。

5.2 操舵控制装置

操作检验操舵控制装置的符合性。结果应符合 4.3.1 的规定。

5.3 双套操舵选择

操作检验双套操舵选择的符合性。结果应符合 4.3.2 的规定。

5.4 操舵方式

操作检验操舵方式的符合性。结果应符合 4.3.3 的规定。

5.5 参数调节装置

操作检验参数调节装置的符合性。结果应符合 4.3.4 的规定。

5.6 电源控制

操作检验电源控制的符合性。结果应符合 4.3.5 的规定。

5.7 报警装置

人为的设置所需要的报警状态，使报警装置处于“工作”、“消音”位置，结果应符合 4.3.6 的要求。

5.8 电源变化

选择合适的电源使操舵仪处于自动操舵或随动操舵工作状态，按表 1 所列 3 种条件下各运行 5 min，试验过程中操舵灵敏度应符合 4.5.4 规定，操舵系统工作正常，报警系统工作正常。结果应符合 4.5.1 的规定。

5.9 转舵范围

操作和目测检验电源控制的符合性。结果应符合 4.5.2 的规定。

5.10 平均转舵速度

转动舵轮，测记舵叶从一舷 30°连续转至另一舷满舵所需时间，3 次所测记时间的平均值与舵叶转过的角度之商值即为转舵速度。结果应符合 4.5.3 的规定。

5.11 操舵灵敏度

5.11.1 自动操舵灵敏度

将航向模拟装置（专用测试设备）与操舵仪连接，操舵仪处于自动操舵工作状态，断开其他控制信号，由航向模拟装置给出航向信号，向左或向右缓慢转动航向模拟装置，直至操舵仪末级元件动作，记录航向刻度值，然后反向转动航向模拟装置，直至操舵仪末级元件反向动作，记录航向刻度值，两航向刻度值之差的一半应符合 4.5.4.1 的规定。

5.11.2 随动操舵灵敏度

操舵仪处于随动操舵状态，向左或向右转动舵轮或旋钮，使操舵仪末级元件动作，记录给定舵角值，再反向转动舵轮或旋钮，使操舵仪末级元件动作，记录给定舵角值。两给定舵角间隔值的一半应符合 4.5.4.2 的规定。

5.12 随动误差

在随动状态下，转动舵轮或旋钮，给出 0°，±5°，±10°，±20°，±30°舵令，观察舵轮或旋钮在上述位置时舵角反馈值与上述指令值之差。结果应符合 4.5.5 的规定。

5.13 舵角指示误差

操舵仪随动工作状态下，转动舵轮（或旋钮），给出 0°、±5°、±10°、±20°、±30°舵令，观察舵轮（或旋钮）在上述位置时舵角指示器示值与实际舵角之差。结果应符合 4.5.6 的规定。

5.14 航向稳定度

5.14.1 船舶以经济航速航行，操舵仪处在自动操舵工作状态。

5.14.2 在 0～3 级和 4～5 级海况，航向稳定状态下，由 X-Y 自动记录仪分别记下船舶在顶浪、顺浪、旁侧浪航行时的航向变化曲线，时间每次不小于 10 min，则航向稳定度应为上述的航向变化曲线与稳定航向的直线所围成面积之和除以测试时间。

5.14.3 若不具备 X-Y 自动记录仪，可按下列方法进行测试，即定时（如 5 s）测记航向值（15～20）min，按公式(1)和公式(2)计算：

$$\delta=\sqrt{\left(\sum_{i=1}^{n}\varphi_i^{\,2}-n\bar{\varphi}^2\right)/n} \qquad \cdots\cdots(1)$$

$$\bar{\varphi}=\left(\sum_{i=1}^{n}\varphi_i\right)/n \qquad \cdots\cdots(2)$$

式中：

δ——航向稳定度；

n——测记次数；

φ_i——第 i 次测记的航向值。

5.14.4 结果应符合 4.5.7 的规定。

5.15 接口

在操舵仪与船舶导航系统（或专用模拟装置）进行通讯时，读取操舵仪的通讯数据和相应的导航系统（或专用模拟装置）的数据，结果应符合 4.6 的规定。

5.16 温度

5.16.1 高温

按 IEC 60945:2002 中 8.2.2 的规定进行高温试验。结果应符合 4.2 和 4.7a)的规定。

5.16.2 低温

按 IEC 60945:2002 中 8.4.2 的规定进行低温试验。结果应符合 4.2 和 4.7a)的规定。

5.17 湿热

按 IEC 60945:2002 中 8.3 的规定进行湿热试验。结果应符合 4.2 、4.7b)和 4.13 的规定。

5.18 倾斜和摇摆

5.18.1 将操舵仪中各装置按实际安装方式，单独或全部安装在摇摆台上，装置处于自动工作状态，横倾 22.5°，纵倾 10°，试验 30 min。

5.18.2 将操舵仪中各装置按实际安装方式，单独或全部安装在摇摆台上，装置处于通电工作状态，横摇±22.5°，周期 10 s；纵摇±10°，周期 6 s，各试验 10 min。

5.18.3 结果应符合 4.7c)和 4.7d)的规定，并不应有误动作和出现功能变化的工作情况。

5.19 振动

按 IEC 60945:2002 中 8.7 的规定进行振动试验，结果应符合 4.2 和 4.7e)的规定。

5.20 盐雾

按 IEC 60945:2002 中 8.12 的规定进行盐雾试验。结果应符合 4.7f)的规定。

5.21 外壳防护

安装在驾驶室、舵机舱的装置按 GB 4208 中 IP23 的规定进行外壳防护试验。结果应符合 4.7g)的规定。

5.22 电磁兼容性

按 IEC 60945:2002 中 9.2、9.3 和第 10 章的规定进行电磁兼容性试验。结果应符合 4.8 的规定。

5.23 安全性

目测和操作检验安全性的符合性。结果应符合 4.9 的规定。

5.24 噪声

按 IEC 60945:2002 中 11.1.2 的规定进行噪声检查。结果应符合 4.10 的规定。

5.25 安全距离

按 CB/T 3973—2005 中 5.2 的规定进行安全距离检查。结果应符合 4.11 的规定。

5.26 介电强度

试验电源的频率为 45 Hz～62 Hz 之间任一频率，功率不小于 0.5 kVA。将被试仪器的旁路电容、印制线路板、半导体等低压元件及主罗经断开后，将所有载流部分用裸导线连接好，在载流部件与壳体之间施加试验电压。试验起始电压为 250 V，对额定电压高于 60 V 的装置将电压升到 2 000 V；对额定电压低于等于 60 V 的装置将电压升到 500 V，在此值保持 1 min 后，断开试验电源。结果应符合 4.12 的规定。

5.27 绝缘电阻

分别将操舵仪所属各装置、所有载流部分用裸导线连起来，用 500 V 兆欧表测量载流部分与壳体的绝缘电阻。结果应符合 4.13 的规定。

5.28 系泊试验

系泊试验在操舵仪装船后进行。

试验按 4.1、4.2、4.3、4.5.1、4.5.2、4.5.3、4.5.4、4.5.5、4.5.6 和 4.11 的要求及相应的试验方法进行。

5.29 航行试验

操舵仪经系泊试验合格后，按 4.5.7 的要求和 5.14 的试验方法进行航行试验。

6 检验规则

6.1 检验分类

操舵仪的检验分型式检验、出厂检验。

6.2 型式检验

6.2.1 检验项目

型式检验项目按表 2 进行。

6.2.2 检验周期

型式检验在下列情况之一下进行：

a) 新产品试制时；

b) 当设计、工艺和材料的改变影响主要性能时；

c) 当成批生产的年产量大于 25 套或累计生产 80 套时。

6.2.3 抽样方案与合格判据

6.2.3.1 提交型式检验的操舵仪，应从出厂检验合格的产品中任意抽取 1 套，所有检验项目均符合要求，判操舵仪型式检验合格。在检验过程中若某项不合格，应查明原因，故障排除后，重新进行该项检验及与该项有关的项目检验，检验合格后再继续进行其余项目的检验，若复验所有检验项目均符合要求，仍判操舵仪型式检验合格，若仍有不符合要求的项目，则判操舵仪型式检验不合格。如果故障不能排除，则抽取加倍数量的操舵仪，重新进行该项检验及与该项检验有关的项目检验。对加倍抽取数量中的一台仪器做其他项目的检验，若复验所有检验项目均符合要求，仍判操舵仪型式检验合格，若仍有不符合要求的项目，则判操舵仪型式检验不合格。

表 2　检验项目和顺序

序号	检验项目	检验类别		要求章条号	检验方法章条号
		型式检验	出厂检验		
1	外观	●	●	4.1、4.2	5.1
2	操舵控制装置	●	●	4.3.1	5.2
3	双套操舵选择	●	●	4.3.2	5.3
4	操舵方式	●	●	4.3.3	5.4
5	参数调节	●	●	4.3.4	5.5
6	电源控制	●	●	4.3.5	5.6
7	报警装置	●	●	4.3.6	5.7
8	电源变化	●	●	4.5.1	5.8
9	转舵范围	●	●	4.5.2	5.9
10	平均转舵速度	●	●	4.5.3	5.10
11	操舵灵敏度	●	●	4.5.4	5.11
12	随动误差	●	●	4.5.5	5.12
13	舵角指示误差	●	●	4.5.6	5.13
14	航向稳定度	—	—	4.5.7	5.14
15	接口	●	●	4.6	5.15
16	温度	●	—	4.2、4.7a)	5.16
17	湿热	●	—	4.2、4.7b)、4.13	5.17
18	倾斜、摇摆	●	—	4.7c)、4.7d)	5.18
19	振动	●	—	4.2、4.7e)	5.19
20	盐雾	●	—	4.7f)	5.20
21	外壳防护	●	—	4.7g)	5.21
22	电磁兼容性	●	—	4.8	5.22
23	安全性	●	●	4.9	5.23
24	噪声	●	—	4.10	5.24
25	安全距离	—	—	4.11	5.25
26	介电强度	●	●	4.12	5.26
27	绝缘电阻	●	●	4.13	5.27
注：●为必检项目；—为不检项目。					

6.2.3.2　在同一系列产品中，允许挑选其中有代表性的一个型号的产品做型式检验，合格后就认为该系列产品的型式检验合格。

6.3 出厂检验

6.3.1 检验条件

出厂检验由制造厂产品质量检验部门和船检部门共同进行。提交检验的产品应按产品技术文件所规定的程序调试好，并附有相应的调试记录。

6.3.2 检验项目

出厂检验项目按表 2 进行。

6.3.3 检验数量

出厂检验为逐套产品检验。

6.3.4 合格判据

出厂检验项目全部符合要求时，判定产品出厂检验合格。检验中若有不符合要求的项目，在排除故障后，复验可只检验与维修、换件有关的项目和未进行的项目。复验符合要求，仍可判定产品为合格。若复验仍有不符合要求的项目，则判定该产品出厂检验不合格。

7 标志、包装、贮存

7.1 标志

7.1.1 操舵仪应在主操纵台明显位置固定包括下列内容的耐久、滞燃的标志：

a) 制造厂名；
b) 产品名称；
c) 商标；
d) 产品型号；
e) 制造日期或出厂编号；
f) 产品重量；
g) 船检标记；
h) 与磁罗经的安全距离(安装在驾驶室中的组成部分)。

7.1.2 操舵仪主操纵台以外各组成部分应在易见部位装贴仪器名称标牌，所有标牌及铭牌应符合 GB/T 13306 的规定。

7.1.3 操舵仪应具有以下包装标志：

a) 制造厂名；
b) 产品名称；
c) 产品型号；
d) 包装箱外形尺寸和毛重量；
e) 收发货单位的名称及地址；
f) 应具有“防潮”、“小心轻放”、“不可倒置”等警示语或图形，且应符合 GB/T 191 的规定。

7.2 包装

操舵仪的包装应符合 GB/T 13384 的规定。

制造厂对每套操舵仪应提供产品合格证明书、产品说明书、履历簿、装箱单、工具备件清单、安装图及其他有关的技术资料。

7.3 贮存

操舵仪应存放在环境温度－5 ℃～35 ℃，相对湿度不大于 75%，清洁、通风良好的库房内，空气中不应含有腐蚀性气体，当贮存时间超过 1 年时，应每隔 6 个月通电 1 次。

ICS 47.020.20
U 47

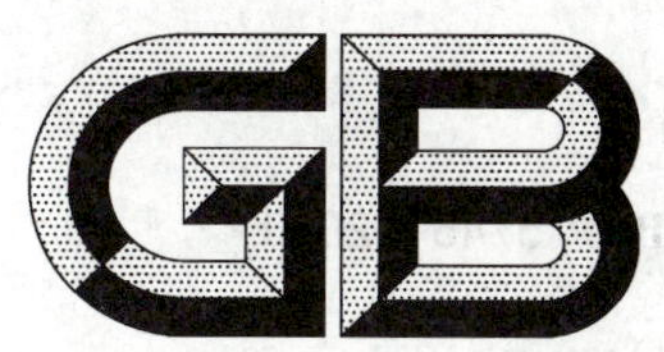

中华人民共和国国家标准

GB/T 5745—2010
代替 GB/T 5745—2002

船用碟式分离机

Marine disc separator

2010-09-02 发布　　　　2010-12-01 实施

中华人民共和国国家质量监督检验检疫总局
中国国家标准化管理委员会　发布

前　言

本标准是对 GB/T 5745—2002《船用碟式分离机》的修订。

本标准与 GB/T 5745—2002 相比，主要变化如下：

——修改了原标准中的基本参数表；

——修改了分离机型号的规定；

——修改了检验项目表；

——增加了对分离机超速的内容(5.5.9)；

——增加了对分离机工作电流的要求(5.1.4.2)；

——增加了对分离机转鼓体、转鼓盖、主锁环、立轴等强度计算要求(5.1.2.10)；

——增加了对分离机起吊装置的要求(5.1.2.11)；

——增加了连续运载试验中的检查项目；

——修改“附录 A　各种矿物油的分离条件和实际处理量”为资料性附录，并对表 A.1 进行了修改。

本标准的附录 B 为规范性附录，附录 A 和附录 C 为资料性附录。

本标准由中国船舶工业集团公司提出。

本标准由全国船用机械标准化技术委员会(SAC/TC 137)归口。

本标准起草单位：南京中船绿洲机器有限公司、中国船舶工业综合技术经济研究院。

本标准主要起草人：赖栋、王友强、张晓群、汪远、金振华、卢新华。

本标准所替代标准的历次版本发布情况为：

——GB 5745—1985、GB/T 5745—1996、GB/T 5745—2002；

——CB 107—1960；

——CB 761—1968、CB 761—1979。

船用碟式分离机

1 范围

本标准规定了船用碟式分离机(以下简称“分离机”)的分类、要求、试验方法、检验规则以及标志、包装、运输和贮存等。

本标准适用于船上清除矿物油(燃料油和润滑油)中水分和机械杂质的分离机的设计、制造和验收。

陆上用来清除矿物油中水分和机械杂质的分离机的设计、制造和验收也可参照本标准。

2 规范性引用文件

下列文件中的条款通过本标准的引用而成为本标准的条款。凡是注日期的引用文件,其随后所有的修改单(不包括勘误的内容)或修订版均不适用于本标准,然而,鼓励根据本标准达成协议的各方研究是否可使用这些文件的最新版本。凡是不注日期的引用文件,其最新版本适用于本标准。

GB/T 191 包装储运图示标志(GB/T 191—2008,ISO 780:1997,MOD)

GB 252 轻柴油

GB/T 260 石油产品水分测定法

GB/T 265 石油产品运动粘度测定法和动力粘度计算法

GB/T 511 石油和石油产品及添加剂机械杂质测定法(GB/T 511—2010,GOST 6370-1983:1997,MOD)

GB/T 699 优质碳素结构钢

GB/T 1173 铸造铝合金(GB/T 1173—1995,neq ASTM B26:1992)

GB/T 1176 铸造铜合金技术条件(GB/T 1176—1987,neq ISO 1338:1977)

GB/T 1220 不锈钢棒

GB/T 1348 球墨铸铁件(GB/T 1348—2009,ISO 1083:2004,Spheroidal graphite cast irons—Classification,MOD)

GB/T 1884 原油和液体石油产品密度实验室测定法(密度计法)(GB/T 1884—2000,eqv ISO 3675:1998)

GB/T 2100 一般用途耐蚀钢铸件(GB/T 2100—2002,eqv ISO 11972:1998)

GB/T 3077 合金结构钢(GB/T 3077—1999,neq DIN EN 10083-1:1991)

GB/T 4774 分离机械 名词术语

GB/T 6388 运输包装收发货标志

GB/T 7060 船用旋转电机基本技术要求

GB/T 9439 灰铸铁件(GB/T 9439—2010,ISO 185:2005,MOD)

GB/T 10894 分离机械 噪声测试方法(GB/T 10894—2004,ISO 3744:1994,NEQ)

GB/T 10895 离心机 分离机 机械振动测试方法(GB/T 10895—2004,ISO 10816-1:1995,NEQ)

GB/T 13306 标牌

GB/T 13384　机电产品包装通用技术条件

GB 19814　分离机　安全要求

CB/T 773　结构钢锻件技术条件

JB/T 7217　分离机械　涂装通用技术条件

JB/T 9095　离心机、分离机锻焊件常规无损检测

JB/T 10411　离心机、分离机奥氏体钢锻件超声检测及质量评级

YB/T 5318　合金弹簧钢丝

3　术语和定义

GB/T 4774 确立的以及下列术语和定义适用于本标准。

3.1

额定转速　rated speed

设计规定的分离机转鼓每分钟的回转数，单位为转每分(r/min)。

3.2

额定工况　rated conditions

分离机在额定转速、净油排出压力为额定压力下，对温度不大于 60 ℃、黏度不大于 24 mm^2/s(40 ℃)、无乳化倾向的油料进行分离时的运行工况。

3.3

净化型转鼓　purifier bowl

用于液-液或液-液-固(微量)分离的分离机转鼓。

3.4

澄清型转鼓　clarifier bowl

用于液-固分离的分离机转鼓。

3.5

额定处理量　rated capacity

分离机在额定工况下，每小时的处理量，单位为升每小时(L/h)。

3.6

实际处理量　actual capacity

分离机在额定转速下，不同矿物油在相应分离条件下每小时的处理量，单位为升每小时(L/h)。

3.7

正常工作　normal operation

分离机在规定的工作条件下，其性能参数变化均在预定范围内的工作状态。

4　分类

4.1　结构型式

分离机按转鼓排渣结构分为以下三种型式(参见图 1)：

a)　DR 型——碟式人工排渣型，分离机须停止运行，人工排除转鼓内全部淤渣、水和油；

b)　DH 型——碟式全部排渣型，分离机运行中停止进油，自动排除转鼓内全部淤渣、水和油；

c)　DB 型——碟式部分排渣型，分离机运行中不停止进油，自动排除转鼓内淤渣和部分水。

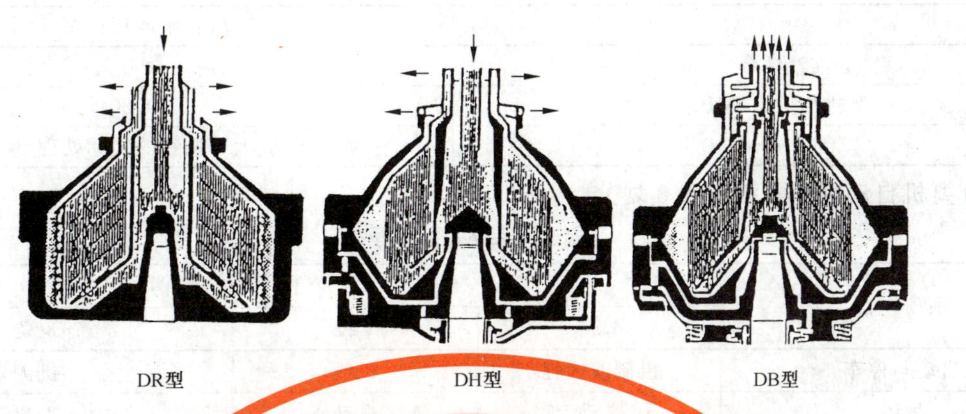

图 1

4.2 基本参数

4.2.1 分离机的基本参数应符合表 1 规定。

表 1 基本参数

型式	转鼓尺寸代号	转鼓工作内径尺寸范围/mm	转鼓转速/(r/min)	额定处理量/(L/h)
DR 型	01	140～200	≥7 500	≥500
	03	212～265	≥6 800	≥1 500
	05	280～335	≥6 300	≥3 000
	07	355～375	≥5 500	≥4 000
	09	400～425	≥5 000	≥5 000
	11	450～475	≥4 800	≥8 000
DH 型	01	140～200	≥7 500	≥500
	03	212～265	≥7 500	≥1 500
	05	280～335	≥6 300	≥3 000
	07	355～375	≥5 500	≥4 000
	09	400～425	≥5 000	≥5 000
	11	450～475	≥4 800	≥8 000
	13	500～530	≥4 500	≥10 000
	15	560～630	≥4 500	≥12 000
DB 型	01	140～200	≥7 500	≥500
	03	212～265	≥7 500	≥1 650
	05	280～335	≥6 300	≥3 300
	07	355～375	≥5 500	≥4 400
	09	400～425	≥5 000	≥5 500
	11	450～475	≥4 800	≥8 800
	13	500～530	≥4 500	≥10 000
	15	560～630	≥4 500	≥12 000

4.2.2 各种矿物油的分离条件和实际处理量参见附录 A。

4.2.3 分离机输油泵(齿轮泵或螺杆泵)可选机带和独立两种型式,输油泵的主要参数应符合表 2 要求。

表2　输油泵的主要参数

参　　数	齿轮泵或螺杆泵
必需汽蚀余量/m	≥4
排出压力/MPa	≥0.20
流量/(m³/h)	应大于油料的实际处理量

4.2.4　分离机自动控制等级按表3划分。

表3　自动控制等级

项　　目		控制等级		
		1级	2级	3级
启动与停车		机侧或远程	机侧	机侧
排渣		自动	自动	人工启动
报警内容	供油不正常	有	有	无
	跑油	有	有	无
	不排渣	有	有	无
	电机过载	有	有	有
	振动异常	有	无	无
监控内容	电流	有	有	有
	温度	有	有	无
	出口压力	有	有	无
	流量	有	无	无

4.3　产品标记

4.3.1　分离机型号规定如下：

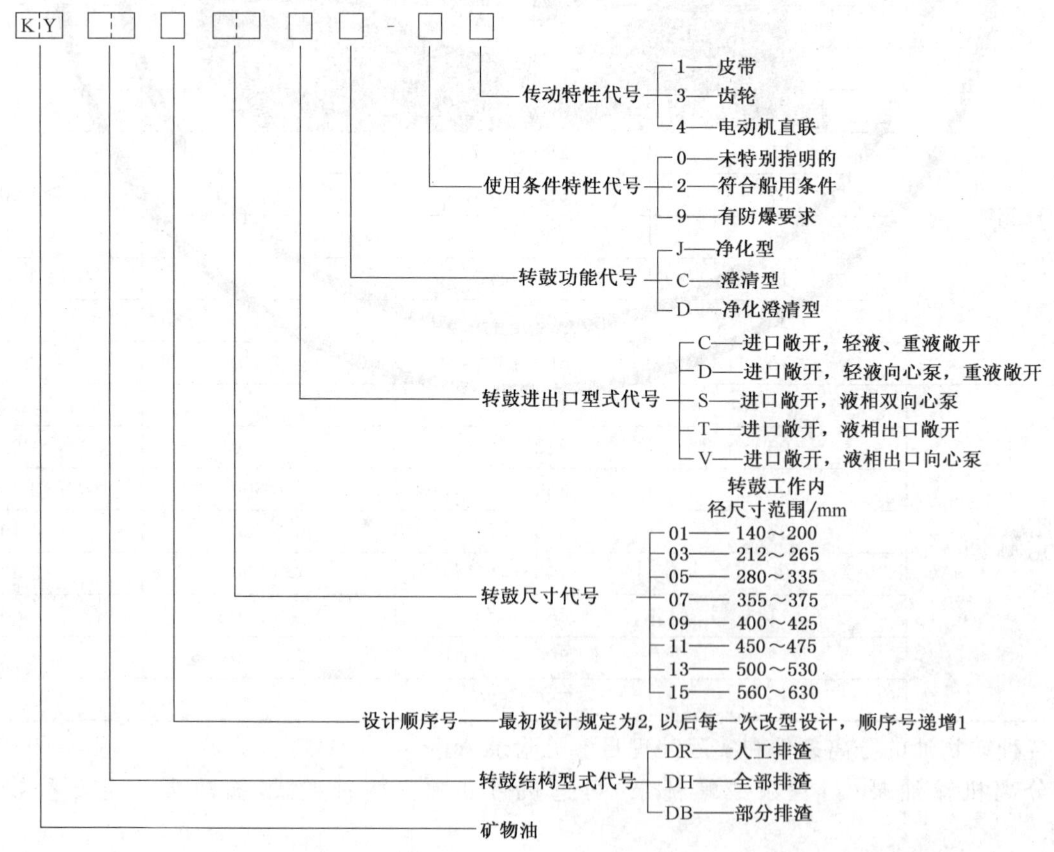

4.3.2 标记示例

用于矿物油分离，第二次设计，净化澄清型转鼓的工作内径400 mm，油料进口敞开，轻重液出口均设向心泵，齿轮传动的船用部分排渣分离机标记为：

分离机 GB/T 5745—2010 KYDB309SD-23。

5 要求

5.1 设计与安全

5.1.1 环境条件

分离机在下述船用环境条件下应能正常运行：

a) 使用环境相对湿度不大于95%；

b) 使用环境温度不大于50 ℃；

c) 使用环境有霉菌和盐雾。

5.1.2 安全

5.1.2.1 分离机配套电动机和独立油泵应在明显位置设置旋转方向标记。

5.1.2.2 分离机润滑油油箱应设有油位观察装置或油位指示器。

5.1.2.3 分离机转鼓部件中受载零件的连接螺纹旋紧方向应与转鼓旋转方向相反。

5.1.2.4 分离机应设有制动装置。

5.1.2.5 分离机的配套电动机应符合GB/T 7060的规定。

5.1.2.6 分离机的配套电控设备应符合有关国家标准的规定和有关船级社规范。

5.1.2.7 分离机配套的电动机和电控设备均应有可靠的接地装置。

5.1.2.8 分离机外露传动部件应设有防护装置。

5.1.2.9 分离机应有防止分离后的液体或水分渗入润滑油油箱的措施。

5.1.2.10 分离机转鼓体、转鼓盖、主锁环、立轴应经强度计算并经超速试验进行校核。

5.1.2.11 分离机应设有起吊用的吊索装置。

5.1.2.12 分离机的其他安全要求应符合GB 19814的规定。

5.1.3 工艺

5.1.3.1 分离机转鼓体、转鼓盖、主锁环和立轴等主要零件应经无损探伤检查，并应符合JB/T 9095和JB/T 10411的规定，缺陷不允许焊补。

5.1.3.2 分离机转鼓体、转鼓盖、主锁环和立轴等主要零件最终热处理后的机械性能应符合设计规定。

5.1.3.3 分离机转鼓体与立轴采用圆锥面周向固定方式连接时，其配合锥面分别与量规的贴合面积应大于80%。

5.1.3.4 分离机转鼓部件都应进行动平衡校验，校验精度为G6.3级，动平衡许用不平衡度按附录B确定。

5.1.3.5 分离机转鼓部件动平衡最大总衡量(去重或加重总量)应符合下列规定：

a) 总质量不大于100 kg的转鼓部件，动平衡最大总衡量应不大于1/800的转鼓总质量；

b) 总质量大于100 kg小于等于300 kg的转鼓部件，动平衡最大总衡量应不大于1/1 000的转鼓总质量；

c) 总质量大于300 kg小于等于600 kg的转鼓部件，动平衡最大总衡量应不大于1/1 500的转鼓总质量；

d) 总质量大于600 kg的转鼓部件，动平衡最大总衡量应不大于1/2 000的转鼓总质量。

当最大总衡量超过上述规定时应检查和修正转鼓的有关零件。

5.1.3.6 分离机转鼓部件动平衡的不平衡量值的校正采用去重或加重法，去重或加重不得超过2处。去重处应光滑无锐边。

5.1.4 其他

5.1.4.1 正常使用情况下，扣除易损件的更换时间，分离机的平均无故障工作时间应不少于7 000 h。

5.1.4.2 启动电流和最大电流值应符合设计规定要求。

5.2 外观

分离机表面不应有明显的凹凸缺陷。分离机涂装表面要求应符合JB/T 7217的规定。

5.3 材料

5.3.1 分离机转鼓体、转鼓盖、主锁环和立轴等主要零件的力学性能和化学成分应符合GB/T 1220或CB/T 773的规定。

5.3.2 分离机其他零件的材料应符合以下规定或采用性能不低于下述规定的其他材料：

a) 灰铸铁件应符合GB/T 9439的规定；

b) 球墨铸铁件应符合GB/T 1348的规定；

c) 铸铝件应符合GB/T 1173的规定；

d) 铸铜件应符合GB/T 1176的规定；

e) 不锈钢铸件应符合GB/T 2100的规定；

f) 结构钢件应符合GB/T 699或GB/T 3077的规定，不锈钢件应符合GB/T 1220的规定；

g) 重要弹簧件应符合YB/T 5318的规定。

5.4 摇摆

分离机在下述摇摆条件下应能正常运行：

a) 横倾±15°；

b) 纵倾±5°；

c) 横摇±22.5°，周期10 s～12 s；

d) 纵摇±7.5°，周期10 s～12 s。

注：当分离机含水平轴系时，分离机水平轴系轴线平行于船舶舯线，立轴垂直于水平面安装。

5.5 性能

5.5.1 分离机在运行过程中(包括启动和停车)，旋转零件与静止零件不应碰擦。

5.5.2 分离机在额定工况下，当油中水分含量的体积百分数(V/V)不大于2%，机械杂质含量的质量百分数(m/m)不大于0.1%时，净化型转鼓或净化澄清型转鼓一次分离后，净油中的水分含量的体积百分数和机械杂质含量的质量百分数应分别降至0.3%和0.03%；澄清型转鼓一次分离后，只对机械杂质进行考核，净油中的机械杂质含量的质量百分数应降至0.03%。

5.5.3 分离机在额定工况下运行时，其润滑油箱内润滑油的最高温度应不大于85 ℃，且温升不大于50 ℃。

5.5.4 分离机在额定工况下运行时，转鼓转速应不小于额定转速的97%。

5.5.5 分离机在额定工况下运行时，其振动烈度应不大于4.5 mm/s。

5.5.6 分离机在额定工况下运行时，其噪声值(声压级)应符合以下规定：

a) DR型分离机不大于A计权声压级85 dB；

b) DH型、DB型分离机不大于A计权声压级90 dB。

5.5.7 运行中，分离机各密封处不应有泄漏现象。

5.5.8 分离机配套的自动控制系统动作应准确无误。

5.5.9 分离机在经过115%的额定转速工况后，转鼓体、转鼓盖、主锁环等零件不应出现裂纹等缺陷和残余变形。

6 试验方法

6.1 试验介质

6.1.1 供试验用的油料应为符合GB 252规定的0号轻柴油和表4规定的无乳化倾向润滑油，或按合同规定的其他燃料油，超速、倾斜、摇摆试验时试验介质为清洁淡水。

表4 润滑油参数

运动黏度/(mm^2/s)(100 ℃)	外观目测	黏度指数	残炭/%
9.3～16.3	透明	≥75	≤0.15

6.1.2 试验添加物为清洁淡水和经200号筛筛分过的活性碳粉。

6.2 试验装置

6.2.1 试验应在专门的试验装置上进行，试验系统参见附录C。

6.2.2 试验测量用仪器、仪表须经计量部门鉴定合格，其精度应符合试验准确度要求。

6.2.3 供试验用的电动机应使用分离机原配装电动机。

6.2.4 分离机机带输油泵的试验应单独进行，其主要参数应符合4.2.3的规定；独立输油泵应具备出厂质量合格证。

6.3 外观检查

目测检查分离机外观。结果应符合5.2的要求。

6.4 材料

检查分离机所用材料的材质证明。结果应符合5.3的要求。

6.5 倾斜试验

倾斜试验在额定转速下进行，试验时通入一定量的清洁淡水，各状态的试验时间不少于15 min。结果应符合5.4的要求。

6.6 摇摆试验

摇摆试验在额定转速下进行，试验时通入一定量的清洁淡水，各状态的试验时间不少于15 min。结果应符合5.4的要求。

6.7 启动与停车试验

空载启动分离机，观察启动过程是否正常，测定并记录分离机由启动至额定转速的时间和启动过程中的最大电流值。试验过程中观察分离机启动过程工况。结果应符合5.5.1的要求，启动时间和最大电流值应符合5.1.4.2的要求。

当分离机达到额定转速后，切断电源，不使用刹车，观察分离机自由停车过程。结果应符合5.5.1的要求。

6.8 运转试验

6.8.1 运转试验时的试验油料为符合GB 252的0号轻柴油，试验在常温下进行。

6.8.2 在额定工况下进行试验。连续试验时间应不少于2 h，净化澄清型转鼓还应进行0.5 h的澄清试验。DH型、DB型分离机在试验中每隔0.5 h排渣一次。

6.8.3 试验稳定运行1 h后测量电压、电流、转鼓转速(或测速器转数)、出口压力、处理量、分离油温、润滑油油箱油温及环境温度，DB型分离机还应测定一次部分排渣量。结果应符合4.2.1、5.5.3和5.5.4的要求。

6.8.4 配备自动控制系统的分离机应按表3自动控制等级进行联调。结果应符合5.5.8的要求。

6.8.5 试验过程中，检查分离机各密封处有无泄漏现象。结果应符合5.5.7的要求。

6.9 振动测定

分离机的振动应在运转试验稳定运行1 h后，按GB/T 10895的规定测定。结果应符合5.5.5的要求。

6.10 噪声测定

分离机的噪声应在连续运转试验时按GB/T 10894的规定测定，DH型、DB型分离机测定时应将排渣管口封闭。结果应符合5.5.6的要求。

6.11 超速试验

6.11.1 超速试验应在有可靠安全保护措施的场所进行。

6.11.2 试验时转鼓内注满清洁淡水，按额定转速的115%进行，试验时间不少于10 min。

6.11.3 试验前应对转鼓体、转鼓盖、主锁环等零件进行无损探伤和尺寸测量，每个被测零件应测量两组实际尺寸，并在测量位置作好明显标记。试验后应对上述被测零件再次进行无损探伤和在原测点进行尺寸测量。

6.11.4 试验结果应符合5.1.3.1和5.5.9的要求。

6.12 分离性能试验

6.12.1 分离性能试验时分离机在额定转速下按以下条件进行：

a) 试验油料：符合6.1.1规定的润滑油或按合同规定的燃料油；

b) 试验添加物配制比例：水分含量的体积百分数为1.8%～2.2%，机械杂质的质量百分数为0.08%～0.12%，燃料油原则上不加添加物或按合同规定；

c) 处理量：按附录A中表A.1或按合同的规定；

d) 分离温度：85 ℃～95 ℃或按合同规定；

e) 净油排出压力：额定压力。

6.12.2 试验前应按GB/T 265、GB/T 1884、GB/T 260和GB/T 511的规定分别测定试验油料的黏度、密度、含水量和含杂量。

6.12.3 将清洁淡水和机械杂质按6.12.1 b)的配制比例加入到试验油料中，启动搅拌器使其充分混合，并将试验油料加热到所需分离温度。

6.12.4 待分离机运行参数符合6.12.1 c)和6.12.1 e)的要求，稳定运行15 min后，开始从分离机油料进口及净油出口的取样处取第一组对比油样，以后每隔10 min取样一组，共取样三组。

6.12.5 对比油样水分和机械杂质含量的测定按GB/T 260和GB/T 511进行。

6.12.6 分离机处理量用容积法或经校验的流量计测定，计量时间不少于1 min。

6.12.7 结果应符合5.5.2的要求。

6.13 连续运转试验

6.13.1 试验按6.8规定的方法进行，累计时间300 h，每隔2 h按6.8.3的内容测定一次数据。DH型分离机每隔2 h排渣一次，DB型分离机每隔0.5 h排渣一次。

6.13.2 试验过程中分离机运行应正常，按6.8.3内容测定的数据应分别符合4.2.1、5.5.3和5.5.4的要求。如发生下列情况应视此项试验无效：

a) 轴承损坏；

b) 振动异常或振动烈度持续大于4.5 mm/s；

c) 润滑油油箱润滑油温度超过85 ℃，或温升超过50 ℃；

d) 齿轮损坏或皮带断裂；

e) DH型、DB型密封及排渣动作失效。

6.13.3 试验过程中，检查分离机各密封处有无泄漏现象。结果应符合5.5.7的要求。

6.13.4 试验过程中，检查分离机自动控制系统的动作情况。结果应符合5.5.8的要求。

6.13.5 试验过程中除6.13.2规定的情况外，出现的其他故障允许排除后继续试验，已运行时间有效。

6.14 拆机

完成全部试验项目后应作拆机检验，检查下列零部件的完好性：

a) 传动部分包括大螺旋齿轮磨损量或皮带是否完好；

b) 立轴系和水平轴系的轴承有无异常；

c) 传动系统中各润滑点的润滑情况有无异常；

d) 弹簧使用情况有无异常；

e） 橡胶密封件有无剪切、变形及老化情况。

7 检验规则

7.1 检验分类

分离机的检验分型式检验和出厂检验两类。

7.2 型式检验

7.2.1 有下列情况之一时，应进行型式检验：

a） 新产品或老产品转厂生产时的试制定型鉴定；

b） 正式生产后，如结构、材料、工艺有较大改变，可能影响产品性能时；

c） 长期停产恢复生产时；

d） 国家质量监督机构提出进行型式检验要求时。

7.2.2 型式检验项目按表5要求进行。

7.2.3 型式试验样品为一台。

7.2.4 分离机全部检验项目符合要求，判定为型式检验合格。若有不符合要求的项目，应加倍取样复验。复验全部符合要求，仍判分离机型式检验合格；若复验仍有不符合要求的项目，则判定型式检验不合格。

表5 检验项目表

序号	试验项目	型式检验	出厂检验	要　求	试验方法
1	外观	√	√	5.2	6.3
2	材料	√	√	5.3	6.4
3	倾斜试验	√	—	5.4	6.5
4	摇摆试验	√	—	5.4	6.6
5	启动与停车试验	√	√	5.1.4.2、5.5.1	6.7
6	运转试验	√	√	4.2.1、5.5.3、5.5.4、5.5.7、5.5.8	6.8
7	振动测定	√	√	5.5.5	6.9
8	噪声测定	√	—	5.5.6	6.10
9	超速试验	√	—	5.1.3.1、5.5.9	6.11
10	分离性能试验	√	—	5.5.2	6.12
11	连续运转试验	√	—	4.2.1、5.5.3、5.5.4、5.5.5、5.5.7、5.5.8	6.13
12	拆机检验	√	—		6.14
注：√必检项目；—不检项目。					

7.3 出厂检验

7.3.1 分离机应逐台进行出厂检验。

7.3.2 出厂检验项目按表5要求进行。

7.3.3 分离机全部检验项目符合要求，判定为出厂检验合格。若有不符合要求的项目，则应在采取措施后进行复验。复验全部符合要求，仍判分离机出厂检验合格；若复验仍有不符合要求的项目，则判定该台分离机出厂检验不合格。

8 标志、包装、运输和贮存

8.1 标志

8.1.1 分离机的明显部位应设置符合GB/T 13306规定的铜质铭牌，内容应包括：

a） 产品型号及名称；

b） 电制；

c） 制造厂名；

d） 整机质量；

e） 出厂编号；

f） 制造日期(年、月)。

8.1.2 在分离物料进出口位置应设有表示介质流向的标牌，DH型、DB型分离机的操作部位应设有操作名称标牌。

8.1.3 分离机机架的明显部位应设置船检标记位置。

8.1.4 分离机铭牌文字应为中英文两种文字。

8.2 成套性

8.2.1 供货范围应包括分离机一台(含配套电动机)、备件一套、附件一套、专用工具一套。

8.2.2 分离机随机文件应包括：

a） 产品质量合格证；

b） 船检证书；

c） 产品使用说明书；

d） 备件清单；

e） 附件清单；

f） 专用工具清单；

g） 装箱清单。

8.3 包装

8.3.1 分离机包装前应油封，从制造厂发货日起，油封保证期为一年。

8.3.2 分离机包装应符合GB/T 13384的规定。

8.3.3 分离机包装时，转鼓、专用工具、备件及附件应单独包装，并放在整机包装箱内，加以可靠固定，防止倾倒和移位。

8.3.4 随机文件资料应用塑料口袋封口，放在拆箱时易见的位置。

8.3.5 分离机的收发货标志及贮运作业图示标志应分别符合GB/T 6388和GB/T 191的规定，并应包括以下内容：

a） 收货单位名称和收货站名；

b） 制造厂名称和发货站名；

c） 产品型号及名称；

d） 包装箱内产品台数；

e） 包装箱的外形尺寸；

f） 净重和毛重；

g） 起吊位置、小心轻放、切勿倒置及向上怕湿等字样或图形标志。

8.4 运输

8.4.1 分离机在装运过程中不允许倒置。

8.4.2 运输工具应有遮篷，以免雨水进入机内。

8.5 贮存

包装好的分离机应贮存在相对湿度不大于80%，温度低于40℃，没有腐蚀介质的遮蔽场所。

附　录　A
（资料性附录）
各种矿物油的分离条件和实际处理量

A.1　各种矿物油的分离机条件和实际处理见表 A.1。

表 A.1　各种矿物油的分离条件和实际处理量

油　　品	燃　料　油									润滑油	
	馏分燃料油		残渣燃料油							船用润滑油	汽轮机油
运动黏度/(mm^2/s)	1.9～5.5	5.5～24	60	80	120	180	380	460	600	9.3～16.3	61.2～74.8
	40 ℃		50 ℃							100 ℃	40 ℃
密度/[kg/m^3(20 ℃)]	< 900		900～991							880～900	< 900
分离温度/℃	20	40	75	80	90	98				85～95	75
实际处理量与额定处理量的比值/%	130	100	70～75	60～65	55～60	45～50	35～40	25～30	20～25	30～60	80～85
注：实际处理量与额定处理量的百分数是以额定处理量为 100%时的比值。											

附 录 B
（规范性附录）
分离机转鼓零、部件动平衡的许用不平衡度

B.1 分离机转鼓零、部件动平衡的许用不平衡度用质径积表示，动平衡许用质径积按公式(B.1)确定：

$$M=\frac{G \cdot e}{10} \qquad \cdots\cdots\cdots\cdots (\text{B.1})$$

式中：

M——许用质径积数值，单位为克厘米(g·cm)；

G——零件(或部件)质量数值，单位为千克(kg)；

e——零件(或部件)质心的许用偏心距数值，单位为微米(μm)。

质心许用偏心距按公式(B.2)计算或图B.1确定：

$$e=\frac{1\ 000T}{\omega}=\frac{6\ 300}{\omega} \qquad \cdots\cdots\cdots\cdots (\text{B.2})$$

式中：

T——动平衡精度，对转鼓零、部件，其值取6.3 mm/s；

ω——零件(或部件)回转角速度数值，单位为弧度每秒(rad/s)。

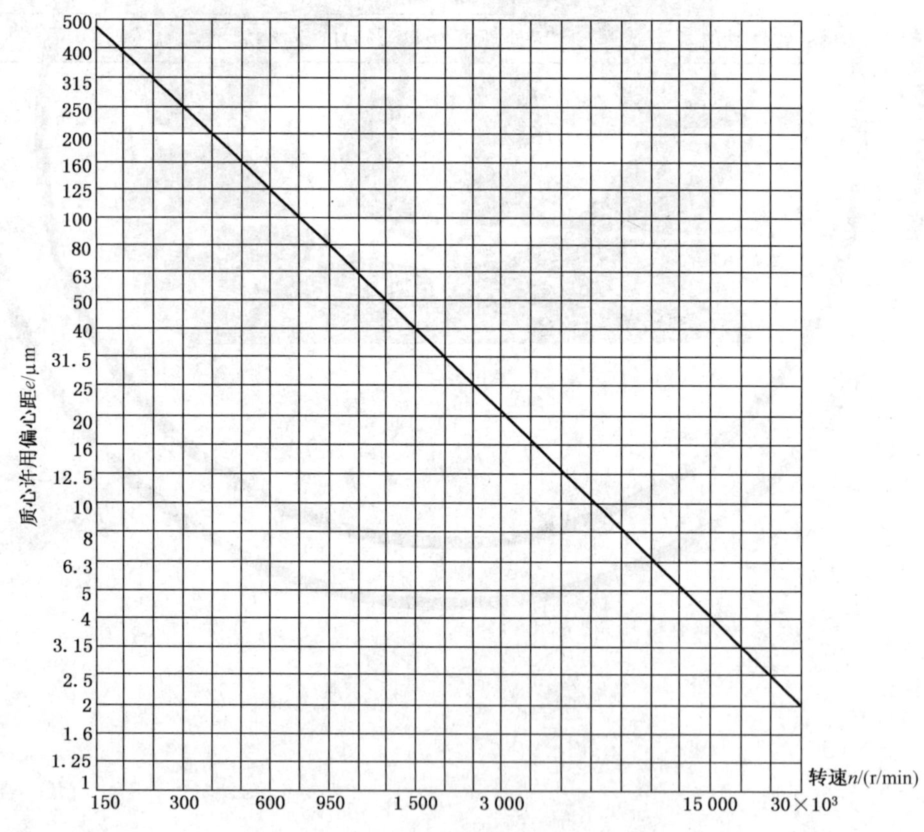

图 B.1 G6.3 时转速 ω 与偏心距 e 关系图

公式(B.1)计算动平衡许用质径积(M)为零、部件质心处的总的许用质径积，应用于实际平衡工艺时应分成两部分，分别计算出两校正平面Ⅰ、Ⅱ处(见图B.2)的许用质径积。该值按公式(B.3)和公式(B.4)计算：

$$M_1 = M\frac{b}{a+b} \quad \cdots\cdots\cdots\cdots (B.3)$$

$$M_2 = M\frac{a}{a+b} \quad \cdots\cdots\cdots\cdots (B.4)$$

式中：

M_1——校正平面Ⅰ上的许用质径积数值，单位为克厘米(g·cm)；

M_2——校正平面Ⅱ上的许用质径积数值，单位为克厘米(g·cm)；

M——零、部件质心处总的许用质径积数值，单位为克厘米(g·cm)；

a——零、部件质心至校正平面Ⅰ的距离数值，单位为厘米(cm)；

b——零、部件质心至校正平面Ⅱ的距离数值，单位为厘米(cm)。

注：校正平面Ⅰ与Ⅱ应选择不影响平衡件强度及工作性能，并且互相距离尽可能远的两个面。

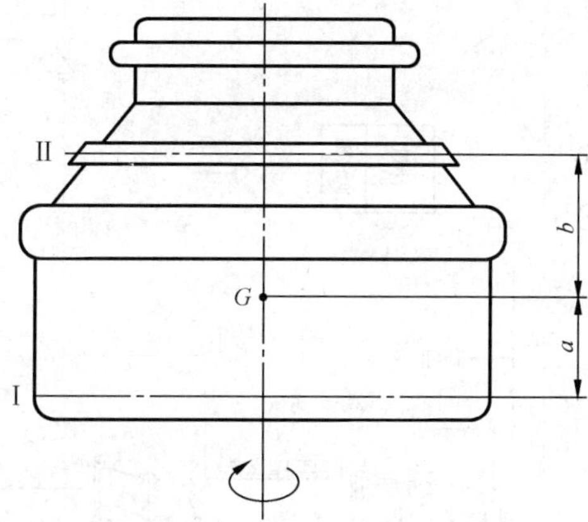

图 B.2　校正平面选择

附 录 C
（资料性附录）
分离机试验系统示意图

C.1 分离机试验系统示意图参见图C.1。

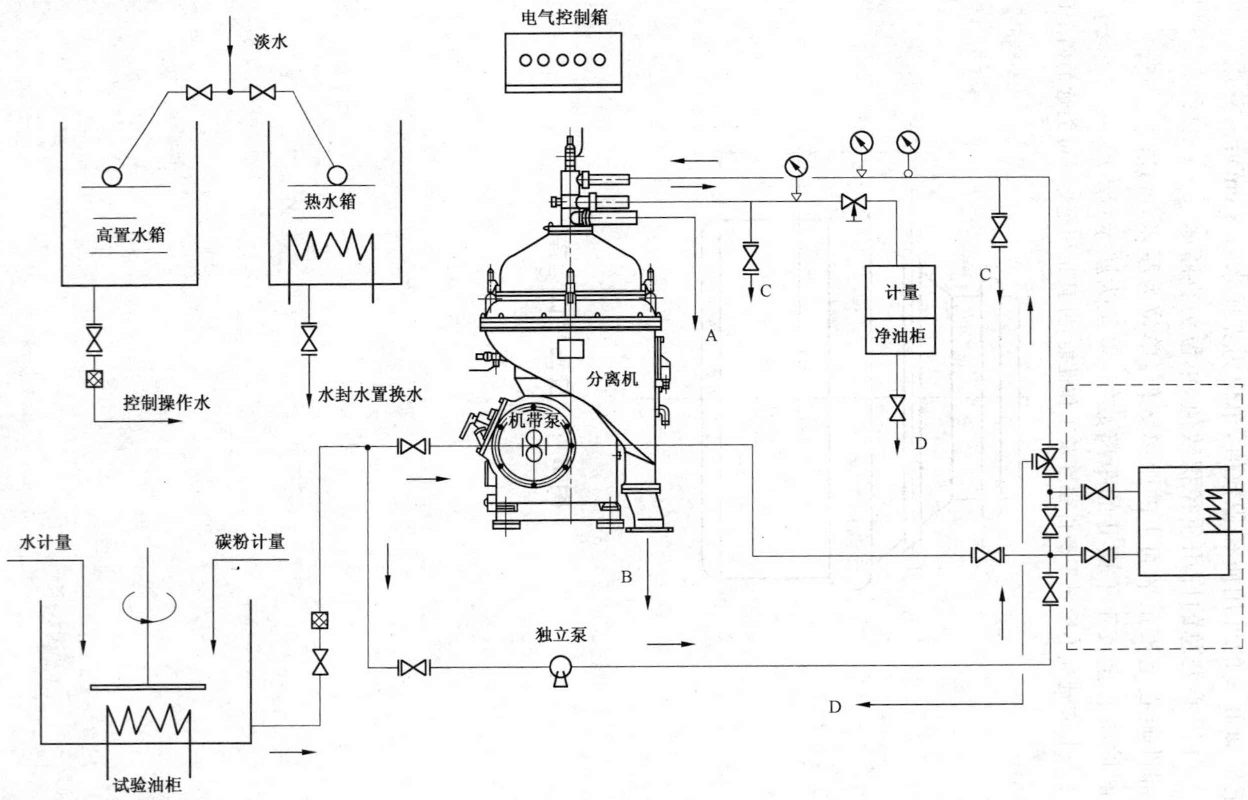

注：虚线框内为高黏度油料加热设备。

A——废液（水）出口，计量；

B——渣出口，计量；

C——取样阀；

D——回试验油柜。

图 C.1 试验系统示意图

ICS 27.020;43.060.40
J 94

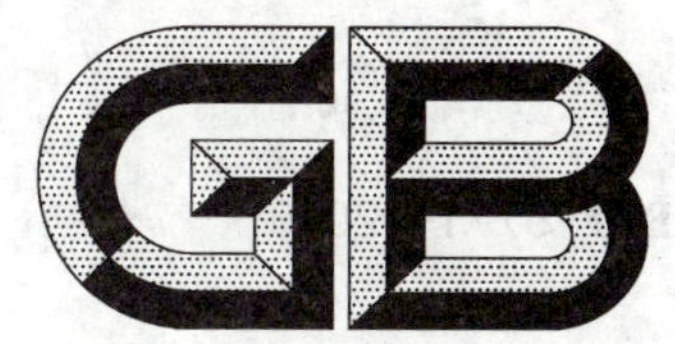

中华人民共和国国家标准

GB/T 5771—2010
代替 GB/T 5771—1986

柴油机喷油泵出油阀偶件技术条件

Delivery valve of diesel fuel injection pump—Specifications

2010-11-10 发布　　2011-03-01 实施

中华人民共和国国家质量监督检验检疫总局
中国国家标准化管理委员会　发布

前　言

本标准代替 GB/T 5771—1986《柴油机喷油泵出油阀偶件技术条件》。

本标准与 GB/T 5771—1986 相比，主要变化如下：

——增加了 1 范围；

——增加了 2 规范性引用文件，更新了材料标准；

——在 3.2 中删去了原标准中使用 CrWMn 合金工具钢的规定，增加了 GCr15 高碳铬轴承钢的使用规定，并在 3.4 中作了相应规定；

——在 3.5 中，渗碳表面硬度由“不低于 58 HRC”改为“720 HV10～820 HV10”；

——在 3.6 中，增加“允许采用经有关技术文件规定的其他探伤方法”；

——在 3.7 表 1 中，第 10 条对密封端面的平面度按不同密封面直径分别作了要求；

——增加了 3.11，完善了出油阀偶件的径部密封值要求；

——增加了 3.12，出油阀偶件的可靠性要求，取消了原标准中保用期的要求；

——增加了 3.13，出油阀偶件的外观质量要求；

——增加了 4.1～4.5，出油阀和出油阀座的金相、裂纹和粗糙度等的检查方法；

——增加了 4.9 可靠性的试验方法；

——增加了 4.10 使用寿命考核的方法；

——在 5.2 中，出厂检验项目增加了 3.13 外观质量；

——在 5.3 中，检验抽样规则更改为按 GB/T 2828.1 和 GB/T 2829 的有关规定；

——增加了 5.4 经销单位和配套单位的验收依据；

——增加了 5.5 出油阀偶件产品质量抽样检查及合格判定规则的要求；

——在 6.3 包装箱外表面标注内容中，增加了 c)项和 g)项；

——增加了附录 A《出油阀偶件产品质量抽样检查及合格判定规则》。

本标准的附录 A 为规范性附录。

本标准由中国机械工业联合会提出。

本标准由全国燃料喷射系统标准化技术委员会(SAC/TC 396)归口。

本标准起草单位：无锡油泵油嘴研究所、山东鑫亚工业股份有限公司。

本标准主要起草人：朱锡芬、杜红光、华弢。

本标准所代替标准的历次版本发布情况为：

——GB/T 5771—1986。

柴油机喷油泵出油阀偶件 技术条件

1 范围

本标准规定了中小功率柴油机喷油泵出油阀偶件的技术要求、试验方法、检验规则、标志、包装、运输和贮存。

本标准适用于中小功率柴油机喷油泵出油阀偶件(以下简称出油阀偶件)。

2 规范性引用文件

下列文件中的条款通过本标准的引用而成为本标准的条款。凡是注日期的引用文件,其随后所有的修改单(不包括勘误的内容)或修订版均不适用于本标准,然而,鼓励根据本标准达成协议的各方研究是否可使用这些文件的最新版本。凡是不注日期的引用文件,其最新版本适用于本标准。

GB 252—2000 轻柴油

GB/T 1031 产品几何技术规范(GPS) 表面结构 轮廓法 表面粗糙度参数及其数值

GB/T 1958 产品几何量技术规范(GPS) 形状和位置公差 检测规定

GB/T 2828.1—2003 计数抽样检验程序 第1部分:按接收质量限(AQL)检索的逐批检验抽样计划(ISO 2859-1:1999,IDT)

GB/T 2829—2002 周期检验计数抽样程序及表(适用于对过程稳定性的检验)

GB/T 3077—1999 合金结构钢(neq DIN EN 10083-1:1991)

GB/T 18254—2002 高碳铬轴承钢

JB/T 9730 柴油机喷油嘴偶件、喷油泵柱塞偶件、喷油泵出油阀偶件 金相检验

JB/T 9736 喷油嘴偶件、柱塞偶件、出油阀偶件 磁粉探伤方法

JB/T 51181 喷油泵出油阀偶件可靠性考核 评定方法、台架试验方法及失效判定

3 技术要求

3.1 出油阀偶件应按经规定程序批准的产品图样和技术文件制造,并符合本标准的要求。

3.2 出油阀和出油阀座应采用GB/T 18254—2002中规定的GCr15高碳铬轴承钢制造。出油阀还可采用GB/T 3077—1999中规定的18Cr2Ni4WA低碳合金结构钢制造。在有技术依据或经规定程序论证过的情况下,出油阀和出油阀座允许采用其他牌号的钢材制造。

3.3 出油阀和出油阀座应进行热处理(采用低碳合金结构钢制造的出油阀还需进行冷处理),使尺寸保持稳定,金相组织应符合JB/T 9730的规定。若所用的材料在JB/T 9730的规定之外,则其金相组织按有关技术文件的规定。

3.4 采用GCr15高碳铬轴承钢制造的出油阀和出油阀座的表面不允许有烧伤,出油阀座硬度为60 HRC～64 HRC,出油阀硬度为60 HRC～63 HRC。

3.5 采用18Cr2Ni4WA低碳合金结构钢制造的出油阀,应进行渗碳或碳氮共渗淬火,有效硬化层深度为0.25 mm～0.45 mm,其表面硬度为720 HV10～820 HV10。

3.6 出油阀和出油阀座应按JB/T 9736的规定进行磁粉探伤,不得有裂纹。允许采用经有关技术文件规定的其他探伤方法。

3.7 出油阀和出油阀座的主要形状和位置公差(指插配前要求)按表1规定。

表 1　出油阀和出油阀座主要形状和位置公差

单位为毫米

<table>
<tr><th>零件名称</th><th>序号</th><th colspan="2">形位公差项目</th><th>公差</th></tr>
<tr><td rowspan="11">出油阀座</td><td>1</td><td colspan="2">与有减压凸缘的出油阀相配合的内圆柱工作表面的圆度</td><td>0.001</td></tr>
<tr><td>2</td><td colspan="2">与有减压凸缘的出油阀相配合的内圆柱工作表面素线的平行度</td><td>0.001</td></tr>
<tr><td>3</td><td colspan="2">与无减压凸缘的出油阀相配合的内圆柱工作表面的圆度</td><td>0.002 5</td></tr>
<tr><td>4</td><td colspan="2">与无减压凸缘的出油阀相配合的内圆柱工作表面素线的平行度</td><td>0.005</td></tr>
<tr><td>5</td><td colspan="2">密封锥面对内圆柱工作表面轴线的斜向圆跳动</td><td>0.004</td></tr>
<tr><td>6</td><td colspan="2">密封端面对内圆柱工作表面轴线的圆跳动</td><td>0.04</td></tr>
<tr><td>7</td><td colspan="2">支承端面对密封端面的平行度</td><td>0.03</td></tr>
<tr><td>8</td><td colspan="2">上端面对内圆柱工作表面轴线的端面圆跳动</td><td>0.04</td></tr>
<tr><td>9</td><td colspan="2">支承圆锥面对内圆柱工作表面的圆跳动</td><td>0.03</td></tr>
<tr><td rowspan="2">10</td><td rowspan="2">密封端面的平面度</td><td>$d \leqslant 20$</td><td>0.000 9</td></tr>
<tr><td>$d > 20$</td><td>0.001 2</td></tr>
<tr><td rowspan="7">出油阀</td><td>11</td><td colspan="2">圆柱工作表面及减压凸缘的圆度</td><td>0.001</td></tr>
<tr><td>12</td><td colspan="2">圆柱工作表面及减压凸缘的素线平行度(大端在密封锥面一端)</td><td>0.003</td></tr>
<tr><td>13</td><td colspan="2">无减压凸缘的出油阀圆柱工作表面的圆度</td><td>0.002 5</td></tr>
<tr><td>14</td><td colspan="2">无减压凸缘的出油阀圆柱工作表面的素线平行度</td><td>0.005</td></tr>
<tr><td>15</td><td colspan="2">密封锥面的圆度</td><td>0.001</td></tr>
<tr><td>16</td><td colspan="2">密封锥面对圆柱工作表面轴线的斜向圆跳动</td><td>0.004</td></tr>
<tr><td>17</td><td colspan="2">减压升程</td><td>±0.10</td></tr>
</table>

3.8　出油阀和出油阀座的表面粗糙度应符合 GB/T 1031 的规定，主要部位表面粗糙度 Ra 值按如下要求。

3.8.1　有减压凸缘的出油阀及出油阀座的圆柱工作表面粗糙度 Ra 值为 0.20 μm。

3.8.2　无减压凸缘的出油阀及出油阀座的圆柱工作表面粗糙度 Ra 值为 0.40 μm。

3.8.3　出油阀及出油阀座的密封锥面的表面粗糙度 Ra 值为 0.40 μm。

3.8.4　出油阀座密封端面的表面粗糙度 Ra 值为 0.20 μm。

3.9　出油阀在出油阀座内应具有良好的滑动性。

3.10　出油阀偶件密封锥面应有良好的密封性。

3.11　出油阀偶件径部密封值应符合经规定程序批准的技术文件的规定。

3.12　出油阀偶件的可靠性在各种认证、认可检验时进行，一般质量抽查可不进行。

3.12.1　出油阀偶件的可靠性评定指标的计算及评定方法按 JB/T 51181 的规定。

3.12.2　出油阀偶件的可靠性评定指标：失效前的平均工作时间(MTTF)为 3 000 h，也可按供需双方协议，但不得低于本标准规定的要求。

3.13　出油阀偶件商标应清晰，外观不得有锈斑、磕碰等缺陷。

3.14　在用户遵守柴油机使用和保养规则的情况下，出油阀偶件的使用寿命按表 2 的规定。

注：试验用的柴油机工况应保持正常。

表 2　出油阀偶件使用寿命

用　途	使用寿命/h
装于多缸喷油泵	2 000
装于单缸喷油泵	1 500

4 试验方法

4.1 金相检验

出油阀和出油阀座的金相检验应符合 JB/T 9730 的规定。

4.2 裂纹检查

出油阀和出油阀座的裂纹检查应按 JB/T 9736 的规定进行。

4.3 形状和位置公差检测

出油阀和出油阀座各项形状和位置公差的检测,除特殊规定外,均应按 GB/T 1958 的规定进行。

4.4 圆度测量

圆度测量应采用精度值不低于 0.1 μm 的圆度仪,滤波档采用 1 upr～50 upr,测头半径不小于 0.25 mm 进行检测。

4.5 表面粗糙度检测

出油阀和出油阀座密封锥面的表面粗糙度允许用标准样件对比检测。

4.6 出油阀偶件的滑动性试验

用经过良好过滤的符合 GB 252—2000 规定的 0 号轻柴油仔细清洗和润滑零件后,置出油阀偶件与水平成垂直位置,从出油阀座中抽出出油阀圆柱工作表面长度的三分之一,出油阀绕其自身轴线转至任何位置,放手后,出油阀能借自重滑下落座,不得有任何阻滞现象。

4.7 出油阀偶件密封锥面的密封性试验

4.7.1 出油阀偶件在密封性试验前,应用清洁的符合 GB 252—2000 规定的 0 号轻柴油清洗干净,并用压缩空气吹干。

4.7.2 作用在出油阀上的压紧力不大于 44 N。

4.7.3 试验台的集气管长度不大于 300 mm,内径小于 5 mm,集气管的出口端插入水面深度不大于 20 mm。

4.7.4 通入不低于 0.4 MPa 的压缩空气,保持 10 s,不得漏气。

4.7.5 每副出油阀偶件必须在三个不同配合位置上试验。

4.8 出油阀偶件的径部密封性试验

4.8.1 出油阀偶件径部密封性(间隙量)试验,应与经规定程序批准的间隙值样品比较检查。

4.8.2 允许用气动量仪来进行试验,试验时应将出油阀稍抬起,其大小不使密封锥面处的间隙影响径部密封性试验效果。

4.9 可靠性试验

出油阀偶件的可靠性按 JB/T 51181 的规定进行试验和评定。

4.10 使用寿命考核

出油阀偶件使用寿命按用户跟踪试验进行考核。

5 检验规则

5.1 出油阀偶件必须经制造厂质量检验部门按本标准进行检验,合格后方可出厂。

5.2 出厂检验项目一般为 3.9～3.11 和 3.13。

5.3 出厂检验抽样规则及合格与否的判定,按 GB/T 2828.1—2003 的有关规定;型式检验抽样规则及合格与否的判定,按 GB/T 2829—2002 的有关规定。

5.4 经销单位和配套单位验收应符合本标准的规定,也可按供需双方协议。

5.5 出油阀偶件产品质量抽样检查及合格判定规则,按附录 A 的规定。

6 标志、包装、运输和贮存

6.1 每副出油阀偶件应在明显位置至少标明以下内容,标志字迹应永久清晰:

a） 制造厂的厂标或商标；

b） 产品型号。

6.2 每副出油阀偶件应进行防蚀处理和包装。

6.3 经防蚀处理和包装好的出油阀偶件，连同经检验员签章的产品合格证及有关出厂文件一并装入具有防潮性能的包装箱内，包装箱每箱质量不超过 30 kg。在包装箱外表面标明：

a） 产品名称；

b） 产品型号；

c） 产品标准号；

d） 装箱数量；

e） 制造厂的厂标或商标；

f） 制造厂名；

g） 制造厂址；

h） 装箱日期(年、月)；

i） 运输保护标志。

6.4 在运输过程中，包装应充分保证出油阀偶件不致受到机械损伤、化学腐蚀和受潮。

6.5 出油阀偶件应贮存在干燥的仓库内，不得与酸、碱及其他能引起腐蚀的化学物品存放在一起。在正常保管情况下，制造厂应保证产品自出厂之日起一年内不发生锈蚀。

附 录 A
（规范性附录）
出油阀偶件产品质量抽样检查及合格判定规则

A.1 总则

本附录给出了中小功率柴油机喷油泵出油阀偶件产品质量抽样检查及合格判定规则。

本附录适用于出油阀偶件产品的质量检验和合格评定。

A.2 抽样检查规则及抽样方案

抽样检验规则及抽样方案按 GB/T 2828.1—2003 的规定。

A.2.1 不合格分类

A.2.1.1 按照 GB/T 2828.1—2003 规定受检产品的质量特性不符合标准或图样规定称为不合格，按其对产品质量的重要性分类，一般将不合格分为：A 类不合格、B 类不合格、C 类不合格。

A 类不合格：产品的极重要质量特性不符合规定。

B 类不合格：产品的重要质量特性不符合规定。

C 类不合格：产品的一般质量特性不符合规定。

A.2.1.2 出油阀偶件不合格分类见表 A.1，出油阀不合格分类见表 A.2，出油阀座不合格分类见表 A.3。

A.2.2 接收质量限 AQL 值

出油阀偶件合格产品的 AQL 值见表 A.4，出油阀合格产品的 AQL 值见表 A.5，出油阀座合格产品的 AQL 值见表 A.6。

A.2.3 检验批量 *N*

规定检验批量为 500 副。交验批不得小于规定批的数量，如大于规定批的数量，则应将产品批分成若干批，随机抽取其中一批供抽样检查。在用户或销售机构抽样时，批量大小不限。

A.2.4 检验水平

A.2.4.1 出油阀偶件 A 类不合格采用特殊检查水平 S-1，B 类、C 类不合格采用一般检查水平 Ⅰ，见表 A.4。

A.2.4.2 出油阀和出油阀座，A 类不合格采用特殊检查水平 S-1，B 类、C 类不合格采用特殊检查水平 S-4，见表 A.5 和表 A.6。

A.2.5 样本量字码

根据交验批及检查水平，从 GB/T 2828.1—2003 中查出各类相应的样本大小字码，见表 A.4、表 A.5 和表 A.6。

A.2.6 抽样方案

采用正常检查一次抽样方案。根据样本大小字码和 AQL 值，在 GB/T 2828.1—2003 中查出相应的正常检查一次抽样方案（n、Ac、Re），见表 A.4、表 A.5 和表 A.6。

表 A.1 出油阀偶件不合格分类

不合格分类		质 量 特 性
类	项	
A	1	可靠性评定指标 MTTF
	2	使用寿命

表 A.1(续)

不合格分类		质量特性
类	项	
B		锥面密封性
C	1	滑动性
	2	径部密封性
	3	外观质量

表 A.2 出油阀不合格分类

不合格分类		质量特性
类	项	
A	1	裂纹
	2	金相组织
B	1	密封锥面的表面粗糙度
	2	硬度
C	1	减压凸缘的圆度或无减压凸缘的出油阀圆柱工作表面的圆度
	2	减压升程偏差

表 A.3 出油阀座不合格分类

不合格分类		质量特性
类	项	
A	1	裂纹
	2	金相组织
B	1	密封端面的平面度
	2	硬度
C	1	内圆柱工作表面的圆度
	2	密封端面对内圆柱工作面轴线的圆跳动
	3	密封端面对内圆柱工作面轴线的斜向圆跳动
	4	密封锥面的表面粗糙度

表 A.4 出油阀偶件抽样方案和检验结果评定

不合格分类	A	B	C
项数	2项	1项	3项
检查水平	S-1	I	I
检验批量 N	500	500	500
样本大小字码	B	F	F
样本数 n	按 JB/T 51181	20	20
AQL	4	4	15
Ac,Re	0,1	2,3	7,8

表 A.5 出油阀抽样方案和检验结果评定

不合格分类	A	B	C
项数	2 项	2 项	2 项
检查水平	S-1	S-4	S-4
检验批量 N	500	500	500
样本大小字码	B	E	E
样本数 n	3	13	13
AQL	4	6.5	10
Ac,Re	0,1	2,3	3,4

表 A.6 出油阀座抽样方案和检验结果评定

不合格分类	A	B	C
项数	2 项	2 项	4 项
检查水平	S-1	S-4	S-4
检验批量 N	500	500	500
样本大小字码	B	E	E
样本数 n	3	13	13
AQL	4	6.5	25
Ac,Re	0,1	2,3	7,8

A.3 样本的抽取

样本应在用户单位、商业部门或配件公司随机抽取，此时可不受批量范围下限值限制。如上述单位无货，经有关部门同意，可在生产线上或近期（六个月之内）入库的产品中抽取，此时必须严格执行 A.2.3 所规定的批量范围。

A.4 产品质量合格评定

A.4.1 样本检验

样本应按表 A.1、表 A.2、表 A.3 规定的不合格分类和表 A.4、表 A.5、表 A.6 规定的抽样方案，并按本标准的规定进行检查。

A.4.2 批合格与否的评定

A.4.2.1 样本经全数检验后，把结果填入汇总表（表 A.7、表 A.8 和表 A.9），按各类的抽样方案分别作出检验结论，判定合格与否，然后作出最终评定。

A.4.2.2 根据样本检查的结果，若在样本中发现某类的不合格项数小于或等于合格判定数 Ac 值时，则判该类为合格。若在样本中发现某类的不合格项数大于或等于不合格判定数 Re 值时，则判该类为不合格。当各类不合格项数全部为合格时，该批产品才能最终被判为合格。

A.4.3 产品合格与否的评定

A.4.3.1 样本经全数检验后，当样本中各类的不合格项数均小于或等于合格判定数 Ac 值时，则评被检产品为合格。若在样本中某类的不合格项数大于或等于不合格判定数 Re 值时，则评被检产品为不合格。

A.4.3.2 如产品被评为不合格，允许六个月以后再补查一次。如补查合格，仍可评为合格。

表 A.7 出油阀偶件检测结果汇总表

项目类别	合格判定数 Ac 值	不合格判定数 Re 值	实测 不合格项数	按类判定	最终判定
A 类不合格项目	0	≥1			
B 类不合格项目	≤2	≥3			
C 类不合格项目	≤7	≥8			

表 A.8 出油阀检测结果汇总表

项目类别	合格判定数 Ac 值	不合格判定数 Re 值	实测 不合格项数	按类判定	最终判定
A 类不合格项目	0	≥1			
B 类不合格项目	≤2	≥3			
C 类不合格项目	≤3	≥4			

表 A.9 出油阀座检测结果汇总表

项目类别	合格判定数 Ac 值	不合格判定数 Re 值	实测 不合格项数	按类判定	最终判定
A 类不合格项目	0	≥1			
B 类不合格项目	≤2	≥3			
C 类不合格项目	≤7	≥8			

ICS 27.020;43.060.40
J 94

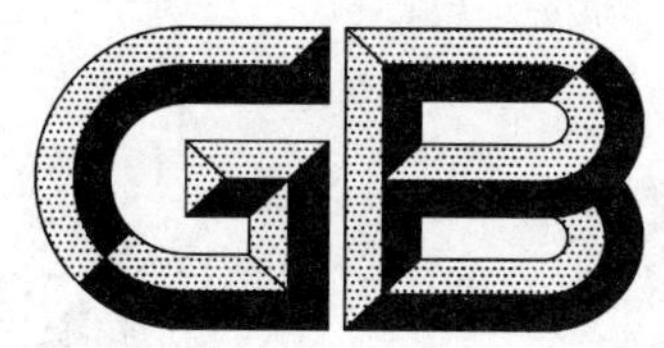

中华人民共和国国家标准

GB/T 5772—2010
代替 GB/T 5772—1986

柴油机喷油嘴偶件
技术条件

Injector nozzle of diesel—Specifications

2010-11-10 发布　　2011-03-01 实施

中华人民共和国国家质量监督检验检疫总局
中国国家标准化管理委员会　发布

前　言

本标准代替 GB/T 5772—1986《柴油机喷油嘴偶件技术条件》。

本标准与 GB/T 5772—1986 相比，主要变化如下：

——增加了 1　范围；

——增加了 2　规范性引用文件，更新了材料标准；

——在 3.2 中删去了原标准中使用 CrWMn 合金工具钢的规定，增加 YB/T 5302 高速工具钢丝和 GB/T 18254 高碳铬轴承钢的使用规定；

——在 3.2.4 中，针阀体与针阀的材料，增加了“允许采用 18CrNi8”；

——在 3.3.1 中，渗碳深度为 0.4 mm～0.9 mm 后增加“但不应渗透”等说明；

——在 3.3.2 中，针阀的硬度由“62 HRC～66 HRC”改为“不低于 60 HRC”；

——在 3.3.3 中，针阀体与针阀的硬度由“62 HRC～66 HRC”改为“60 HRC～64 HRC”；

——增加了 3.4，针阀和针阀体应进行磁粉探伤的要求；

——在 3.5 表 1 中，第 4 条针阀体的斜向圆跳动对短型和长型孔式分别作了要求；

——在 3.5 表 1 中，增加了第 5 条密封锥面的圆度要求；

——在 3.5 表 1 中，第 10 条密封端面的平面度，对研加工和磨加工分别作了要求；

——在 3.5 表 1 中，取消了原标准表 1 中第 12 条喷孔头部的压力室孔圆跳动要求；

——在 3.5 表 1 中，第 18 条“密封锥面的圆度”和第 19 条“靠近密封锥面的外圆或过渡锥面的圆度”，是将原标准表 1 中 18 条“密封锥面和靠近密封锥面外圆的圆度”进行的分解表述；

——在 3.6 表 2 中，增加了第 6 条喷孔头部的圆球体或圆锥体的表面粗糙度要求；

——增加了 3.8，针阀体和针阀的外观质量要求；

——在 3.10 中，对表 4 进行了完善，对长型孔式分为 S 系列和 P、J 系列分别作了要求；

——在 3.13 中，对喷油嘴偶件流量作了更高要求，并增加了 10 MPa 固定压力的高压液体流量试验方法以及流量系数测试要求；

——增加了 3.14，喷油嘴偶件的可靠性要求，取消了原标准中保用期的要求；

——增加了 3.15，喷油嘴偶件的外观质量要求；

——增加了 4.1～4.5，针阀和针阀体的金相、裂纹和粗糙度等的检查方法；

——在 4.9 中，对喷油嘴偶件流量试验方法进行了完善；

——增加了 4.10 可靠性的试验方法；

——增加了 4.11 使用寿命考核的方法；

——在 5.2 中，出厂检验项目增加了 3.15 外观质量；

——在 5.3 中，检验抽样规则更改为按 GB/T 2828.1 和 GB/T 2829 的有关规定；

——增加了 5.4 经销单位和配套单位的验收依据；

——增加了 5.5 喷油嘴偶件偶件产品质量抽样检查及合格判定规则的要求；

——在 6.3 包装箱外表面标明，增加了 c)和 g)项；

——增加了附录 A《喷油嘴偶件产品质量抽样检查及合格判定规则》。

本标准的附录 A 为规范性附录。

本标准由中国机械工业联合会提出。

本标准由全国燃料喷射系统标准化技术委员会(SAC/TC 396)归口。

本标准起草单位：无锡油泵油嘴研究所、南通星维油泵油嘴有限公司、山东鑫亚工业股份有限公司。

本标准主要起草人：朱锡芬、陆健、杜红光、华弢。

本标准所代替标准的历次版本发布情况为：

——GB/T 5772—1986。

柴油机喷油嘴偶件
技术条件

1 范围

本标准规定了中小功率柴油机喷油嘴偶件的技术要求、试验方法、检验规则、标志、包装、运输和贮存。

本标准适用于中小功率柴油机喷油嘴偶件(以下简称喷油嘴偶件)。

2 规范性引用文件

下列文件中的条款通过本标准的引用而成为本标准的条款。凡是注日期的引用文件,其随后所有的修改单(不包括勘误的内容)或修订版均不适用于本标准,然而,鼓励根据本标准达成协议的各方研究是否可使用这些文件的最新版本。凡是不注日期的引用文件,其最新版本适用于本标准。

GB 252—2000 轻柴油

GB/T 1031 产品几何技术规范(GPS) 表面结构 轮廓法 表面粗糙度参数及其数值

GB/T 1958 产品几何量技术规范(GPS) 形状和位置公差 检测规定

GB/T 2828.1—2003 计数抽样检验程序 第1部分:按接收质量限(AQL)检索的逐批检验抽样计划(ISO 2859-1:1999,IDT)

GB/T 2829—2002 周期检验计数抽样程序及表(适用于对过程稳定性的检验)

GB/T 3077—1999 合金结构钢(neq DIN EN 10083-1:1991)

GB/T 8029 柴油机喷油泵校泵油(GB/T 8029—2010,ISO 4113:1998,Road vehicles—Calibration fluid for diesel injection equipment,NEQ)

GB/T 9943—2008 高速工具钢(ISO 4957:1999,Tool steels,NEQ)

GB/T 18254—2002 高碳铬轴承钢

JB/T 6293—2006 柴油机 喷油器试验 手压式喷油器校验器

JB/T 8121 柴油机喷油泵试验台用高压油管组件

JB/T 9730 柴油机喷油嘴偶件、喷油泵柱塞偶件、喷油泵出油阀偶件 金相检验

JB/T 9734 喷油泵试验台 技术条件

JB/T 9736 喷油嘴偶件、柱塞偶件、出油阀偶件 磁粉探伤方法

JB/T 51184 喷油嘴偶件可靠性考核 评定方法、试验方法及失效判定

YB/T 5302—2006 高速工具钢丝

3 技术要求

3.1 喷油嘴偶件应按经规定程序批准的产品图样和技术文件制造,并符合本标准的要求。

3.2 针阀体和针阀的材料按以下规定。

3.2.1 针阀体采用GB/T 3077—1999中规定的18Cr2Ni4WA低碳合金钢或25SiCrMoVA制造;针阀采用GB/T 9943—2008或YB/T 5302—2006中规定的W6Mo5Cr4V2或W18Cr4V或W4Mo3Cr4VSi或W9Mo3Cr4V高速工具钢丝制造。

3.2.2 针阀体及针阀也可采用GB/T 18254—2002中规定的GCr15高碳铬轴承钢制造。

3.2.3 不管采用什么材料,钢材都不应出现萘状断口组织。

3.2.4　在有技术依据或经规定程序论证过的情况下，针阀体与针阀允许采用 18CrNi8 等其他牌号的钢材制造。

3.3　针阀和针阀体均应进行冷、热和时效处理，使尺寸保持稳定，具有足够的硬度。金相组织应符合 JB/T 9730 的规定。若所用的材料在 JB/T 9730 的规定之外，则按有关技术文件的规定。

3.3.1　采用 18Cr2Ni4WA 低碳合金钢或 25SiCrMoVA 制造的针阀体应渗碳或碳氮共渗，渗碳深度为 0.4 mm～0.9 mm，但不应渗透，其硬度不低于 57 HRC；密封端面的渗碳深度允许不小于 0.25 mm，其硬度不低于 54 HRC。对硬度有争议时，按维氏硬度测量法仲裁；对渗碳层深度有争议时，按有效硬化层深度测量法仲裁。

3.3.2　采用 W6Mo5Cr4V2 或 W18Cr4V 高速工具钢制造的针阀，其硬度不低于 60 HRC。

3.3.3　采用 GCr15 高碳铬轴承钢制造的针阀体与针阀的硬度应为 60 HRC～64 HRC。

3.4　针阀和针阀体按 JB/T 9736 的规定进行磁粉探伤，不应有裂纹。允许采用经有关技术文件规定的其他探伤方法。

表 1　针阀体和针阀主要形状和位置公差

单位为毫米

零件名称	序号	形位公差项目		公差
针阀体	1	与针阀配合的内圆柱工作表面的圆度		0.000 5
	2	与针阀配合的内圆柱工作面轴线的直线度		ϕ0.001
	3	与针阀配合的内圆柱工作面素线的平行度	大端在喷孔口端	0.001 5
			小端在喷孔口端	0.000 5
	4	密封锥面对内圆柱工作面轴线的斜向圆跳动	短　型	0.002 5
			长型孔式	0.004
	5	密封锥面的圆度		0.001
	6	定位外圆对内圆柱工作面轴线的径向圆跳动		0.1
	7	小外圆对大外圆的径向圆跳动		0.1
	8	支承端面或密封端面对内圆柱工作面轴线的垂直度		0.03
	9	密封端面对支承端面的平行度		0.03
	10	密封端面的平面度	研加工	0.000 9
			磨加工	0.001 5
	11	喷孔轴心线与针阀体轴心线间的角度偏差(孔式、长型孔式)		±3°
	12	圆周上各喷孔轴心线的角度偏差(孔式、长型孔式)		±3°
	13	喷孔头部的圆球体或圆锥体对内圆柱工作面轴线的径向圆跳动(孔式、长型孔式)		0.1
	14	喷孔对内圆柱工作面轴线的径向圆跳动(轴针式)		0.003
针阀	15	与针阀体配合的外圆柱工作表面的圆度		0.000 3
	16	与针阀体配合的外圆柱工作面轴线的直线度		ϕ0.000 5
	17	与针阀体配合的外圆柱工作面素线的平行度		0.000 5
	18	密封锥面的圆度		0.000 8
	19	靠近密封锥面的外圆或过渡锥面的圆度		0.001 5
	20	密封锥面对圆柱工作面轴线的斜向圆跳动		0.001 5
	21	轴针对圆柱工作面轴线的径向圆跳动(轴针式)		0.002
	22	靠近密封锥面的外圆表面对圆柱工作面轴线的径向圆跳动		0.002

表 2　针阀体和针阀的表面粗糙度 Ra 值

单位为微米

零件名称	序号	表 面 粗 糙 度 项 目		Ra 的允许值
针阀体	1	与针阀配合的内圆柱工作表面的表面粗糙度		0.05
		允许局部研磨划痕处的表面粗糙度和采用配磨工艺的表面粗糙度		0.10
	2	密封锥面的表面粗糙度		0.40
	3	密封端面的表面粗糙度		0.20
	4	喷孔(轴针式)表面粗糙度		0.80
	5	小端面(轴针式)的表面粗糙度		0.40
	6	喷孔头部的圆球体或圆锥体的表面粗糙度(孔式)		1.60
针阀	7	与针阀体配合的外圆柱工作表面的表面粗糙度		0.05
		允许局部研磨划痕处的表面粗糙度和采用配磨工艺的表面粗糙度		0.10
	8	密封锥面的表面粗糙度	短　型	0.20
			长　型	0.32
	9	轴针(轴针式)的外圆柱工作表面的表面粗糙度		0.80

表 3　喷油嘴偶件的升程和流量

序号	技 术 要 求 项 目		偏　差
1	针阀在针阀体内的升程偏差	升程≥0.4 mm	±0.05 mm
		升程<0.4 mm	±0.03 mm
2	同一流量分组中最大、最小流量值对该组标定值[a]的流量偏差率[b] δ	喷油泵单缸[c]	±2%
		固定压力[d]	±3%
	最大、最小流量值对被测偶件流量的算术平均值的流量偏差率[b] δ(适用于未分组的产品)	喷油泵单缸	±3%
		固定压力	±6%
3	流量系数[e] μ_f	用于国Ⅲ以上排放的柴油机	≥0.85

[a] 喷油嘴偶件的流量分组标定值按经规定程序批准的技术文件执行。

[b] 流量偏差率 δ 计算式按 3.13.2 的规定,流量偏差指标允许用两种测量方法之一考核。

[c] 流量试验在喷油泵试验台上用喷油泵单缸进行,见 4.9.2 的规定。

[d] 流量试验在 10 MPa 固定压力的高压液体流量试验台上进行,见 4.9.3 的规定。

[e] 流量系数 μ_f 计算式按 3.13.3 的规定,实测流量同[d]项。

3.5　针阀体和针阀的主要形状和位置公差(指插配前要求)按表 1 规定。

3.6　针阀体和针阀的表面粗糙度应符合 GB/T 1031 的规定,主要部位表面粗糙度 Ra 值见表 2。

3.7　喷油嘴偶件的升程按表 3 的规定。

3.8　针阀体的密封端面、喷孔口处以及针阀的轴针头部不允许有毛刺和损坏。

3.9　针阀在针阀体内应具有良好的滑动性。

3.10　针阀与针阀体的配合圆柱表面间应具有一定的径向间隙。用油压法试验喷油嘴偶件径部密封值来评定,其值应符合表 4 的规定。

3.11　喷油嘴偶件的密封锥面应密封。

3.11.1　当压力低于针阀开启压力时,密封锥面不应有渗漏油现象。

3.11.2　在喷油开始与结束后,针阀体端面或头部不应出现油液积聚现象(喷油嘴偶件在垂直位置)。

3.11.3 在喷油结束后允许针阀体端面或头部轻微湿润。

3.12 喷油嘴偶件的喷雾质量按以下规定。

3.12.1 喷油嘴偶件喷出的燃油应成雾状，不应有明显的肉眼可见的雾状偏斜和飞溅油粒、连续的油柱，以及极易判别的局部浓、稀不均匀现象。

3.12.2 喷射应干脆，应伴有与喷油嘴偶件结构相应的响声。

3.12.3 允许采用与用户商定的喷油嘴偶件样品进行对比的方法评定喷雾质量。

表 4 喷油嘴偶件径部密封值

偶件种类	密封值/s	压力下降范围/MPa
轴针式与S系列长型孔式	6～14[a,b,c]	从20降到18
P、J系列长型孔式	8～20	
短型孔式	12～28	

a 对于直径6 mm，用18Cr2Ni4WA钢制造的喷油嘴偶件，其径部密封值允许为5 s～13 s。

b 密封试验时，试验设备作用在喷油嘴偶件密封端面的压紧力为3 700 N±350 N。

c 对用户有特殊要求的喷油嘴偶件(如电控高压喷射用)，允许按有关标准规定的要求制定企业标准，但密封秒数下限值不低于6 s，上限值不大于下限值的2.5倍。

3.13 喷油嘴偶件流量应符合表3的要求。

3.13.1 喷油嘴偶件流量分组要求，允许按用户与制造厂的协议规定。

3.13.2 喷油嘴偶件流量偏差率δ按公式(1)计算：

$$\delta=\frac{Q_{max}(Q_{min})-Q_m}{Q_m}\times 100\% \qquad \cdots\cdots(1)$$

式中：

δ——喷油嘴偶件流量偏差率，%；

Q_{max}——样本中(或同组中)的最大流量值；

Q_{min}——样本中(或同组中)的最小流量值；

Q_m——样本(或同组)的平均流量值(或标定值)。

3.13.3 喷油嘴偶件流量系数μ_f按公式(2)计算：

$$\mu_f=\frac{Q_r}{Q_t} \qquad \cdots\cdots(2)$$

式中：

μ_f——喷油嘴偶件流量系数；

Q_r——样本的实测流量，单位为升每秒(L/s)；

Q_t——理论流量，单位为升每秒(L/s)。

$$Q_t=f_c\cdot\sqrt{2\Delta p/\rho},\text{L/s}$$

式中：

Δp——压力降，即试验时固定压力，单位为兆帕(MPa)；

ρ——流体密度，单位为千克每立方米(kg/m³)，一般柴油密度取$\rho=0.84\times10^3$ kg/m³；

f_c——喷孔总流通截面积，单位为平方毫米(mm²)。

$$f_c=\frac{\pi}{4}d_0^2\cdot i \quad (当各喷孔直径相同时)$$

式中：

d_0——喷孔直径，单位为毫米(mm)；

i——喷孔数量。

3.14 喷油嘴偶件的可靠性在各种认证、认可检验时进行，一般质量抽查可不进行。

3.14.1 喷油嘴偶件的可靠性指标计算及评定方法按 JB/T 51184 的规定进行。

3.14.2 喷油嘴偶件的可靠性评定指标：失效前的平均工作时间（MTTF）为 3 000 h。也可按供需双方协议，但不应低于本标准规定的要求。

3.15 喷油嘴偶件商标应清晰，外观不应有锈斑、磕碰等缺陷。

3.16 在用户遵守柴油机使用和保养规则的情况下，喷油嘴偶件的使用寿命不小于 1 500 h。

4 试验方法

4.1 金相检验

针阀与针阀体的金相检验应符合 JB/T 9730 的规定。

4.2 裂纹检查

针阀与针阀体的裂纹检查应按 JB/T 9736 的规定进行。

4.3 形状和位置公差检测

本标准中各项形状和位置公差的检测，除特殊规定外，均应按 GB/T 1958 的规定进行。

4.4 圆度测量

圆度测量应采用精度值不低于 0.1 μm 的圆度仪，滤波档采用 1 upr～50 upr，测头半径不小于 0.25 mm 进行检测。

4.5 表面粗糙度检测

针阀和针阀体密封锥面表面粗糙度允许用标准样件对比检测。

4.6 喷油嘴偶件滑动性试验

用经过良好过滤的符合 GB 252—2000 规定的 0 号轻柴油仔细清洗和润滑零件后，置喷油嘴偶件与水平成 45°位置，从针阀体中抽出针阀圆柱工作表面长度的三分之一，针阀绕其自身轴线转至任何位置，放手后，针阀能借自重滑下落座，不得有任何阻滞现象。

4.7 喷油嘴偶件径部密封性试验

4.7.1 本试验在装有压力显示装置（精度±0.5%，量程 0～40 MPa），高压油路容积为 10 cm^3（不包括压力表内部容积）的径部密封性试验台上进行。

4.7.2 环境温度为 20 ℃±1 ℃。

4.7.3 试验油为柴油和机油的混合油，在 20 ℃时的运动黏度为 10.2 mm^2/s～10.7 mm^2/s。

4.7.4 试验台的密封性要求：使试验油压上升到 32 MPa，让其下降至 30 MPa 开始计时，3 min 内压力降不大于 1 MPa。

4.7.5 试验油由喷油嘴偶件径部间隙进入时，针阀体密封端面与夹具接触面之间应密封，不允许有渗油现象。

4.7.6 试验时，试验油压应在 23 MPa～24 MPa 起下降至 20 MPa 压力时开始计时，待降到 18 MPa 压力时结束计时。试验应在不同方向的装夹位置上进行，以连续不少于三次比较接近的试验数据的平均值为试验结果。

4.7.7 径部密封性试验可采用样品比较法进行，此时不规定所用试验油液的温度和黏度；也可采用其他油压或气体流量试验的样品比较法进行。采用样品比较法进行的标准样品，其上限样品和下限样品所组成的范围值必须达到 3.10 的规定。试验应在不同方向的装夹位置上进行，以连续不少于三次比较接近的试验数据的平均值为试验结果。

4.8 喷雾质量及密封锥面密封性试验

4.8.1 喷油嘴偶件喷雾及密封锥面密封性试验在具有储压筒（容积约为 2 500 cm^3）恒压性能装置的机泵试验台上进行。

4.8.2 环境温度为 23 ℃±5 ℃。

4.8.3 试验油应符合 GB 252—2000 规定的 0 号轻柴油。

4.8.4 试验时，将喷油嘴偶件的喷油压力调整到在柴油机上使用时的针阀开启压力，以 60 次/min～80 次/min 的喷油速率喷油，这时检查 3.11 锥面密封性和 3.12 喷雾质量。

4.8.5 锥面密封性试验时，试验油压应稳定，其压力值比规定的针阀开启压力低 2 MPa，在 3 s 内针阀体端面或头部不得出现渗油现象。

4.8.6 喷雾质量及密封锥面密封性试验也可在手压式喷油器校验器上进行，其检查质量应符合上述机泵试验台上的要求。手压式喷油器校验器应符合 JB/T 6293—2006 的规定。

4.9 喷油嘴偶件流量试验

4.9.1 喷油嘴偶件的流量试验可在喷油泵试验台上用喷油泵单缸进行，也可在固定压力的高压液体流量试验台上进行。

4.9.2 喷油泵单缸流量试验

4.9.2.1 在喷油泵试验台上进行喷油嘴偶件流量试验时，应在喷油泵的同一分缸上进行。任选一只配套柴油机用喷油器总成装上消雾器，装上被检喷油嘴偶件进行测试，针阀的开启压力按其所配套的柴油机要求调整。

4.9.2.2 试验用油应符合 GB 252—2000 规定的 0 号轻柴油或 GB/T 8029 规定的喷油泵校泵油。

4.9.2.3 试验用喷油泵试验台应符合 JB/T 9734 的规定要求。

4.9.2.4 试验台用高压油管应符合 JB/T 8121 的规定要求。

4.9.3 固定压力流量试验

4.9.3.1 在固定压力的高压液体流量试验台上进行喷油嘴偶件流量试验时，进油压力维持在 10 MPa±0.1 MPa，出油压力为大气压。

4.9.3.2 试验用油为符合 GB/T 8029 规定的喷油泵校泵油。

4.9.3.3 进油温度控制在 40 ℃±2 ℃。

4.9.4 喷油嘴偶件流量试验除上述两种试验方法外，还可在其他常压流量试验台上进行，其流量偏差率按制造厂与用户技术协议。

4.10 可靠性试验

喷油嘴偶件的可靠性按 JB/T 51184 的规定进行试验和评定。

4.11 使用寿命考核

喷油嘴偶件使用寿命按用户跟踪试验进行考核。

5 检验规则

5.1 喷油嘴偶件需经制造厂质量检验部门按本标准进行检验，合格后方可出厂。

5.2 出厂检验项目一般为 3.9～3.12 和 3.15。

5.3 出厂检验抽样规则及合格与否的判定，按 GB/T 2828.1—2003 的有关规定；型式检验抽样规则及合格与否的判定，按 GB/T 2829—2002 的有关规定。

5.4 经销单位和配套单位验收应符合本标准的规定，也可按供需双方协议。

5.5 喷油嘴偶件产品质量抽样检查及合格判定规则，按附录 A 的规定。

6 标志、包装、运输和贮存

6.1 每副喷油嘴偶件应在明显位置至少标明以下内容，标志字迹应永久清晰：

a) 制造厂的厂标或商标；

b) 产品型号。

6.2 每副喷油嘴偶件应进行防蚀处理和包装。

6.3 经防蚀处理和包装好的喷油嘴偶件，连同经检验员签章的产品合格证及有关出厂文件一并装入具有防潮性能的包装箱内，包装箱每箱质量不超过 30 kg。在包装箱外表面标明：

a) 产品名称；

b) 产品型号；

c) 产品标准号；

d) 装箱数量；

e) 制造厂的厂标或商标；

f) 制造厂名；

g) 制造厂址；

h) 装箱日期(年、月)；

i) 运输保护标志。

6.4 在运输过程中，包装应充分保证喷油嘴偶件不致受到机械损伤、化学腐蚀和受潮。

6.5 喷油嘴偶件应贮存在干燥的仓库内，不应与酸、碱及其他能引起腐蚀的化学物品存放在一起。在正常保管情况下，制造厂应保证产品自出厂之日起一年内不发生锈蚀。

附 录 A
（规范性附录）
喷油嘴偶件产品质量抽样检查及合格判定规则

A.1 总则

本附录给出了中小功率柴油机喷油嘴偶件产品质量抽样检查及合格判定规则。

本附录适用于喷油嘴偶件产品的质量检验和合格评定。

A.2 抽样检查规则及抽样方案

抽样检验规则及抽样方案按 GB/T 2828.1—2003 的规定。

A.2.1 不合格分类

A.2.1.1 按照 GB/T 2828.1—2003 规定受检产品的质量特性不符合标准或图样规定称为不合格，按其对产品质量的重要性分类，一般将不合格分为：A 类不合格、B 类不合格、C 类不合格。

A 类不合格：产品的极重要质量特性不符合规定。

B 类不合格：产品的重要质量特性不符合规定。

C 类不合格：产品的一般质量特性不符合规定。

A.2.1.2 喷油嘴偶件不合格分类见表 A.1，针阀不合格分类见表 A.2，针阀体不合格分类见表 A.3。

A.2.2 接收质量限 AQL 值

喷油嘴偶件的合格质量水平 AQL 值见表 A.4，针阀的合格质量水平 AQL 值见表 A.5，针阀体的合格质量水平 AQL 值见表 A.6。

A.2.3 检验批量 *N*

规定检验批量为 500 副。交验批不得小于规定批的数量，如大于规定批的数量，则应将产品批分成若干批，随机抽取其中一批供抽样检查。在用户或销售机构抽样时，批量大小不限。

A.2.4 检验水平

A.2.4.1 喷油嘴偶件 A 类不合格采用特殊检查水平 S-1，B 类、C 类不合格采用一般检查水平 Ⅰ，见表 A.4。

A.2.4.2 针阀和针阀体，A 类不合格采用特殊检查水平 S-1，B 类、C 类不合格采用特殊检查水平 S-4，见表 A.5 和表 A.6。

表 A.1 喷油嘴偶件不合格分类

不合格分类		质量特性
类	项	
A	1	可靠性评定指标 MTTF
	2	使用寿命
B	1	针阀在针阀体内滑动性
	2	密封锥面的密封性
	3	喷雾质量
C	1	径部密封性
	2	升程偏差
	3	流量偏差
	4	外观质量

表 A.2 针阀不合格分类

不合格分类		质量特性
类	项	
A	1	裂纹
	2	金相组织
B	1	密封锥面的圆度
	2	硬度
C	1	密封锥面对圆柱工作面轴线的斜向圆跳动
	2	圆柱工作表面的表面粗糙度
	3	圆柱工作表面的素线平行度
	4	密封锥面的表面粗糙度
	5	轴针对圆柱工作面轴线的圆跳动
	6	圆柱工作表面的圆度

表 A.3 针阀体不合格分类

不合格分类		质量特性
类	项	
A	1	裂纹
	2	金相组织
B	1	密封锥面对内圆柱工作面轴线的斜向圆跳动
	2	内圆柱工作表面的圆度
	3	密封端面的平面度
	4	硬度
C	1	喷孔对内圆柱工作面轴线的径向圆跳动(轴针式)
	2	密封端面对支承端面的平行度
	3	支承端面或密封端面对内圆柱工作面轴线的垂直度
	4	内圆柱工作表面素线的平行度
	5	小端面(轴针式)或喷孔头部圆锥体(圆球体)的表面粗糙度
	6	密封锥面的圆度
	7	内圆柱工作表面的表面粗糙度
	8	密封锥面的表面粗糙度

A.2.5 样本量字码

根据交验批及检查水平，从 GB/T 2828.1—2003 中查出各类相应的样本大小字码，见表 A.4、表 A.5 和表 A.6。

A.2.6 抽样方案

采用正常检查一次抽样方案。根据样本大小字码和 AQL 值，在 GB/T 2828.1—2003 中查出相应的正常检查一次抽样方案(n、Ac、Re)，见表 A.4、表 A.5 和表 A.6。

表 A.4 喷油嘴偶件抽样方案和检验结果评定

不合格分类	A	B	C
项　　数	2 项	3 项	4 项
检查水平	S-1	Ⅰ	Ⅰ
检验批量 N	500	500	500
样本大小字码	B	F	F
样本数 n	按 JB/T 51184	20	20
AQL	4	10	15
Ac,Re	0,1	5,6	7,8

表 A.5 针阀抽样方案和检验结果评定

不合格分类	A	B	C
项　　数	2 项	2 项	6 项
检查水平	S-1	S-4	S-4
检验批量 N	500	500	500
样本大小字码	B	E	E
样本数 n	3	13	13
AQL	4	6.5	25
Ac,Re	0,1	2,3	7,8

表 A.6 针阀体抽样方案和检验结果评定

不合格分类	A	B	C
项　　数	2 项	4 项	7(8)项
检查水平	S-1	S-4	S-4
检验批量 N	500	500	500
样本大小字码	B	E	E
样本数 n	3	13	13
AQL	4	15	40
Ac,Re	0,1	5,6	10,11

A.3 样本的抽取

样本应在用户单位、商业部门或配件公司随机抽取，此时可不受批量范围下限值限制。如上述单位无货，经有关部门同意，可在生产线上或近期(六个月之内)入库的产品中抽取，此时必须严格执行 A.2.3 所规定的批量范围。

A.4 产品质量合格评定

A.4.1 样本检验

样本应按表 A.1、表 A.2、表 A.3 规定的不合格分类和表 A.4、表 A.5、表 A.6 规定的抽样方案，并按本标准的规定进行检查。

A.4.2 批合格与否的评定

A.4.2.1 样本经全数检验后，把结果填入汇总表(表 A.7、表 A.8 和表 A.9)，按各类的抽样方案分别作出检验结论，判定合格与否，然后作出最终评定。

A.4.2.2 根据样本检查的结果，若在样本中发现某类的不合格项数小于或等于合格判定数 Ac 值时，则判该类为合格。若在样本中发现某类的不合格项数大于或等于不合格判定数 Re 值时，则判该类为不合格。当各类不合格项数全部为合格时，该批产品才能最终被判为合格。

A.4.3 产品合格与否的评定

A.4.3.1 样本经全数检验后，当样本中各类的不合格项数均小于或等于合格判定数 Ac 值时，则评被检产品为合格。若在样本中某类的不合格项数大于或等于不合格判定数 Re 值时，则评被检产品为不合格。

A.4.3.2 如产品被评为不合格，允许六个月以后再补查一次。如补查合格，仍可评为合格。

表 A.7 喷油嘴偶件检测结果汇总表

项目类别	合格判定数 Ac 值	不合格判定数 Re 值	实测不合格项数	按类判定	最终判定
A 类不合格项目	0	≥1			
B 类不合格项目	≤5	≥6			
C 类不合格项目	≤7	≥8			

表 A.8 针阀检测结果汇总表

项目类别	合格判定数 Ac 值	不合格判定数 Re 值	实测不合格项数	按类判定	最终判定
A 类不合格项目	0	≥1			
B 类不合格项目	≤2	≥3			
C 类不合格项目	≤7	≥8			

表 A.9 针阀体检测结果汇总表

项目类别	合格判定数 Ac 值	不合格判定数 Re 值	实测不合格项数	按类判定	最终判定
A 类不合格项目	0	≥1			
B 类不合格项目	≤5	≥6			
C 类不合格项目	≤10	≥11			

ICS 03.220.40;47.080
U 27

中华人民共和国国家标准

GB/T 5869—2010
代替 GB/T 5869—1986

救 生 衣 灯

Lifejacket lights

2010-11-10 发布 2011-03-01 实施

中华人民共和国国家质量监督检验检疫总局
中国国家标准化管理委员会 发布

前　言

本标准对应于《国际救生设备规则》和国际海事组织(IMO)MSC81.(70)号决议及其修正案，与《国际救生设备规则》和国际海事组织(IMO)MSC81.(70)号决议及其修正案一致性程度为非等效。

本标准代替 GB/T 5869—1986《救生衣灯》。

本标准与 GB/T 5869—1986 相比主要变化如下：

——增加“术语和定义”一章(见第 2 章)；

——对救生衣灯的技术要求进行了更细化的规定(见第 3 章)；

——删除 1986 年版的第 1 章“型式和尺寸”，将内容放在技术要求中(见 3.1)；

——对救生衣灯的实验方法进行了更全面的规定，增加 2 m 跌落试验、色度试验、振动试验、霉菌试验、耐腐蚀及海水试验、雨淋试验、火烧试验的内容(见 4.1～4.13)；

——修改了检验规则的具体内容(见第 5 章)；

——修改了救生衣灯标志的内容(见 6.1)；

——删除了 1986 年版关于运输包装容器标志和运输的规定。

本标准由中华人民共和国交通运输部提出。

本标准由交通部航海安全标准化技术委员会归口。

本标准起草单位：交通运输部海事局、天津海事局。

本标准主要起草人：曹荣力、李伟、刘慧茹、黄海波、王建国。

本标准所代替标准的历次版本发布情况为：

——GB/T 5869—1986。

救 生 衣 灯

1 范围

本标准规定了救生衣灯的技术要求、试验方法、检验规则以及标志、包装和贮存。

本标准适用于船舶和海上设施所配备救生衣灯的生产、检测和认可。

2 术语和定义

下列术语和定义适用于本标准。

2.1

救生衣灯 lifejacket lights

由灯罩、灯座、发光体、电路板、电池及连接件等主要构件组成的灯具，适用于夜间向救助人员指示穿着救生衣的落水人员在海上的位置。

3 技术要求

3.1 一般要求

3.1.1 救生衣灯的外型应尽可能小巧、便于携带、安置。

3.1.2 救生衣灯的外观尺寸应符合产品图纸要求，外观表面清洁、无污垢。

3.1.3 救生衣灯的灯罩应为合适的材料制成的球体，不得有气泡、裂纹、斑点等降低光通量的缺陷。

3.1.4 救生衣灯的标牌应内容清晰、准确。

3.2 性能要求

3.2.1 救生衣灯应能在水温为－1 ℃～＋30 ℃范围内正常工作。

3.2.2 救生衣灯应能在－30 ℃～＋65 ℃的空气温度中存放而不致于损坏。

3.2.3 救生衣灯上半球体所有方向的发光强度不少于 0.75 cd，发光持续时间不少于 8 h。

3.2.4 对于干电池型救生衣灯，开关打开后 1 s 内灯具应启动点亮；触水型开关浸入水中，1 min 内灯具启动点亮。对于海水电池救生衣灯应能在电池放入水中 2 min 之内开始发光，在海水中 5 min 之内达到 0.75 cd 的发光强度；在淡水中 10 min 之内达到 0.75 cd 的发光强度。

3.2.5 救生衣灯在救生衣上的安置应稳固、简便，当穿着救生衣的人员从一定高度落入水中时，应不致损坏，不会从救生衣上抛出；当穿着救生衣的人员在水中游泳或漂浮时，应保证救生衣灯的发光部件(灯具)露出水面，海水电池在救生衣没入水下部位。

3.2.6 救生衣灯的开关布置应灵活，有明显的标示，开启可靠；海水电池的密封塞应使救生衣、救生服的穿着者能用手打开，使海水能进入电池体内。

3.2.7 救生衣灯应为白色光。

3.2.8 救生衣灯应牢固耐用，具有抗振动性。

3.2.9 救生衣灯应能防腐烂、耐腐蚀，并不受海水、油类或霉菌侵袭的过度影响。

3.2.10 救生衣灯应具备良好的水密性。

3.2.11 救生衣灯应具有良好的耐火性。

3.2.12 如救生衣灯所配的灯是闪光灯时还应：

a) 设置一个手动控制开关；

b) 以每分钟不少于 50 闪且不多于 70 闪的速率闪光，其有效发光强度不小于 0.75 cd。

4 试验方法

4.1 抽样

样本抽取采取随机抽样的方式，抽取某个型号的救生衣灯20只，样本编号为1～20，抽样基数应不少于每个品种/型号200只。

4.2 温度循环试验

4.2.1 样本编号：1～12。

4.2.2 取12只救生衣灯按下列次序重复10个循环，每个循环之间不要求连续进行，a)～d)为一个循环：

a) 第一天，在＋65 ℃的高温环境中，连续存放8 h；

b) 同一天，将各试样从高温环境中移到20 ℃±5 ℃的环境温度中，敞开置放至次日；

c) 第二天，在－30 ℃的低温环境中，连续存放8 h；

d) 同一天，从低温环境中移到环境温度中，敞开置放至次日。

经过温度循环试验的救生衣灯外观应无损坏，且能正常工作。

4.3 放电试验和发光强度测试

4.3.1 取样

采用样本编号为1～12的样品。

4.3.2 放电试验

放电试验的步骤和要求如下：

a) 将12只经受温度循环试验后的救生衣灯从－30 ℃ 的储存温度下取出编号为1～4的样本，于工作状态下浸于－1 ℃ 的海水中。

b) 从＋65 ℃的储存温度下取出编号为5～8的样本，于工作状态下浸于30 ℃的海水中。

c) 从环境温度下取编号为9～12的样本，于工作状态下浸于环境温度淡水中。

d) 所有的12只救生衣灯应满足3.2.4和3.2.7的要求，至少11只灯能满足3.2.3的要求。对于闪光灯，应证实满足3.2.12的要求。

4.3.3 发光强度测试

有效发光强度测量应按照下列要求和步骤进行：

a) 对发光强度的测量应通过将光度计指向旋转台子上受测试的光源中心来进行。应测量光源中心水平方向的发光强度，沿水平方向每隔5°测量一次，直至360°，这些测量应对水平面以上每隔5°的方向进行，直至90°(垂直)时单测量一次。然后从光源中心具有最低记录发光强度的点开始，沿垂向每隔1°测量发光强度，并连续记录180°弧度的值。

b) 试验灯应在上半球所有方向连续发出不少于规定的发光强度的光并达到规定时间。记录所有测得的发光强度数据和电压。若是闪光灯，应证实在规定的工作时间内闪光频率不少于50次且不大于70次，以及在上半球所有方向的有效光强至少为规定的最小强度。有效发光强度应按下列公式获取：

$$\left[\frac{\int_{t_1}^{t_2} I\mathrm{d}t}{0.2+(t_1-t_2)}\right]_{\max}$$

式中：

I——瞬时发光强度；

0.2——Blondel-Rey 常数；

t_1、t_2——时间上下限，单位为秒(s)。

注：具有持续闪光时间不少于0.3 s，上半球体所有方向的发光强度不少于0.75 cd的闪光灯可以考虑作为固定灯

测试其发光强度。开关打开至到达所要求的最小发光强度之前的时间间隔(白炽时间)以及关闭开关时发光强度在标准值以下至消失的时间间隔应不记入持续闪光时间(如图1所示)。

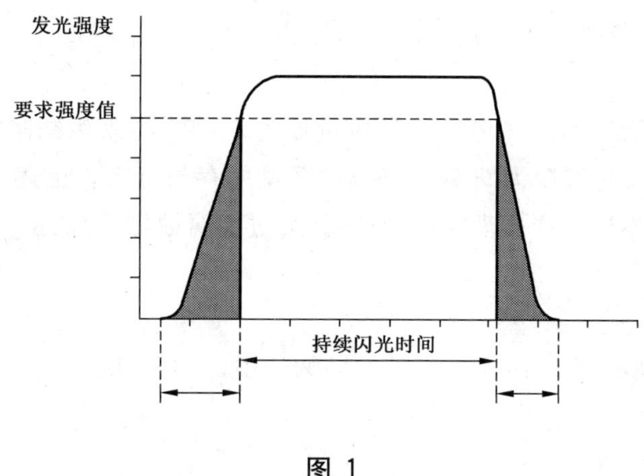

图 1

4.4 落水试验

4.4.1 样本编号:13。

4.4.2 将样本安置在救生衣上,使救生衣穿着人员从至少4.5 m的高度,垂直跳入水中,救生衣灯应满足3.2.5的要求,并能正常工作。

4.5 开关布置试验

4.5.1 样本编号:14。

4.5.2 穿着浸水式保温救生服的人能在灯的正常操作位置开启和关闭三次,样本应功能正常。

4.6 色度试验

4.6.1 样本编号:1～14号样本中任取一只。

4.6.2 应在上半球至少测量四个点,所测得的色度坐标应落在CIE规定的"白色"区域边界之内。白色光区域边界的角坐标如下:

$$\begin{bmatrix} X & 0.500 & 0.500 & 0.440 & 0.300 & 0.300 & 0.440 \\ Y & 0.382 & 0.440 & 0.433 & 0.344 & 0.278 & 0.382 \end{bmatrix}$$

4.7 2 m跌落试验

4.7.1 样本编号:14。

4.7.2 将样本从2 m高处落至一固定的钢板或水泥表面,样本应不损坏,并在工作状况下浸于环境温度的淡水中,应能满足3.2.3关于发光强度和发光时间的要求。

4.8 振动试验

4.8.1 样本编号:15。

4.8.2 将样本以正常姿态、常规系固方式绑定在振动台上,并在下列频率范围内进行所有频率的正弦垂直振动:

a) 频率为2 Hz—5 Hz—13.2 Hz;摆幅±1 mm±10%;13.2 Hz时最大加速度为7 m/s^2。

b) 频率为13.2 Hz—100 Hz;加速度7 m/s^2。

4.8.3 扫描速率为0.5 octaves/min进行共振检查。如果样本出现某一共振,则应进行耐久试验。若有共振点,则在共振点上振动2 h;若无共振点,则在30 Hz上振动2 h。

4.8.4 上述试验应按垂直、纵向、横向依次进行,振动试验后,样本应能正常工作。

4.9 霉菌试验

4.9.1 样本编号:16。

4.9.2 在样本上洒上含有黑曲霉、土曲霉、枝链金担霉、拟青霉菌变曲霉、毛索青霉、毛赭绿霉、帚状缺夏孢短颈霉、绿木霉的培养霉菌孢子的水悬浊液,然后放入霉菌培养室,温度保持在29 ℃±1 ℃,相对湿度不少于95%，培养时间为28天，试验后样本应耐腐蚀，并不应受到霉菌的过度影响，不应有肉眼可见霉菌，试验后灯应能正常工作。

4.10 耐腐蚀及海水试验

4.10.1 样本编号：17。

4.10.2 将样本放在一个托盘上，用环境温度且质量比为5∶95的氯化钠溶液匀速喷洒试样2 h。之后，在温度为40 ℃±2 ℃，相对湿度为90%～95%的环境中存放七天。上述过程重复进行四次后雨淋试验结束。用肉眼观察，样本应无膨胀现象，金属零件无过度腐蚀，并应能正常工作。

4.11 耐油试验

4.11.1 样本编号：18。

4.11.2 将待测样本浸入到温度为19 ℃±5 ℃的矿物油中，为时3 h。

4.11.3 油类规格如下：

a) 苯胺点：120 ℃±5 ℃；

b) 闪点：至少240 ℃；

c) 黏度：在99 ℃时为10 cst～25 cst。

4.11.4 可选用下列油品：

a) ASTM oil No.1；

b) ASTM oil No.5；

c) ISO oil No.1 。

4.11.5 测试后，根据制造商说明洗净试样。然后对样本进行性能检查，并用裸眼目测。样本应不受到油的过度影响，并无皱缩、开裂、胀大、溶解或机械性能改变的迹象，并应能正常工作。

4.12 雨淋及水密试验

4.12.1 样本编号：19。

4.12.2 将待测样本在运行的状态下用喷嘴软管从各个可行的方向进行喷洒。喷洒时应满足的条件如下：

a) 喷嘴直径：12.5 mm；

b) 喷水率：100×(1±5%) L/min；

c) 水压：调谐直到满足喷水率为止；

d) 实质水流核心：离喷嘴2.5 m处水柱周长约120 mm；

e) 测试耐久性时间：约30 min；

f) 喷嘴口到待测试距离：约3 m。

4.12.3 雨淋试验将结束之际，对样本进行检查，检查有无损坏、有无不应有的进水。试验后样本应能够工作。

4.12.4 雨淋试验后，应将样本和整个电源水平地浸入不少于300 mm的淡水中至少24 h以进行水密试验。水密性试验后应无水进入样本内的迹象并应能正常工作。

4.13 火烧试验

4.13.1 样本编号：20。

4.13.2 将一个至少为300 mm×350 mm×60 mm的试验盘置于一基本无风处，在其底层倒入不少于10 mm的水，并倒入汽油使总深度不少于40 mm，点燃使其自由燃烧至少达30 s，然后使样本从火中通过，灯应朝向火焰并高于试验盘的顶边缘不大于250 mm，曝火时间至少达2 s，样本离火后不应燃烧或继续熔化，试验后样本应能工作。

5 检验规则

5.1 检验分类

5.1.1 救生衣灯的检验包括型式检验和出厂检验。

5.1.2 救生衣灯出现下列情况时，应进行型式检验：

——结构图纸或性能标准发生变化时；

——因《国际救生设备规则》等国际海事组织颁布的海安会决议所规定试验要求和程序发生变更时；

——应 SOLAS 公约或/和主管机关颁布的《船舶与海上检验技术法定检验规则》修订后的条款实质影响到本标准所要求时；

——变更生产厂家或变更生产地址、变更生产工艺和设计图纸。

5.1.3 产品出厂时应对每批产品进行出厂检验。

5.1.4 经检验合格的产品，均应有检验部门核发的型式认可证书和船用产品证书及标志。

5.2 检验项目

5.2.1 型式检验应依据第 3 章和第 4 章的要求进行。

5.2.2 出厂检验项目见表 1。

5.3 抽样和判定

出厂检验的抽样及判定规则应符合表 1 的规定。

表 1

序号	检验项目	判定规则	抽样规则	复验规则
1	外观检查	3.1、3.2.6	每批交验数量的 100%	有任一项不符合规定，则双倍抽样复验其不合格的项目，若仍不合格，则该批产品全部退回返修。 若其外观质量不符合规定，则该批产品全部退回返修。 返修后的产品提交复验者应仍按制造检验的规定进行检验，若仍不符合规定，则该批产品应予报废
2	灯具的安置	3.2.5	每批交验数量的 3%，但不少于 10 具	
3	试亮检查	3.2.4		
4	闪光频次(如适用)	3.2.12 b)		
5	包装、文件配置检查	包装注意防震动、防潮湿等；每箱应附船检证书、说明书		
6	水密检查	4.12 中水密试验的要求	每批不少于 3 具	
7	放电试验与发光强度测试	3.2.3、3.2.12		

注：在一个生产批中生产单位的最大值应为 1 000 单位，或一周所生产的产品数量，取数值小者。在制造过程/系统符合 ISO 9001:2008 的情况下，最大生产批的数值可以达到 5 000 单位，或是一周所生产的产品数量，取数值小者。

6 标志、包装及贮存

6.1 标志

6.1.1 每具救生衣灯体及其每具包装容器应有下列中英文标志：

——产品名称、型号；

——发光强度及持续工作时间(闪光者应加频率)；

——有效期；

——制造厂名及商标；

——制造年月及批号(编号/序列号)；

——检验机构的认可号及标准；

——生产许可证标志和编号。

6.1.2　标志应经久鲜明，字迹应整齐清晰，示图应简明达意。

6.2　包装

6.2.1　每具救生衣灯应有一个纸盒或等效的产品包装容器，并附有中英文说明书。

6.2.2　救生衣灯的包装应保证运输时安全可靠，并符合运输部门的规定。

6.3　贮存

完整包装的救生衣灯应存放在干燥、通风良好的场所。

参 考 文 献

[1] ISO/FDIS 24408:2005 船舶和海上技术 救生设备用位置指示灯 组件的试验、检测和标记.

[2] IEC 60945(2002-08) 海上导航和无线电通信设备及系统 一般要求 测试方法和要求的试验结果.

[3] 国际海事组织 《国际救生设备规则》.

[4] 国际海事组织 《1974 年国际海上人命安全公约》(SOLAS 公约).

[5] 国际海事组织 海安会第 81 号决议“救生设备试验”[MSC81(70)].

[6] 国际海事组织 海安会第 207 号决议“对《国际救生设备规则》的修正”[MSC207(81)].

[7] 国际海事组织 海安会第 200 号决议“对救生设备试验的修正”[MSC200(80)].

[8] 中国船级社 工业产品检验指南 2008.

[9] 中国船级社 救生衣生产许可证换(发)证检验规则.

ICS 43.060.40
T 13

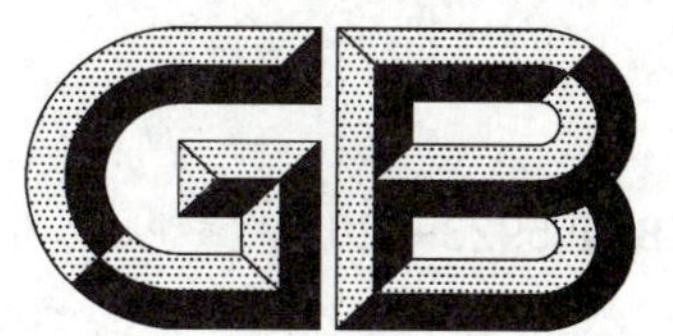

中华人民共和国国家标准

GB/T 5923—2010
代替 GB/T 5923—1986

汽车柴油机燃油滤清器试验方法

Test methods of fuel filter for automotive compression ignition engines

(ISO 4020:2001, Road vehicles—Fuel filter for diesel engines—Test methods, MOD)

2011-01-10 发布　　2011-05-01 实施

中华人民共和国国家质量监督检验检疫总局
中国国家标准化管理委员会　发布

前　言

本标准修改采用 ISO 4020:2001《道路车辆　柴油机用燃油滤清器试验方法》(英文版)。

本标准根据 ISO 4020:2001《道路车辆　柴油机用燃油滤清器试验方法》(英文版)重新起草。

本标准与 ISO 4020:2001 的主要区别如下:

——本标准的试验油均采用国内能生产的油品或可用国内生产的油品调制的油品代替 ISO 4020 标准规定的油品,能满足试验对油品黏度的要求、容易采购、降低试验成本;

——本标准删除 ISO 4020 中 ISO 3016:1994 石油产品　确定凝固点、ISO 3104:1994 石油产品　透明和浑浊液体　确定运动黏度及计算动力黏度等 5 个有关油品检验的标准,用国内生产的油品和检验方法代替;

——本标准删除了纳米级碳黑作为瞬时过滤效率和寿命试验的杂质,删除了采用纳米级碳黑进行试验的各章节的内容,也删除"有机杂质(纳米级碳黑)"和"无机杂质"两个术语,符合柴油机用燃油滤清器的实际使用状况,可操作性好;

——本标准删除了 ISO 4020 标准的前言;

——本标准修改了采用两个或两个以上并联主油泵时的加水系统,使加水计量精确;

——本标准修改了液压脉冲疲劳试验的波形图,更为合理,可操作性好;

——用小数点"."代替作为小数点的逗号","。

本标准代替 GB/T 5923—1986《汽车柴油机燃油滤清器试验方法》。

本标准与 GB/T 5923—1986 的主要区别如下:

——本标准去除了碳黑并增加了 ISO 12103-M1 作为瞬时过滤效率和寿命试验的试验杂质之一;

——本标准修改了采用两个或两个以上并联主油泵时的加水系统;

——本标准修改了滤芯制作完整性试验方法;

——本标准修改了液压脉冲疲劳试验的波形图;

——本标准规定了振动疲劳试验的参数。

本标准的附录 A、附录 B、附录 C、附录 D 和附录 E 均为规范性附录。

本标准的附录 F 为资料性附录。

本标准由中华人民共和国国家发展和改革委员会提出。

本标准由全国汽车标准化技术委员会(SAC/TC 114)归口。

本标准起草单位:中国汽车工程研究院(车辆排放与节能试验重庆市市级重点实验室)、蚌埠金威滤清器有限公司、成都市泽仁实业有限责任公司、广州市佳斌实业有限公司、淄博永华滤清器制造有限公司。

本标准主要起草人:王志伟、李建国、罗宏伟、林安澜、彭晓刚、姚东斌、李永华、施旭文。

本标准所代替标准的历次版本发布情况为:

——GB/T 5923—1986。

汽车柴油机燃油滤清器试验方法

1 范围

本标准规定了汽车柴油机燃油滤清器(简称滤清器)的性能试验方法,从而使滤清器的试验室性能试验结果具有可比性。

本标准适用于额定体积流量(或标称体积流量)在200 L/h以下的汽车柴油机燃油滤清器。对额定体积流量大于200 L/h的滤清器可参照使用。

2 规范性引用文件

下列文件中的条款通过本标准的引用而成为本标准的条款。凡是注日期的引用文件,其随后所有的修改单(不包括勘误的内容)或修订版本均不适用于本标准,然而,鼓励根据本标准达成协议的各方研究是否可使用这些文件的最新版本。凡是不注日期的引用文件,其最新版本适用于本标准。

GB 253　煤油

GB 10327　发动机检测用标准轻柴油技术条件

GB 11122　柴油机油

GB/T 14041.1—2007　液压滤芯　结构完整性验证和初始冒泡点的确定(ISO 2942:2004,IDT)

SH/T 0111　合成锭子油

ISO 565　试验材料　金属丝布,冲孔或电加工金属板　孔径名义尺寸

ISO 760　水分测定　卡尔·费休法

ISO 8213:1986　工业用化学产品　采样技术　从粉末到粗块状各种颗粒固态化学产品

ISO 11841-1:2000　道路车辆和内燃机　滤清器词汇　第1部分:滤清器和滤清器部件定义

ISO 11841-2:2000　道路车辆和内燃机　滤清器词汇　第2部分:滤清器及其零部件性能的定义

ISO 12103-2:1997　道路车辆　评价滤清器试验用灰　第2部分　氧化铝试验灰尘

ASTM-D971-1999a　圆环法测量油对水的界面张力的标准试验方法

3 术语和定义

本标准的术语和定义出自ISO 11841-1和ISO 11841-2以及新列的术语和定义。

3.1

沉淀器　sedimentor

根据杂质和燃油的密度差,利用重力沉降原理去除杂质的分离器。

3.2

瞬时过滤效率　instantaneous filtration efficiency

按规定的试验方法,在试验过程中的某一时间测定试验件滤除特定试验灰尘的能力。用试验件滤除试验灰尘的质量和加入灰尘质量的百分率(%)来评价。

3.3

滤清器的试验室寿命　filter life in laboratory

按规定的试验方法,用含有规定杂质的试验油,以规定体积流量通过滤清器,用压差达到30 kPa时所需的时间作为滤清器的试验室寿命。

注:单位为min。

3.4

压差 pressure difference

压力降 pressure drop

被试滤清器上游和下游规定的测压点所测得的静压差。

注：单位为 kPa。

3.5

额定体积流量 rated volume flow

在规定的试验条件下，由用户或制造商为某种柴油机匹配而规定的滤清器体积流量的名义值。

注：单位为 L/h。

3.6

滤芯耐破压差 collapse/burst pressure difference

阻塞的滤芯发生结构损坏时滤芯上下游两侧的压力差。

注：单位为 kPa。

3.7

滤清器总成耐破损压力 burst pressure of complete filter

滤清器总成发生结构损坏时滤清器内部压力。

注：单位为 kPa。

3.8

制作完整性试验 fabrication integrity test

将滤芯浸入试验液的规定深度，在规定的滤芯内部气压下测量单位时间内空气逸出的物理数据，以判定新滤芯是否有大于滤材最大孔径的孔隙存在。

3.9

清洁度试验 test of cleanliness

在规定的试验工况下，测定从新的未使用过的滤清器的清洁侧冲洗下来之杂质的质量，用以标定新滤清器的清洁度。

注：单位为 mg。

3.10

试验体积流量 test volume flow

在规定的试验工况下，确定试验油通过滤清器的体积流量。此值可能不同于额定体积流量。

注：单位为 L/h。

3.11

不溶解水 undissolved water

散布在试验油中的水，用物理方法（如离心法）从试验油中分离的水。

4 流量

试验体积流量将反映运行的工况，推荐选用下列数值：10 L/h、25 L/h、50 L/h、75 L/h、100 L/h、125 L/h、150 L/h、175 L/h 和 200 L/h。或者采用滤清器制造厂与客户达成协议的其他数值。

5 试验材料

5.1 试验油

除 6.2 的滤芯制作完整性试验和 6.6 的滤芯耐破损试验外，所有试验油均采用发动机检测用标准轻柴油，其性能指标应符合 GB 10327 的要求。

除 6.1 和 6.2 试验外，试验油均应在运动黏度（4 mm^2/s～6 mm^2/s）之间的温度（23 ℃±10 ℃）下

使用。或者用SH/T 0111合成锭子油与GB 253煤油混合,使其黏度在试验温度下符合上述范围。所有试验油除染色剂外,不允许有其他添加剂。防止试验油中混入水分。每次试验油应从贮油容器沉淀层上部吸取。

使用前,试验油应经过高效过滤装置过滤,过滤装置设有合适的滤纸支承和夹紧装置。参见B.3.3中的其他设备,例如:

——真空泵:压力低于大气压力85 kPa;

——高效过滤装置:圆片滤纸的支承及其夹紧装置;

——圆片滤纸或滤膜:直径Φ140 mm,平均孔径在0.4 μm~1.1 μm。

滤纸前后的压差不超过85 kPa;

只要试验油足够清洁,最多可以重复使用20次。

5.2 瞬时过滤效率和寿命试验用的灰尘

瞬时过滤效率和寿命试验用的杂质均采用ISO 12103-2规定的M1和M2级氧化铝试验灰尘(详见附录A)。一般情况采用M2级试验灰尘;对于用细密滤材制造的滤清器,可采用M1级试验灰尘。

5.3 试验装置总则

试验台管道或软管内径应没有突然变化。

6 试验方法

6.1 新滤清器的清洁度试验

6.1.1 试验目的

本试验项目应首先进行,用以查明被试滤清器清洁侧是否有生产、贮存和运输过程中残留的杂质。

6.1.2 试验装置

见附录B的B.1.1和B.1.2。

试验油温度,23 ℃±5 ℃。

6.1.3 其他设备、仪表、器具

见附录B的B.1.3。

6.1.4 试验程序

按下列试验程序进行:

a) 用石油醚清洗测量滤网(见图B.3),然后放到一个清洁、干燥的瓷碟中,盖好盖子,并置于干燥箱中,以比石油醚的终馏点约高20 ℃的温度干燥30 min,然后移至干燥器中冷却30 min,使其达到环境温度;

b) 称量测量滤网,精确到0.1 mg,然后将试验滤网水平放入测量装置(见图B.2)中;

c) 以被试滤清器额定体积流量的两倍循环试验1 h;

d) 拧开清洁塞,用约10 mL的石油醚通过清洗孔喷到测量装置的内壁,冲下内壁上的杂质粒子并收集到测量滤网上;

e) 用镊子将带杂质的测量滤网移置滤纸上,待其干燥;

f) 然后将带杂质的测量滤网放入一个清洁、干燥的瓷碟中,盖上盖子,像第一次称量前的那样使其干燥和冷却;

g) 称量带杂质的测量滤网,精确到0.1 mg。从滤清器上冲洗出来的杂质量等于两次称量的差值。

6.1.5 试验报告

试验报告至少包括下列内容:

a) 从滤清器中冲洗出来的杂质质量,mg;

b) 滤清器的额定体积流量,L/h;

c) 滤清器的简要说明及接头内径；

d) 试验用油或配方；

e) 试验油的温度,℃；

f) 滤清器的型号和制造单位。

6.2 滤芯制作完整性试验

本试验是为了检验新滤芯是否有大于滤材最大孔径的孔隙存在。试验方法见 GB 14041.1。

6.3 滤清器压差试验

6.3.1 试验目的及应用

本试验目的是在额定体积流量时测定滤清器上、下游的压差。本试验应在瞬时过滤效率、试验室寿命和水分离效率等试验之前进行,但可在清洁度和制作完整性试验之后进行。

6.3.2 试验装置

见附录 B 的 B.2.1。

6.3.3 其他设备、仪表、器具

见附录 B 的 B.2.2。

6.3.4 试验程序

按下列试验程序进行：

a) 将被试滤清器装到试验装置中,启动油泵,使滤清器中注入油液并排气,滤清器中的空气应完全排出,必要时可将滤清器颠倒安装；

b) 关闭控制阀 11,用旁通阀 12 将压力调节至实际使用压力值,调整差压计 8 的零位；

c) 开启控制阀 11,调节控制阀和旁通阀 12,使滤清器上游的压力表 7 指示的压力和流量计 13 指示的体积流量达到要求的数值；

d) 记录差压计 8 的压差数值。

6.3.5 试验报告

试验报告至少包括下列内容：

a) 滤清器上、下游的压差,单位为 kPa；

b) 滤清器的额定体积流量和试验体积流量,单位为 L/h；

c) 滤清器的简要说明：是新的还是用过的,如系用过的,还要说明大致使用时间,单位为 h；

d) 试验油或配方；

e) 在试验温度下试验油的黏度,单位为 mm^2/s；

f) 试验油的温度,单位为℃；

g) 滤清器的型号和制造单位。

6.4 瞬时过滤效率和寿命试验

6.4.1 试验目的及应用

本试验目的是在规定试验条件下测定滤清器在额定体积流量下滤除特定试验灰尘粒子的百分比,%。

本试验在完成清洁度试验和压差试验后进行。

6.4.2 试验装置

见附录 B 的 B.3.1 和 B.3.2。

6.4.3 其他设备

见附录 B 的 B.3.3。

6.4.4 程序

6.4.4.1 说明

本试验应在滤清器的流量和杂质浓度都稳定不变的条件下连续进行。过滤效率是在试验阻塞过程中,由测定被试滤清器上游及下游油样中试验杂质的含量来确定。

清洁的试验油由主油泵 7 从主油箱 1 中泵出,经过被试滤清器进入集油箱 12,使滤清器灌满油并排气。试验杂质按下述方式加入:

a) 按图 B.6 所示:用手工加到主油箱 1(或备用油箱 2)中,并用搅拌器 3 使杂质保持悬浮状态;

b) 按图 B.5 所示用注入泵 23 将试验杂质经由注入喷管送到主油泵前的位置。由于再循环泵 19 的作用使注入喷管的杂质保持悬浮状态。

主油泵输送悬浮状态杂质的油到被试滤清器,过滤后的试验油通过流量计量装置(测压管 14 和量孔 11)进入集油箱。加入杂质后 2 min 开始,每 4 min 取一次油样,以确定杂质浓度。为保证试验连续进行,备用油箱 2,处于备用状态。一旦主油箱 1 中的含杂质试验油用完,备用油箱 2 便可立即投入使用。

当达到终止压差或其他协议值时,瞬时过滤效率和寿命试验即告终止。

为确定毛毡滤清器的瞬时过滤效率,应在试验进行到 20 min 时停止试验,并分析在这一试验阶段中所取的油样。

6.4.4.2 试验杂质的准备

试验杂质应按下列进行准备:

a) 应采用符合 5.2 规定的试验灰尘;

b) 按 ISO 8213 的规定从成批供应的试验灰尘中取出试验灰尘;

c) 在使用前,将每一小份试验灰尘在 100 ℃～150 ℃的干燥箱内至少干燥 1 h;

d) 将试验灰尘移置干燥器中冷却、存放。

6.4.4.3 试验台准备

试验台应按下列进行准备:

a) 按 5.1 规定准备试验油;

b) 在图 B.5 或图 B.6 所示的试验台上,用一段软管代替被试滤清器 10。再用一根软管,将其一端与试验台出油量孔 11 相联,其另一端与主油箱相通。在主油箱中加入 5 L 清洁的试验油。启动主油泵,按试验台的最大流量循环冲洗试验台 15 min,然后用泵将油排出;

c) 拆下与出油量孔 11 联接的软管,按图 B.5 或图 B.6 所示的试验台上装上膜片式净化滤清器 13和软管 17。再加 10 L 清洁的试验油到主油箱 1;

d) 启动主油泵 7,清洗图 B.5 或图 B.6 所示的试验台约 30 min 后,在排出试验油之前,从取样管 9处取样,用 6.4.4.5 规定的方法测定杂质含量;

e) 如果杂质含量超过 0.004 g/L(即试验杂质浓度 1%),应重新清洗试验台直至杂质含量达到或低于该值;

f) 从图 B.5 或图 B.6 的试验台上拆下软管 17 和膜片式净化滤清器 13 并拆下被试滤清器的替代软管,装上被试滤清器 10;

g) 将清洁的试验油注入主油箱 1,启动主油泵 7,使试验油通过被试滤清器 10 进入集油箱 12。试验过程中打开被试滤清器顶部的放气孔排出空气。停止泵油,关闭位于主油箱 1 下面的截止阀;

h) 往主油箱 1 中注入清洁的试验油 50 L。

注:如果预计被试滤清器仅需要 40 L,则注油至 40 L,如果预计 50 L 还不够使用,则应在备用油箱 2 中注入所需要的油。

6.4.4.4 试验程序

6.4.4.4.1 人工加灰法试验步骤

人工加灰法试验步骤如下:

a) 按油箱中试验油每升 0.4 g 的数量称出试验灰尘，并将试验灰尘加入从主油箱 1 中取出的 500 mL试验油中，用实验室搅拌器以大约 1 000 r/min 的转速搅拌 15 min。然后将此杂质调制油倒入已加入试验油的主油箱 1 中，倒入前，搅拌器 3 已按 200 r/min 的转速进行搅拌。配制好的杂质悬浮油至少搅拌 30 min；
b) 打开位于主油箱 1 下面的截止阀 4，启动主油泵 7，使杂质悬浮油通过被试滤清器 10，并通过调节泵的转速使体积流量迅速调节到规定值；
c) 记录差压计 16 的指示差压值；
d) 在 1 min 后，从取样管 9 中取 300 mL 油样；
e) 在 2 min、4 min 及以后每隔 4 min 从量孔 11 取 300 mL 被试滤清器下游的油样，并记录差压值。在整个试验过程中应控制搅拌器 3 的转速，以防止空气进入；
f) 当差压值达到 30 kPa 或协议规定值时，分别从量孔 11 和取样管 9 取出最后一个油样；
g) 关闭主油泵 7 和主油箱底部的截止阀 4；
h) 如试验过程中，主油箱 1 中的杂质悬浮油用尽，打开备用油箱 2 底部的截止阀 4，同时关闭主油箱 1 底部的截止阀，注意主油箱的油面不应降得过低，以防止空气进入；
i) 要注意在试验过程中油流不应中断或发生变化；
j) 要注意在试验过程中被试滤清器 10 不应受振动和冲击；
k) 要注意油压脉动量应小于平均进口压力的 1/10。

6.4.4.4.2 注入泵加灰的试验步骤

注入泵加灰的试验步骤如下：

a) 称出按 6.4.4.2 要求准备的试验灰尘 80 g，加到 950 mL 清洁的试验油中，用一玻璃棒使试验灰尘浸湿。向其中添加 50 mL 清净分散剂，将配制好的 1 000 mL 混合油置于超声波中处理 3 min到 5 min。再将此配制好杂质油倒入杂质油油箱 20 中并启动再循环泵使试验灰尘处于悬浮状态；
b) 按被试滤清器的试验流量每升 0.4 g 试验灰的要求设定并校正杂质油的注入流量，比如试验体积流量为 Q_t=75 L/h，那么相应的设定值如下：
——杂质油的注入流量：6.25 mL/min；
——杂质油中固态杂质含量：80 mg/mL；
c) 打开位于主油箱 1 下面的截止阀 3，启动主油泵 7，使试验油通过被试滤清器 10，并通过调节泵的转速使体积流量迅速调节到规定值；
d) 启动注入泵 23，并通过调节泵的转速迅速调节注入流量至规定值；
e) 记录差压计 16 的指示差压值；
f) 在 1 min 后，从取样管 9 中取 300 mL 油样；
g) 在 2 min、4 min 及以后每隔 4 min 从量孔 11 取 300 mL 被试滤清器下游的油样，并记录差压值；
h) 当差压值达到 30 kPa 或协议规定值时，分别从量孔 11 和取样管 9 取出最后一个油样；
i) 关闭注入泵 23 和主油泵 7 及主油箱底部的截止阀 3；
j) 要注意在试验过程中主油箱中试验油的油面不要过低，以免空气进入；
k) 要注意在试验过程中主油箱中油流不应中断或发生变化；
l) 要注意在试验过程中被试滤清器 10 不应受振动和冲击。

6.4.4.5 试验油样中不可燃粒子质量的确定

6.4.4.5.1 分析方法

试验油样中不可燃粒子质量的分析方法见附录 C 的规定。

6.4.4.5.2 瞬时过滤效率的计算

瞬时过滤效率是根据滤清器上游试验开始时和试验结束前每次从滤清器下游所取油样中试验杂质的质量来计算，即

$$\eta_s = \frac{m_1 - m_i}{m_1} \times 100\%$$

式中：

η_s——瞬时过滤效率，%

m_1——滤清上游试验开始时和试验结束前所取油样中试验杂质质量的平均值；

m_i——每次从滤清器下游所取油样中试验杂质的质量。

本公式对浸水和未浸水的滤芯试验均适用。

6.4.5 确定水对滤芯影响的试验(选用)

将未使用过的滤芯在试验油中浸泡 10 min，取出滴净约 10 min，然后在水中浸泡 30 min，取出后滴净约 10 min，再装成被试滤清器，按 6.4.4 规定的试验程序进行瞬时过滤效率和寿命试验。

6.4.6 试验结果

6.4.6.1 试验结果表示形式

6.4.6.1.1 瞬时过滤效率表示形式如表 1。

表 1 瞬时过滤效率

取 样 时 间	瞬时过滤效率/%	压差/kPa
2 min		
4 min		
8 min		
12 min		
每隔 4 min 取样 1 次直至达到最终压差(30 kPa)		

6.4.6.1.2 滤清器寿命

滤清器堵塞试验压差达到 30 kPa 或达到其他规定压差值时的时间 t_1，单位为 min。

6.4.6.1.3 特性曲线

附录 D 中用曲线表示瞬时过滤效率、压差和堵塞时间的关系。

6.4.7 试验报告

试验报告除了包含 6.4.6 的试验结果外至少还包括下列项目：

a) 试验灰尘的名称牌号和生产单位；

b) 采用手动加灰还是采用注入泵加灰；

c) 滤清器的额定体积流量和试验体积流量，单位为 L/h；

d) 被试滤清器的说明，是新的还是使用过的，如系用过的还要说明大致使用时间，单位为 h；

e) 试验油牌号和试验油温度，单位为℃；

f) 滤清器的型号和制造单位。

6.5 水分离效率试验

6.5.1 试验目的及应用

本试验用以确定滤清器从油水混合液中分离水的能力。本试验只适用于具有分离水结构的新、旧滤清器。

注 1：主油泵 8 按 B.4 规定，只能用于体积流量为 50 L/h 以下的滤清器，50 L/h 以上的滤清器则需根据它的额定体积流量并联使用两个以上的体积流量为 50 L/h 的油泵。

6.5.2 试验设备

见附录 B 的 B.4 和附录 E。

试验油的温度为 23 ℃±5 ℃。

本试验应使用不含抗烟添加剂和不溶解水的普通柴油。

试验油应经漂白土(Fuller's Earth)过滤器过滤(见附录 B 的 B.5),再加入十六烷值增进剂。

注 2:对试验油的处理是希望消除在不同的地理位置、不同试验室中测试油/水分离器时出现的差别。

6.5.3 其他试验设备

见附录 B 的 B.4.2。

6.5.4 试验程序

6.5.4.1 试验设备的准备和校正

试验设备的准备和校正应按下列进行:

a) 所有试验设备应清洁不沾水,必要时更换吸收过滤器的滤芯。

b) 往主油箱 1 中注入含水量不大于 250 ppm 的试验油,打开旁通阀 10 直至通过主油泵的流量为 50 L/h。如果使用 2 个或更多的油泵,应保证通过每个主油泵的流量均为 50 L/h。

c) 若采用再循环系统,允许集油箱 16 部分存油后再泵回主油箱 1。开启输油泵 19,通过凝聚器 3、吸收过滤器 24 和调节阀 25 使主流量平衡。

d) 用蒸馏水或去离子水注入水箱 4,调节流量至 1 L/h,如果使用了 2 个或更多主油泵,应采取措施,保证进入每个主油泵的水流量均为 1 L/h。此时试验油中水含量的百分比约为 2 %,水则在主油泵的作用下保持相同的弥散状态。应保持水箱的水面稳定,否则需不断地调节阀 7。为此,推荐装上一个水位恒定装置 3。

e) 关闭阀 7,切断供水。

6.5.4.2 水分离效率试验步骤

水分离效率试验步骤如下:

a) 将被试滤清器 14 装入系统中。打开开关阀 12 和可调阀 15,必要时调节量孔 17,使被试滤清器 14 排除空气并达到被试滤清器的额定体积流量或其他要求的体积流量,同时调节旁通阀 10,使通过主油泵的流量为 50 L/h±2.5 L/h。如果使用了两个或多个油泵,每个泵的流量都应为 50 L/h±2.5 L/h[1)],并注意保持测压管的液面高度恒定。

b) 打开阀 7 调节流量至 1 L/h±0.02 L/h,如果使用两个或多个油泵,应使每个油泵的进水量保持在 1 L/h±0.02 L/h。此时,被试滤清器开始通过含水量约为 2 %的试验油。记录差压计 20 的测量值;

c) 试验连续进行 60 min,开始试验后每隔 5 min 在量孔 17 出口处,取样 100 mL,在试验过程中,水将沉积到被试滤清器的积水杯中,当积满 50 %时放水,取油样时切勿放水。如果积水杯不透明,则按 100 %分离水效率和积水杯容积来计算放水的时间间隔。最后一个油样取出后,再次记录差压计的测量值;

d) 按附录 E 的 E.2 规定的方法确定油样中不溶解水的含量。或按卡尔·费休法(ISO 760)分析不溶解水的含量。

6.5.5 试验结果表达和试验报告

6.5.5.1 表示试验结果应如下:

a) 按附录 E 的图 E.1 来表达;

b) 被试滤清器的原始压差,单位为 kPa;

c) 被试滤清器的最终压差,单位为 kPa。

6.5.5.2 试验报告除了包含 6.5.5 的试验结果外至少还包括下列内容:

a) 滤清器的额定体积流量和试验体积流量,单位为 L/h;

---

1) 不管被试滤清器的额定体积流量如何,必通过每个主油泵 8 的流量恒定在 50 L/h,并保证水流量恒定在 1 L/h,这是为了保持水在油流中的弥散尺寸处于标准状态。

b) 滤清器的简要说明:是新的还是用过的,如系用过的,还要说明大致使用时间,单位为 h;

c) 试验油牌号或混合成分;

d) 试验温度下试验油的黏度,单位为 mm^2/s;

e) 试验温度,单位为℃;

f) 滤清器的型号和制造单位。

6.6 滤芯的耐破损试验

6.6.1 试验目的

本试验目的是测定滤芯发生结构损坏时的压差,以确定滤芯耐破损的能力。本试验通常在滤清器完成制作完整性试验之后进行。

6.6.2 试验设备

见附录 B 的 B.6.1。

本试验的试验油采用 20W/40-GB 11122 柴油机油。

试验油温度为 23^{+15}_{-10} ℃;也可按滤清器制造单位和用户的协议选用其他温度。

6.6.3 其他设备

见附录 B 的 B.6.2。

6.6.4 试验程序

用研碎的松香脂(P. V. resin)作试验杂质,其粒度分布应为:

100%通过 20 目筛孔(850 μm);

85%通过 80 目筛孔(180 μm);

50%通过 200 目筛孔(75 μm)。

按每升试验油含 100 g 制备浓缩杂质油。将 5 L 试验油注入油箱,然后启动油泵 7,调节流量至被试滤清器的额定体积流量。启动搅拌器 2,每 5 min 加入油箱 25 mL 的浓缩杂质油。

绘制压差-时间曲线。如压差下降或压差增加速度明显降低,则表明滤芯已破损。试验持续至压差达到 300 kPa,或根据供需双方规定的压差,任何一种情况先发生时为止。

6.6.5 确定水对滤芯影响的试验(选用)

将未使用过的滤芯在试验油中浸泡 10 min,取出沥干约 10 min。然后在水中再浸泡 30 min,取出沥干约 10 min,再装到试验台,按 6.6.4 规定的程序进行滤芯耐破损试验。

6.6.6 试验报告

试验报告至少包括下列内容:

a) 滤清器的额定体积流量,单位为 L/h;

b) 滤清器的简要说明:是新的还是用过的,如系用过的,还要说明大致使用时间,单位为 h;

c) 破损压差,单位为 kPa;

d) 试验温度,单位为℃;

e) 滤清器的型号和制造单位。

6.7 滤清器总成耐破损试验

6.7.1 试验目的

本试验的目的是测定滤清器总成承受内压力的能力。

6.7.2 试验设备

试验室用手动液压泵和被试滤清器连接用的接头。

压力表,量程 0～1 500 kPa。

试验油按 5.1 规定,也可以用其他牌号的柴油。

试验油为温度 23^{+15}_{-10} ℃,也可按供需双方认可的其他温度。

6.7.3 试验程序

试验程序如下：

a) 将被试滤清器装在适当的接头或连接板上，用推荐的安装力矩拧上滤清器总成（旋装式）或拉杆螺栓（可换滤芯式）；

b) 将手动液压泵的出口与滤清器进油管或接头相连，并保证滤清器的出油口敞开；

c) 滤清器的安装位置应使出油口在滤清器的最高处；

d) 启动油泵让试验油进入滤清器，直到滤清器出油口向外溢油，排尽系统中的空气；

e) 用螺塞堵住滤清器出油口，擦净油迹；

f) 将滤清器内压力提高到 100 kPa，保持 30 s，检查滤清器有无渗漏和其他异常现象；

g) 打开油泵泄压阀，使油压降到零，30 s 后检查有无永久变形或其他缺陷。用手转动外罩，检查并确认在该压力下未发生松动，外罩结合处未发生相对位移；

h) 关闭泄压阀，重复上述程序，每次压力增加 100 kPa；

i) 持续试验到最终破损（即破裂或泄漏），或压力达到 1 000 kPa，或技术文件要求为止。

6.7.4 试验报告

试验报告至少包括下列内容：

a) 被试滤清器破损时的压力，单位为 kPa，或压力达到 1 000 kPa 时滤清器仍未破损；

b) 破损的形式和位置；

c) 拧紧滤清器总成（旋装式）或拉杆螺栓（可换滤芯式）所施加的扭转力矩；

d) 滤清器的额定体积流量，单位为 L/h；

e) 滤清器的简要说明，是新的还是用过的，如系使用过的，还要说明大致使用的时间，单位为 h；

f) 滤清器的制造单位和型号。

6.8 耐液压脉冲疲劳试验

6.8.1 试验目的

本试验的目的是测定滤清器总成在模拟运行状态时耐液压脉冲强度的能力。

6.8.2 试验设备

见附录 B 的 B.7.1。

6.8.2.1 液压脉冲试验装置如图 B.12 所示，用合适的接头将被试滤清器与试验装置连接，试验装置能产生按图 1 所示的压力波形。只要能够产生图 1 所示的压力波形，用其他形式的试验装置也可以。

6.8.2.2 合适的扭力扳手和管接头。

6.8.2.3 试验油应符合 5.1 规定，试验油应适当染色以便观察泄漏情况。试验油的温度为 60 ℃±20 ℃。也可按供需双方协商的温度进行。

6.8.3 试验程序

6.8.3.1 试验步骤

试验步骤如下：

a) 将滤清器装上合适的接头，用推荐的力矩拧紧；

b) 将接头与脉冲试验装置的管路系统连接；

c) 将进油压力控制阀 4 全开，然后操纵电磁阀开关，启动油泵运转试验装置，待系统中空气排尽后关闭电磁阀；

d) 调节压力控制阀 4 待达到所要求的最高试验压力后，接通电磁阀以获得图 1 所示的压力波形。为防止滤清器过载，在电磁阀关闭期间，必要时可作进一步调节；

e) 将计数器回零；

f) 打开水冷却系统的进水和回水阀，调节流量以控制油箱 1 中的油温（最高 80 ℃），用温度自动控制装置控制试验，当油温超过 80 ℃，试验自动停止；

g) 在试验过程中，不断观察滤清器有无损坏迹象，试验一直进行到滤清器发生破损或达到供需双方商定的脉冲次数为止；

h) 停止试验后，将阀 4 完全打开，并切断油泵及电磁阀的控制开关；

i) 检查并记录拧紧力矩(按拧紧方向转动)；

j) 卸下被试滤清器，并排出试验油。观测滤清器，确定破损点和破损形式。

6.8.3.2 试验技术参数

试验技术参数为：

a) 脉冲疲劳的压力及脉冲循环次数与主机厂协商；

b) 如主机厂与滤清器制造厂无协议时，脉冲压力可按 200 kPa±20 kPa，脉冲循环次数≥4×10^4 次进行试验。

6.8.4 液压脉冲波形

液压脉冲波形见图 1。

6.8.5 试验报告

试验报告至少包括下列内容：

a) 被试滤清器有无损坏，损坏滤清器的破损部位和损坏形式；

b) 被试滤清器完成的循环次数或损坏前的循环次数；

c) 试验压力峰值，单位为 kPa；

d) 滤清器的额定体积流量，单位为 L/h；

e) 滤清器的简要说明，新的还是用过的，如系用过的，还要说明大致使用时间，单位为 h；

f) 滤清器型号和制造单位。

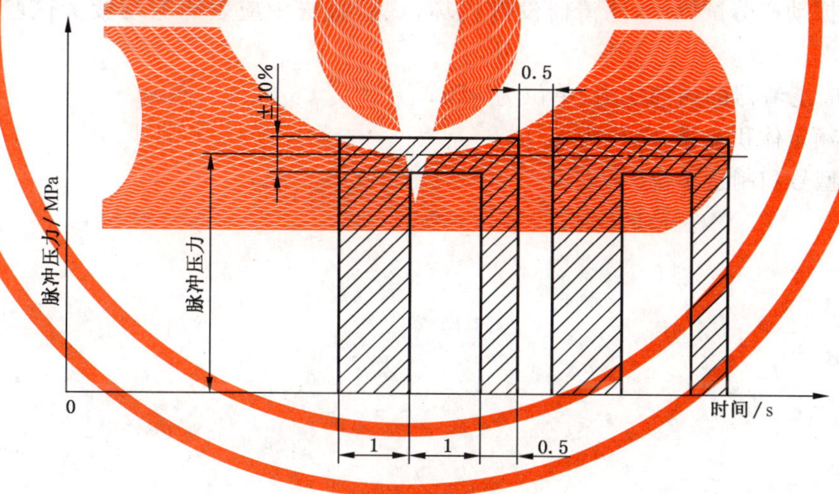

图 1 液压脉冲波形图

6.9 耐振动疲劳试验

6.9.1 试验目的

本试验的目的是确定滤清器在正常使用条件下耐振动疲劳的强度。

6.9.2 试验设备

见附录 B 的 B.8.1。

6.9.3 试验程序

6.9.3.1 将滤清器安装到滤座或连接板上，按规定的扭矩拧紧。

6.9.3.2 将被试滤清器按图 B.13 a)所示，安装到振动试验台的刚性支架上，用垫片或其他密封措施保证连接处不渗漏。

6.9.3.3 将压力表及油压源连接到滤清器上，要采用软管连接方式以保证被试滤清器振动时不受干扰。

6.9.3.4 接通油压源，往被试滤清器加油并排出空气，使压力表读数稳定在 400 kPa。

6.9.3.5 启动振动台，以 5 Hz～400 Hz 的振动频率，20 m/s^2 的加速度和至少 10 min 的高低频往复周期寻找共振频率。

注：以输入端加速度仪作为振动加速度的测量依据，并记录输出端加速度仪，作为监控了解滤清器上的加速度值放大的倍数。

6.9.3.6 有共振频率或多个共振频率，则以主共振频率和 30 m/s^2 的振动加速度，振动 5×10^5 次，检查被试滤清器如果没有渗漏或异常现象，再以 150 Hz 的振动频率、60 m/s^2 的振动加速度振动 2×10^6 次。

6.9.3.7 没有共振频率，则以 150 Hz 的振动频率和 60 m/s^2 的振动加速度，振动 1×10^7 次。

6.9.3.8 试验完毕，立即检验滤清器有无出现渗漏、开裂等异常现象，进而拆开或解剖滤清器，检查滤清器内部有无损坏或异常现象。

6.9.3.9 将相同型号的新滤清器按图 B.13 b）所示，安装到振动试验台的刚性支架上。然后重复 6.9.3.3～6.9.3.8 的试验程序进行试验。

6.9.4 试验报告

试验报告至少包括下列内容：

a） 写明滤清器在振动疲劳试验中有没有损坏，如有损坏，应说明滤清器的损坏情况：渗漏、开裂及其他异常现象，并说明损坏时的振动频率或共振频率、振动加速度，以及累计进行振动的次数或时间；

b） 滤清器在振动疲劳试验中，滤清器没有损坏，试验报告中应表明振动疲劳试验的全过程试验参数；

c） 振动试验时滤清器的内部压力，单位为 kPa；

d） 滤清器的额定体积流量，单位为 L/h；

e） 滤清器的型号和制造单位。

附 录 A
（规范性附录）
试验灰尘

A.1 试验灰尘，ISO 12103-M1 的粒子尺寸分布见表 A.1 和图 A.1。

表 A.1 试验灰尘粒子尺寸分布

粒子尺寸（斯托克斯直径）μm	质量百分数(%)筛下粒子	
	min	max
2.5	—	1.5
3.0	—	6.0
3.5	1.0	12.0
4.0	6.0	23.5
5.0	30.0	57.0
6.0	63.5	86.0
7.0	88.5	97.0
8.0	96.0	—
9.0	98.8	—
50%的平均尺寸范围：5.2 μm±0.4 μm		

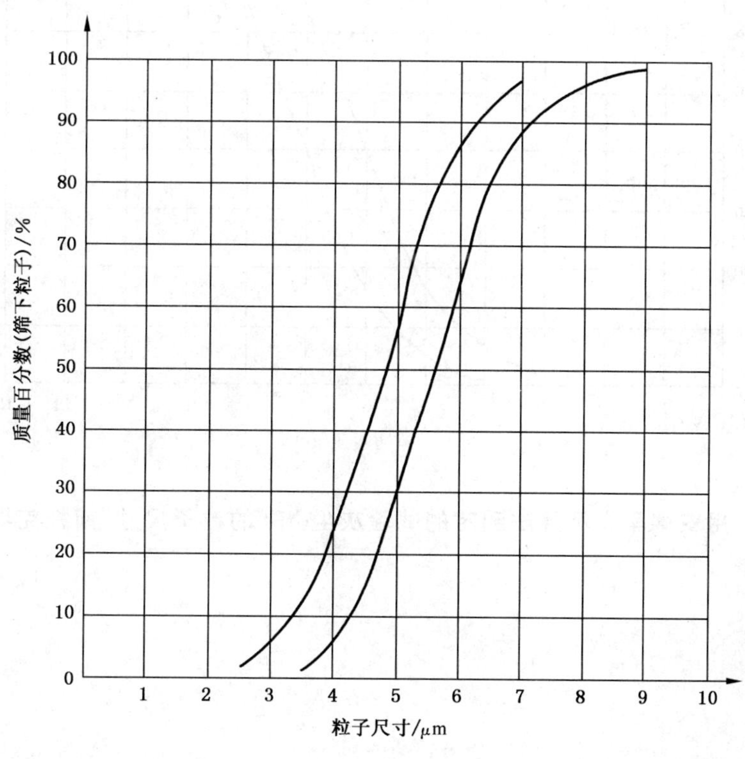

图 A.1 用安德里森沉降法测定的试验灰尘 M1 的粒子尺寸（斯托克斯直径）

A.2 试验灰尘，ISO 12103-M2 的粒子尺寸分布见表 A.2 和图 A.2。

表 A.2 试验灰尘 M2 粒子尺寸分布

粒子尺寸 (斯托克斯直径) μm	质量百分数(%) 筛下粒子	
	min	max
3.0	—	1.5
4.0	1.0	6.5
5.0	5.2	16.5
6.0	16.0	40.0
7.0	40.0	64.7
8.0	65.0	88.5
9.0	88.0	97.3
10.0	96.5	98.9
11.0	98.5	—
50%的平均尺寸范围：6.9 μm±0.5 μm		

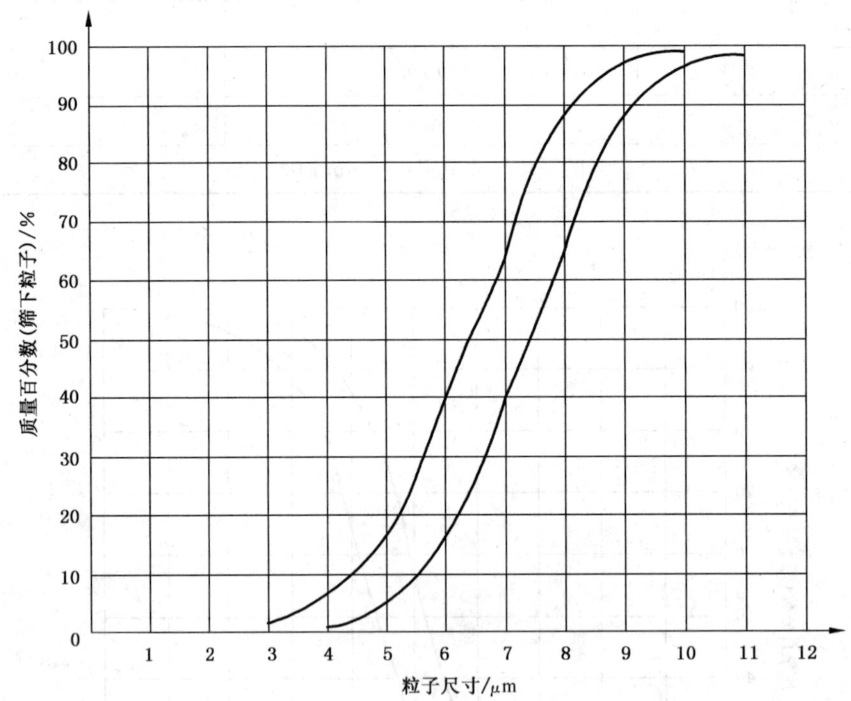

图 A.2 用安德里森沉降法测定的试验灰尘 M2 的粒子尺寸(斯托克斯直径)

附　录　B
（规范性附录）
试验设备（装置）及仪器、仪表、器具

B.1　新滤清器清洁度试验的试验设备

B.1.1　新滤清器清洁度试验的试验装置见图B.1。

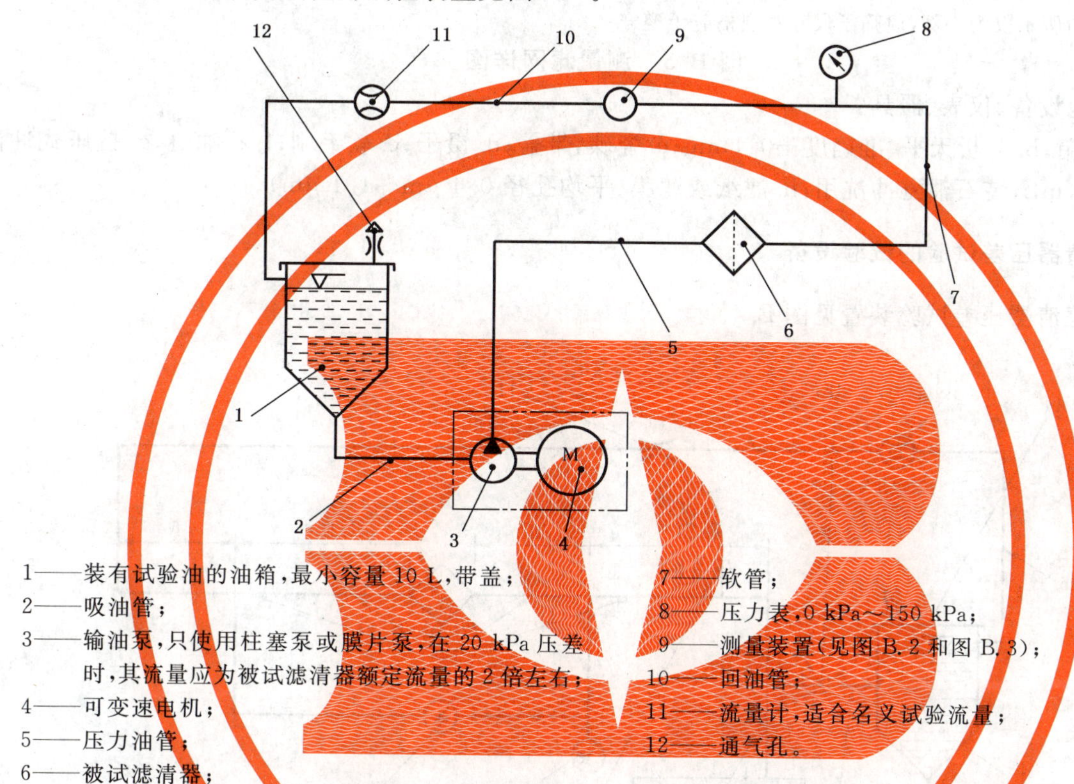

1——装有试验油的油箱，最小容量10 L，带盖；
2——吸油管；
3——输油泵，只使用柱塞泵或膜片泵，在20 kPa压差时，其流量应为被试滤清器额定流量的2倍左右；
4——可变速电机；
5——压力油管；
6——被试滤清器；
7——软管；
8——压力表，0 kPa～150 kPa；
9——测量装置（见图B.2和图B.3）；
10——回油管；
11——流量计，适合名义试验流量；
12——通气孔。

图B.1　新滤清器清洁度试验的试验装置

B.1.2　清洁度试验的测量装置见图B.2和图B.3。

单位为毫米

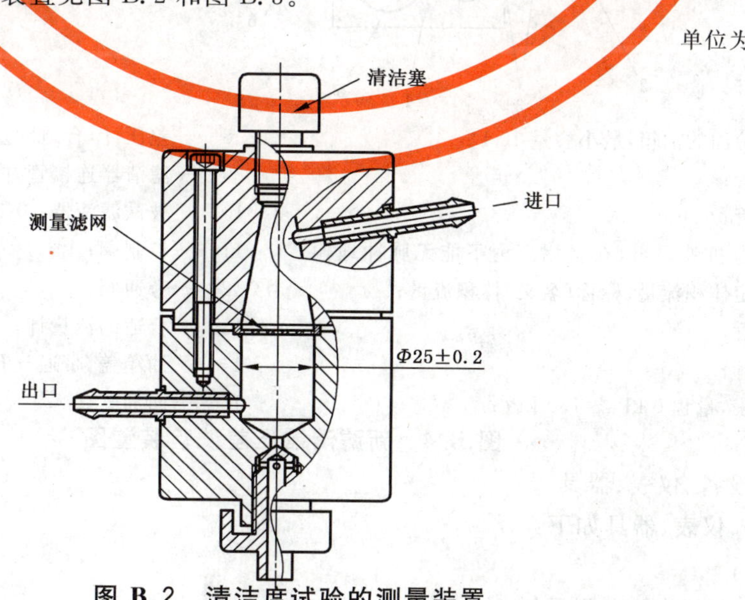

图B.2　清洁度试验的测量装置

单位为毫米

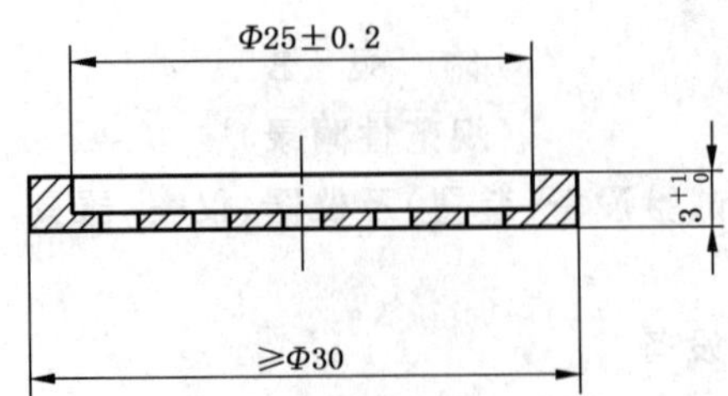

注 1：聚酰胺测量滤网，平纹方孔网或斜纹编织网，孔隙尺寸 28 μm，纤维直径 25 μm±1 μm，筛网通孔面积占 28%。

注 2：本图所示仅为一例，但筛子尺寸和规格应予遵守。

图 B.3 测量滤网详图

B.1.3 其他设备、仪表、器具：

a. 干燥箱；b. 分析天平、准确度±0.1 mg；c. 瓷碟，带盖；d. 镊子；e. 软毛刷；f. 石油醚；g. 挤压式冲洗瓶，容量 100 mL，装石油醚冲洗用；h. 滤纸或滤膜(平均孔径 0.4 μm～1.1 μm)。

B.2 新滤清器压差试验的试验设备

B.2.1 新滤清器压差试验装置见图 B.4。

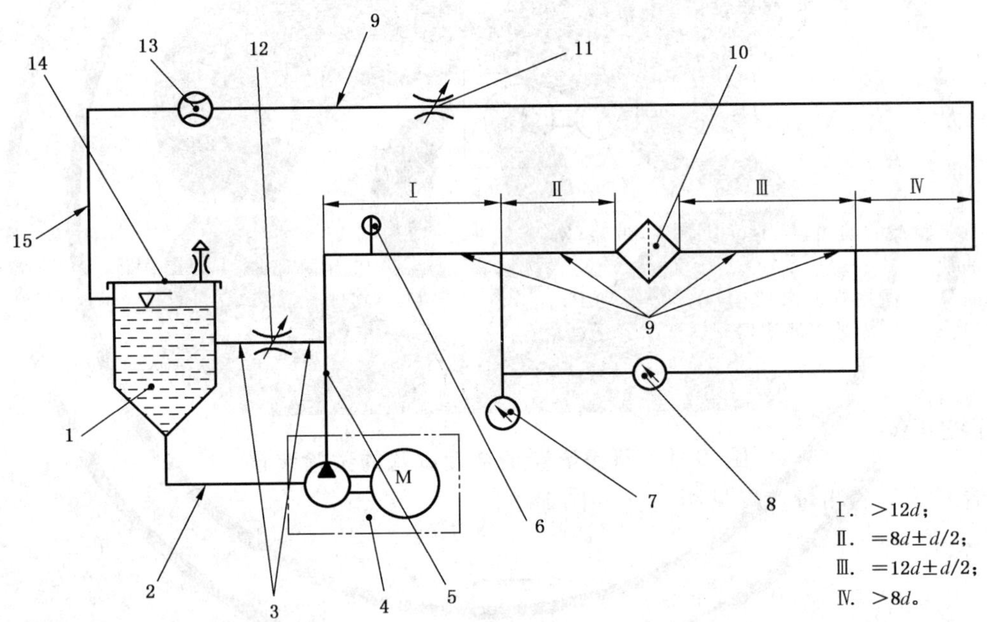

1——装试验油的油箱，最小容量 10 L；
2——吸油管；
3——旁通管；
4——变速电机油泵组，在常用压力下能无脉冲地输送额定体积流量、标称(名义)体积流量；
5——压力管；
6——温度计；
7——压力表，量程 0 kPa～150 kPa；
8——差压计，合适的量程范围；
9——滤清器连接管，内径 d 与滤清器进出油孔相同；
10——被试滤清器；
11——控制阀；
12——旁通阀；
13——合适的流量计；
14——油箱盖，带通气孔；
15——回油管。

图 B.4 新滤清器压差试验装置图

B.2.2 其他设备、仪表、器具

其他设备、仪表、器具如下：

a) 秒表；

b) 试验油运动黏度测量仪。

B.3 瞬时过滤效率和寿命试验设备

B.3.1 注入泵加灰试验装置见图 B.5。

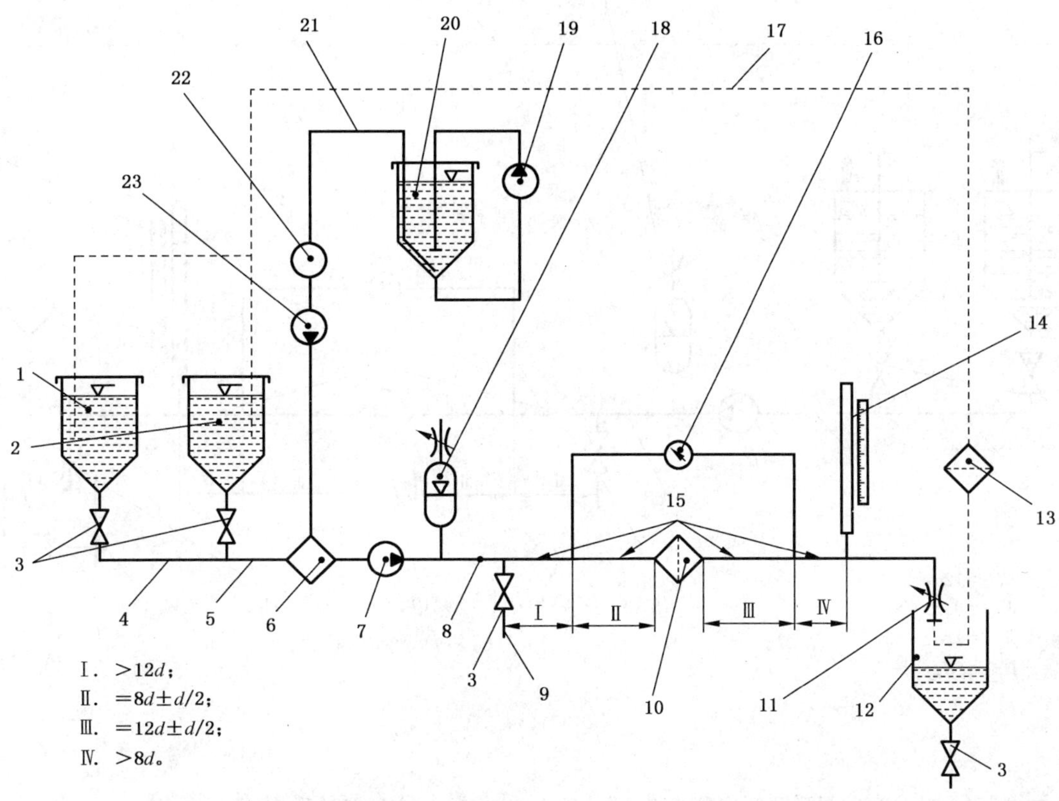

1——主油箱(带试验油),圆形油箱内部光滑,最小容量 50 L,直径约 380 mm,底部锥度 90°,中心出油,带油箱盖;

2——备用油箱(带试验油),同主油箱;

3——截止阀,开/关直通式;

4——油管,最小内径 12 mm;

5——软管,最小内径 12 mm;

6——注入喷管(内径 1.6 mm,外径 3.2 mm)应插入油管 8(内径 12 mm)的中部,注入喷嘴管端部有直径 1.0 mm 的喷孔,由此处注入试验杂质,其注入方向即为油流方向;

7——主油泵,螺杆式,最大流量 210 L/h,无级变速控制;

8——油管,最小内径 12 mm;

9——金属取样管,内径 6 mm;

10——被试滤清器;

11——量孔,与测压管 14 配合使用以测定流量;

12——油箱,最小容量 50 L(同主油箱 1,但无盖);

13——膜片式净化滤清器(见图 B.8);

14——测压管,带刻度玻璃管,与量孔 11 配合使用,以测量流量;

15——滤清器连接管,内径 d 与滤清器进出油孔相同,直管长度如图所示;

16——差压计,量程 0 kPa~70 kPa;

17——软管,最小内径 12 mm(选用件);

18——脉冲阻尼器,有助于降低脉冲的强度使之不高于实际平均进口压力的 1/10;

19——再循环泵,用于杂质油,这是用软管连接的泵,其能力至少为 5 L/min 或 15 kPa。管子内径最大为 4 mm,泵的出口应设计得使在油液表面就能清楚地看见油液流动情况;

20——杂质油油箱,圆形油箱,内部光滑,直径 170 mm,其圆柱形高度 220 mm,底部锥度 90°,中心出油,带油箱盖,容量(容器的圆柱部分)约为 5 L;

21——柔性油管;

22——标准刻度管,用于监测注入的数量;

23——注入泵,它是用软管连接的泵,其最大功率 150 W,推荐的规格如下:软管直径 0.5 mm~8.0 mm,相应的输送量为 2.0 mL/min~200 mL/min;转速精度为±1%,温度稳定;运行状况:可正、反转;螺旋头数:4;注入软管材料:氟橡胶。

图 B.5 注入泵加灰试验装置

B.3.2 人工加灰的试验装置见图 B.6。

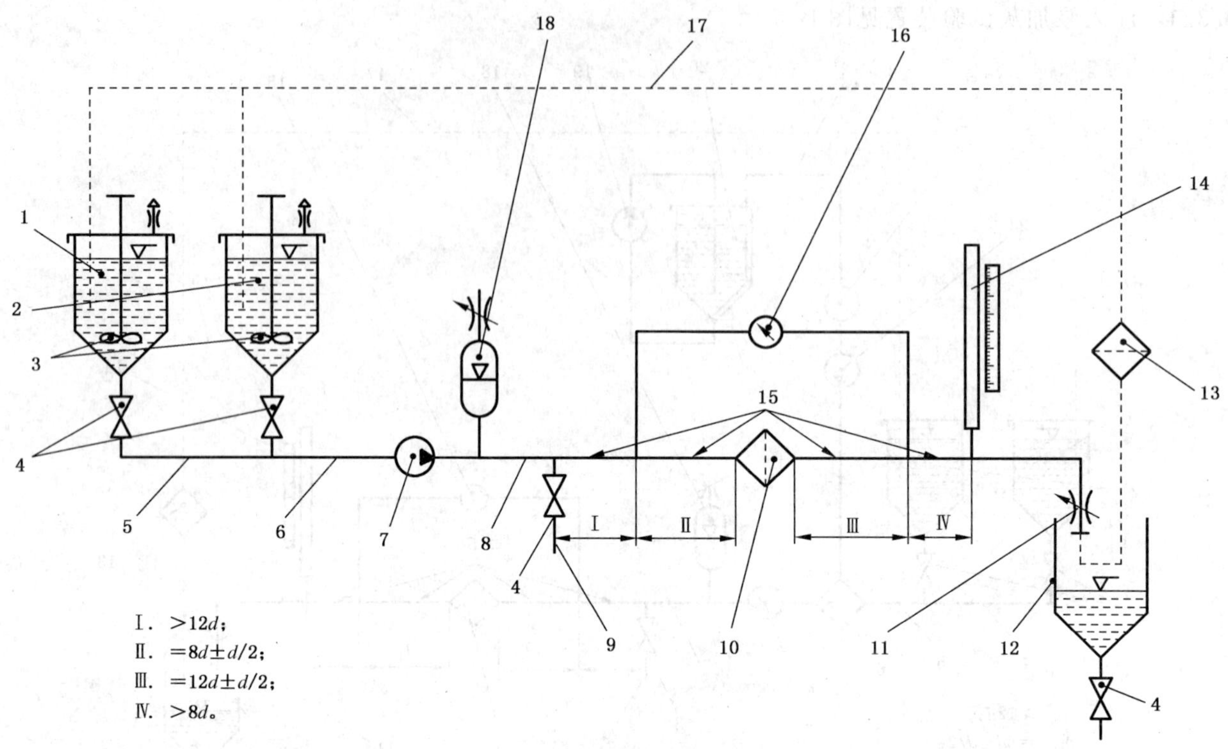

1——主油箱(带试验油),圆形油箱内部光滑,最小容量 50 L,直径约 380 mm,底部锥度 90°,中心出油,带油箱盖;

2——备用油箱(带试验油),同主油箱;

3——搅拌器,约 200 r/min,位置尽量接近油箱底部(见图 B.7);

4——截止阀,开/关直通式;

5——油管,最小内径 12 mm;

6——软管,最小内径 12 mm;

7——主油泵,螺杆式,最大流量 210 L/h,无级变速控制;

8——油管,最小内径 12 mm;

9——金属取样管,内径 6 mm;

10——被试滤清器;

11——量孔,与测压管 14 配合使用以测定流量;

12——集油箱,最小容量 50 L(同主油箱 1,但无盖);

13——膜片式净化滤清器(见图 B.8);

14——测压管,带刻度玻璃管,与量孔 11 配合使用,以测量流量;

15——滤清器连接管,内径 d 与滤清器进出油孔相同,直管长度如图所示;

16——差压计,量程 0 kPa~70 kPa;

17——软管,最小内径 12 mm(选用件);

18——脉冲阻尼器,有助于降低脉冲的强度使之不高于实际平均进口压力的 1/10。

图 B.6 人工加灰的试验装置图

单位为毫米

说明：
15 片叶片与水平成 50°夹角。

图 B.7　人工加灰试验台使用的搅拌器详图

单位为毫米

图 B.8　膜片式净化滤清器详图

B.3.3　其他设备、仪表、器具。

其他设备、仪表、器具如下：

a)　分析天平、准确度±0.1 mg；

b)　真空泵、真空度 85 kPa；

c) 高效过滤装置:圆片滤纸的支承及其夹紧装置(见图 B.9);

d) 圆片滤纸或滤膜,平均孔径在 0.4 μm～1.1 μm,Φ140 mm(见图 B.9);

e) 干燥箱,温度可控制在 130 ℃±10 ℃,用于干燥试验灰尘、圆片滤纸和滤膜等;

f) 马弗炉,温度可控制在 800 ℃±50 ℃;

g) 热板,温度可控制在 500 ℃左右,滤纸初燃用;

h) 坩埚,石英或陶瓷材料制造,直径约Φ40 mm、深 36 mm;

i) 秒表;

j) 带盖瓷碟,直径 Φ65 mm,贮放使用的滤纸;

k) 玻璃烧杯,容量 400 mL;

l) 玻璃量筒,容量 2 mL;

m) 钳子,夹坩埚用。

单位为毫米

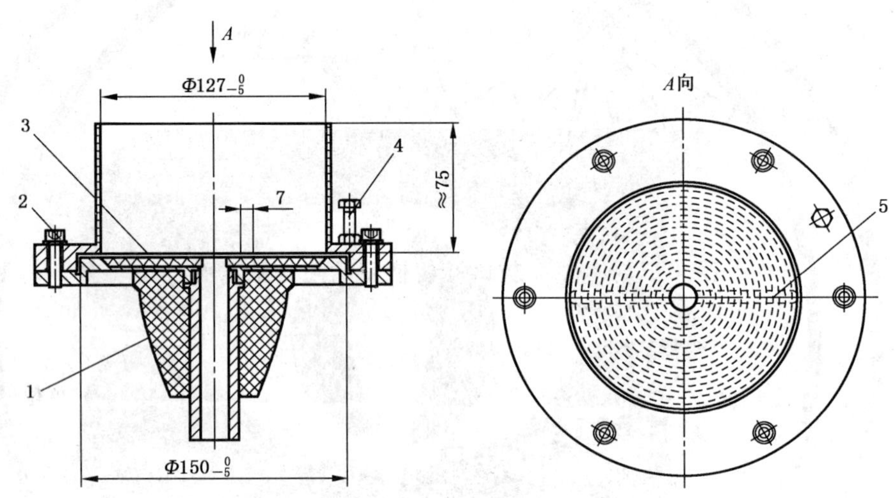

1——橡胶塞(尺寸应适于烧杯);

2——夹紧螺钉;

3——直径 140 mm 的滤纸或滤膜圆片;

4——地线接线柱;

5——泄漏通道,相距 7 mm 的同心圆环。

图 B.9 高效过滤装置

B.4 水分离效率试验设备

B.4.1 水分离效率试验装置见图 B.10。

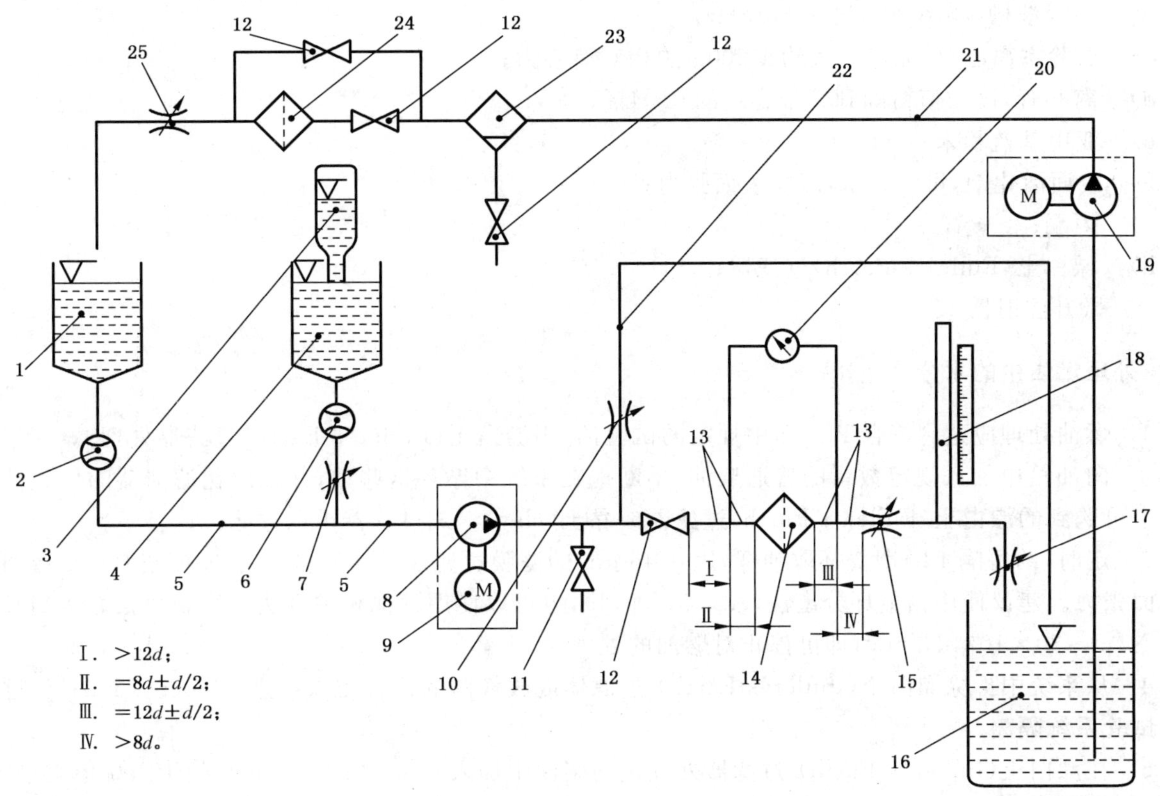

1——主油箱(带试验油),最小容量 50 L;
2——流量计,量程 0～200 L/h;
3——水位稳定装置,最小容量 4 L(任选);
4——水箱(带蒸馏水),最小容量 1 L;
5——主管道,最小内径 12 mm;
6——流量计,量程 0～4 L/h;
7——阀,可调;
8——主油泵,膜片式,产生水滴的弥散尺寸分布应始终一致(详见 E.1);
9——可变速电机;
10——旁通阀,可调;
11——取样阀,距主泵 8 的出口 8d 处,开关直通式,带有内径为 1.2 mm、长度为 56 mm 的出油管;
12——开关阀,开/关直通式;
13——滤清器连接管,内径 d 与滤清器进出油孔相同,直管长度如图示;
14——被试滤清器;
15——阀,可调;
16——集油箱,最小容量 10 L;
17——量孔或可调阀;
18——测压管,带刻度玻璃管,量程 0～300 mm(与量孔 17 配合以测量流量);
19——输油泵,最大流量 210 L/h;
20——差压计,量程 0 kPa～40 kPa;
21——输油管,最小内径 12 mm;
22——旁通管,最小内径 12 mm;
23——凝聚器,能使游离水含量减少到 300 mg/L 以下;
24——吸收过滤器,最小流量 200 L/h,在凝聚器后吸收燃油中全部游离水和添加剂[见 B.4.2 其他设备中漂白土(Fuller's Earth)过滤器];
25——阀,可调节。

注:如果不采用"任选"的装置,图 10 中主油箱 1 和集油箱 16 的最小容积为 200 L。

图 B.10 水分离效率试验装置

B.4.2 其他设备、仪表、器具。

其他设备、仪表、器具如下：

a) 取样瓶，容积 100 mL；

b) 超声波槽，频率 30 kHz～50 kHz；

c) 试验室离心机，能产生大约 1 500g 的相对离心力；

d) 离心管，读数值精确到管子容量的 0.04%；

e) 亚甲基蓝粉末；

f) 表面活化剂，可溶合水，减少表面张力；

g) 丙酮；

h) 漂白土(Fuller's Earth)过滤器；

i) 微升注射器。

B.5 处理燃油中的水分

B.5.1 燃油处理应达到符合 B.5.2 中规定的试验油[用漂白土(Fuller's Earth)过滤器处理]。

B.5.2 向油箱中加入规定数量的普通柴油，不断地在系统中循环这些油，并在净化滤清器的位置装上市场上可购到的漂白土(Fuller's Earth)过滤器或黏土(clay)卡式过滤器予以过滤。

B.5.3 定时(约每隔 4 h)用烧杯取油样，用 0.45 μm 的滤膜过滤油样并测量它对 20 ℃±1.5 ℃蒸馏水的表面张力。建议使用铂金环分离法(ASTM-D971)，也可以使用其他相关方法。当表面张力达到25×10^{-3} N/m～30×10^{-3} N/m 时即可停止对燃油的处理。

B.5.4 从系统中拆除漂白土(Fuller's Earth) 过滤器或改换阀的位置使漂白土(Fuller's Earth) 过滤器与试验系统隔离。

B.5.5 在漂白土(Fuller's Earth) 过滤器处理过的柴油中加入 0.1%(1 000 ppm)的十六烷值增进剂。

注：十六烷值增进剂系市场有售的添加剂且有一定的有效期，故建议检查被处理过的油液[十六烷值增进剂对应蒸馏水(ASTM-D971)]的表面张力。如果处理过程无误，且十六烷值增进剂是合格的，则在加入此添加剂后 1 h 内表面张力值应在 23×10^{-3} N/m～28×10^{-3} N/m 之间。

B.5.6 用泵循环这些带添加剂的柴油使油箱中的油至少循环过两次，燃油处理即告结束。

B.6 滤芯耐破损试验设备

B.6.1 滤芯耐破损试验装置见图 B.11。

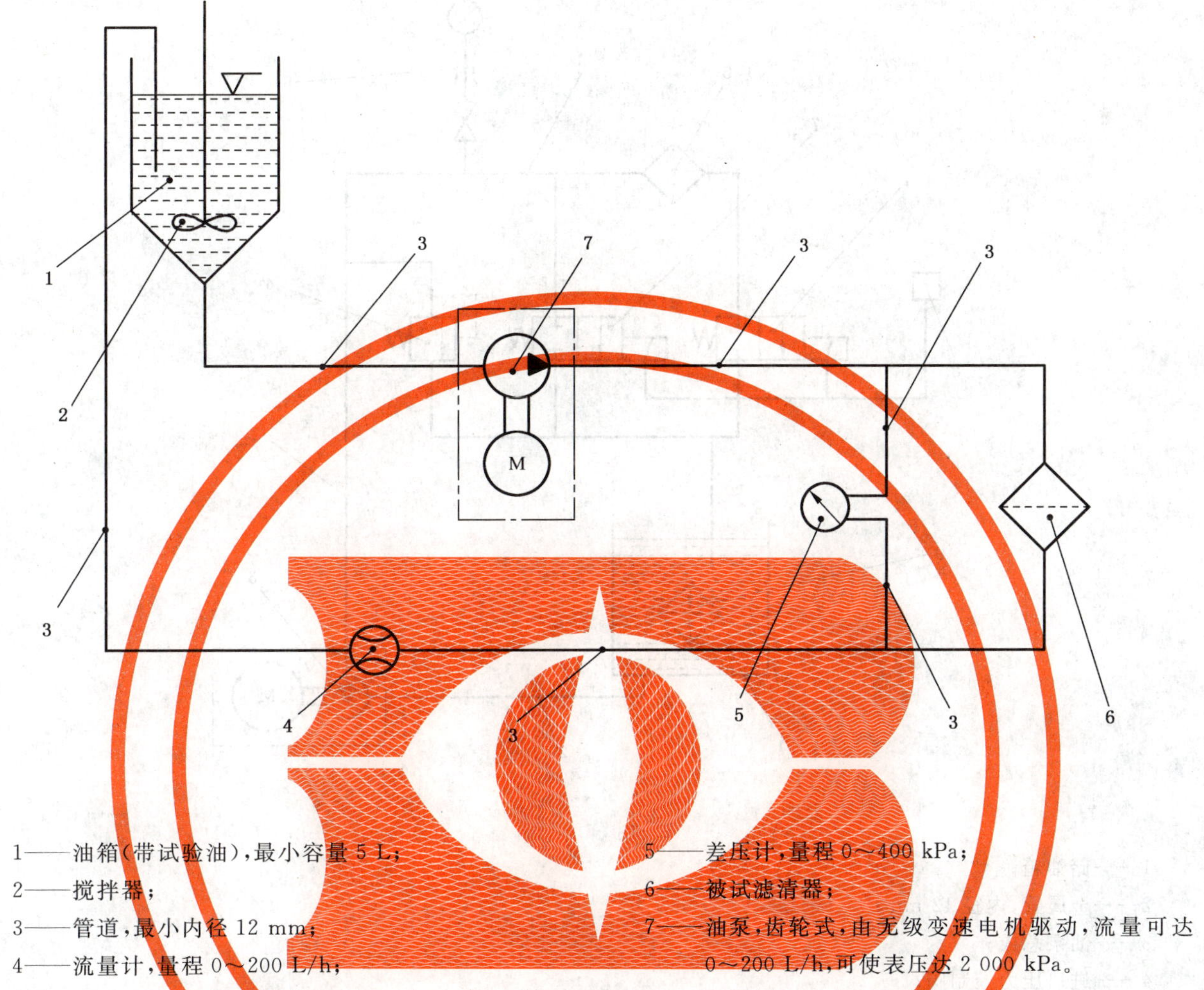

1——油箱(带试验油),最小容量 5 L;
2——搅拌器;
3——管道,最小内径 12 mm;
4——流量计,量程 0～200 L/h;
5——差压计,量程 0～400 kPa;
6——被试滤清器;
7——油泵,齿轮式,由无级变速电机驱动,流量可达 0～200 L/h,可使表压达 2 000 kPa。

图 B.11　滤芯耐破损试验装置

B.6.2　其他设备、仪表、器具。

其他设备、仪表、器具如下:

a)　玻璃容器,容量 1 L;

b)　实验室搅拌器。

B.7　液压脉冲疲劳试验设备

B.7.1　液压脉冲疲劳试验装置见图 B.12。

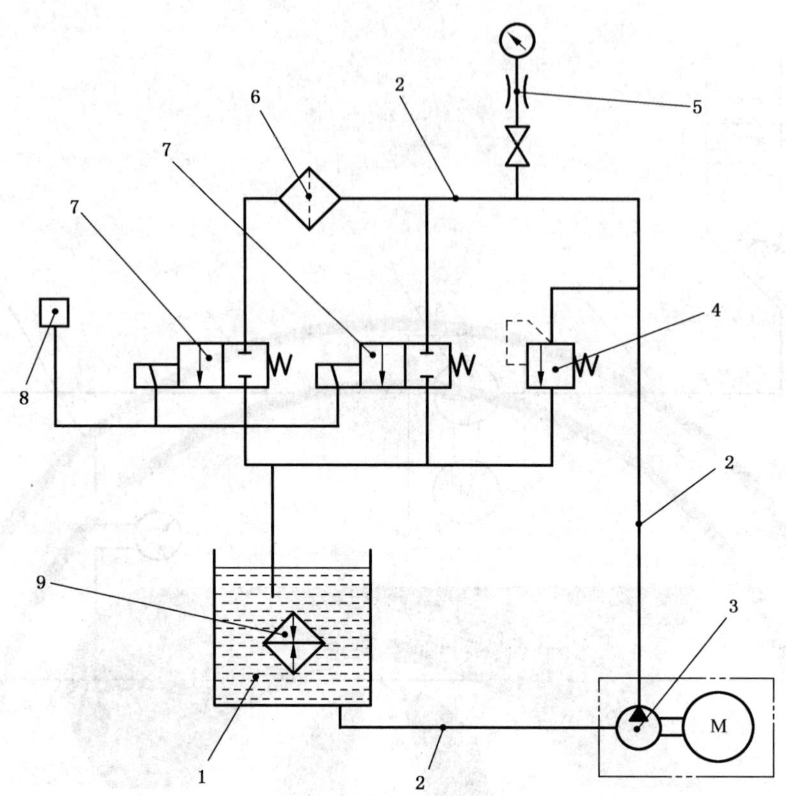

1——储油箱；

2——金属管，内径 12 mm；

3——油泵总成；

4——进口压力控制阀；

5——压力表；

6——被试滤清器；

7——电磁阀；

8——电磁阀计时器和计数器，用于操纵电磁阀 7；

9——热交换器。

图 B.12 液压脉冲疲劳试验装置

B.8 振动疲劳试验设备

B.8.1 振动疲劳试验装置见图 B.13。

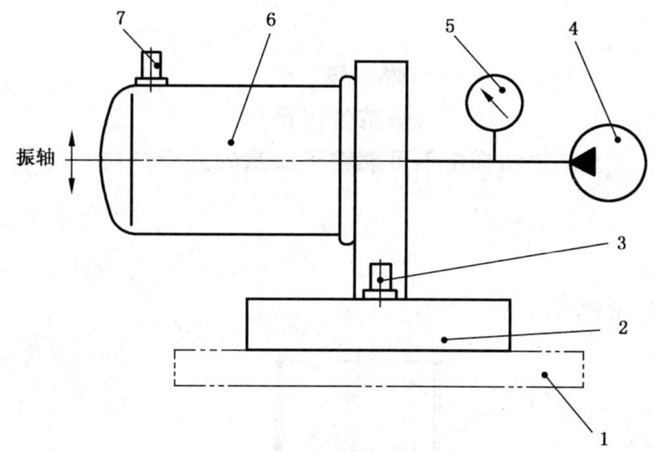

a）滤清器作横向振动疲劳试验装置

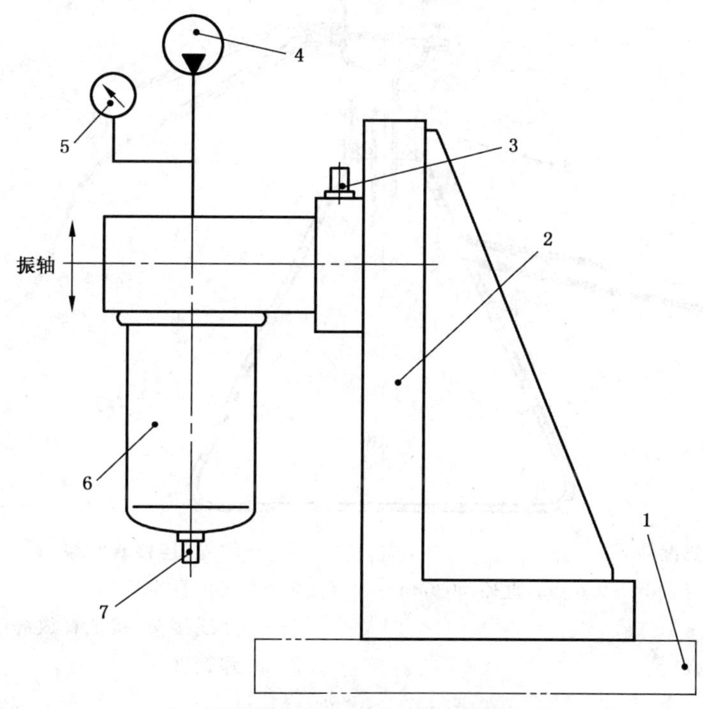

b）滤清器作纵向振动疲劳试验装置

1——电磁振动台(包括正弦波形振荡器、频率调节器、放大器、显示仪等)；
2——支架；
3——输入端加速度仪；
4——油压源，在 0 kPa～700 kPa 的油压范围内，能保证恒定油压；
5——油压表，量程 0 kPa～700 kPa，精度 1.0 级；
6——被试滤清器；
7——输出加速度。

图 B.13 振动疲劳试验装置

附 录 C
（规范性附录）
试验油样中不可燃粒子质量的分析方法

C.1 设备和器具

C.1.1 过滤油样用的器具见图 C.1。

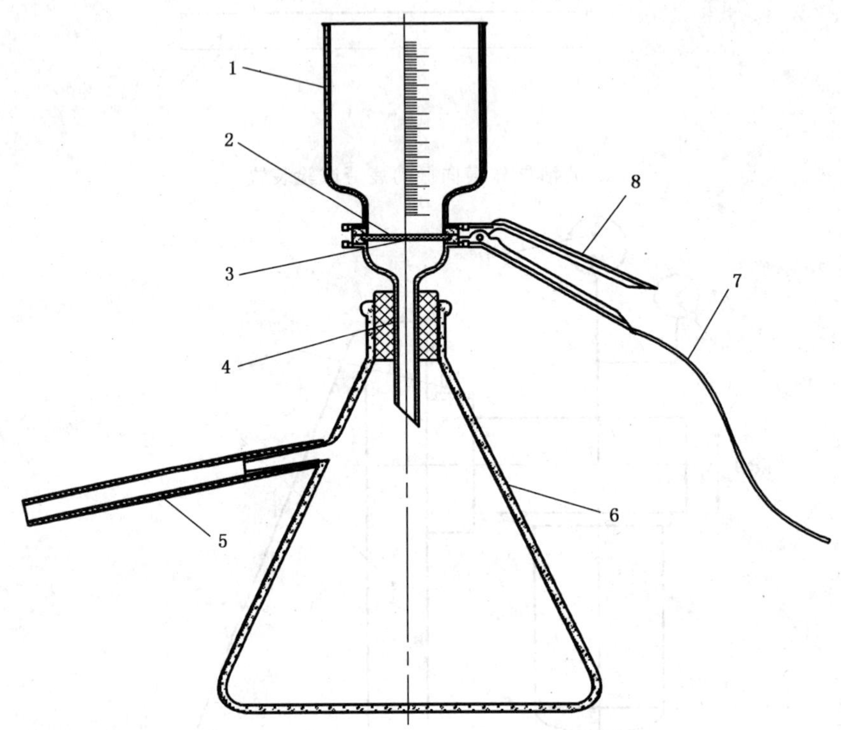

1——有刻度的玻璃过滤漏斗；
2——微孔滤膜（孔径：0.45 μm～0.8 μm，直径：50 mm～60 mm）；
3——烧结（多孔）支撑板；
4——橡胶瓶塞头；
5——软管（连接真空泵）；
6——三角真空烧瓶；
7——地线接头（接地释放静电荷）；
8——弹簧夹。

图 C.1 过滤器具——在真空烧瓶上装配好带滤膜的过滤漏斗

C.1.2 其他辅助设备、仪器、器具。

其他辅助设备、仪器、器具如下：

a) 恒温干燥箱，能控温 105 ℃±2 ℃；
b) 微型真空泵机组，能产生 50 kPa 的负压；
c) 干燥器；
d) 称量瓶及坩埚；
e) 高温箱型电阻炉，炉温 1 000 ℃～1 300 ℃；
f) 压力洗涤瓶，容量至少 500 mL；
g) 烧瓶，容量 200 mL，800 mL；
h) 瓷盘；
i) 分析天平，感量 0.1 mg；
j) 取样瓶，容量 1 000 mL～1 500 mL；

k） 扁嘴镊子；

l） 试验室搅拌器；

m） 夹钳。

C.2 油样中固体杂质含量的测定

C.2.1 在加入洗涤剂的温水中清洗过滤漏斗、烧杯、取样瓶及瓷盘，再用清洁水洗净后者置于恒温干燥箱中，在105 ℃±5 ℃下干燥不少于1 h。

C.2.2 将清洁的坩埚编号后移入高温电炉中，以800 ℃±50 ℃煅烧1 h后取出，在空气中冷却3 min后移入干燥器中冷却1 h后称量，精确到0.1 mg，并做好记录。

C.2.3 从恒温干燥箱中取出过滤漏斗、烧杯、取样瓶等放在瓷盘内冷却到室温。

C.2.4 将过滤器具上的软管接到真空泵上。

C.2.5 开动真空泵将三角烧瓶抽真空。

C.2.6 用试验室的搅拌器具搅拌油样，使油样中杂质均匀分散，然后徐徐向过滤漏斗中倒入油样，应注意切勿使油样溢出而影响到分析结果。待取样瓶中的油样全部倒进过滤漏斗后，再用洗涤瓶中的石油醚或洗涤汽油压力冲洗取样瓶及过滤漏斗的壁面。使油样中的杂质全部收集在滤膜的表面上。

C.2.7 松开过滤器具的弹簧夹，用扁嘴镊子取下吸附了杂质的滤膜，放入有编号的坩埚中，切勿使任何杂质中途失落。

C.2.8 将坩埚放在台式电炉上，点燃里面的滤膜。烧去残留的试验液，小心勿使另外的杂质带入，然后再将坩埚置于高温电炉内在800 ℃±50 ℃的温度下煅烧1 h。

C.2.9 从高温炉内取出含有杂质的坩埚，在空气中冷却3 min后移入干燥器内冷却1 h。

C.2.10 从干燥器内取出含有杂质的坩埚，放在分析天平内称量，精确到0.1 mg。

C.2.11 从含有杂质的坩埚称量值中减去坩埚自身的质量（在C.2.2中查阅记录）即为油样中固体不可燃粒子的质量。

附 录 D
（规范性附录）
瞬时过滤效率、压差和阻塞时间的关系

D.1 瞬时过滤效率、压差和阻塞时间特性曲线图

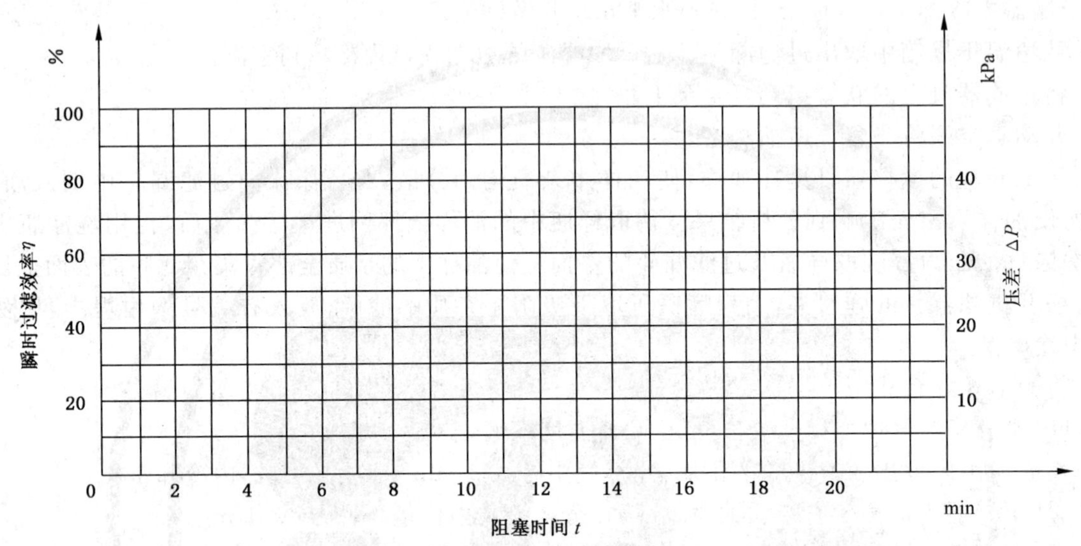

图 D.1 瞬时过滤效率、压差和阻塞时间特性曲线图

附　录　E
（规范性附录）
水分离效率试验补充说明

E.1　膜片泵

静压(无流动):34.5 kPa～55.1 kPa(表压)
每行程排量:8.5 mL(最大)
上移距:2.72 mm(最大)
下移距:2.84 mm(最大)
凸轮转速 1 500 r/min 时,通过 Φ3 mm 量孔的燃油流量 90 L/h(最小)
阀孔直径(两个):10 mm
膜片有效直径:60 mm
试验时凸轮转速:1 425 r/min±26 r/min

E.2　确定不溶解水含量的方法

E.2.1　试验液每一试样应经 30 kHz～50 kHz 超声波分散处理 5 min,然后用力手摇数次。
E.2.2　从采样点 17(见图 B.10)所采油样加到清洁的离心试管内。
E.2.3　加入少许亚甲基蓝粉末,直至使水显示颜色为止。
E.2.4　用微升注射器向试管中注入约 1 μL 可溶于水的表面活性剂,并经 5 min 超声波分散处理(这是为了清除离心试管壁上的水)。
E.2.5　试管在大约 1 500g(g=重力加速度)的离心力下,离心作用 10 min。
E.2.6　从离心机上取下试管,读出蓝色水溶液的刻度。减去 1 μL 表面活性剂。

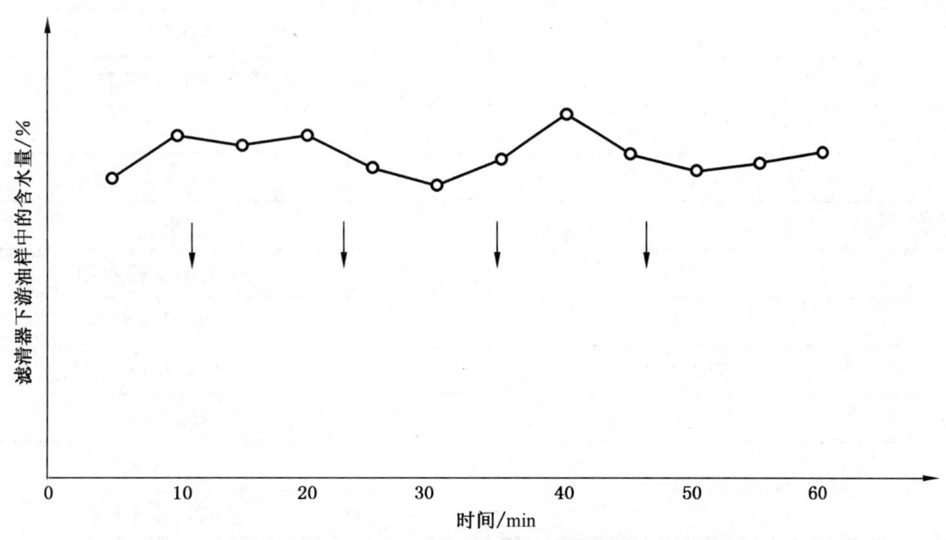

图 E.1　滤清器下游油样中不溶解水含量曲线

附 录 F
(资料性附录)
本标准章条编号与 ISO 4020:2001 章条编号对照

F.1 表 F.1 给出了本标准章条编号与 ISO 4020:2001 章条编号对照一览表

表 F.1 本标准章条编号与 ISO 4020:2001 章条编号对照

本标准章条编号	对应的 ISO 4020:2001 章条编号
1	1 的第 4 段
2	2 的部分内容
3	3
3.1	3.1 的解释不同
3.2	3.2 的解释不同
3.3	3.3 的术语和解释不同
3.4	3.4 的术语不同
3.5	3.5 的术语不同
3.6	3.8 的术语不同
—	3.6
—	3.7
3.7	3.9
3.8	3.10 的解释不同
3.9	3.11
3.10	3.12 的术语和解释不同
3.11	3.13
4	4
5	5
5.1	5.1 的第 1 段不同
5.2	5.2 的部分内容
—	5.2.1
—	5.2.1
5.3	5.3
6	6 的名称不同
6.1	6.1
6.1.1～6.1.5	6.1.1～6.1.5
6.2	6.2 的名称不同
6.3	6.3
6.3.1～6.3.5	6.3.1～6.3.5

表 F.1(续)

本标准章条编号	对应的 ISO 4020:2001 章条编号
6.4	6.4
6.4.1～6.4.4	6.4.1～6.4.4
6.4.4.1	6.4.4.1
6.4.4.2	6.4.4.2.2
—	6.4.4.2
—	6.4.4.2.1
6.4.4.3	6.4.4.3.1
—	6.4.4.3
—	6.4.4.3.2
—	6.4.4.3.3
—	6.4.4.3.4
6.4.4.4	6.4.4.4 的名称不同
6.4.4.4.1	6.4.4.4.1 的部分内容
6.4.4.4.2	6.4.4.4.2 的部分内容
6.4.4.5	6.4.4.5 的部分
6.4.4.5.1	6.4.4.5.1 的部分
6.4.4.5.2	6.4.4.5.2～6.4.4.5.4
6.4.5	6.4.5
6.4.6	6.4.7
6.4.6.1	6.4.7.1
6.4.6.1.1	6.4.7.1.1
6.4.6.1.2	6.4.7.1.2 的部分
6.4.6.1.3	6.4.7.1.3
6.4.7	6.4.6 的部分
6.5	6.5
6.5.1～6.5.4	6.5.1～6.5.4
6.5.4.1～6.5.4.2	6.5.4.1～6.5.4.2 的部分
6.5.5	6.5.5
6.5.5.1～6.5.5.2	6.5.5.1～6.5.5.2
6.6	6.6
6.6.1～6.6.6	6.6.1～6.6.6
6.7	6.7
6.7.1～6.7.4	6.7.1～6.7.4
6.8	6.8
6.8.1～6.8.2	6.8.1～6.8.2

表 F.1(续)

本标准章条编号	对应的 ISO 4020:2001 章条编号
6.8.2.1～6.8.2.3	6.8.2.1～6.8.2.3
6.8.3	6.8.3
6.8.3.1	—
6.8.3.2	—
6.8.4	6.8.5 的内容不同
6.8.5	6.8.4
—	6.8.6
6.9	6.9
6.9.1～6.9.4	—
附录 A	—
—	附录 A
附录 B	附录 B 的部分
附录 C	附录 F 的部分
—	附录 C
—	附录 D
附录 D	附录 G
附录 E	附录 E
附录 F	—

ICS 65.020.30
B 43

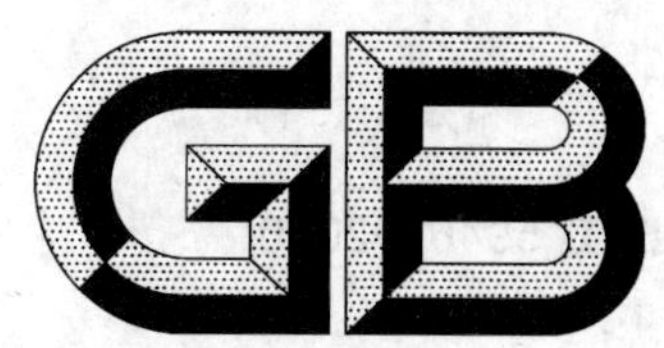

中华人民共和国国家标准

GB/T 5946—2010
代替 GB/T 5946—1986

三 河 牛

San-he cattle

2011-01-10 发布 2011-06-01 实施

中华人民共和国国家质量监督检验检疫总局
中国国家标准化管理委员会 发布

前　言

本标准代替 GB/T 5946—1986《三河牛》。

本标准与 GB/T 5946—1986 相比，主要变化如下：

——增加了前言；

——增加了规范性引用文件；

——完善了生产性能指标；

——增加了乳蛋白率指标；

——增加了繁殖性能指标；

——增加了各月龄牛体重等级；

——增加了等级综合评定；

——增加了种牛出场条件；

——增加了外貌鉴定细项。

本标准的附录 A、附录 B 为资料性附录。

本标准由中华人民共和国农业部提出。

本标准由全国畜牧业标准化技术委员会(SAC/TC 274)归口。

本标准起草单位：内蒙古自治区家畜改良工作站、呼伦贝尔市畜牧工作站、海拉尔农牧场管理局。

本标准主要起草人员：高雪峰、李疆、李忠书、包利锋、王玉、陈巴特尔、刘爱荣、乌恩旗、吴宏军、谭瑛、初永春。

本标准所代替标准的历次版本发布情况为：

——GB/T 5946—1986。

三　河　牛

1　范围

本标准规定了三河牛的品种特性、外貌特征和等级评定方法。

本标准适用于三河牛品种鉴别和等级评定。

2　规范性引用文件

下列文件中的条款通过本标准的引用而成为本标准的条款。凡是注日期的引用文件，其随后所有的修改单(不包括勘误的内容)或修订版均不适用于本标准，然而，鼓励根据本标准达成协议的各方研究是否可使用这些文件的最新版本。凡是不注日期的引用文件，其最新版本适用于本标准。

GB 4143　牛冷冻精液

3　品种特征特性

3.1　产地和主要特点

三河牛原产于内蒙古自治区呼伦贝尔市三河地区，是在草原生态条件下由西门塔尔、后贝加尔、西伯利亚牛等十多个品种复杂杂交育成的乳肉兼用品种。

三河牛适应性强、耐粗饲、耐高寒、抗病力强、宜牧、乳脂率高、遗传性能稳定。

3.2　外貌特征

毛色有红白花或黄白花，体大结实，结构匀称，肌肉适度，骨骼健壮，性情温驯，四肢健壮，肢势端正，蹄质坚实。公牛雄相明显，头大小适中，颈肩结合良好，胸部较深，背部平直，尻部宽广平直。母牛腹大不下垂，荐部稍显隆起，乳房大小中等，质地良好，乳静脉弯曲明显，乳头大小适中。三河牛外貌照片参见附录A。

4　生产性能

4.1　产乳性能

4.1.1　产乳量

三河牛成年母牛305天产乳量见表1。

表1　母牛305天产乳量

单位为千克

等　级	胎　次				
	一	二	三	四	五
特　级	≥4 500	≥5 100	≥5 600	≥5 900	≥6 000
一　级	≥4 000	≥4 500	≥4 800	≥4 900	≥5 000
二　级	≥3 000	≥3 400	≥3 700	≥3 900	≥4 000
三　级	≥2 000	≥2 400	≥2 700	≥2 900	≥3 000

4.1.2　乳脂率

乳脂率4.0%以上，但各胎次产乳量每增加1 000 kg，可允许乳脂率降低0.1个百分点。

4.1.3　乳蛋白率

乳蛋白率3.3%以上，但各胎次产奶量每增加1 000 kg，可允许乳蛋白率降低0.1个百分点。

4.2 产肉性能

4.2.1 18月龄以上公牛、阉牛经过短期育肥后，屠宰率不低于55%，净肉率不低于45%。

4.2.2 6月龄到18月龄或24月龄的平均日增重为：公牛0.8 kg～1.0 kg；母牛0.6 kg～0.8 kg。

4.3 繁殖性能

4.3.1 公牛18月龄正式采精，精液品质符合GB 4143要求。

4.3.2 母牛常年发情，初配年龄为18月龄～24月龄，体重在350 kg左右，发情周期为18天～21天，妊娠期275天～293天。

5 体尺、体重

5.1 成年牛体尺参数见表2。

表2 成年牛体尺参数

单位为厘米

性别	体高	体斜长	胸围	管围
公牛	≥155	≥185	≥220	≥24
母牛	≥130	≥150	≥190	≥18

5.2 成年牛体重等级见表3。

表3 成年牛体重等级

单位为千克

性别	等级			
	特级	一级	二级	三级
公牛	≥1 000	≥950	≥900	≥850
母牛	≥600	≥550	≥500	≥450

5.3 各月龄牛体重等级见表4。

表4 各月龄牛体重等级

单位为千克

月龄	公牛				母牛			
	特级	一级	二级	三级	特级	一级	二级	三级
6	≥200	≥185	≥170	≥160	≥175	≥165	≥150	≥140
12	≥400	≥360	≥320	≥300	≥325	≥300	≥280	≥260
18	≥600	≥550	≥500	≥450	≥390	≥370	≥350	≥330
24	≥720	≥670	≥630	≥600	≥455	≥420	≥400	≥370
36	≥800	≥720	≥660	≥620	≥520	≥480	≥445	≥410
48	≥900	≥850	≥800	≥750	≥570	≥520	≥480	≥430

6 外貌评分等级

外貌评分等级见表5，鉴定方法参见附录B。

表5 外貌评分等级

单位为分

性别	等级			
	特级	一级	二级	三级
公牛	≥85	≥80	≥75	≥70
母牛	≥80	≥75	≥70	≥65

7 等级综合评定

综合鉴定方法是对体重和外貌限定一个最低标准之后，以产奶性能为主进行综合评定。

7.1 母牛等级综合评定见表6。

表6 母牛等级综合评定

产奶性能	体　重	外　貌	综合评定
特　级	一级或特级	一级或特级	特级
一　级	一级或特级	二级以上	一级
二　级	二级以上	二级以上	二级
三　级	三级以上	三级以上	三级

7.2 种公牛的综合评定以后裔测定结果为准。

7.3 犊牛不做综合评定，只注明体重和外貌等级。

8 种牛出场条件

8.1 无遗传疾患。

8.2 生殖器官发育正常。

8.3 体型外貌符合本品种特征。

8.4 血缘清楚，系谱档案资料齐全。

8.5 生长发育良好，四肢健壮，体质结实。

8.6 综合评定公牛一级或一级以上、母牛二级或二级以上。

附　录　A
（资料性附录）
三河牛外貌照片

三河牛公牛、母牛外貌照片见图A.1～图A.6。

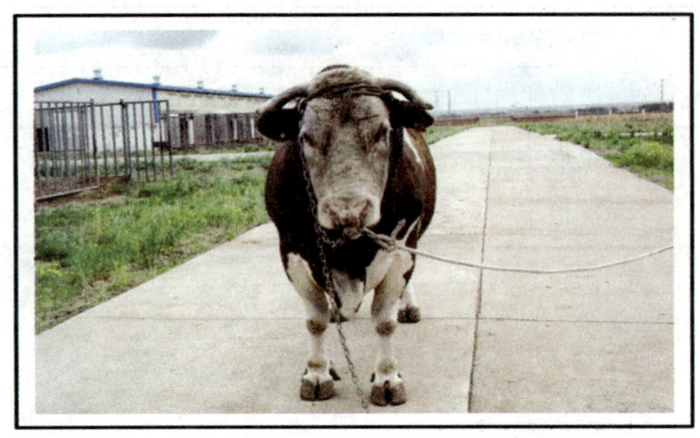

图A.1　公牛正面照

图A.2　母牛正面照

图A.3　公牛侧面照

图A.4　母牛侧面照

图A.5　公牛后面照

图A.6　母牛后面照

附 录 B
（资料性附录）
三河牛外貌鉴定方法

B.1 母牛的外貌鉴定评分项目：包括整体结构、体躯、泌乳系统、四肢共四大部分，公牛减去泌乳系统一项为三大部分，分别为100分。

B.2 对公牛、母牛进行外貌鉴定时，体躯、泌乳系统、四肢其中一项有明显生理缺陷者，不能评为特等，有两项者不能评为一等。

B.3 鉴定时间：母牛在一、三胎产后第二个泌乳月各鉴定一次；公牛在12月龄及30月龄各鉴定一次。

B.4 外貌鉴定评分标准见表B.1。

表 B.1 外貌鉴定评分标准

项目	评 分 标 准	公牛满分	母牛满分
整体结构	体大结实，骨骼健壮，结构匀称，各部结合良好，头大小适中，眼大有神，花片分明，公牛有雄相，体尺符合标准	40	30
体躯	颈肩结合良好，前躯较发达，胸部宽深，背腰平直，母牛腹大不下垂，公牛腹部紧凑，大小适中，尻部长、平、宽，荐尾结合良好	40	25
泌乳系统	乳房大小中等，前延后伸，附着良好，柔软而富有弹性，乳静脉粗长弯曲，乳头大小适中，分布均匀	—	30
四肢	健壮结实，关节明显，肢势端正，肘节和飞节以上肌肉发达，蹄形正，蹄质结实	20	15

B.5 母牛外貌鉴定细项评分见表B.2。

表 B.2 母牛外貌鉴定细项评分表

项目	细项与评满分要求	标准分
整体结构	1. 头、颈、鬐甲、后大腿等部位轮廓明显	15
	2. 皮肤薄而有弹性，毛细有光泽	5
	3. 体高大而结实，各部结构匀称，结合良好	5
	4. 毛色红，黄白花，界限分明	5
	小 计	30
体躯	5. 长、宽、深	5
	6. 肋骨间距宽	5
	7. 背腰平直	5
	8. 腹大而不下垂	5
	9. 尻部长、平、宽	5
	小 计	25
泌乳系统	10. 乳房形状好，向前后延伸，悬韧带坚韧	12
	11. 乳腺发达，柔软而有弹性	6
	12. 四个乳区匀称，宽而圆，乳镜宽	6
	13. 乳头大小适中，垂直呈柱形，间距匀称	3
	14. 乳静脉弯曲而明显，乳井大	3
	小 计	30
四肢	15. 前肢：结实，肢势良好，关节明显，蹄形正，蹄质坚实	5
	16. 后肢：结实，肢势良好，左右两肢间宽，系部有力，蹄形正，蹄质坚实	10
	小 计	15

B.6 公牛外貌鉴定细项评分见表B.3。

表 B.3 公牛外貌鉴定细项评分表

项目	细项与评满分要求	标准分
整体结构	1. 毛色红,黄白花,体格高大	9
	2. 有雄相,肩峰中等,前躯较发达	10
	3. 各部位结合良好而匀称	9
	4. 背腰平直而结实,腰宽而平	7
	5. 尾根与背线呈水平	5
	小　计	40
体躯	6. 中躯长、宽、深	12
	7. 胸围大,宽而深	10
	8. 腹部紧凑,大小适中	8
	9. 尻部长、平、宽	10
	小　计	40
四肢	10. 前肢:肢势良好,结实有力,左右两肢间宽,蹄形正,蹄质坚实,系部有力	10
	11. 后肢:肢势良好,结实有力,左右两肢间宽,飞节轮廓明显,系部有力,蹄形正,蹄质坚实	10
	小　计	20

ICS 53.020.20
J 80

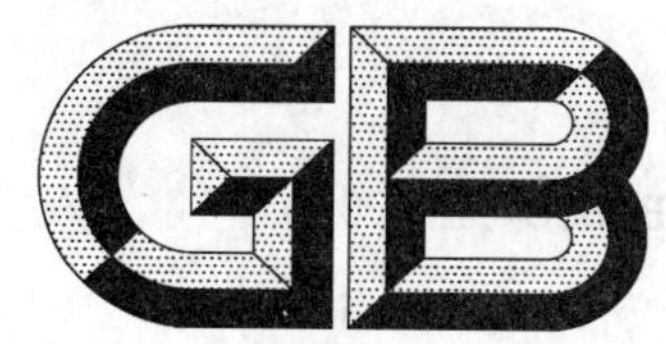

中华人民共和国国家标准

GB 6067.1—2010
代替 GB/T 6067—1985

起重机械安全规程　第1部分：总则

Safety rules for lifting appliances—Part 1：General

2010-09-26 发布　　2011-06-01 实施

中华人民共和国国家质量监督检验检疫总局
中国国家标准化管理委员会　发布

前　言

本部分的3.1、3.3.3～3.3.11、3.4、3.5、3.6.4、3.6.5、3.7.1.2、3.7.1.4、3.7.2.3、3.8、3.9、4.1、4.2.1～4.2.5、4.2.6.1～4.2.6.4、4.2.6.6、5.1、5.5、5.6、5.8、5.9、5.11～5.13、6.2、7.6～7.8、8、9、10.1.4、10.1.5、13.3～13.5、13.7.1、13.7.2、15.3.3、16～18为强制性条文，其他为推荐性条文。

GB 6067《起重机械安全规程》由以下7个部分组成：

——第1部分：总则；

——第2部分：流动式起重机；

——第3部分：塔式起重机；

——第4部分：臂架起重机；

——第5部分：桥式和门式起重机；

——第6部分：缆索起重机；

——第7部分：轻小型起重设备。

本部分为GB 6067《起重机械安全规程》的第1部分。

本部分代替GB/T 6067—1985《起重机械安全规程》。

本部分与GB/T 6067—1985相比主要变化如下：

——本部分对起重机械及各零部件的安全要求均进行了细化，将原标准中有些属于产品技术要求的内容删除；

——增加了起重机械的标记、标牌、安全标志、界限尺寸与净距的安全要求；

——增加了起重机械操作管理要求；

——增加了起重机械人员的选择、职责和基本要求；

——增加了起重机械的安全性、选用、设置、安装与拆卸、操作、检查、试验、维护与修理、使用状态安全评估等的要求；

——删除了“为吊运各类物品而设的专用辅具”、“常用简易起重设备”的有关要求；

——删除了表1～表5、表7～表15以及表16(部分内容)；将表17改为表A.1。

本部分的附录A为规范性附录。

本部分由中国机械工业联合会提出。

本部分由全国起重机械标准化技术委员会(SAC/TC 227)归口。

本部分负责起草单位：辽宁省安全科学研究院、北京起重运输机械设计研究院。

本部分参加起草单位：大连重工·起重集团有限公司、太原重型机械集团有限公司、徐州重型机械有限公司、上海振华港机(集团)股份有限公司、卫华集团有限公司、上海起重运输机械厂有限公司、山东丰汇设备技术有限公司、德马格起重机械(上海)有限公司、国电郑州机械设计研究所、长沙建设机械研究院、广东省特种设备检测院。

本部分主要起草人：尤建阳、崔振元、陶天华、王中平、王福绵、路建湖。

本部分所代替标准的历次版本发布情况为：

——GB/T 6067—1985。

起重机械安全规程　第1部分:总则

1　范围

GB 6067的本部分规定了起重机械的设计、制造、安装、改造、维修、使用、报废、检查等方面的基本安全要求。

本部分适用于桥式和门式起重机、流动式起重机、塔式起重机、臂架起重机、缆索起重机及轻小型起重设备的通用要求。对特定型式起重机械的特殊要求在GB 6067的其他部分中给出。

本部分不适用于浮式起重机、甲板起重机及载人等起重设备。如不涉及基本安全的特殊问题,本部分也可供其他起重机械参考。

2　规范性引用文件

下列文件中的条款通过GB 6067的本部分的引用而成为本部分的条款。凡是注日期的引用文件,其随后所有的修改单(不包括勘误的内容)或修订版均不适用于本部分,然而,鼓励根据本部分达成协议的各方研究是否可使用这些文件的最新版本。凡是不注日期的引用文件,其最新版本适用于本部分。

GB 2893　安全色

GB/T 3323　金属熔化焊焊接头射线照相(GB/T 3323—2005,EN 1435:1997,MOD)

GB/T 3811—2008　起重机设计规范

GB/T 4842　氩

GB/T 5117　碳钢焊条(GB/T 5117—1995,eqv ANSI/AWS A5.1:1991)

GB/T 5118　低合金钢焊条(GB/T 5118—1995,neq ANSI/AWS A5.5:1981)

GB 5226.2—2002　机械安全　机械电气设备　第32部分:起重机械技术条件(idt IEC 60204-32:1998)

GB/T 5293　埋弧焊用碳钢焊丝和焊剂(GB/T 5293—1999,eqv ANSI/AWS A5.17:1989)

GB/T 5905　起重机试验规范和程序(GB/T 5905—1986,idt ISO 4310:1981)

GB/T 5972　起重机　钢丝绳保养、维护、安装、检验和报废(GB/T 5972—2009,ISO 4309:2004,IDT)

GB/T 8110　气体保护电弧焊用碳钢、低合金钢焊丝(GB/T 8110—2008,AWS A5.18M:2005,MOD;AWS A5.28M:2005,MOD)

GB 8918　重要用途钢丝绳(GB 8918—2006,ISO 3154:1988 MOD)

GB/T 10051.1　起重吊钩　机械性能、起重量、应力及材料(GB/T 10051.1—1988,eqv DIN 15403-3:1982)

GB/T 10051.2　起重吊钩　直柄吊钩技术条件(GB/T 10051.2—1988,eqv DIN 15401-2:1982)

GB/T 10051.3　起重吊钩　直柄吊钩使用检查(GB/T 10051.3—1988,eqv DIN 15405-1:1979)

GB/T 12470　埋弧焊用低合金钢焊丝和焊剂

GB 15052　起重机　安全标志和危险图形符号　总则

GB/T 17908　起重机和起重机械　技术性能和验收文件(GB/T 17908—1999,idt ISO 7363:1986)

GB/T 17909.1　起重机　起重机操作手册　第1部分:总则(GB/T 17909.1—1999,idt ISO 9928-1:1990)

GB/T 18453　起重机　维护手册　第1部分:总则(GB/T 18453—2001,idt ISO 12478-1:1997)

GB/T 18875　起重机　备件手册(GB/T 18875—2002,ISO 10973:1995,IDT)

GB/T 19418　钢的弧焊接头　缺陷质量分级指南(GB/T 19418—2003,ISO 5817:1992,IDT)

GB/T 20303.1　起重机　司机室　第1部分:总则(GB/T 20303.1—2006,ISO 8566-1:1992,IDT)

GB/T 20652　M(4)、S(6)和T(8)级焊接吊链(GB/T 20652—2006,ISO 4778:1981,IDT)

GB/T 20947　起重用短环链 T级(T、DAT和DT型)高精度葫芦链(GB/T 20947—2007,ISO 3077:2001,IDT)

GB/T 25196.1　起重机　状态监控　第1部分:总则(GB/T 25196.1—2010,ISO 12482-1:1995,IDT)

GB 50054　低压配电设计规范

GB 50058　爆炸和火灾危险环境电力装置设计规范

HG/T 2537　焊接用二氧化碳

JB/T 6061　无损检测　焊缝磁粉检测(JB/T 6061—2007,ISO 17638:2003,MOD)

JB/T 6062　无损检测　焊缝渗透检测

JB/T 10559　起重机械无损检测　钢焊缝超声检测

JGJ 81　建筑钢结构焊接技术规程

JGJ 82　钢结构高强度螺栓连接的设计施工及验收规程

3　金属结构

3.1　总则

3.1.1　起重机械金属结构设计时,应合理选用材料、结构型式和构造措施,满足结构构件在运输、安装和使用过程中的强度(含疲劳强度)、稳定性、刚性和有关安全性方面的要求,并符合防火、防腐蚀要求。

3.1.2　在金属结构设计文件中,应注明钢材牌号、连接材料的型号,对重要的受力构件还应注明对钢材所要求的力学性能、化学成分及其他的附加保证项目。另外,还应注明所要求的焊缝形式、焊缝质量等级。

3.2　材料

起重机械承载结构构件的钢材选择应符合GB/T 3811—2008中5.3的规定。

3.3　结构件焊接要求

3.3.1　金属结构制作或安装施工单位应根据JGJ 81或有关标准制定本单位的钢结构焊接技术规程。

3.3.2　制造单位或安装施工单位对其首次采用的钢材型号、焊接材料、焊接方法、接头形式、焊接位置、焊后热处理工艺以及焊接参数、预热或后热工艺措施等各种参数的组合条件,应进行焊接工艺评定。

3.3.3　结构件焊接材料应符合下列要求:

a)　手工焊接采用的焊条型号应与主体金属力学性能相适应,且应符合GB/T 5117或GB/T 5118的规定。焊丝应符合GB/T 8110或GB/T 5293的规定。

b)　自动焊接或半自动焊接采用的焊丝和相应的焊剂应与主体金属力学性能相适应,应符合GB/T 5293和GB/T 12470的相关规定。

c)　气体保护焊使用的氩气应符合GB/T 4842的规定,其纯度应不低于99.95%;使用的二氧化碳气体应符合HG/T 2537的规定。

3.3.4　全焊透熔化焊焊接接头的焊缝等级应符合JB/T 10559中焊缝等级1、2、3级的分级规定。

3.3.5　焊缝内部缺陷的检验应符合下列要求:

a)　1级焊缝应进行100%的检验。采用超声波检验时其评定合格等级应达到JB/T 10559中1级焊缝的验收准则要求。采用射线检验时应达到GB/T 3323的规定,其评定合格等级不应低于Ⅱ级;

b) 2级焊缝可根据具体情况进行抽检,采用超声波检验时其评定合格等级应达到JB/T 10559中2级焊缝的验收准则要求。采用射线检验时应达到GB/T 3323的规定,其评定合格等级不应低于Ⅲ级;

c) 3级焊缝可根据具体情况进行抽检,采用超声波检验时其评定合格等级应达到JB/T 10559中3级焊缝的验收准则要求。射线探伤不作规定。

3.3.6 有下列情况之一时应进行表面探伤:

a) 外观检查怀疑有裂纹;

b) 设计文件规定;

c) 检验员认为有必要时。

磁粉探伤应符合JB/T 6061的规定;渗透探伤应符合JB/T 6062的规定。

3.3.7 钢的弧焊接头缺陷质量分级应符合下列规定:

a) 1级焊缝钢的弧焊接头缺陷质量分级应符合GB/T 19418的B级;

b) 2级焊缝钢的弧焊接头缺陷质量分级应符合GB/T 19418的C级;

c) 3级焊缝钢的弧焊接头缺陷质量分级应符合GB/T 19418的D级。

3.3.8 焊工应经专业部门考试合格并取得合格证书且在有效期内。持证焊工应在其考试合格项目及其认可范围内施焊。

3.3.9 1级焊缝施焊后应具有可追溯性。

3.3.10 焊缝无损检测人员应取得相应无损检测资格;报告编制人员和签发人员应持有相应探伤方法的Ⅱ级或Ⅱ级以上资格证书。

3.3.11 焊接质量检验人员应在金属结构制造、检验和测试方面经过培训并取得相应资质。检验人员应至少完成下列工作任务:

a) 应证实使用的相关材料符合本规程要求。

b) 应审核操作过程中的焊接程序符合焊接技术规程规定的要求。

c) 检验施工所用焊接设备符合规定的要求。

d) 检验焊缝尺寸、长度和位置符合焊接技术规程或设计图样的要求。

e) 应检查焊接材料符合所规定的适用位置,且焊接电流和极性符合焊条型号有关分类的要求。

f) 应采用合适的量具测量焊缝的尺寸和外形。应采用强光、放大镜以及其他有助于这种检验的手段目测检验焊缝、母材上裂纹以及其他不连续性的缺陷。

3.4 高强度螺栓连接

3.4.1 高强度螺栓连接的设计施工及验收应符合JGJ 82的规定。

3.4.2 高强度螺栓连接处构件接触面应按设计要求作相应处理,应保持干燥、整洁,不应有飞边、毛刺、焊接飞溅物、焊疤、氧化铁皮、污垢等,除设计要求外接触面不应涂漆。

3.4.3 高强度螺栓应按起重机械安装说明书的要求,用扭矩扳手或专用工具拧紧。连接副的施拧顺序和初拧、复拧扭矩应符合设计要求和JGJ 82的规定。扭矩扳手应定期标定并应有标定记录。高强度螺栓应有拧紧施工记录。

3.5 司机室

3.5.1 起重机司机室应符合GB/T 20303.1的规定。

3.5.2 当臂架俯仰摆动或臂架及物品坠落会影响司机室安全时,司机室不应设置在起重臂架的正下方。

3.5.3 当存在坠落物砸碰司机室的危险时,司机室顶部应装设有效的防护。

3.5.4 在室外或在没有暖气的室内操作的起重机(除气候条件较好外),宜采用封闭式司机室。在高温、蒸气、有尘、有毒或有害气体等环境下工作的起重机,应采用能提供清洁空气的密封性能良好的封闭司机室。在有暖气的室内工作的起重机司机室或仅作辅助性质工作较少使用的起重机司机室,可以是敞开式的，敞开式司机室应设高度不小于1 m的护栏。

3.5.5 除极端恶劣的气候条件外，在工作期间司机室内的工作温度宜保持在15 ℃～30 ℃之间。长期在高温环境工作的（如某些冶金起重机）司机室内应设降温装置，底板下方应设置隔热板。

3.5.6 司机室应有安全出入口；当司机室装有门时，应防止其在起重机工作时意外打开；司机室的拉门和外开门应通向同一高度的水平平台；司机室外无平台时，一般情况下门应向里开；流动式起重机司机室回转门应向外开，滑动门应向后开。

3.5.7 司机室的窗离地板高度不到1 m时，玻璃窗应做成不可打开的或加以防护，防护高度不应低于1 m；玻璃窗应采用钢化玻璃或相当的材料。司机室地板上装有玻璃的部位也应加以防护。司机室底窗和天窗安装防护栏时，防护栏应尽可能不阻挡视线。

3.5.8 司机室地板应用防滑的非金属隔热材料覆盖。

3.5.9 司机室工作面上的照度不应低于30 lx。

3.5.10 重要的操作指示器应有醒目的显示，并安装在司机方便观察的位置。指示器和报警灯及急停开关按钮应有清晰永久的易识别标志。指示器应有合适的量程并应便于读数。报警灯应具有适宜的颜色，危险显示应用红灯。

3.6 通道与平台

3.6.1 起重机上所有操作部位以及要求经常检查和保养的部位（包括臂架顶端的滑轮和运动部分），凡离地面距离超过2 m的，都应通过斜梯（或楼梯）、平台、通道或直梯到达，梯级的两边应装设护栏。不论起重机在什么位置，通道、斜梯（或楼梯）、平台都应有安全入口。如臂架可放到地面或人员可到达的部位进行全面直接检查，或者设有其他构造能进行直观检查时，则臂架上也可以不设置通道。

3.6.2 起重机处在正常工作状态下的任何位置时，人员应能方便安全地进出司机室。

如果起重机在任何位置，人员不能直接从地面进入司机室，且司机室地板离地面的高度不超过5 m，司机室内配备有合适的紧急逃逸装置（例如绳梯）时，则司机室进出口可以限制在某些规定的位置。

如果起重机在任何位置，人员都不能直接从地面进入司机室，以及司机室的地板离地面的高度超过5 m时，起重机应设置到达司机室的通道；对于桥式起重机等，如能提供适当的装置使人员方便安全地离开司机室，则司机室进出口可以限制在某些规定的位置。

一般情况下应通过斜梯或通道，从同司机室地板一样高且备有栏杆的平台直接进入司机室。平台与司机室入口的水平间隙不应超过0.15 m，与司机室地板的高低差不应超过0.25 m。只有在空间受到限制时，才允许通过司机室顶部或地板进入司机室。

3.6.3 斜梯、通道和平台的净空高度不应低于1.8 m。运动部分附近的通道和平台的净宽度不应小于0.5 m；如果设有扶手或栏杆，在高度不超过0.6 m的范围内，通道的净宽度可减至0.4 m。固定部分之间的通道净宽度不应小于0.4 m。

起重机结构件内部很少使用的进出通道，其最小净空高度可为1.3 m，但此时通道净宽度应增加到0.7 m。只用于保养的平台，其上面的净空高度可以减到1.3 m。

3.6.4 工作人员可能停留的每一个表面都应当保证不发生永久变形：

a) 2 000 N的力通过直径为125 mm圆盘施加在平台表面的任何位置；

b) 4 500 N/m^2 的均布载荷。

3.6.5 任何通道基面上的孔隙，包括人员可能停留区域之上的走道、驻脚台或平台底面上的狭缝或空隙，都应满足如下要求：

a) 不允许直径为20 mm的球体通过；

b) 当长度等于或大于200 mm时，其最大宽度为12 mm。

3.6.6 通道离下方裸露动力线的高度小于0.5 m时，应在这些区域采用实体式地板；当通道靠近动力线时，应对这些动力线加以保护。

3.7 斜梯与直梯

凡高度差超过 0.5 m 的通行路径应做成斜梯或直梯。高度不超过 2 m 的垂直面上(例如桥架主梁的走台与端梁之间),可以设踏脚板,踏脚板两侧应设有扶手。

3.7.1 斜梯

3.7.1.1 斜梯的倾斜角不宜超过 65°。特殊情况下,倾斜角也不应超过 75°(超过 75°时按直梯设计)。

3.7.1.2 斜梯两侧应设置栏杆,两侧栏杆的间距:主要斜梯不应小于 0.6 m;其他斜梯可取为 0.5 m。斜梯的一侧靠墙壁时,只在另一侧设置栏杆,栏杆高度不小于 1 m。

3.7.1.3 梯级的净宽度不应小于 0.32 m,单个梯级的高度宜取为 0.18 m～0.25 m,斜梯上梯级的进深不应小于梯级的高度,连续布置的梯级,其高度和进深均应为相同尺寸。

3.7.1.4 梯级踏板表面应防滑。

3.7.2 直梯

3.7.2.1 直梯两侧撑杆的间距不应小于 0.40 m,两侧撑杆之间梯级宽度不应小于 0.30 m,梯级的间距应保持一致,宜为 0.23 m～0.30 m,梯级离开固定结构件至少应为 0.15 m,梯级中心 0.1 m 范围内应能承受 1 200 N 的分布垂直力而无永久变形。

3.7.2.2 人员出入的爬越孔尺寸,方孔不宜小于 0.63 m×0.63 m,圆孔直径宜取为 0.63 m～0.80 m。

3.7.2.3 高度 2 m 以上的直梯应有护圈,护圈从 2.0 m 高度起开始安装,护圈直径宜取为 0.6 m～0.8 m。护圈之间应由三或五根间隔布置的纵向板条联接起来,并保证有一根板条正对着直梯的垂直中心线,相邻护圈之间的距离:当护圈设置三根纵向板条时,不应大于 0.9 m,当护圈设置五根纵向板条时,不应大于 1.5 m。安装了纵向板条的护圈在任何一个 0.1 m 的范围内应可以承受 1 000 N 的分布垂直力,不允许有永久变形。

3.7.2.4 除非提供有其他合适的把手,直梯的两边撑杆至少要比最上一个梯级高出 1.0 m,当空间受限制时此高出的高度也不应小于 0.8 m。

3.7.2.5 装在结构内部的直梯,如果结构件的布置能够保证直径为 0.6 m 的球体不能穿过,则可不设护圈。

3.7.2.6 直梯每 10 m 至少应设一个休息平台。如果空间不够,可以将平台靠在整个连续直梯的旁边。

3.7.2.7 直梯的终端宜与平台平齐,梯级终端踏板或踏杆不应超过平台平面。

3.7.2.8 如梯子在平台处不中断,则护圈也不应中断,但应在护圈侧面开一宽为 0.5 m、高为 1.4 m 的洞口,以便人员出入。

3.8 栏杆

3.8.1 在起重机上的以下部位应装设栏杆:

——用于进行起重机安装、拆卸、试验、维修和保养,且高于地面 2 m 的工作部位;

——通往离地面高度 2 m 以上的操作室、检修保养部位的通道;

——在起重机上存在跌落高度大于 1 m 的危险通道及平台。

3.8.2 栏杆的设置应满足以下要求:

——栏杆上部表面的高度不低于 1 m,栏杆下部有高度不低于 0.1 m 的踢脚板,在踢脚板与手扶栏杆之间有不少于一根的中间横杆,它与踢脚板或手扶栏杆的距离不得大于 0.5 m;对净高不超过 1.3 m 的通道,手扶栏杆的高度可以为 0.8 m;

——在手扶栏杆上的任意点任意方向应能承受的最小力为 1 000 N,且无永久变形;

——栏杆允许开口,但开口处应有防止人员跌落的保护措施;

——在沿建筑物墙壁或实体墙结构设置的通道上,允许用扶手代替栏杆,这些扶手的中断长度(例如为让开建筑物的柱子、门孔)不宜超过 1 m。

3.9 金属结构的修复及报废

3.9.1 主要受力构件失去整体稳定性时不应修复,应报废。

3.9.2 主要受力构件发生腐蚀时,应进行检查和测量。当主要受力构件断面腐蚀达设计厚度的10%时,如不能修复,应报废。

3.9.3 主要受力构件产生裂纹时,应根据受力情况和裂纹情况采取阻止措施,并采取加强或改变应力分布措施,或停止使用。

3.9.4 主要受力构件因产生塑性变形,使工作机构不能正常地安全运行时,如不能修复,应报废。

4 机构及零部件

4.1 机构

起重机械各机构的构成与布置,均应满足使用需要,保证安全可靠。零部件的选择与计算应符合GB/T 3811中的有关规定。

4.1.1 起升机构应满足下列要求:

a) 按照规定的使用方式应能够稳定的起升和下降额定载荷;

b) 吊运熔融金属及其他危险物品的起升机构,每套独立驱动装置应装有两个支持制动器;在安全性要求特别高的起升机构中,应另外装设安全制动器;

c) 起升机构应采取必要的措施避免起升过程中钢丝绳缠绕;

d) 当吊钩处于工作位置最低点时,卷筒上缠绕的钢丝绳,除固定绳尾的圈数外,不应少于2圈;当吊钩处于工作位置最高点时,卷筒上还宜留有至少1整圈的绕绳余量。

4.1.2 运行机构应满足下列要求:

a) 按照规定的使用方式应能够使整机和小车平稳地启动和停止;

b) 露天工作的轨道运行式起重机应设有可靠的防风装置。

4.1.3 回转机构在工作状态下,按照规定的使用方式应能够平稳地启动和停止。

4.1.4 变幅机构应满足下列要求:

a) 按照规定的使用方式,起升机构悬吊额定载荷时,动臂变幅机构应能够提升和下降臂架并能保持在静止状态(不允许带载变幅的变幅机构应保持臂架在静止状态);

b) 采用钢丝绳变幅的机构,变幅机构的卷筒必须有足够的容绳量,保证完成起重臂从最大幅度到最小幅度位置的作业。

4.2 零部件

4.2.1 钢丝绳

4.2.1.1 钢丝绳安全系数应符合GB/T 3811—2008中表44的规定。

4.2.1.2 载荷由多根钢丝绳支承时,宜设置能有效地保证各根钢丝绳受力均衡的装置。如果结构上无法消除载荷在各钢丝绳之间分布的不均匀性,则应在设计中予以考虑。

4.2.1.3 起升机构和非平衡变幅机构不应使用接长的钢丝绳。

4.2.1.4 吊运熔融或炽热金属的钢丝绳,应采用性能不低于GB 8918规定的钢丝绳。

4.2.1.5 钢丝绳端部的固定和连接应符合如下要求:

a) 用绳夹连接时,应满足表1的要求,同时应保证连接强度不小于钢丝绳最小破断拉力的85%。

表1 钢丝绳夹连接时的安全要求

钢丝绳公称直径/mm	≤19	19～32	32～38	38～44	44～60
钢丝绳夹最少数量/组	3	4	5	6	7
注:钢丝绳夹夹座应在受力绳头一边;每两个钢丝绳夹的间距不应小于钢丝绳直径的6倍。					

b） 用编结连接时，编结长度不应小于钢丝绳直径的 15 倍，并且不小于 300 mm。连接强度不应小于钢丝绳最小破断拉力的 75%。

c） 用楔块、楔套连接时，楔套应用钢材制造。连接强度不应小于钢丝绳最小破断拉力的 75%。

d） 用锥形套浇铸法连接时，连接强度应达到钢丝绳的最小破断拉力。

e） 用铝合金套压缩法连接时，连接强度应达到钢丝绳最小破断拉力 90%。

4.2.1.6 钢丝绳的保养、维护、安装、检验、报废应符合 GB/T 5972 的有关规定。

4.2.2 吊钩、吊钩夹套及其他取物装置

4.2.2.1 锻造吊钩的机械性能、起重量、应力及材料应符合 GB/T 10051.1 的规定。

4.2.2.2 起重机械不应使用铸造吊钩。

4.2.2.3 当使用条件或操作方法会导致重物意外脱钩时，应采用防脱绳带闭锁装置的吊钩；当吊钩起升过程中有被其他物品钩住的危险时，应采用安全吊钩或采取其他有效措施。

4.2.2.4 吊运物品时需同步供给电能的取物装置（例如电磁吸盘、电动抓斗或液压抓斗等），其供电电缆的收放速度应与该取物装置升降速度相匹配，在升降过程中电缆不应过分松弛和碰触起重钢丝绳。

4.2.2.5 在可分吊具上，应永久性地标明其自重和能起吊物品的最大质量。

4.2.2.6 锻造吊钩缺陷不得补焊。

4.2.2.7 锻造吊钩的标志应永久、清晰。标志的内容应符合 GB/T 10051.2 的规定。

4.2.2.8 锻造吊钩达到 GB/T 10051.3 的有关报废指标时，应更换。

4.2.2.9 片式吊钩缺陷不得补焊。

4.2.2.10 片式吊钩出现下列情况之一时，应更换：

a） 表面裂纹；

b） 每一钩片侧向变形的弯曲半径小于板厚的 10 倍；

c） 危险断面的总磨损量达名义尺寸的 5%。

4.2.3 起重用短环链

4.2.3.1 短环链的材料和制造、标志应符合 GB/T 20947 和 GB/T 20652 的规定。

链条传动系统应保证链条与链轮正确啮合并平稳运转。应装设可靠的导链和脱链装置，应防止链条松弛而脱开链轮。应保证链条的润滑。在受力状态下，严禁链条扭转和打结。链条的承载端与端件的连接应安全可靠。应使其能可靠地支持住 4 倍的链条极限工作载荷的静拉伸力，必要时还应校验其疲劳强度。链条空载端应被牢固地固定住，以防止链条过卷而脱开链轮。应使其在 2 倍的链条极限工作载荷的静拉伸力下不会被拉脱。

4.2.3.2 起重用钢制圆环非校准链出现下列情况之一时，应报废：

a） 裂纹；

b） 严重的锈蚀或粘有不能除去的附着物；

c） 明显的变形；

d） 链环的环间磨损达原直径的 10%；

e） 吊链的极限工作载荷的标牌和标签脱落，且所需信息未在主环上或通过其他方式标示。

4.2.3.3 起重用钢制圆环校准链出现下列情况之一时，应报废：

a） 裂纹。

b） 严重的划痕和裂口。

c） 明显的变形。

d） 严重的腐蚀。

e） 有不能除去的附着物。

f） 卡尺测量的长度增量超过了链条制造厂的推荐值。在缺少链条制造厂的推荐值时，如果用卡尺在任意的 5、7、9 或 11 环测量的链环长度超过了未经使用的同样链环总的长度下述值，应予更换，即电动的为2%，手动的为3%。

g) 如果内环的磨损面粗糙，表明链条磨损严重，此时链条应立即报废。

4.2.4 卷筒

4.2.4.1 钢丝绳在卷筒上应能按顺序整齐排列。只缠绕一层钢丝绳的卷筒，应作出绳槽。用于多层缠绕的卷筒，应采用适用的排绳装置或便于钢丝绳自动转层缠绕的凸缘导板结构等措施。

4.2.4.2 多层缠绕的卷筒，应有防止钢丝绳从卷筒端部滑落的凸缘。当钢丝绳全部缠绕在卷筒后，凸缘应超出最外面一层钢丝绳，超出的高度不应小于钢丝绳直径的1.5倍(对塔式起重机是钢丝绳直径的2倍)。

4.2.4.3 卷筒上钢丝绳尾端的固定装置，应安全可靠并有防松或自紧的性能。如果钢丝绳尾端用压板固定，固定强度不应低于钢丝绳最小破断拉力的80%，且至少应有两个相互分开的压板夹紧，并用螺栓将压板可靠固定。

4.2.4.4 焊接卷筒体的环向对接焊缝和纵向对接焊缝经外观检查合格后应做无损检测。对环形对接焊缝进行50%检验，用射线检测时不应低于GB/T 3323缺陷分级中的Ⅱ级，用超声波检测时不应低于JB/T 10559缺陷分级中的1级。纵向对接焊缝进行20%检验，但至少要保证卷筒两端各160 mm范围内做检验，用射线检测时不应低于GB/T 3323缺陷分级中的Ⅲ级，用超声波检测时不应低于JB/T 10559缺陷分级中的3级。

4.2.4.5 卷筒出现下述情况之一时，应报废：

a) 影响性能的表面缺陷(如：裂纹等)；

b) 筒壁磨损达原壁厚的20%。

4.2.5 滑轮

4.2.5.1 滑轮应有防止钢丝绳脱出绳槽的装置或结构。在滑轮罩的侧板和圆弧顶板等处与滑轮本体的间隙不应超过钢丝绳公称直径的0.5倍。

4.2.5.2 人手可触及的滑轮组，应设置滑轮罩壳。对可能摔落到地面的滑轮组，其滑轮罩壳应有足够的强度和刚性。

4.2.5.3 滑轮出现下述情况之一时，应报废：

a) 影响性能的表面缺陷(如：裂纹等)；

b) 轮槽不均匀磨损达3 mm；

c) 轮槽壁厚磨损达原壁厚的20%；

d) 因磨损使轮槽底部直径减少量达钢丝绳直径的50%。

4.2.6 制动器

4.2.6.1 动力驱动的起重机，其起升、变幅、运行、回转机构都应装可靠的制动装置(液压缸驱动的除外)；当机构要求具有载荷支持作用时，应装设机械常闭式制动器。在运行、回转机构的传动装置中有自锁环节的特殊场合，如能确保不发生超过许用应力的运动或自锁失效，也可以不用制动器。

4.2.6.2 对于动力驱动的起重机械，在产生大的电压降或在电气保护元件动作时，不允许导致各机构的动作失去控制。

4.2.6.3 对于吊钩起重机，起吊物在下降制动时的制动距离(控制器在下降速度最低档稳定运行，拉回零位后，从制动器断电至物品停止时的下滑距离)不应大于1 min内稳定起升距离的1/65。

4.2.6.4 制动器应便于检查，常闭式制动器的制动弹簧应是压缩式的，制动器应可调整，制动衬片应能方便更换。

4.2.6.5 宜选择对制动衬垫的磨损有自动补偿功能的制动器。

4.2.6.6 操纵制动器的控制装置，如踏板、操纵手柄等，应有防滑性能。手施加于操纵控制装置操纵手柄的力不应超过160 N，脚施加于操纵控制装置脚踏板的力不应超过300 N。

4.2.6.7 制动器的零件出现下述情况之一时，其零件应更换或制动器报废：

a) 驱动装置

1) 磁铁线圈或电动机绕组烧损；

2) 推动器推力达不到松闸要求或无推力。

b) 制动弹簧

1) 弹簧出现塑性变形且变形量达到了弹簧工作变形量的10%以上；

2) 弹簧表面出现20%以上的锈蚀或有裂纹等缺陷的明显损伤。

c) 传动构件

1) 构件出现影响性能的严重变形；

2) 主要摆动铰点出现严重磨损，并且磨损导致制动器驱动行程损失达原驱动行程20%以上时。

d) 制动衬垫

1) 铆接或组装式制动衬垫的磨损量达到衬垫原始厚度的50%；

2) 带钢背的卡装式制动衬垫的磨损量达到衬垫原始厚度的2/3；

3) 制动衬垫表面出现炭化或剥脱面积达到衬垫面积的30%；

4) 制动衬垫表面出现裂纹或严重的龟裂现象。

e) 制动轮出现下述情况之一时，应报废：

1) 影响性能的表面裂纹等缺陷；

2) 起升、变幅机构的制动轮，制动面厚度磨损达原厚度的40%；

3) 其他机构的制动轮，制动面厚度磨损达原厚度的50%；

4) 轮面凹凸不平度达1.5 mm时，如能修理，修复后制动面厚度应符合4.2.6.7e)中2)、3)的要求。

4.2.7 在钢轨上工作的铸造车轮

在钢轨上工作的车轮出现下列情况之一时，应报废：

a) 影响性能的表面裂纹等缺陷；

b) 轮缘厚度磨损达原厚度的50%；

c) 轮缘弯曲变形达原厚度的20%；

d) 踏面厚度磨损达原厚度的15%；

e) 当运行速度低于50 m/min时，圆度达1 mm；当运行速度高于50 m/min时，圆度达0.1 mm时。

4.2.8 传动齿轮

使用维护说明书中没有提供传动齿轮报废指标的，出现下列情况之一时，应报废：

a) 轮齿塑性变形造成齿面的峰或谷比理论齿形高于或低于轮齿模数的20%；

b) 轮齿折断大于等于齿宽的1/5，轮齿裂纹大于等于齿宽的1/8；

注：轮齿的裂纹未达到报废标准时，应设法除掉，制止发展。

c) 齿面点蚀面积达轮齿工作面积的50%；或20%以上点蚀坑最大尺寸达0.2模数；或对于起升、非平衡变幅机构的20%的点蚀坑深度达0.1模数；或对于其他机构的20%的点蚀坑深度达0.15模数；

d) 齿面胶合面积达工作齿面面积的20%及胶合沟痕的深度达0.1模数；

e) 齿面剥落的判定准则与齿面点蚀的判定准则相同；

f) 对于起升、非平衡变幅机构齿根两侧磨损量之和达0.1模数；对于其他机构齿根两侧磨损量之和达0.15模数；

g) 吊运炽热金属或易燃易爆等危险品的起升、非平衡变幅机构，其传动齿轮的齿面点蚀面积及齿面剥落达4.2.8c)、e)中的50%时；或齿根两侧磨损达4.2.8f)中的50%时。

5 液压系统

5.1 液压系统应有防止过载和冲击的安全装置。采用溢流阀时,溢流阀的最高工作压力不得大于系统最大工作压力的1.1倍,同时不得大于液压泵的额定压力。

5.2 为了故障诊断的需要,应在系统中适当位置设压力检测点并在回路图中注明。

5.3 系统中应防止系统背压对制动器的意外控制和损坏零部件。

5.4 液压系统应有符合液压元件对介质清洁度要求的过滤器或其他防止油污染的装置。

5.5 液压系统中,应有防止被物品或臂架等部件作用,使液压马达超速的措施或装置,如平衡阀。

5.6 平衡阀与变幅液压油缸、伸缩臂液压油缸、顶升液压油缸和液压马达的连接应是刚性连接。如果与平衡阀的连接管路过长,在靠近压力管路接头处应装设自动保护装置(防破裂阀)以避免出现任何意外的起升物品下降。

5.7 液压系统的液压油应按照设备使用说明书的要求,根据环境条件选用;油箱的最高和最低油位应有明显的油位标志。液压系统工作时,液压油的最高温升不得影响安全性能。

5.8 液压系统应在合适部位设置排气装置。

5.9 液压系统中使用的蓄能器,应在其上或附近的明显处设置安全警示标志。应在标志或使用说明书中标明蓄能器的预定压力和充填介质的充气量。

5.10 应采取有效措施防止液压系统在装配、安装、保养和维修过程中落入污物,污染度应符合使用说明书的规定。

5.11 液压钢管连同它们的终端部件,爆破压力与工作压力的安全系数不应小于2.5。

5.12 液压软管连同它们的终端部件,爆破压力与工作压力的安全系数不应小于4。

5.13 液压油缸的端口和阀(例如:保护阀)之间的焊接或装配连接件,爆破压力与工作压力的安全系数不小于2.5。

5.14 对于工作压力超过5 MPa和/或温度超过50 ℃,并位于起重机操作者1 m之内液压软管,应加装防护安全措施。

6 电气

6.1 实际环境和运行条件

6.1.1 总则

电气设备应适合在本部分规定的实际环境和运行条件使用。当实际环境或运行条件超出规定范围时,供方和用户之间应有一个协议,电气设备的具体数据由相应的产品标准规定。

6.1.2 电磁兼容性(EMC)

电气设备不应产生高于其预定使用场合相适应的电磁骚扰等级。此外,电气设备还应具有足够的抗电磁骚扰能力,使其在预期环境中能正常工作。

6.1.3 环境温度

电气设备应能在预定环境温度中工作。对所有电气设备的一般要求在环境温度0 ℃至+40 ℃范围内应能正常工作。对于高温环境(如热带地区、钢厂、造纸厂)和寒冷的环境,必须规定附加要求。

6.1.4 湿度

最高温度为+40 ℃时,空气的相对湿度不超过50%,电气设备应能正常工作。在较低温度下可允许较高的相对湿度,例如+20 ℃时为90%。

若湿度偏高应采用适当的附加设施(如内装加热器、空调器、排水孔)来避免偶然性凝露的有害影响。

6.1.5 海拔

电动机正常使用地点的海拔高度不超过1 000 m;电器正常使用地点的海拔高度不超过2 000 m。

当超过正常规定的海拔高度时，应进行修正。

6.1.6 防护

电气设备应有防止固体物和液体侵入的防护措施。

若电气设备安装处的实际环境中存在污染物（如灰尘、酸类物、腐蚀性气体、盐类物）时，应提高电气设备的适应性，保证设备在寿命周期的正常使用。

6.1.7 防油滴

任何润滑系统、液压系统或其他含油装置在运行和安装时应保证不会使油滴到电气设备上，否则电气设备应加以保护。

6.1.8 离子和非离子辐射

当电气设备受到辐射（如微波、紫外线、激光、射线）时，为避免设备误动作和预防绝缘老化，应采取防护措施。

6.1.9 振动、冲击和碰撞

当电气设备在安装和使用过程中存在振动、冲击和碰撞影响时，应采取必要的减振措施保证设备正常使用。

6.1.10 其他

用于爆炸和火灾危险环境时，电气设备的选择、管线配置敷设等，应符合 GB 50058 的规定。

6.2 配电系统

6.2.1 电源切断

起重机械应装设切断起重机械总电源的电源开关。

电源开关可以是隔离开关、与开关电器一起使用的隔离器、具有隔离功能的断路器。上述三种型式的电源开关应符合 GB 5226.2—2002 中 5.3.2、5.3.3 的要求。

6.2.2 总断路器

总电源回路应设置总断路器，总断路器的控制应具有电磁脱扣功能，其额定电流应大于起重机额定工作电流，电磁脱扣电流整定值应大于起重机最大工作电流。总断路器的断弧能力应能断开在起重机上发生的短路电流。

6.2.3 动力电源接触器

动力电源回路宜设能够分断动力线路的接触器。

6.2.4 紧急停止开关

每台起重机械应备有一个或多个可从操作控制站操作的紧急停止开关，当有紧急情况时，应能够停止所有运动的驱动机构。紧急停止开关动作时不应切断可能造成物品坠落的动力回路（如电磁盘、气动吸持装置）。紧急停止开关应为红色，并且不能自动复位。

需要时，紧急停止开关还可另外设置在其他部位。

对于那些可造成附带危险的起重机械驱动机构，不需要停止所有运动驱动机构，例如，对于门式起重机，利用其靠近地面所设置的紧急停止开关，在地面上操作停止起重机大车运行即可。

7 控制与操作系统

7.1 控制与操作系统的设计和布置应能避免发生误操作的可能性，保证在正常使用中起重机械能安全可靠地运转。

7.2 应按人类工效学有关的功能要求设计和布置所有控制手柄、手轮、按钮和踏板，并保证有足够的操作空间，最大限度地减轻司机的疲劳，将发生意外时对人员造成的伤害和引起财产损失的可能性降至最小。

7.3 控制与操作系统的布置应使司机对起重机械工作区域及所要完成的操作有足够的视野。

7.4 应将操作杆（踏板或按钮等）布置在司机手或脚能方便操作的位置。操纵装置的运动方向应设置得适合人的肢体的自然运动。例如:脚踏控制装置应采用向下的脚踏力操作而不能用脚的横向运动触碰操作。控制与操作装置应用文字或代码清晰地标明其功能(如用途、机构的运动方向等)。

7.5 用来操纵起重机械控制装置所需的力应与使用此控制装置的使用频度有关,应随机型变化并按人类工效学来考虑。

7.6 对于采用多个操作控制站控制一台起重机械的同一机构(如司机室操纵和地面操纵),应具有互锁功能,在任何给定时间内只允许一个操作控制站工作。应装有显示操作控制站工作状态的装置。每个操作控制站均应设置紧急停止开关。

7.7 采用无线遥控的起重机械,起重机械上应设有明显的遥控工作指示灯。

7.8 采用无线控制系统(例如无线电、红外线)应符合下列要求:

——应采取措施(如钥匙操作开关、访问码)防止擅自使用操作控制站。

——每个操作控制站应带有一个预定由其控制的一台或数台起重机械的明确标记。

——操作控制站应设置一个启动起重机械上的紧急停止功能的紧急停止开关(见 6.2.4)。无线控制系统对停止信号的响应时间应不超过 550 ms。

——当检测不到高频载波或收不到数据信号时,应实现被动急停功能,应在 1.5 s 之内切断通道电源。当通道的突发噪声干扰超过 1 s 或在 1 s 检测不到正确的地址码等,应切断通道电源。

8 电气保护

8.1 电动机的保护

电动机应具有如下一种或一种以上的保护功能,具体选用应按电动机及其控制方式确定:

a) 瞬动或反时限动作的过电流保护,其瞬时动作电流整定值应约为电动机最大起动电流的 1.25 倍;

b) 在电动机内设置热传感元件;

c) 热过载保护。

8.2 线路保护

所有线路都应具有短路或接地引起的过电流保护功能,在线路发生短路或接地时,瞬时保护装置应能分断线路。对于导线截面较小,外部线路较长的控制线路或辅助线路,当预计接地电流达不到瞬时脱扣电流值时,应增设热脱扣功能,以保证导线不会因接地而引起绝缘烧损。

8.3 错相和缺相保护

当错相和缺相会引起危险时,应设错相和缺相保护。

8.4 零位保护

起重机各传动机构应设有零位保护。运行中若因故障或失压停止运行后,重新恢复供电时,机构不得自行动作,应人为将控制器置回零位后,机构才能重新起动。

8.5 失压保护

当起重机供电电源中断后,凡涉及安全或不宜自动开启的用电设备均应处于断电状态,避免恢复供电后用电设备自动运行。

8.6 电动机定子异常失电保护

起升机构电动机应设置定子异常失电保护功能,当调速装置或正反向接触器故障导致电动机失控时,制动器应立即上闸。

8.7 超速保护

对于重要的、负载超速会引起危险的起升机构和非平衡式变幅机构应设置超速开关。超速开关的整定值取决于控制系统性能和额定下降速度,通常为额定速度的 1.25～1.4 倍。

8.8 接地与防雷

8.8.1 交流供电起重机电源应采用三相(3Φ+PE)供电方式。设计者应根据不同电网采用不同型式的接地故障保护，并由用户负责实施。接地故障保护应符合 GB 50054 的有关规定。

8.8.2 起重机械本体的金属结构应与供电线路的保护导线可靠连接。起重机械的钢轨可连接到保护接地电路上。但是，它们不能取代从电源到起重机械的保护导线(如电缆、集电导线或滑触线)。司机室与起重机本体接地点之间应用双保护导线连接。

8.8.3 起重机械所有电气设备外壳、金属导线管、金属支架及金属线槽均应根据配电网情况进行可靠接地(保护接地或保护接零)。

8.8.4 严禁用起重机械金属结构和接地线作为载流零线(电气系统电压为安全电压除外)。

8.8.5 在每个引入电源点，外部保护导线端子应使用字母 PE 来标明。其他位置的保护导线端子应使用图示符号 ⏚ 或用字母 PE，或用黄/绿双色组合标记。

8.8.6 保护导线只用颜色标识时，应在导线全长上使用黄/绿双色组合。如果保护导线能容易地按其形状、位置或结构(如编织导线)识别，或者绝缘导线难以购到，则不必在导线全长上使用颜色代码。但应在端头或易接近部位上清楚的标明图示符号 ⏚ 或黄/绿双色组合标记。

8.8.7 对于安装在野外且相对周围地面处在较高位置的起重机，应考虑避除雷击对其高位部件和人员造成损坏和伤害，特别是如下情况：

——易遭雷击的结构件(例如：臂架的支承缆索)；

——连接大部件之间的滚动轴承和车轮(例如：支承回转大轴承，运行车轮轴承)；

——为保证人身安全起重机运行轨道应可靠接地。

8.8.8 对于保护接零系统，起重机械的重复接地或防雷接地的接地电阻不大于 10 Ω。对于保护接地系统的接地电阻不大于 4Ω。

8.9 绝缘电阻

对于电网电压不大于 1 000 V 时，在电路与裸露导电部件之间施加 500 V(d.c)时测得的绝缘电阻不应小于 1 MΩ。

对于不能承受所规定的测试电压的元件(如半导体元件、电容器等)，试验时应将其短接。试验后，被试电器进行外观检查，应无影响继续使用的变化。

8.10 照明与信号

8.10.1 每台起重机的照明回路的进线侧应从起重机械电源侧单独供电，当切断 6.2.1 所述起重机械总电源开关时，工作照明不应断电。各种工作照明均应设短路保护。

8.10.2 当室外起重机总高度大于 30 m 时，且周围无高于起重机械顶尖的建筑物和其他设施，两台起重机械之间有可能相碰，或起重机械及其结构妨碍空运或水运，应在其端部装设红色障碍灯。灯的电源不应受起重机停机影响而断电。

8.10.3 起重机应有指示总电源分合状况的信号，必要时还应设置故障信号或报警信号。信号指示应设置在司机或有关人员视力、听力可及的地点。

9 安全防护装置

9.1 总则

安全防护装置是防止起重机械事故的必要措施。包括限制运动行程和工作位置的装置、防起重机超载的装置、防起重机倾翻和滑移的装置、联锁保护装置等。本章列出了典型起重机械安全防护装置，起重机械安全装置的设置要求见附录 A。其他类型起重机械的安全防护装置见各分标准。

9.2 限制运动行程与工作位置的安全装置

9.2.1 起升高度限位器

起升机构均应装设起升高度限位器。用内燃机驱动，中间无电气、液压、气压等传动环节而直接进行机械连接的起升机构，可以配备灯光或声响报警装置，以替代限位开关。

当取物装置上升到设计规定的上极限位置时，应能立即切断起升动力源。在此极限位置的上方，还应留有足够的空余高度，以适应上升制动行程的要求。在特殊情况下，如吊运熔融金属，还应装设防止越程冲顶的第二级起升高度限位器，第二级起升高度限位器应分断更高一级的动力源。

需要时，还应设下降深度限位器；当取物装置下降到设计规定的下极限位置时，应能立即切断下降动力源。

上述运动方向的电源切断后，仍可进行相反方向运动(第二级起升高度限位器除外)。

9.2.2 运行行程限位器

起重机和起重小车(悬挂型电动葫芦运行小车除外)，应在每个运行方向装设运行行程限位器，在达到设计规定的极限位置时自动切断前进方向的动力源。在运行速度大于 100 m/min，或停车定位要求较严的情况下，宜根据需要装设两级运行行程限位器，第一级发出减速信号并按规定要求减速，第二级应能自动断电并停车。

如果在正常作业时起重机和起重小车经常到达运行的极限位置，司机室的最大减速度不应超过 $2.5\ m/s^2$。

9.2.3 幅度限位器

9.2.3.1 对动力驱动的动臂变幅的起重机(液压变幅除外)，应在臂架俯仰行程的极限位置处设臂架低位置和高位置的幅度限位器。

9.2.3.2 对采用移动小车变幅的塔式起重机，应装设幅度限位装置以防止可移动的起重小车快速达到其最大幅度或最小幅度处。最大变幅速度超过 40 m/min 的起重机，在小车向外运行且当起重力矩达到额定值的 80%时，应自动转换为低于 40 m/min 的低速运行。

9.2.4 幅度指示器

具有变幅机构的起重机械，应装设幅度指示器(或臂架仰角指示器)。

9.2.5 防止臂架向后倾翻的装置

具有臂架俯仰变幅机构(液压油缸变幅除外)的起重机，应装设防止臂架后倾装置(例如一个带缓冲的机械式的止挡杆)，以保证当变幅机构的行程开关失灵时，能阻止臂架向后倾翻。

9.2.6 回转限位

需要限制回转范围时，回转机构应装设回转角度限位器。

9.2.7 回转锁定装置

需要时，流动式起重机及其他回转起重机的回转部分应装设回转锁定装置。

9.2.8 支腿回缩锁定装置

工作时利用垂直支腿支承作业的流动式起重机械，垂直支腿伸出定位应由液压系统实现；且应装设支腿回缩锁定装置，使支腿在缩回后，能可靠地锁定。

9.2.9 防碰撞装置

当两台或两台以上的起重机械或起重小车运行在同一轨道上时，应装设防碰撞装置。在发生碰撞的任何情况下，司机室内的减速度不应超过 $5\ m/s^2$。

9.2.10 缓冲器及端部止挡

在轨道上运行的起重机的运行机构、起重小车的运行机构及起重机的变幅机构等均应装设缓冲器或缓冲装置。缓冲器或缓冲装置可以安装在起重机上或轨道端部止挡装置上。

轨道端部止挡装置应牢固可靠，防止起重机脱轨。

有螺杆和齿条等的变幅驱动机构，还应在变幅齿条和变幅螺杆的末端装设端部止挡防脱装置，以防止臂架在低位置发生坠落。

9.2.11 偏斜指示器或限制器

跨度大于 40 m 的门式起重机和装卸桥宜装设偏斜指示器或限制器。当两侧支腿运行不同步而发生偏斜时，能向司机指示出偏斜情况，在达到设计规定值时，还应使运行偏斜得到调整和纠正。

9.2.12 水平仪

利用支腿支承或履带支承进行作业的起重机,应装设水平仪,用来检查起重机底座的倾斜程度。

9.3 防超载的安全装置

9.3.1 起重量限制器

对于动力驱动的1 t及以上无倾覆危险的起重机械应装设起重量限制器。对于有倾覆危险的且在一定的幅度变化范围内额定起重量不变化的起重机械也应装设起重量限制器。

需要时,当实际起重量超过95%额定起重量时,起重量限制器宜发出报警信号(机械式除外)。

当实际起重量在100%~110%的额定起重量之间时,起重量限制器起作用,此时应自动切断起升动力源,但应允许机构作下降运动。

内燃机驱动的起升和/或非平衡变幅机构,如果中间没有电气、液压或气压等传动环节而直接与机械连接,该起重机械可以配备灯光或声响报警装置来替代起重量限制器。

9.3.2 起重力矩限制器

额定起重量随工作幅度变化的起重机,应装设起重力矩限制器。

当实际起重量超过实际幅度所对应的起重量的额定值的95%时,起重力矩限制器宜发出报警信号。

当实际起重量大于实际幅度所对应的额定值但小于110%的额定值时,起重力矩限制器起作用,此时应自动切断不安全方向(上升、幅度增大、臂架外伸或这些动作的组合)的动力源,但应允许机构作安全方向的运动。

内燃机驱动的起升和/或平衡变幅机构,如果中间没有电气、液压或气压等传动环节而直接与机械连接,该起重机械可以配备灯光或声响报警装置来替代起重力矩限制器。

9.3.3 极限力矩限制装置

对有自锁作用的回转机构,应设极限力矩限制装置。保证当回转运动受到阻碍时,能由此力矩限制器发生的滑动而起到对超载的保护作用。

9.4 抗风防滑和防倾翻装置

9.4.1 抗风防滑装置

9.4.1.1 室外工作的轨道式起重机应装设可靠的抗风防滑装置,并应满足规定的工作状态和非工作状态抗风防滑要求。

9.4.1.2 工作状态下的抗风制动装置可采用制动器、轮边制动器、夹轨器、顶轨器、压轨器、别轨器等,其制动与释放动作应考虑与运行机构联锁并应能从控制室内自动进行操作。

9.4.1.3 起重机只装设抗风制动装置而无锚定装置的,抗风制动装置应能承受起重机非工作状态下的风载荷;当工作状态下的抗风制动装置不能满足非工作状态下的抗风防滑要求时,还应装设牵缆式、插销式或其他形式的锚定装置。起重机有锚定装置时,锚定装置应能独立承受起重机非工作状态下的风载荷。

9.4.1.4 非工作状态下的抗风防滑设计,如果只采用制动器、轮边制动器、夹轨器、顶轨器、压轨器、别轨器等抗风制动装置,其制动与释放动作也应考虑与运行机构联锁,并应能从控制室内自动进行操作(手动控制防风装置除外)。

9.4.1.5 锚定装置应确保在下列情况下起重机及其相关部件的安全可靠:

a) 起重机进入非工作状态并且锚定时;

b) 起重机处于工作状态,起重机进行正常作业并实施锚定时;

c) 起重机处于工作状态且在正常作业,突然遭遇超过工作状态极限风速的风载而实施锚定时。

9.4.2 防倾翻安全钩

起重吊钩装在主梁一侧的单主梁起重机、有抗震要求的起重机及其他有类似防止起重小车发生倾翻要求的起重机,应装设防倾翻安全钩。

9.5 联锁保护

9.5.1 进入桥式起重机和门式起重机的门，和从司机室登上桥架的舱口门，应能联锁保护；当门打开时，应断开由于机构动作可能会对人员造成危险的机构的电源。

9.5.2 司机室与进入通道有相对运动时，进入司机室的通道口，应设联锁保护；当通道口的门打开时，应断开由于机构动作可能会对人员造成危险的机构的电源。

9.5.3 可在两处或多处操作的起重机，应有联锁保护，以保证只能在一处操作，防止两处或多处同时都能操作。

9.5.4 当既可以电动，也可以手动驱动时，相互间的操作转换应能联锁。

9.5.5 夹轨器等制动装置和锚定装置应能与运行机构联锁。

9.5.6 对小车在可俯仰的悬臂上运行的起重机，悬臂俯仰机构与小车运行机构应能联锁，使俯仰悬臂放平后小车方能运行。

9.6 其他安全防护装置

9.6.1 风速仪及风速报警器

9.6.1.1 对于室外作业的高大起重机应安装风速仪，风速仪应安置在起重机上部迎风处。

9.6.1.2 对室外作业的高大起重机应装有显示瞬时风速的风速报警器，且当风力大于工作状态的计算风速设定值时，应能发出报警信号。

9.6.2 轨道清扫器

当物料有可能积存在轨道上成为运行的障碍时，在轨道上行驶的起重机和起重小车，在台车架(或端梁)下面和小车架下面应装设轨道清扫器，其扫轨板底面与轨道顶面之间的间隙一般为5 mm～10 mm。

9.6.3 防小车坠落保护

塔式起重机的变幅小车及其他起重机要求防坠落的小车，应设置使小车运行时不脱轨的装置，即使轮轴断裂，小车也不能坠落。

9.6.4 检修吊笼或平台

需要经常在高空进行起重机械自身检修作业的起重机，应装设安全可靠的检修吊笼或平台。

9.6.5 导电滑触线的安全防护

9.6.5.1 桥式起重机司机室位于大车滑触线一侧，在有触电危险的区段，通向起重机的梯子和走台与滑触线间应设置防护板进行隔离。

9.6.5.2 桥式起重机大车滑触线侧应设置防护装置，以防止小车在端部极限位置时因吊具或钢丝绳摇摆与滑触线意外接触。

9.6.5.3 多层布置桥式起重机时，下层起重机应采用电缆或安全滑触线供电。

9.6.5.4 其他使用滑触线的起重机械，对易发生触电的部位应设防护装置。

9.6.6 报警装置

必要时，在起重机上应设置蜂鸣器、闪光灯等作业报警装置。流动式起重机倒退运行时，应发出清晰的报警音响并伴有灯光闪烁信号。

9.6.7 防护罩

在正常工作或维修时，为防止异物进入或防止其运行对人员可能造成危险的零部件，应设有保护装置。起重机上外露的、有可能伤人的运动零部件，如开式齿轮、联轴器、传动轴、链轮、链条、传动带、皮带轮等，均应装设防护罩/栏。

在露天工作的起重机上的电气设备应采取防雨措施。

10 起重机械的标记、标牌、安全标志、界限尺寸与净距

10.1 标记、标牌与安全标志

10.1.1 起重机应有标记、标牌和安全标志。

10.1.2 起重机的规格标记应符合下列要求:

a) 额定起重量(或额定起重力矩),应永久性标明。

b) 额定起重量随全幅度范围变化的起重机,应设有明显可见的额定起重量随幅度全程变化的曲线或表格;凡不同幅度段规定有不同额定起重量的,幅度段的划分及各段的额定起重量,均应永久性地标明并明显可见。由制造商提供的操作说明书应能对不同幅度起重量做出更详细的说明。

c) 如果起重机配备有多个起升机构,则应分别标明每个起升机构的额定起重量。由制造商提供的操作说明书应指明这些起升机构是否可以同时使用。

10.1.3 每台起重机都应在适当的位置装设标牌,标牌应至少标明以下内容:

——制造商名称;

——产品名称和型号;

——主要性能参数;

——出厂编号;

——制造日期。

10.1.4 应在起重机的合适位置或工作区域设有明显可见的文字安全警示标志,如“起升物品下方严禁站人”、“臂架下方严禁停留”、“作业半径内注意安全”、“未经许可不得入内”等。在起重机的危险部位,应有安全标志和危险图形符号,安全标志和危险图形符号应符合 GB 15052 的规定。安全标志的颜色,应符合 GB 2893 的规定。

10.1.5 采用高压供电的起重机械,应在高压供电位置及高压控制设备处设置警示标志。如“高压危险”等。

10.2 界限尺寸和净距

10.2.1 在最不利位置和最不利装载条件下,起重机的所有运动部分(吊具和其他取物装置除外)与建筑物的净距规定如下:

——距固定部分不小于 0.05 m;

——距任何栏杆或扶手不小于 0.10 m;

——距出入区不小于 0.50 m(出入区是指允许人员进出的所有通道,但工作平台除外)。

10.2.2 起重机械各运动部分的下界限线与下方的一般出入区(从地面或从属于建筑物的固定或活动部分算起,工作或维修平台及类似物除外)之间的垂直距离不应小于 1.7 m,与通常不准人出入的下方的固定或活动部分(例如棚顶、加热器、机械部分和运行在下方的起重机等)及与栏杆顶部的垂直距离不应小于 0.5 m。

10.2.3 起重机械各运动部分的上界限线与上方的固定或活动部分(例如起重小车的最高处与房顶结构最低点、下垂吊灯、下敷管道或与运行在其上方的起重机的最低点)之间的垂直距离,在保养区域和维修平台等处不应小于 0.5 m。如果不会对人员产生危险,这个距离可以减小到 0.1 m。

11 起重机操作管理

11.1 安全工作制度

应建立起重机安全工作制度,无论是进行单项作业还是一组重复性作业,所有起重机作业都应遵守。起重机在某地作业或永久固定(如在厂内或码头)的起重机作业均应遵守此项原则。安全工作制度应包括以下内容:

a) 工作计划:所有起重机都应制定工作计划以确保操作安全并应将所有潜在的危险考虑在内。应由具有丰富工作经验并经指定的人员制定工作计划。对于重复性作业或循环作业,该计划应在首次操作时制定,并定期检查,确保计划内容不变。

b) 起重机和起重设备的正确选用、提供和使用。

c) 起重机和起重设备的维护、检查和检验等。

d) 制定专门的培训计划并确定明确自身职责的主管人员以及与起重操作有关的其他人员。

e) 由通过专门培训并拥有必要权限的授权人员实行全面的监督。

f) 获取所有必备证书和其他有效文件。

g) 在未被批准的情况下,任何时候禁止使用或移动起重机。

h) 与起重作业无关人员的安全。

i) 与其他有关方的协作,目的是在避免伤害事故或安全防护方面达成的共识或合作关系。

j) 设置包括起重机操作人员能理解的通讯系统。

k) 故障及事故的发生应及时报告并做好记录。

l) 使用单位应根据所使用起重机械的种类、构造的复杂程度,以及使用的具体情况,建立必要的规章制度。如交接班制度、安全操作规程、绑挂指挥规程、维护保养制度、定期自行检查制度、检修制度、培训制度、设备档案制度等。

m) 使用单位应建立设备档案,设备档案应包括下列内容:

——起重机械出厂的技术文件;

——安装、大修、改造的记录及其验收资料;

——运行检查、维修保养和定期自行检查的记录;

——监督检验报告与定期检验报告;

——设备故障与事故记录;

——与设备安全有关的评估报告。

注 1:对安全作业而言,有必要保证所有的人员使用同一种语言,进行清晰地沟通。

注 2:起重作业应考虑任何必要的准备,包括起重机的场地、安装和拆卸等。

安全工作制度应向所有相关部门进行有效通报。

11.2 起重作业计划

所有起重作业计划应保证安全操作并充分考虑到各种危险因素。计划应由有经验的主管人员制定。如果是重复或例行操作,这个计划仅需首次制定就可以,然后进行周期性的复查以保证没有改变的因素。

计划应包括如下:

a) 载荷的特征和起吊方法;

b) 起重机应保证载荷与起重机结构之间保持符合有关规定的作业空间;

c) 确定起重机起吊的载荷质量时,应包括起吊装置的质量;

d) 起重机和载荷在整个作业中的位置;

e) 起重机作业地点应考虑可能的危险因素、实际的作业空间环境和地面或基础的适用性;

f) 起重机所需要的安装和拆卸;

g) 当作业地点存在或出现不适宜作业的环境情况时,应停止作业。

11.3 故障及事故报告

指派人员应保证坚持有效的故障及事故报告制度。该制度应包括告知指派人员,记录故障排除的结果以及起重机再次投入使用的许可手续。该制度还应包括及时通报以下情况:

a) 每日检查或定期检查中发现的故障;

b) 在其他时间发现的故障;

c) 不论轻重与否的突发事件或意外事件;

d) 无论何原因发生的过载情况;

e) 发生的危险情况或事故报告。

12 人员的选择、职责和基本要求

12.1 总则

起重机械的安全操作取决于主管人员的选择。

某些人员如起重机械司机的培训和经验记录将有助于主管人员的选派。合适的选派将会确保所有的相关人员能够被高效地组织起来，以保证工作处于互相协作的良好局面。因酗酒、吸毒或其他不良习惯的影响而削弱其工作效率的人员不允许进入工作人员队伍。所有工作人员都应明确自己的职责(见12.2～12.7)。应对正在接受培训的工作人员进行有效的监督。

注：在某些环境中，某个人承担的职责可能不止一种，正如12.2～12.7中所述。

12.2 指派人员的职责

指派人员应负有以下的职责：

a) 机械操作相关事项进行审核，包括提出工作计划、起重机械、起升机构和设备的选择；工作指导和监管。这些对保证安全工作是必要的。还应包括与其他责任方的协商以及确保在必要时各相关组织之间的协作。

b) 保证对起重机械的全面检查、检验，以及确认设备已经维护。

c) 保证报告故障和事故的有效程序以及采取必要的正确处理方式。

d) 负有组织和控制起重机械操作的责任。保证主管人员的指派要像司机和其他起重作业人员的指派一样。

指派人员应被赋予执行所有职责的必要权力。特别是在其认为继续操作可能产生危险时，某些导致危险的作业情况下，指派人员拥有停止操作的权力。

在适当的情况下，指派人员可将工作任务委托给他人，但还要担负其工作职责。

在吊运重物时，起重机械司机不适宜管理起重机械操作。

12.3 起重机司机

12.3.1 职责

司机应遵照制造商说明书和安全工作制度负责起重机的安全操作。除接到停止信号之外，在任何时候都只应服从吊装工或指挥人员发出的可明显识别的信号。

12.3.2 基本要求

司机应具备以下条件：

a) 具备相应的文化程度；

b) 年满18周岁；

c) 在视力、听力和反应能力方面能胜任该项工作；

d) 具有安全操作起重机的体力；

e) 具有判断距离、高度和净空的能力；

f) 在所操作的起重机械上受过专业培训，并有起重机及其安全装置方面的丰富知识；

g) 经过起重作业指挥信号的培训，理解起重作业指挥信号，听从吊装工或指挥人员的指挥；

h) 熟悉起重机械上的灭火设备并经过使用培训；

i) 熟知在各种紧急情况下处置及逃逸手段；

j) 具有操作起重机械的资质；出于培训目的在专业技术人员指挥监督下的操作除外。

注：适合操作起重机械的健康证明年限不得超过5年。

12.4 吊装工

12.4.1 职责

吊装工负责在起重机械的吊具上吊挂和卸下重物，并根据相应的载荷定位的工作计划选择适用的吊具和吊装设备。

吊装工负责按计划实施起重机械的移动和重物搬运。当吊装工不止一人时，则在任一次操作中，根据他们相对起重机的位置，只应由其中一人负责。当该吊装工处于司机看不见的位置时，为确保操作信号的连续性，指挥人员必须将信号传送给司机，使用视觉或听觉信号均可。

在起重机械工作中，如果指挥起重机械和载荷移动的职责移交给其他有关人员，吊装工应向司机说明情况。而且，司机和被移交者应明确各自应负有的责任。

12.4.2 基本要求

吊装工应具备下列条件：

a) 具备相应的文化程度；

b) 年满 18 周岁；

c) 在视力、听力和反应能力方面能胜任该项工作；

d) 具备搬动吊具和组件的体力；

e) 具有估计起吊物品质量、平衡载荷及判断距离、高度和净空的能力；

f) 经过吊装技术的培训；

g) 具有根据物品的情况选择合适的吊具及组件的能力；

h) 经过起重作业指挥信号的培训，理解并能熟练使用起重作业指挥信号；

i) 需要使用听觉设备(如对讲机)时，能熟练使用该设备并能发出准确、清晰的口令；

j) 熟悉起重机的性能及相关参数，具有指挥起重机和载荷安全移动的能力；

k) 具有担负该项工作的资质。出于培训的目的在专业技术人员指挥监督下的操作除外。

12.5 指挥人员

12.5.1 职责

指挥人员应负有将信号从吊装工传递给司机的责任。指挥人员可以代替吊装工指挥起重机械和载荷的移动，但在任何时候只能由一人负责。

在起重机械工作中，如果把指挥起重机械安全运行和载荷搬运的工作职责移交给其他有关人员，指挥人员应向司机说明情况。而且，司机和被移交者应明确其应负的责任。

12.5.2 基本要求

指挥人员应具备下列条件：

a) 具备相应的文化程度；

b) 年满 18 周岁；

c) 在视力、听力和反应能力方面能胜任该项工作；

d) 具有判断距离、高度和净空的能力；

e) 经过起重作业指挥信号的培训，理解并能熟练使用起重作业指挥信号；

f) 需要使用听觉设备(如对讲机)时，能熟练使用该设备并能发出准确、清晰的口令；

g) 熟悉起重机的性能及相关参数，具有指挥起重机和载荷安全移动的能力；

h) 具有担负该项工作的资质；出于培训的目的在专业技术人员指挥监督下的操作除外。

12.6 安装人员

12.6.1 职责

安装人员负责按照安装方案及制造商提供的说明书安装起重机械，当需要两个或两个以上安装人员时，应指定一人作为“安装主管”在任何时候监管安装工作。

12.6.2 基本要求

安装人员应具备下列条件：

a) 具备相应的文化程度；

b) 年满 18 周岁；

c) 在视力、听力和反应能力方面能胜任该项工作；

d) 具有安全搬运物品包括起重机械安装工作的体力；

e) 能够胜任高空作业环境，出于培训的目的在专业技术人员指挥监督下的操作除外；

f) 具有估计重物质量、平衡重物及判断距离、高度和净空的能力；

g) 经过吊装技术及起重作业指挥信号的培训；

h) 具有根据物品的情况选择合适的吊具及吊装设备的能力；

i) 在起重机安装、拆卸以及所安装的起重机的操作方面培训合格；

j) 在所安装的起重机上的安全装置的安装和调试方面培训合格。

12.7 维护人员

12.7.1 职责

维护人员的职责是维护起重机械以及对起重机械的安全使用和正常操作负责。他们应遵照制造商提供的维护手册并在安全工作制度下对起重机械进行所有必要的维护。

12.7.2 基本要求

维护人员应该符合下列条件：

a) 具备相应的文化程度；

b) 熟悉所维修的起重机械及其危险性；

c) 受过相应的教育和培训，包括学习特种设备使用方面的相关课程；

d) 熟悉起重机械维护的有关工作程序和安全防护措施。

13 安全性

13.1 总则

在现场负责所进行全面管理的人员或组织以及起重机操作中的人员对起重机械的安全运行都负有责任。主管人员应保证安全教育和起重作业中各项安全制度的落实。起重作业中与安全性有关的环节包括起重机械的使用、维修和更换安全装备、安全操作规程等所涉及的各类人员的责任应落实到位。

13.2 指挥起重机械操作的人员识别

指挥起重机械操作的人员（吊装工或指挥人员）应易于为起重机械司机所识别，例如通过穿着明亮色彩的服装或使用无线电传呼信号。

注：当选择明亮色彩着装时，应考虑背景，照明形式和其他相关因素。

13.3 人员的安全装备

指派人员应保证安全装备符合下列要求：

a) 人员安全装备适合工作现场状况，如安全帽、安全眼镜、安全带、安全靴和听力保护装置；

b) 在工作前后检查安全装备，按规定程序进行维护或在必要时进行更换；

c) 在需要时应保存检查和维修记录；

d) 某些安全装备（例如安全帽和安全带）应根据有关规定定期更换；由于撞击损坏的安全装备应立即更换。

13.4 人员安全装备的使用

所有正在起重作业的工作人员、现场参观者或与起重机械邻近的人员应了解相关的安全要求。有关人员应向这些人员讲解人身安全装备的正确使用方法并要求他们使用这些装备。

13.5 安全通道与紧急逃逸

13.5.1 总则

安全通道和紧急逃生装置在起重机运行以及检查、检验、试验、维护、修理、安装和拆卸过程中均应处于良好状态。

13.5.2 登上或离开起重机械

任何人登上或离开起重机械，均需报告在岗起重机械司机并获许可。

13.5.3 人员须知

应在人员须知中规定仅使用(并应该使用)正规安全通道和紧急逃逸方式。

13.6 灭火器

应配备必要的灭火器材。

13.7 技术文件

13.7.1 额定起重量图表

见10.1.2b)。

13.7.2 说明书

制造商提供的有关说明书应包括GB/T 17908的有关内容,并符合GB/T 17909.1、GB/T 18453及GB/T 18875的规定。

13.7.3 调试及检验证书和检验报告

所有要求的检查、检验和调试报告或证书均应妥善地保存。

14 起重机械的选用

所需各种类型起重机械的性能和形式在满足其工作要求的同时,还应满足安全要求。

选用起重机械应考虑下列内容:

a) 载荷的质量、规格和特点;

b) 工作速度、工作半径、跨度、起升高度和工作区域;

c) 整机工作级别、结构件工作级别、机构工作级别;

d) 起重机械的工作时间或永久安装的起重机械的预期工作寿命;

e) 场地和环境条件(温度、湿度、海拔、腐蚀性、易燃易爆等)或现有建筑物形成的障碍;

f) 起重机的通道、安装、运行、操作和拆卸所占用的空间;

g) 其他特殊操作要求或强制性规定。

15 起重机的设置

15.1 总则

起重机械的设置应主要考虑下列影响其安全操作的因素:

a) 起重机械的支撑条件;

b) 现场和附近的其他危险因素;

c) 工作和非工作状态下风力的影响;

d) 具备在施工场地设置或安装起重机械以及在起重作业完成之后拆卸和移动起重机械的通道。

15.2 起重机械竖立或支撑条件

指派人员应确保地面或其他支撑设施能承受起重机械施加的载荷,主管人员应对此作出评估。

起重机械在工作状态、非工作状态和在安装、拆卸过程中产生的载荷应从起重机械制造商或起重机械设计、制造方面的权威机构获得。该载荷应包括下列组合载荷:

a) 起重机械(包括配重、平衡重或需要时的基础)的净重;

b) 重物及吊具的净重;

c) 起重机械运行引起的动载荷;

d) 由最大允许风速导致的风载荷,考虑工作场地的暴露程度。

起重机械在工作状态下可能产生较大的载荷,但非工作状态和安装、拆卸过程产生的载荷也应加以考虑。

指派人员应负责确保地面或支撑设施能使起重机械在制造商规定的工作级别和参数下工作。

15.3 起重机械周围的障碍物

15.3.1 总则

起重机械作业应考虑其周围的障碍物,如附近的建筑、其他起重机、车辆或正在进行装卸作业的船只、堆垛的货物、公共交通区域包括高速公路、铁路和河流。

不应忽视通向或来自地下设施的危险如煤气管道或电缆线。应采取措施使起重机械避开任何地下设施,如果避不开,应对地下设施实施保护措施,预防灾害事故发生。

起重机械或其吊载通过有障碍物的地方,应注意观察下列环境:

a) 现场条件允许时,起重机械的运行路线应清晰地标识,使其远离障碍物。起重机械的任何部件与障碍物之间应有足够的间隙。如不能达到规定的间隙要求,应采取有效措施防止任何阻挡或被挤住的危险。

b) 在起重机械附近周期性堆放货物的地方,在地面上应长期标记其边界线。

15.3.2 馈电裸滑线的安全距离

起重机械馈电裸滑线与周围设备的安全距离应符合表2的规定。否则应采取安全防护措施。

表2 起重机馈电裸滑线与周围设备的安全距离

单位为毫米

项 目	安全距离及偏差
距地面高度	>3 500
距汽车通道高度	>6 000
距一般管道	>1 000
距氧气管道及设备	>1 500
距易燃气体及液体管道	>3 000

15.3.3 架空电线和电缆

起重机在靠近架空电缆线作业时,指派人员、操作者和其他现场工作人员应注意以下几点:

a) 在不熟悉的地区工作时,检查是否有架空线;

b) 确认所有架空电缆线路是否带电;

c) 在可能与带电动力线接触的场合,工作开始之前,应首先考虑当地电力主管部门的意见;

d) 起重机工作时,臂架、吊具、辅具、钢丝绳、缆风绳及载荷等,与输电线的最小距离应符合表3的规定。

表3 起重机与输电线的最小距离

输电线路电压 V/kV	<1	1～20	35～110	154	220	330
最小距离/m	1.5	2	4	5	6	7

当起重机械进入到架空电线和电缆的预定距离之内时,安装在起重机械上的防触电安全装置可发出有效的警报。但不能因为配有这种装置而忽视起重机的安全工作制度。

15.3.4 起重机械与架空电线的意外触碰

如果起重机械触碰了带电电线或电缆,应采取下列措施:

a) 司机室内的人员不要离开;

b) 警告所有其他人员远离起重机械,不要触碰起重机械、绳索或物品的任何部分;

c) 在没有任何人接近起重机械的情况下,司机应尝试独立地开动起重机械直到动力电线或电缆与起重机械脱离;

d) 如果起重机械不能开动,司机应留在驾驶室内。设法立即通知供电部门。在未确认处于安全

状态之前,不要采取任何行动;

e) 如果由于触电引起的火灾或者一些其他因素,应离开司机室,要尽可能跳离起重机械,人体部位不要同时接触起重机械和地面;

f) 应立刻通知对工程负有相关责任的工程师,或现场有关的管理人员。在获取帮助之前,应有人留在起重机附近,以警告危险情况。

15.3.5 空港/飞机场附近的起重机械管理

当起重机械在空港/飞机场附近使用时,应遵守当地的法规。

16 安装与拆卸

16.1 施工计划

起重机械的安装与拆卸应作出施工计划并应严格监督管理,施工计划的制定与起重机械操作的程序相同(见 11.1、11.2)。

正确的安装与拆卸程序应保证:

a) 应有特殊类型起重机械的安装维护和使用说明书;

b) 安装人员未完全理解说明书及有关的操作规程之前,不能进行安装作业;

c) 整个安装和拆卸作业应按照说明书进行,并且由安装主管人员负责;

d) 参与工作的所有人员都具有扎实的操作知识;

e) 更换的部件和构件应为合格品;

f) 如果将起重机械从安装地点移至另外的工作地点,应采用制造商推荐的方法;

g) 起重机械的状态应符合制造商所规定的各种限制。

改变任何预定程序或技术参数应经起重机械设计者或工程师的同意。

16.2 安全防护装置

在安装和拆卸的过程中,有时需断开或短接起重力矩限制器、起重量限制器或运行限位器等安全防护装置的开关,使安全防护装置丧失功能,在起重机被交付使用之前,起重机施工的指派人员应保证所有安全防护装置功能正常。

17 起重机械的操作

17.1 总则

起重机械安全操作一般要求如下:

a) 司机操作起重机械时,不允许从事分散注意力的其他操作。

b) 司机体力和精神不适时,不得操作起重设备。

c) 司机应接受起重作业人员的起重作业指挥信号的指挥。当起重机的操作不需要信号员时,司机负有起重作业的责任。无论何时,司机随时都应执行来自任何人发出的停止信号。

d) 司机应对自己直接控制的操作负责。无论何时,当怀疑有不安全情况时,司机在起吊物品前应和管理人员协商。

e) 在离开无人看管的起重机之前,司机应做到下列要求:

1) 被吊载荷应下放到地面,不得悬吊;

2) 使运行机构制动器上闸或设置其他的保险装置;

3) 把吊具起升到规定位置;

4) 根据情况,断开电源或脱开主离合器;

5) 将所有控制器置于“零位”或空档位置;

6) 固定住起重机械防止发生意外的移动;

7) 当采用发动机提供动力时,应使发动机熄火;

8) 露天工作的起重机械，当有超过工作状态极限风速的大风警报或起重机处于非工作状态时，为避免起重机移动应采用夹轨器和/或其他装置使起重机固定。

f) 如对于电源切断装置或启动控制器有报警信号，在指定人员取消这类信号之前，司机不得接通电路或开动设备。

g) 在接通电源或开动设备之前，司机应查看所有控制器，使其处于“零位”或空档位置。所有现场人员均在安全区内。

h) 如果在作业期间发生供电故障，司机应该做到下列要求：
 1) 在适合的情况下，使制动器上闸或设置其他保险装置；
 2) 应切断所有动力电源或使离合器处于空档位置；
 3) 如果可行，可借助对制动器的控制把使悬吊载荷放到地面。

i) 司机应熟悉设备和设备的正常维护。如起重机械需要调试或修理，司机应把情况迅速的报告给管理人员并应通知接班司机。

j) 在每一个工作班开始，司机应试验所有控制装置。如果控制装置操作不正常，应在起重机械运行之前调试和修理。

k) 当风速超过制造厂规定的最大工作风速时，不允许操作起重机械。

l) 起重机械的轨道或结构上结冰或其周围能见度下降的气候条件下操作起重机械时，应减慢速度或提供有效的通讯等手段保证起重机的安全操作。

m) 夜班操作起重机时，作业现场应有足够的照度。

17.2 载荷的吊运

17.2.1 载荷在吊运前应通过各种方式确认起吊载荷的质量。同时，为了保证起吊的稳定性，应通过各种方式确认起吊载荷质心，确立质心后，应调整起升装置，选择合适的起升系挂位置，保证载荷起升时均匀平衡，没有倾覆的趋势。

17.2.2 起吊载荷的质量应符合下列要求：
 a) 除了按18.2.1规定的试验要求之外，起重机械不得起吊超过额定载荷的物品；
 b) 当不知道载荷的精确质量时，负责作业的人员要确保吊起的载荷不超过额定载荷。

17.2.3 系挂物品应符合下列要求：
 a) 起重绳索或链条不能缠绕在物品上；
 b) 物品要通过吊索或其他有足够承载能力的装置挂在吊钩上；
 c) 链条不能用螺栓或钢丝绳进行连接；
 d) 吊索或链条不应沿着地面拖曳。

17.2.4 悬停载荷应符合下列要求：
 a) 司机不能在载荷悬停时离开控制器；
 b) 任何人不得在悬停载荷的下方停留或通过；
 c) 当出现符合17.2.4a)要求的例外情况时，如果载荷悬停在空中的时间比正常提升操作时间长时，在司机离开控制器前应保证禁止起重机械做回转和运行等其他方向的运动并采取必要的预防措施。

17.2.5 移动载荷应符合下列要求：
 a) 有关人员在指挥起吊作业时应注意下列要求：
 1) 采用合适的吊索具；
 2) 载荷刚被吊离地面时，要保证安全，而且载荷在吊索具或提升装置上要保持平衡；
 3) 载荷在运行轨迹上应与障碍物保持一定的间距。
 b) 在开始起吊前，应注意下列要求：
 1) 起重钢丝绳或起重链条不得产生扭结；

2） 多根钢丝绳或链条不得缠绕在一起；

3） 采用吊钩的起吊方式应使载荷转动最小；

4） 如果有松绳现象，应进行调整，确保钢丝绳在卷筒或滑轮位置上的松弛现象被排除；

5） 考虑风对载荷和起重机械的影响；

6） 起吊的载荷不得与其他的物体卡住或连接。

c） 起吊过程中要注意：

1） 起吊载荷时不得突然加速和减速；

2） 载荷和钢丝绳不得与任何障碍物刮碰；

3） 对无反接制动性能的起重机，除特殊紧急情况外，不得利用打返车进行制动。

d） 起重机械不许斜向拖拉物品（为特殊工况设计的起重机械除外）。

e） 吊运载荷时，不得从人员上方通过。

f） 每次起吊接近额定载荷的物品时，应慢速操作，并应先把物品吊离地面较小的高度，试验制动器的制动性能。

g） 起重机械进行回转、变幅和运行时，要避免突然的起动和停止。吊运速度应控制在使物品的摆动半径在规定的范围内。当物品的摆动有危险时，应做出标志或限定的轮廓线。

17.3 多台起重机械的联合起升

17.3.1 总则

在多台起重机械的联合起升操作中，由于起重机械之间的相互运动可能产生作用于起重机械、物品和吊索具上的附加载荷，而这些附加载荷的监控是困难的。因此，只有在物品的尺寸、性能、质量或物品所需要的运动由单台起重机械无法操作时才使用多台起重机械操作。

多台起重机械的操作应制定联合起升作业计划（见 11.1、11.2），还应包括仔细估算每台起重机按比例所搬运的载荷。基本要求是确保起升钢丝绳保持垂直状态。多台起重机所受的合力不应超过各台起重机单独起升操作时的额定载荷。

17.3.2 多台起重机械的起升操作应考虑的主要因素

17.3.2.1 重物的质量

应了解或计算重物的总质量及其分布。对于从图样中获得的相关参数，应给出在铸件和轧制件的预留公差和制造公差。

17.3.2.2 质心

由于制造公差和轧制裕度、焊接金属的质量等各种因素的影响，可能确定不了精确的质心，造成分配到每台起重机械的载荷比例是不准确的。必要时，应采用有关方法精确地确定质心。

17.3.2.3 取物装置的质量

取物装置的质量应作为起重机计算起升载荷的一部分。当搬运较重的或形状复杂的重物时，从起重机械额定起重量中扣除取物装置的质量可能更重要。因而应该准确地了解取物装置以及必要的吊钩组件的质量及其分布情况。

17.3.2.4 取物装置的承载能力

应确定在起升操作中取物装置内部产生的力的分布。取物装置应留有超过所需均衡载荷的充分的载荷裕度。除非有针对特殊起升操作的专门要求。为适应联合起升操作过程中产生的载荷或作用力的分布与方向的最大变化，可能有必要使用特殊取物装置。

17.3.2.5 起重机械的同步动作

多台起重机械的起升过程中，应使作用在起重机械上力的方向和大小变化保持到最小；应尽可能使用额定起重量相等和相同性能的起重机械；应采取措施使各种不均衡降至最小，例如起重机械难于达到精确同步、起升速度的不均衡等。

17.3.2.6 监控设备

监控设备用于监控载荷的角度和每根起重绳稳定地通过起升操作的垂直度和作用力。这种监控设备的使用有助于将起重机上的载荷控制在规定值之内。

17.3.2.7 起升操作的监督

应有被授权人员参加并全面管理多台起重机的联合起升操作，只有该人员才能发出作业指令。但在突发事件中，目睹险情发生的人可以给出常用停止信号的情况除外。

如果从一个位置无法观察到全部所需的观测点，安排在其他地点的观察人员应把有关情况及时向指派人员报告。

17.3.2.8 联合起升操作过程中的承载能力要求

如果当17.3.2.1～17.3.2.6的相关因素达到规定的合格要求并被指派人员所认可，那么，每台起重机操作就可以达到其额定载荷。

当上述有关因素不能达到规定的合格要求时，指派人员应根据具体情况决定对起重机降低额定载荷使用。可降低到额定载荷的75%或更多。

17.4 抓斗和电磁吸盘

17.4.1 总则

当起重机在特殊工况下使用例如抓斗或电磁吸盘搬运重物时，不仅应将抓斗、电磁吸盘或其他取物装置的质量与载荷一同估算，而且还应考虑由于起重机快速移动、抓斗吸附效应、撞击等引起的附加载荷。通常抓斗和抓取的物料或电磁铁和吸附的物料的总质量应小于起重机在正常工作状态下对应的额定起重量。

起重机的设计人员和其他授权工程师应对特殊承载率做周密的考虑。

17.4.2 抓斗装置

对抓斗起重机，起升载荷应为抓斗和抓取物料的总质量；物料的质量取决于所搬运物料的密度。基本要求是所用抓斗适合搬运的物料，它与起重机的安全工作载荷相关。任何情况下只要存在不确定因素就应进行检查。

17.4.3 电磁吸盘

电磁吸盘应标记经试验确定的安全工作载荷，试验的方法是使用与起吊重物且与性质相同的物质，检验电磁吸盘在额定起重量下的功能是否正常。

电磁吸盘未与被起升重物接触时，不应通电。电磁吸盘应小心地下降到重物上，在操作中不允许碰到固体障碍物。炽热金属不应使用电磁盘起吊，特殊设计工况除外。

不使用时应断电，防止磁铁过热；电磁盘不应搁置在地面上而应放在木质平台上。

17.5 真空吸盘

17.5.1 真空吸盘应定期检查，在使用期间应保证有足够的真空度。

每个真空吸盘都应用一个装置固定，在任何时候起重机司机都应看到真空度的显示数值，当真空度为80%或低于设计工作真空度和(或)在真空泵失效的情况下，地面附近的任何工作人员和司机都能听到声响报警。

17.5.2 每个真空吸盘都应具备在真空泵失效时，仍具有足够的真空度支持悬吊重物一段充裕的时间(容许安全裕度)的功能，在这段时间内，重物能被安全地从最大起升高度降至地面。

每个真空吸盘都应装备适用的真空计，真空计的位置和尺寸应适合，在起升和卸下重物的时候读取数字简易。真空计上应刻有明显的红色标记，该标记以下为设备禁用区。

真空吸盘只能起吊表面与真空衬垫相适合的重物。

17.5.3 真空设备应按如下标准制造：

a) 每个真空衬垫能承重等同载荷直至整个装置能正常工作；

b) 重物的接触表面保持水平悬垂直至能正常工作；

c) 重物表面无任何松散物质，防止真空衬垫不能有效地接触重物表面。

17.5.4 在首次使用或大修后，应由授权人员使用试验载荷对真空装置进行调试。试验载荷表面应与最不利的表面型式相似，直至整个装置能正常工作。

真空装置特别是真空软管和衬垫在每次或每天起升操作之前都应检查，每周工作开始时应对报警装置进行测试。

17.6 遥控起重机

为防止未经许可使用起重机，例如通过无线电信号传输控制起重机的司机应注意：

a) 随身携带遥控器；

b) 短期离开时，拔出钥匙随身携带；

c) 长期离开或不使用起重机时，妥善保管遥控器。

注：起重机不使用时，应有妥善保管遥控器的措施。

如遥控器固定在皮带或背带上，司机在打开遥控器之前就应穿好背带，防止起重机的突然操作。遥控器只能在操作起重机时打开，并且在解开背带之前关闭遥控器。

使用遥控起重机时的遥控区域应在常规范围内进行测试。在每次开始移动起重机时或当司机换人时也应检查遥控范围，确保在规定的限制区域内操作起重机械。

18 检查、试验、维护与修理

18.1 检查

18.1.1 总则

指派人员应保证检查符合本标准的要求。

18.1.2 日常检查

在每次换班或每个工作日的开始，对在用起重机械应按其类型针对下列适合的内容进行日常检查：

a) 按制造商手册的要求进行检查；

b) 检查所有钢丝绳在滑轮和卷筒上缠绕正常，没有错位；

c) 外观检查电气设备，不允许沾染润滑油、润滑脂、水或灰尘；

d) 外观检查有关的台面和(或)部件，无润滑油和冷却剂等液体的洒落；

e) 检查所有的限制装置或保险装置以及固定手柄或操纵杆的操作状态，在非正常工作情况下采取措施进行检查；

f) 按制造商的要求检查超载限制器的功能是否正常，并按制造商的要求进行日常检查；

g) 具有幅度指示功能的超载限制器，应检查幅度指示值与臂架实际幅度的符合性；

h) 检查各气动控制系统中的气压是否处于正常状态，如制动器中的气压；

i) 检查照明灯、挡风屏雨刷和清洗装置是否能正常使用；

j) 外观检查起重机车轮和轮胎的安全状况；

k) 空载时检查起重机械所有控制系统是否处于正常状态；

l) 检查所有听觉报警装置能否正常操作；

m) 出于对安全和防火的考虑，检查起重机是否处于整洁环境，并且远离油罐、废料、工具或物料，已有安全储藏措施的情况除外；检查起重机械的出入口，要求无障碍以及相应的灭火设施应完备；

n) 检查防风锚定装置(固定时)的安全性以及起重机械运行轨道上有无障碍物；

o) 在开动起重机械之前，检查制动器和离合器的功能是否正常；

p) 检查液压和气压系统软管在正常工作情况下是否有非正常弯曲和磨损；

q) 在操作之前，应确定在设备或控制装置上没有插入电缆接头或布线装置；

r) 应做好检查记录并加以保存归档。

18.1.3 周检

正常情况下每周检查一次，或按制造商规定的检查周期和根据起重机械的实际使用工况制定检查周期进行检查。除了按18.1.2规定的检查内容外，还应根据起重机械类型针对下列适合的内容进行检查：

a) 按制造商的使用说明书要求进行检查。

b) 检查所有钢丝绳外观有无断丝、挤压变形、笼状扭曲变形或其他的损坏迹象及过度的磨损和表面锈蚀情况。起重链条有无变形、过度磨损和表面锈蚀情况。

c) 检查所有钢丝绳端部结点、旋转接头、销轴和固定装置的连接情况。还需检查滑轮和卷筒的裂纹和磨损情况。所有的滑轮装置有无损坏及卡绳情况。

d) 检查起重机械结构有无损坏，例如桥架或桁架式臂架有无缺损、弯曲、上拱、屈曲以及伸缩臂的过量磨损痕迹、焊接开裂、螺栓和其他紧固件的松动现象。

e) 如果结构检查发现危险的征兆，则需要去除油漆或使用其他的无损检测技术来确定危害的存在。

f) 对于高强度螺栓连接，应按规定的扭矩要求和制造商规定的时间间隔进行检查。

g) 检查吊钩和其他吊具、安全卡、旋转接头有无损坏、异常活动或磨损。检查吊钩柄螺纹和保险螺母有无可能因磨损或锈蚀导致的过度转动。

h) 在空载情况下，检查起重机械所有控制装置的功能。

i) 超载限制器应按其使用说明书的要求进行定期标定。

j) 对液压起重机械，检查液压系统有无渗漏。

k) 检查制动器和离合器的功能。

l) 检查流动式起重机上的轮胎压力以及轮胎是否有损坏、轮盘和外胎轮面的磨损情况。还需检查轮子上螺栓的紧固情况。

m) 对在轨道上运行的起重机，应检查轨道、端部止挡，如有锚固也需进行检查。检查除去轨道上异物的安全装置及其状况；

n) 如有防摆锁，应进行检查。

o) 应做好检查记录并加以保存归档。

18.1.4 不经常使用的起重机械检查

18.1.4.1 除了备用起重设备外，一台起重机械如果停止使用一个月以上，但不超过一年的起重机械应在使用前按18.1.2的规定进行检查；

18.1.4.2 一台起重机械如果停止使用一年以上，在使用前应按18.1.3的规定进行检查。

18.2 试验

18.2.1 总则

对于新制造的、新安装的、改造和大修的起重机械在初次使用之前及起重机械发生重大设备事故之后的再次使用应进行载荷起升能力试验。上述改造是指改变起重机械受力结构、机构或控制系统致使起重机械的性能参数与技术指标发生变更；大修是指需要通过拆卸或更新主要受力结构部件，亦包括对机构或控制系统进行整体修理，但大修后起重机械的性能参数与技术指标不应变更。起重机械的载荷起升能力试验包括静载试验、动载试验、稳定性试验(适用时)。试验前应先进行目测检查和空载试验。空载试验中各操纵与控制装置应操作灵活、可靠；各机构运动平稳、准确，不允许有爬行、振颤、冲击等异常现象；各限位装置、防护装置动作准确、可靠。

目测检查与载荷起升能力试验的内容应按GB/T 5905规定进行。试验应由有资格的人员进行。

试验后，起重机械的超载防护装置应重新标定，并达到规定的要求。

18.2.2 试验记录

应制定具有签字栏和日期栏的试验记录以供使用。记录的内容至少要有试验工况、程序、试验要求、有资格的检验人员和负责人员的签名。

18.3 维护

18.3.1 预防性维护

18.3.1.1 应在起重机械制造厂建议的基础上建立预防性的维护计划，并制定注明日期的维护记录以供使用。

18.3.1.2 所有需要润滑的运动零件或器件应定期进行润滑。应检查润滑系统的供给情况。严格遵守制造厂规定的润滑部位(点)、润滑保养级别和润滑形式。如果没有装备自动润滑系统，设备应在停机状态下进行润滑，并应按18.3.2.1的要求采取防护措施。

18.3.1.3 更换的主要零部件应符合原制造商规定的技术要求。应经制造商同意，方可采用代用件及代用材料。

18.3.2 维护程序

18.3.2.1 起重机械重大调整或检修之前，应采取下列预防措施：

a) 运行式起重机械应开到指定的位置，避免对作业区内的其他起重机械造成干扰；
b) 全部控制装置应置于零位或空档位置；
c) 除了试验目的之外，应把主开关或紧急开关置于断路位置并锁住；
d) 指定人员应设置警示标志牌；
e) 在同一轨道上有其他起重机械作业时，应在轨道上设置停止器或其他装置，避免对起重机械的维修工作造成干扰；
f) 当在轨道上不能设置临时的停止器时，应在有利于观察的位置上安排指挥人员，以提示司机注意接近维修工作区的情况。

18.3.2.2 起重机械调整或检修后，全部安全装置应重新安装调整完毕并应达到其相应的功能，拆除并移去维修设备，同时完成有关规定的试验，起重机械才能投入使用。警示标志牌应由指派人员拆除。

18.4 调试与修理

18.4.1 总则

按18.1.2、18.1.3检查出危险状况都应在起重机械重新作业之前被改正。调试和修理工作应由专业人员来进行。

18.4.2 部件或器件的调试

起重机械应保持经常性调试，以保证部件或器件的功能正确，经常调试的项目包括：

——功能性的操作机构；
——限制装置；
——控制系统；
——制动系统；
——动力装置。

18.4.3 金属结构的焊接补强与修理

金属结构的焊接补强与修理后的质量应符合3.3的有关规定。施工之前应制定工作计划。工作计划至少应包括下列内容：

a) 确定原结构所用母材类型。确定母材对焊接的适应性；
b) 对补强或修理的部位进行应力分析。应确定所有使用条件下的静载荷和动载荷。应考虑构件在以往的服役中可能遭受的累积损坏；
c) 承受周期性载荷的构件应在设计中考虑以前的载荷经历，如果不知道载荷经历，必要时应进行疲劳应力计算；

d） 对进行加热、焊接或热切割的构件应考虑其允许的承载程度，必要时应减轻载荷。考虑到升高的温度将遍布有关横截面的各处，因此，应审核承载构件的局部或整体稳定性；

e） 应对已腐蚀或其他性质受损部件作出复原性修理，或更换整个构件的决定；

f） 应制定有关工艺要求；

g） 应规定外观检查或必要的无损检测的质量检查要求。

19 起重机械使用状态的安全评估

起重机械应按 18.1.3 的规定进行检查。按 GB/T 25196.1 的规定进行起重机械使用状态的安全评估。

附　录　A
（规范性附录）
安全防护装置在典型起重机械上的设置

全防护装置在典型起重机械上的设置要求

	式起重机				塔式起重机		臂架起重机						缆索起重机		电动葫芦	
	履带起重机		铁路起重机				门座起重机		固定式起重机		悬臂式起重机					
	程度要求	要求范围	程度要求	要求范围	程度要求	要求范围	程度要求	要求范围	程度要求	要求范围	程度要求	要求范围	程度要求	要求范围	程度要求	要求范围
					应装	动力驱动	应装	额定起重量不随幅度而变化的	应装	额定起重量不随幅度而变化的	应装		应装		应装	
	应装		应装		应装		应装	额定起重量随幅度而变化的	应装	额定起重量随幅度而变化的						
	应装		应装		应装		应装		应装		应装		应装		应装	
	应装	根据需要	应装	根据需要	应装	根据需要	应装	根据需要	应装	根据需要	应装	根据需要	应装	根据需要	应装	根据需要
					应装		应装				应装		应装			
					应装		应装	在吊臂幅度的极限位置	应装	在吊臂幅度的极限位置						
	应装		应装				应装		宜装							
					应装	按 9.5 有关要求	应装	按 9.5 有关要求	应装	按 9.5.2 有关要求						
	应装															
	应装	油缸变幅除外	应装	油缸变幅除外	应装	动臂变幅的	应装	单臂架钢丝绳变幅	应装							
					应装	有可能自锁的旋转机构	应装	有可能自锁的旋转机构	应装	有可能自锁的旋转机构						
					应装		应装	在运行机构或轨道端部			应装	在大车、小车运行机构或轨道端部	应装	在大车运行机构或轨道端部		
					应装	行走式	应装						应装			
于	应装	起升高度大于50 m时			应装	臂架铰点高度大于50 m时	应装						应装			
			应装													
	应装		应装													
					应装	行走式	应装						应装			
					应装	在行走式的运行机构与变幅机构	应装	在运行机构与变幅机构	应装	在变幅机构	应装	在运行机构	应装	在运行机构		
							应装	采用滑线导电结构的			应装	采用滑线导电结构的				
	应装						应装	大车运行								
的	应装	有伤人可能的	应装	有伤人可能的	应装	有伤人可能的	应装	有伤人可能的	应装	有伤人可能的			应装	有伤人可能的		
防满	应装	室外工作的防护等级不能满足要求时	应装	室外工作的防护等级不能满足要求时	应装	室外工作的防护等级不能满足要求时	应装	室外工作的防护等级不能满足要求时	应装	室外工作的防护等级不能满足要求时	应装	室外工作的防护等级不能满足要求时	应装	室外工作的防护等级不能满足要求时		
					应装											
							宜装	在同一轨道运行工作的两台以上的								

表 A.1 安全

序号	安全防护装置名称	桥式和门式起重机						流动			
		通用桥式起重机		通用门式起重机		梁式起重机		汽车起重机		轮胎起重机	
		程度要求	要求范围	程度要求	要求范围	程度要求	要求范围	程度要求	要求范围	程度要求	要求范围
1	起重量限制器	应装	动力驱动	应装	动力驱动	应装	动力驱动				
2	起重力矩限制器							应装		应装	
3	起升高度限位器	应装	动力驱动的	应装	动力驱动的	应装	动力驱动	应装		应装	
4	下降深度限位器	应装	根据需要	应装	根据需要	应装	根据需要	应装	根据需要	应装	根据需要
5	运行行程限位器	应装	动力驱动的并且在大车和小车运行的极限位置	应装	动力驱动的并且在大车和小车运行的极限位置(悬挂葫芦小车除外)	应装	动力驱动的在大车运行的极限位置				
6	幅度限位器										
7	偏斜指示器或限制器			宜装	跨度等于或大于40m时						
8	幅度指示器							应装		应装	
9	联锁保护安全装置	应装	按9.5有关要求	应装	按9.5有关要求	应装	按9.5有关要求				
10	水平仪							应装		应装	
11	防止臂架向后倾翻的装置							应装	油缸变幅除外	应装	
12	极限力矩限制装置										
13	缓冲器	应装	在大车、小车运行机构或轨道端部	应装	在大车、小车运行机构或轨道端部	应装	在大车运行机构或轨道端部				
14	抗风防滑装置	应装	室外工作的	应装	室外工作的	应装	室外工作的				
15	风速风级报警器			应装	起升高度大于12 m时			应装	起升高度大于50 m时	应装	起升高度大 50 m时
16	垂直支腿回缩锁定装置							应装		应装	
17	回转锁定装置							应装		应装	
18	防倾翻安全钩			应装	按9.4.7的要求						
19	轨道清扫器	应装	动力驱动的大车运行机构上	应装	在大车运行机构	应装	在大车运行机构				
20	端部止挡	应装	在运行机构	应装	在运行机构	应装	在运行机构				
21	导电滑线防护板	应装									
22	作业报警装置	宜装		宜装				应装		应装	
23	暴露的活动零部件的防护罩	应装	有伤人可能的	应装	有伤人可能的	应装	有伤人可能的	应装	有伤人可能的	应装	有伤人可能
24	电气设备的防雨罩	应装	室外工作的防护等级不能满足要求时	应装	室外工作的防护等级不能满足要求时	应装	室外工作的防护等级不能满足要求时	应装	室外工作的防护等级不能满足要求时	应装	室外工作的 护等级不能 足要求时
25	防小车坠落保护										
26	防碰撞装置	宜装	在同一轨道运行工作的两台以上的	宜装	在同一轨道运行工作的两台以上的	宜装	在同一轨道运行工作的两台以上的				

参 考 文 献

[1] GB/T 3797—2005 电气控制设备.

[2] GB 5144—2006 塔式起重机安全规程.

[3] GB/T 20305—2006 起重用钢制圆环校准链正确使用和维护导则(ISO 7592:1983,IDT).

[4] GB/T 22166—2008 非校准起重圆环链和吊链 使用和维护(ISO 3056:1986,IDT).

[5] GB 50017—2003 钢结构设计规范.

[6] GB 50055—1993 通用用电设备配电设计规范.

[7] GB 50205—2001 钢结构工程施工质量验收规范.

[8] GB 50256—1996 电气装置安装工程起重机电气装置施工及验收规范.

[9] JB/T 5664—1991 重载齿轮 失效判据.

[10] JB/T 6128—2008 水电站门式起重机.

[11] JB/T 8437—1996 起重机械无线遥控装置.

[12] JGJ 46—1988 施工现场临时用电安全技术规范.

[13] SL/T 241—1999 水利水电建设用起重机技术条件.

[14] ISO 10972-1:1998 起重机 对机构的要求 第1部分:总则.

[15] ISO 11660-1:2008 起重机 通道及安全防护设施 第1部分:总则.

[16] ISO 11660-2:1994 起重机 通道及安全防护设施 第2部分:流动式起重机.

[17] ISO 12480-1:1997 起重机 安全使用 第1部分:总则.

[18] ANSI/ASME B30.4—2003 门座、塔式和立柱式起重机.

[19] AS 2550.1:1993 起重机安全使用 第1部分:总则.

[20] AWS D1.1 :2000 美国钢结构焊接规范.

[21] BS 7121/1-1989 起重机安全使用实用规范 第1部分:总则.

[22] DIN 15405-2:1979 起重吊钩 片式吊钩使用检查.

[23] EN 13000—2004 流动式起重机.

[24] EN 14492-1:2007 起重机 电动卷扬起升机构和葫芦起升机构 第1部分:电动卷扬起升机构.

[25] FEM 1.001:1998 欧洲起重机械设计规范.

[26] 电业安全工作规程(热力和机械部分)电安生[1994]227号.

ICS 47.020.20
U 48

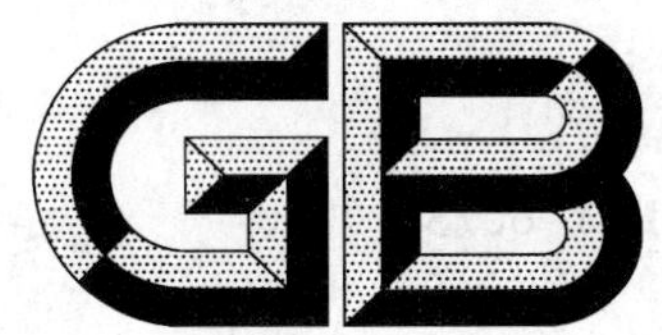

中华人民共和国国家标准

GB/T 6073—2010
代替 GB/T 6073—1985

LT 型高弹性摩擦离合器

Type LT highly flexible friction clutch

2010-08-09 发布 2010-12-01 实施

中华人民共和国国家质量监督检验检疫总局
中国国家标准化管理委员会 发布

前　言

本标准代替 GB/T 6073—1985《LT 型高弹性摩擦离合器》。

本标准与 GB/T 6073—1985 相比主要修订变化如下：

——依据已修改的机械式联轴器、离合器基础性国家标准：GB/T 10042—2003《离合器　术语》、GB/T 10043—2003《离合器　分类》、GB/T 2496《弹性环联轴器》等作技术性修改；

——根据实际应用情况，将 LT 型高弹性摩擦离合器部分性能参数和外形尺寸作适当修改；

——本标准对“要求”、“试验方法”及“检验规则”等章进行了改写。

本标准由中国船舶重工集团公司提出。

本标准由全国船用机械标准化技术委员会船用柴油机分委员会归口。

本标准起草单位：中国船舶重工集团公司第七一一研究所。

本标准主要起草人：龚春全、严忠胜、常震罗、董鹏、李强、张贻飞、季文。

本标准所代替标准的历次版本发布情况为：

——GB/T 6073—1985。

LT 型高弹性摩擦离合器

1 范围

本标准规定了工作气压为 0.7 MPa～0.8 MPa 的带有高弹性橡胶弹性环的气动双锥体干式摩擦离合器(以下简称“LT 离合器”)的产品分类、要求、试验方法、检验规则以及标志、包装和贮存等。

本标准适用于连接同轴线主、从动轴，具有一定补偿相对偏移和减振缓冲性能的船用、陆用动力装置所用离合器的设计、制造和验收。

2 规范性引用文件

下列文件中的条款通过本标准的引用而成为本标准的条款。凡是注日期的引用文件，其随后所有的修改单(不包括勘误的内容)或修订版均不适用于本标准，然而，鼓励根据本标准达成协议的各方研究是否可使用这些文件的最新版本。凡是不注日期的引用文件，其最新版本适用于本标准。

GB/T 1348　球墨铸铁件(GB/T 1348—2009,ISO 1083:2004,MOD)

GB/T 2496　弹性环联轴器

GB/T 4879　防锈包装

GB 5763—1998　汽车用制动器衬片(neq JIS D4411:1993)

GB/T 9239.1—2006　机械振动　恒态(刚性)转子平衡品质要求　第 1 部分:规范与平衡允差的检验(ISO 1940.1:2003,IDT)

CB/T 778—1986　船用柴油机锻钢件技术条件

3 分类和标记

3.1 产品标记

3.1.1 标记方法

LT 离合器的型号规定如下：

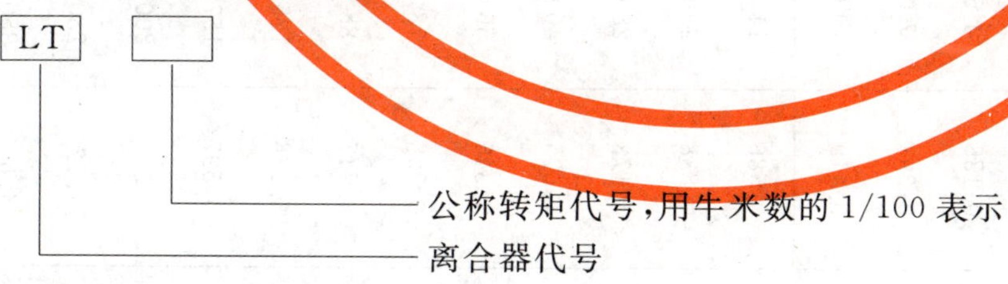

3.1.2 标记示例

公称转矩 16000N·m 的 LT 离合器标记如下：

离合器　GB/T 6073—2010　LT160。

3.2 产品型号、主要性能参数、结构和外形及安装连接尺寸

3.2.1 LT 离合器产品型号和主要性能参数应符合表 1 的规定。

表 1 LT 型高弹性摩擦离合器主要性能参数

型号	橡胶弹性环对数	公称转矩	功率/转速	瞬时最大转矩	许用变动转矩	最大允许速度	静态扭转角		动态扭转刚度	使用时允许补偿量(单方向最大允许值)		
							T_n 时	T_{max} 时		轴向	径向	角向
		T_n N·m	N/n kW/(r/min)	T_{max} N·m	T_v N·m	n_{max} r/min	φ_n (°)	φ_{max} (°)	C_s kN·m/rad	ΔX mm	ΔY mm	$\Delta\alpha$ (°)
LT7	1 (图 1)	710	0.074	1 775	±177.5	3 800	10	25	4.68	0.7	1.2	0.3
LT11		1 120	0.117	2 800	±280	3 700			7.38	0.7	1.4	
LT18		1 800	0.188	4 500	±450	3 100			11.86	0.8	1.5	
LT28		2 800	0.293	7 000	±700	2 900			18.45	0.9	1.7	
LT40		4 000	0.419	10 000	±1 000	2 600			26.36	1.0	1.8	
LT56	2 (图 2)	5 600	0.586	14 000	±1 400	2 700	10	25	36.90	1.1	2.0	0.3
LT80		8 000	0.838	20 000	±2 000	2 500			52.72	1.2	2.2	
LT110		11 200	1.173	28 000	±2 800	2 300			73.79	1.3	2.4	
LT160		16 000	1.675	40 000	±4 000	2 100			105.43	1.4	2.6	
LT220		22 400	2.346	56 000	±5 600	1 800			147.59	1.6	3.0	
LT320		31 500	3.298	78 750	±7 875	1 700			197.69	1.8	3.2	
LT360		35 500	3.717	88 750	±8 875	1 600			237.20	2.0	3.6	
LT500		50 000	5.236	125 000	±12 500	1 400			329.45	2.2	4.0	
LT630		63 000	6.597	157 500	±15 750	1 300			415.11	2.4	4.4	
LT800		80 000	8.377	200 000	±20 000	1 200			527.12	2.6	4.8	
LT1120		112 000	11.728	280 000	±28 000	1 100			737.98	2.8	5.2	
LT1400		140 000	14.660	350 000	±35 000	1 000			935.64	3.0	5.6	
LT1800		180 000	18.848	450 000	±45 000	950			1 317.80	3.2	6.0	

3.2.2 LT 离合器的结构、外形及安装连接尺寸应符合图 1、图 2 及表 2 的规定。

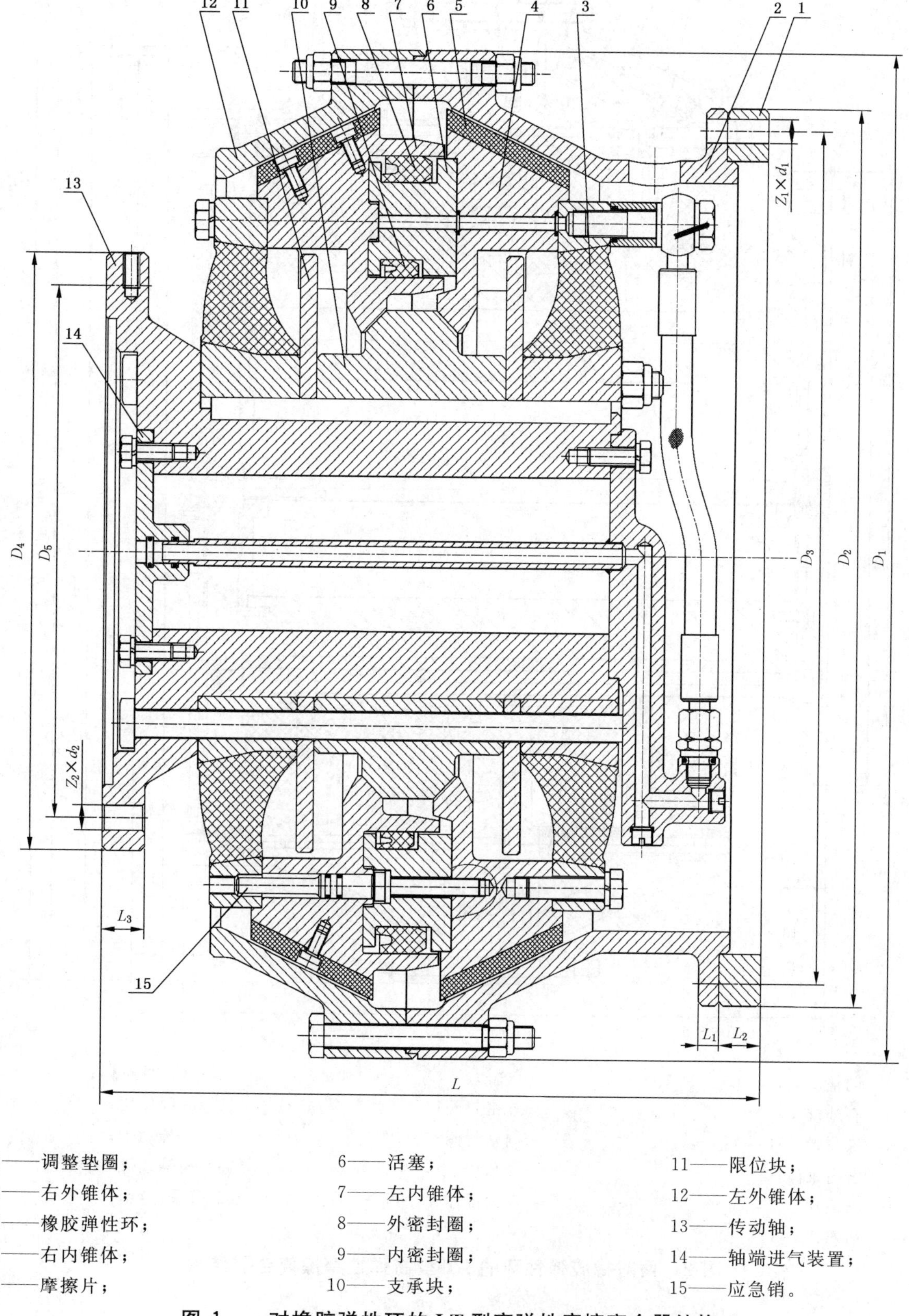

1——调整垫圈；
2——右外锥体；
3——橡胶弹性环；
4——右内锥体；
5——摩擦片；
6——活塞；
7——左内锥体；
8——外密封圈；
9——内密封圈；
10——支承块；
11——限位块；
12——左外锥体；
13——传动轴；
14——轴端进气装置；
15——应急销。

图 1 一对橡胶弹性环的 LT 型高弹性摩擦离合器结构

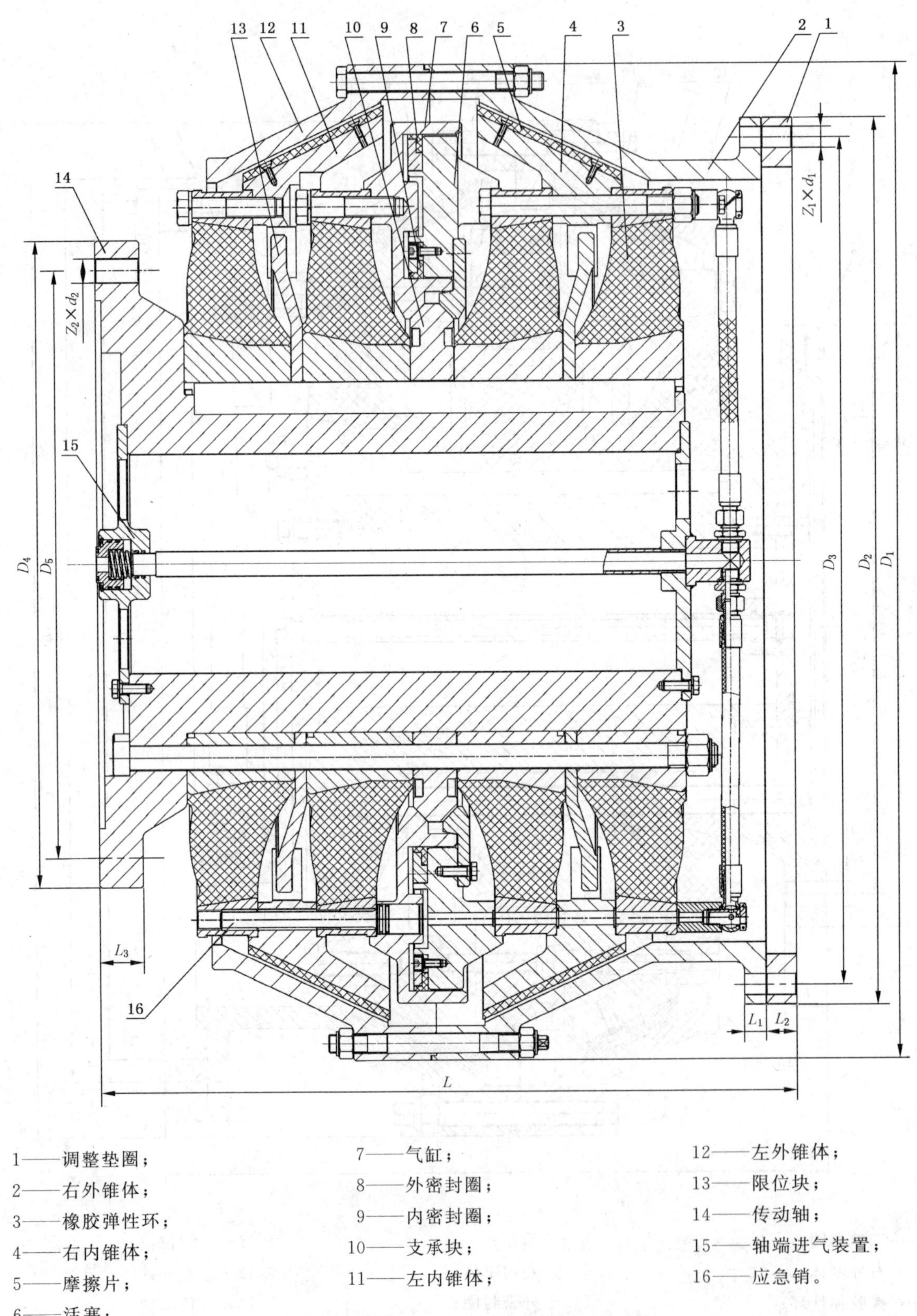

1——调整垫圈；
2——右外锥体；
3——橡胶弹性环；
4——右内锥体；
5——摩擦片；
6——活塞；
7——气缸；
8——外密封圈；
9——内密封圈；
10——支承块；
11——左内锥体；
12——左外锥体；
13——限位块；
14——传动轴；
15——轴端进气装置；
16——应急销。

图 2 两对橡胶弹性环的 LT 型高弹性摩擦离合器结构

表 2　LT 型高弹性摩擦离合器外形及安装连接尺寸、转动惯量、重量

型号	外形及安装连接尺寸													转动惯量			重量		
	D_1	D_2	D_3	D_4	D_5	L	L_1	L_2	L_3	d_1	d_2	Z_1	Z_2	外转动件 J_1	内转动件 J_2	总体 J	外转动件 W_1	内转动件 W_2	总体 W
	mm											个		$kg \cdot m^2$			kg		
LT7	355	330	305	220	200	260	10	15	18	12	11	12	12	0.53	0.42	0.95	20	50	70
LT11	395	355	330	230	210	275	10	15	20	12	13	12	12	0.75	0.68	1.43	23	63	86
LT18	455	405	385	270	245	315	10	20	20	12	13	12	12	1.66	1.77	3.43	39	105	144
LT28	510	480	450	320	290	350	12	20	22	12	13	12	12	2.28	2.85	5.13	41	120	161
LT40	565	500	475	355	315	365	12	20	22	14	17	12	12	4.41	4.18	8.59	55	175	230
LT56	530	470	440	320	290	420	16	20	28	18	17	16	16	3.02	4.10	7.12	52	204	256
LT80	575	500	475	355	315	440	16	25	28	18	17	16	16	4.49	5.38	9.87	64	223	287
LT110	630	560	535	380	350	485	16	25	28	16	21	16	12	8.61	8.59	17.20	99	276	375
LT160	710	640	605	445	410	530	16	25	28	18	21	12	12	12.9	21.3	34.2	118	491	609
LT220	790	740	700	480	440	570	18	24	35	18	21	24	16	16.9	27.07	43.97	150	594	744
LT320	860	770	730	530	490	630	18	30	35	22	21	24	16	28	35	63	215	684	899
LT360	920	820	770	600	540	680	20	30	40	22	21	24	16	35	57	92	239	840	1 079
LT500	1 000	890	850	650	590	704	22	30	45	22	25	24	16	51	88	139	310	1 115	1 425
LT630	1 100	1 000	940	730	660	830	24	30	50	22	25	24	24	104	111	215	425	1 464	1 889
LT800	1 150	1 030	980	700	650	810	25	30	50	26	25	24	24	140	198	338	468	1 854	2 322
LT1120	1 300	1 180	1 100	840	760	970	28	40	60	26	32	24	24	226	364	590	592	2 726	3 318
LT1400	1 400	1 260	1 180	900	820	1 080	30	40	65	29	38	16	16	364	492	856	945	3 189	4 134
LT1800	1 500	1 335	1 250	1 000	900	1 230	35	50	70	29	38	16	24	573	715	1 288	1 200	4 331	5 531

4 要求

4.1 环境适应性

LT 离合器在－10 ℃～＋60 ℃环境温度范围内应能正常工作。

4.2 材料

4.2.1 LT 离合器的弹性元件——橡胶弹性环应符合 GB/T 2496 的技术要求。

4.2.2 LT 离合器的摩擦衬片应采用酚醛树脂(不含石棉)复合材料制造,其材料技术性能应符合 GB 5763—1998 和表 3 的规定。

表 3 酚醛树脂(不含石棉)复合材料技术性能

序号	性能		单位	指标				
1	机械性能	洛氏硬度	HRL	50～90				
2		冲击强度	(N·m)/cm²	≥30				
3		密度	g/cm³	2.40±0.20				
4	摩擦性能	温度	℃	100	150	200	250	300
5		摩擦系数		0.40				
6		摩擦系数允差		±0.08				
7		磨损率	10^{-7} cm³/(N·m)	≤0.20	≤0.35	≤0.45	≤0.60	≤0.80

4.2.3 LT 离合器的外锥体、内锥体、气缸、活塞等应采用球墨铸铁制造,其材料技术性能应符合 GB/T 1348 的规定。

4.2.4 LT 离合器的传动轴应采用锻钢制造,其材料技术性能应符合 CB/T 778—1986 Ⅱ级的规定。

4.3 设计与结构

4.3.1 LT 离合器一般应装有扭转角限制器(由内锥体和限位块组成),特殊情况下亦可不装。

4.3.2 LT 离合器的负荷监测及过载保护可利用 NHJ 型扭角滑差监测保护装置来实现,用户可根据实际需要选用。

4.3.3 LT 离合器应设有机械连接装置以便在紧急情况下能传递必要的功率。

4.3.4 LT 离合器的所有连接螺栓、螺柱、螺钉性能等级均应不低于 8.8 级,其拧紧力矩应符合表 4 的规定。

表 4 LT 离合器连接螺栓、螺柱、螺钉的拧紧力矩

螺纹直径 mm	M10	M12	M16	M20	M24	M27	M30	M36	M42
拧紧力矩 N·m	42^{+4}_{0}	74^{+7}_{0}	176^{+18}_{0}	358^{+36}_{0}	618^{+62}_{0}	$1\ 012^{+101}_{0}$	$1\ 216^{+122}_{0}$	$2\ 129^{+213}_{0}$	$3\ 600^{+360}_{0}$

4.4 性能

4.4.1 离合器接合、分离时间

LT 离合器进行接合、分离试验时,接合时间应小于 15 s,分离时间应小于 12 s。

4.4.2 气密性要求

LT 离合器进行气密试验时,压力下降不得大于 0.05 MPa(不含进入 LT 离合器空气管路的泄漏量)。

4.4.3 操纵性能接合、分离时间

LT 离合器进行操纵性能试验时,接合时间应小于 15 s,分离时间应小于 12 s。

4.4.4 静平衡要求

LT 离合器的左内锥体组件、右内锥体组件应进行静平衡校验，静平衡品质等级应不低于 GB/T 9239.1—2006 规定的 G630 级。

5 试验方法

5.1 接合、分离试验

LT 离合器安装在轴系中，离合器主动部分的转速达到额定转速的 50%时，通入压力为 0.7 MPa～0.8 MPa 的压缩空气，离合器应能平稳接合；压缩空气释放后，离合器能迅速分离；分别记录时间，试验结果应符合 4.4.1 的要求。连续试验不得少于 5 次。

5.2 气密试验

LT 离合器静态时，通入 0.9 MPa～1.0 MPa 的压缩空气，保压 1 min，记录压力下降值，试验结果应符合 4.4.2 的要求。

5.3 操纵性能试验

LT 离合器安装在轴系中，通入 0.3 MPa～0.4 MPa 的压缩空气，离合器应能平稳接合；压缩空气释放后，离合器应能迅速分离；分别记录时间，试验结果应符合 4.4.3 的要求。连续试验不得少于 5 次。

5.4 静平衡试验

LT 离合器的左内锥体组件、右内锥体组件按 GB/T 9239.1—2006 进行静平衡试验，试验结果应符合 4.4.4 的要求。

5.5 应急操纵试验

LT 离合器静态时，将左橡胶弹性环外轮上的 4 个应急螺栓拧下，均匀、对称地旋入到与其同一分布圆的孔中，离合器内外锥体表面应能紧密贴合，实现离合器的应急机械接合；均匀、对称地拧下 4 个应急螺栓，离合器应能实现完全分离。

6 检验规则

6.1 检验分类

LT 离合器的检验分为型式检验和出厂检验。

6.2 检验时机

具有下列情况之一时，LT 离合器应进行型式检验：

a) 正式生产后，设计、结构、材料和工艺有重大修改并可能会影响到重要性能时；

b) 正常生产时，定期或积累一定产量后，应周期性进行一次检验；

c) 产品停产两年后，恢复生产时；

d) 国家质量监督机构提出进行型式检验要求时。

6.3 型式检验

6.3.1 LT 离合器的型式检验项目和顺序按表 5。

表 5 检验项目

序号	检 验 项 目	型式检验	出厂检验	要求章条号	试验方法章条号
1	接合、分离试验	●	●	4.4.1	5.1
2	气密试验	●	●	4.4.2	5.2
3	操纵性能试验	●	—	4.4.3	5.3
4	静平衡试验	●	●	4.4.4	5.4
5	应急操纵试验	●	●	4.3.3	5.5
注：●必检项目；—不检验项目。					

6.3.2 LT 离合器的型式检验的样品数量为 1 台。

6.3.3 LT 离合器的型式检验全部项目符合要求，判定 LT 离合器的型式检验合格。若有不符合要求项目，允许加倍取样复验一次，所有项目需重新试验。若复验仍有不符合要求的项目，则判定 LT 离合器的型式检验不合格。

6.4 出厂检验

6.4.1 LT 离合器的出厂检验项目和顺序按表 5。

6.4.2 LT 离合器应逐台进行出厂检验。

6.4.3 LT 离合器的出厂检验全部项目符合要求，判定 LT 离合器的出厂检验合格，由离合器制造厂出具检验合格证。若有不符合要求的项目，则判定 LT 离合器的出厂检验不合格。

7 标志、包装和贮存

7.1 LT 离合器应按图纸规定的位置注明其型号、生产年月、编号和制造厂标记。

7.2 LT 离合器应清洁干净，并进行防锈处理，按 GB/T 4879 进行防锈包装。

7.3 LT 离合器出厂前应装箱，且箱内应采取防潮措施。

7.4 LT 离合器应贮存在通风良好的干燥的室内仓库中，避免日晒、雨淋，勿与酸、碱、有机溶剂等物质接触。

7.5 LT 离合器贮存时应处于不受外力的自由状态；在正确保管的条件下，LT 离合器的橡胶弹性环库存有效期为 2 年。

ICS 25.100.40
J 41

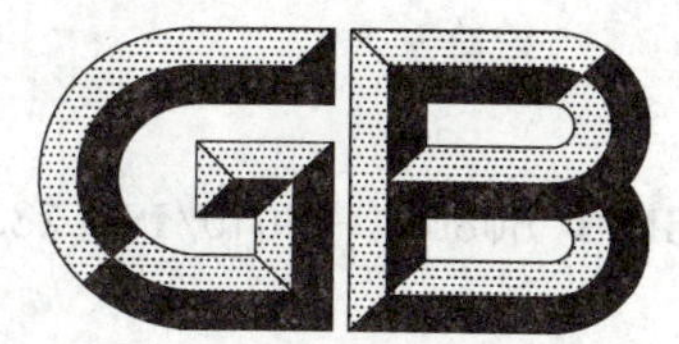

中华人民共和国国家标准

GB/T 6080.1—2010/ISO 2336-2:2006
代替 GB/T 6080.1—1998

机用锯条 第1部分:型式和尺寸

Machine hacksaw blades—Part 1:Types and dimensions

(ISO 2336-2:2006,Hacksaw blades—
Part 2:Dimensions for machine blades,IDT)

2010-12-23 发布 2011-07-01 实施

中华人民共和国国家质量监督检验检疫总局
中国国家标准化管理委员会 发布

前　言

GB/T 6080《机用锯条》分为两个部分：

——第1部分：型式和尺寸；

——第2部分：技术条件。

本部分为 GB/T 6080 的第1部分。

本部分等同采用 ISO 2336-2:2006《锯条　第2部分：机用锯条的尺寸》（英文版）。

本部分与 ISO 2336-2:2006 相比主要变化如下：

——删除了国际标准前言；

——规范性引用文件中的国际标准改为对应的国家标准。

本部分代替 GB/T 6080.1—1998《机用锯条　第1部分：型式与尺寸》。

本部分与 GB/T 6080.1—1998 相比主要变化如下：

——删除了目次；

——删除了国际标准前言；

——“本标准”改为“本部分”；

——增加了规范性引用文件；

——图1中的字母标注按照 ISO 2336-2:2006 重新标注；

——按照 ISO 2336-2:2006 重新制订“表1　机用锯条的型式和尺寸”；

——将标记示例中的“锯条齿距 P，mm，齿距后可在括号内补充每 25 mm 的齿数 N”改为“25 mm 长度上的齿数 N”；

——标记示例表示方法作了修改。

本部分由中国机械工业联合会提出。

本部分由全国刀具标准化技术委员会（SAC/TC 91）归口。

本部分起草单位：成都工具研究所。

本部分主要起草人：曾宇环、沈士昌。

本部分所代替标准的历次版本发布情况为：

——GB 6080—1985，GB/T 6080.1—1998。

机用锯条 第1部分:型式和尺寸

1 范围

GB/T 6080 的本部分规定了机用锯条的型式和尺寸。

本部分适用于长度为 300 mm～700 mm,齿距不超过 8.5 mm 的单边开齿的机用锯条。

2 规范性引用文件

下列文件中的条款通过 GB/T 6080 的本部分的引用而成为本部分的条款。凡是注日期的引用文件,其随后所有的修改单(不包括勘误的内容)或修订版均不适用于本部分,然而,鼓励根据本部分达成协议的各方研究是否可使用这些文件的最新版本。凡是不注日期的引用文件,其最新版本适用于本部分。

GB/T 1804—2000 一般公差 未注公差的线性和角度尺寸的公差(eqv ISO 2768.1:1989)

3 型式和尺寸

3.1 概述

所有的型式和尺寸以及公差都以毫米为单位。

未注公差按照 GB/T 1804—2000 的"m"级规定。

3.2 型式和尺寸

型式和尺寸见图 1 和表 1,包括齿距 P,25 mm 长度上的齿数 N,长度 l_1(它是直径为 d 的两销孔中心间距离)。建议销孔的中心位于锯条的中心线上。

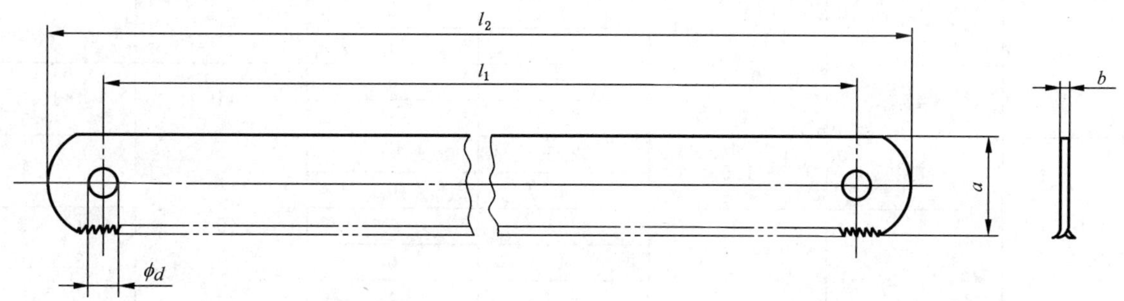

注:锯条两端的形状由制造厂自定。

图 1 机用锯条

表 1 机用锯条的型式和尺寸

<table>
<tr><th rowspan="2">$l_1 \pm 2$</th><th rowspan="2">a_{-1}^{0}</th><th rowspan="2">b</th><th colspan="2">齿 距</th><th>l_2</th><th>d</th></tr>
<tr><th>P</th><th>N</th><th>max</th><th>H14</th></tr>
<tr><td rowspan="5">300</td><td rowspan="5">25</td><td rowspan="2">1.25</td><td>1.8</td><td>14</td><td rowspan="5">330</td><td rowspan="25">8.4</td></tr>
<tr><td>2.5</td><td>10</td></tr>
<tr><td rowspan="3">1.5</td><td>1.8</td><td>14</td></tr>
<tr><td>2.5</td><td>10</td></tr>
<tr><td>4</td><td>6</td></tr>
<tr><td rowspan="11">350</td><td rowspan="5">25</td><td rowspan="2">1.25</td><td>1.8</td><td>14</td><td rowspan="11">380</td></tr>
<tr><td>2.5</td><td>10</td></tr>
<tr><td rowspan="6">1.5</td><td>1.8</td><td>14</td></tr>
<tr><td>2.5</td><td>10</td></tr>
<tr><td>4</td><td>6</td></tr>
<tr><td rowspan="6">30</td><td>1.8</td><td>14</td></tr>
<tr><td>2.5</td><td>10</td></tr>
<tr><td>4</td><td>6</td></tr>
<tr><td rowspan="3">2</td><td>1.8</td><td>14</td></tr>
<tr><td>2.5</td><td>10</td></tr>
<tr><td>4</td><td>6</td></tr>
<tr><td rowspan="11">400</td><td rowspan="3">25</td><td rowspan="6">1.5</td><td>1.8</td><td>14</td><td rowspan="9">430</td></tr>
<tr><td>2.5</td><td>10</td></tr>
<tr><td>4</td><td>6</td></tr>
<tr><td rowspan="6">30</td><td>1.8</td><td>14</td></tr>
<tr><td>2.5</td><td>10</td></tr>
<tr><td>4</td><td>6</td></tr>
<tr><td rowspan="5">2</td><td>2.5</td><td>10</td></tr>
<tr><td>4</td><td>6</td></tr>
<tr><td>6.3</td><td>4</td></tr>
<tr><td rowspan="2">40</td><td>4</td><td>6</td><td rowspan="2">440</td><td rowspan="2">10.4</td></tr>
<tr><td>6.3</td><td>4</td></tr>
<tr><td rowspan="5">450</td><td rowspan="2">30</td><td rowspan="2">1.5</td><td>2.5</td><td>10</td><td rowspan="5">490</td><td rowspan="2">8.4</td></tr>
<tr><td>4</td><td>6</td></tr>
<tr><td rowspan="6">40</td><td rowspan="6">2</td><td>2.5</td><td>10</td><td rowspan="3">8.4/10.4</td></tr>
<tr><td>4</td><td>6</td></tr>
<tr><td>6.3</td><td>4</td></tr>
<tr><td rowspan="3">500</td><td>2.5</td><td>10</td><td rowspan="3">540</td><td rowspan="6">10.4</td></tr>
<tr><td>4</td><td>6</td></tr>
<tr><td>6.3</td><td>4</td></tr>
<tr><td rowspan="3">575</td><td rowspan="8">50</td><td rowspan="8">2.5</td><td>4</td><td>6</td><td rowspan="3">615</td></tr>
<tr><td>6.3</td><td>4</td></tr>
<tr><td>8.5</td><td>3</td></tr>
<tr><td rowspan="2">600</td><td>4</td><td>6</td><td rowspan="2">640</td><td rowspan="5">10.4/12.9</td></tr>
<tr><td>6.3</td><td>4</td></tr>
<tr><td rowspan="3">700</td><td>4</td><td>6</td><td rowspan="3">745</td></tr>
<tr><td>6.3</td><td>4</td></tr>
<tr><td>8.5</td><td>3</td></tr>
</table>

4 标记

按 GB/T 6080.1 制造的机用锯条的标记如下：

a) 机用锯条；

b) 标准号(如 GB/T 6080.1—2010)；

c) 锯条长度 l_1，mm；

d) 锯条宽度 a，mm；

e) 锯条厚度 b，mm；

f) 25 mm 长度上的齿数 N。

示例：

长度 l_1=300 mm，锯条宽度 a=25 mm，厚度 b=1.25 mm，25 mm 长度上的齿数 N=10 的机用锯条表示为：

机用锯条 GB/T 6080.1—2010—300×25×1.25×10

ICS 25.100.40
J 41

中华人民共和国国家标准

GB/T 6080.2—2010
代替 GB/T 6080.2—1998

机用锯条
第2部分:技术条件

Machine hacksaw blades—
Part 2:Technical specifications

2010-12-23 发布　　　2011-07-01 实施

中华人民共和国国家质量监督检验检疫总局
中国国家标准化管理委员会　发布

前 言

GB/T 6080《机用锯条》分为两个部分：

——第1部分：型式和尺寸；

——第2部分：技术条件。

本部分为GB/T 6080的第2部分。

本部分代替GB/T 6080.2—1998《机用锯条 第2部分：技术条件》。

本部分与GB/T 6080.2—1998相比主要变化如下：

——“本标准”改为“本部分”；

——修改了范围；

——修改了规范性引用文件；

——修改了图1中的直径字母标注；

——修改了标志和包装中规格的表示方法。

本部分由中国机械工业联合会提出。

本部分由全国刀具标准化技术委员会(SAC/TC 91)归口。

本部分起草单位：成都工具研究所。

本部分主要起草人：曾宇环、沈士昌。

本部分所代替标准的历次版本发布情况为：

——GB 6080—1985，GB/T 6080.2—1998。

机用锯条
第2部分:技术条件

1 范围

GB/T 6080的本部分规定了机用锯条的尺寸、材料和硬度、外观、标志和包装的技术要求。

本部分适用于按照GB/T 6080.1生产的机用锯条。

2 规范性引用文件

下列文件中的条款通过GB/T 6080的本部分的引用而成为本部分的条款。凡是注日期的引用文件,其随后所有的修改单(不包括勘误的内容)或修订版均不适用于本部分,然而,鼓励根据本部分达成协议的各方研究是否可使用这些文件的最新版本。凡是不注日期的引用文件,其最新版本适用于本部分。

GB/T 6080.1 机用锯条 第1部分:型式和尺寸(GB/T 6080.1—2010,ISO 2336-2:2006,Hacksaw blades—Part 2:Dimensions for machine blades,IDT)

3 尺寸

3.1 机用锯条的形状和位置公差见表1。

表1

单位为毫米

<table>
<tr><th rowspan="2">长度
l_1</th><th colspan="3">公差</th></tr>
<tr><th>侧面平面度</th><th>侧面横向直线度</th><th>刀状弯</th></tr>
<tr><td>300</td><td rowspan="2">1.0</td><td rowspan="8">0.1</td><td rowspan="2">1.0</td></tr>
<tr><td>350</td></tr>
<tr><td>400</td><td rowspan="2">1.5</td><td rowspan="2">1.5</td></tr>
<tr><td>450</td></tr>
<tr><td>500</td><td rowspan="4">2.0</td><td rowspan="3">1.8</td></tr>
<tr><td>575</td></tr>
<tr><td>600</td></tr>
<tr><td>700</td><td>2.0</td></tr>
</table>

3.2 分齿量h及公差由生产厂自定,分齿对称度小于或等于0.2 mm。

4 材料和硬度

机用锯条用高速钢制造,硬度分布按图1。

A区:≤48 HRC;

B区:≥63 HRC。

单位为毫米

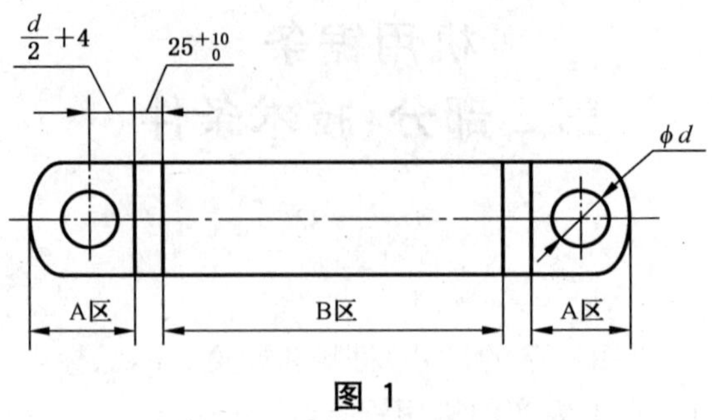

图 1

5　外观

机用锯条表面不应有裂纹，锈蚀及其他影响使用的缺陷。

6　标志和包装

6.1　标志

6.1.1　产品上应标志：

a）制造厂或销售商商标；

b）规格(长×宽×厚×25 mm 长度上的齿数)；

c）材料代号。

6.1.2　包装盒上应标志：

a）制造厂或销售商名称、地址和商标；

b）机用锯条的标记；

c）材料代号；

d）件数；

e）制造年月。

6.2　包装

机用锯条包装前应经防锈处理。包装应牢靠，并能防止运输过程中的损伤。

ICS 33.100
L 06

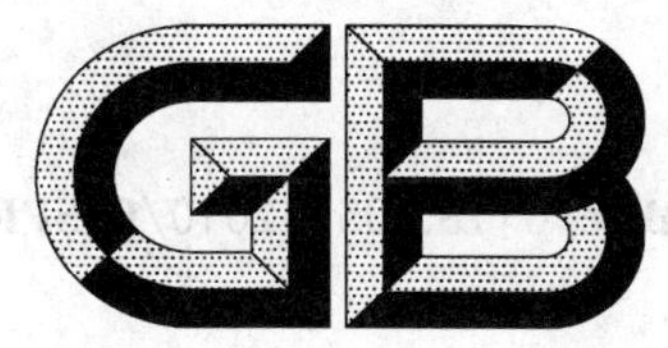

中华人民共和国国家标准化指导性技术文件

GB/Z 6113.405—2010/CISPR 16-4-5/TR:2006

无线电骚扰和抗扰度测量设备和测量方法规范 第4-5部分:不确定度、统计学和限值建模 替换试验方法的使用条件

Specification for radio disturbance and immunity measuring apparatus and methods—Part 4-5: Uncertainties, statistics and limit modelling—Conditions for the use of alternative test methods

(CISPR 16-4-5/TR:2006, IDT)

2010-12-23 发布　　2011-06-01 实施

中华人民共和国国家质量监督检验检疫总局
中国国家标准化管理委员会　发布

前　言

GB/Z 6113.405 等同采用 CISPR TR 16-4-5:2006(1.0 版)《无线电骚扰和抗扰度测量设备和测量方法规范　第 4-5 部分:不确定度、统计学和限值建模　替换试验方法的使用条件》,本部分的全部内容为推荐性。

鉴于 CISPR 16 为电磁兼容系列基础标准,且篇幅大,内容多,为了方便标准的制定、维护和使用,2002 年 CISPR A 分会决定对该标准的结构进行重大调整,将原来的 4 个部分拆分为 14 个部分,2006 年增至 15 个部分,并从 2003 年 11 月起陆续发布。我国依据等同采用原则,将陆续完成相应国家标准的制定和修订工作。该系列标准中的新、旧国家标准及其与 CISPR 16 系列标准/出版物的对应关系如下:

旧标准编号和名称	新标准编号和名称
GB/T 6113.1—1995 (eqv CISPR 16-1:1993) 无线电骚扰和抗扰度测量设备规范	GB/T 6113.101—2008(CISPR 16-1-1:2006,IDT) 第 1-1 部分:无线电骚扰和抗扰度测量设备　测量设备
	GB/T 6113.102—2008(CISPR 16-1-2:2006,IDT) 第 1-2 部分:无线电骚扰和抗扰度测量设备　辅助设备　传导骚扰
	GB/T 6113.103—2008(CISPR 16-1-3:2004,IDT) 第 1-3 部分:无线电骚扰和抗扰度测量设备　辅助设备　骚扰功率
	GB/T 6113.104—2008(CISPR 16-1-4:2005,IDT) 第 1-4 部分:无线电骚扰和抗扰度测量设备　辅助设备　辐射骚扰
	GB/T 6113.105—2008(CISPR 16-1-5:2003,IDT) 第 1-5 部分:无线电骚扰和抗扰度测量设备　30 MHz～1 000 MHz 天线校准用试验场地
GB/T 6113.2—1998 (eqv CISPR 16-2:1996) 无线电骚扰和抗扰度测量方法	GB/T 6113.201—2008(CISPR 16-2-1:2003,IDT) 第 2-1 部分:无线电骚扰和抗扰度测量方法　传导骚扰测量
	GB/T 6113.202—2008(CISPR 16-2-2:2004,IDT) 第 2-2 部分:无线电骚扰和抗扰度测量方法　骚扰功率测量
	GB/T 6113.203—2008(CISPR 16-2-3:2003,IDT) 第 2-3 部分:无线电骚扰和抗扰度测量方法　辐射骚扰测量
	GB/T 6113.204—2008(CISPR 16-2-4:2003,IDT) 第 2-4 部分:无线电骚扰和抗扰度测量方法　抗扰度测量
	GB/Z 6113.205(CISPR 16-2-5/TR:2008,IDT) 第 2-5 部分:大型设备产生的骚扰发射的现场测量[1]
CISPR 16-3:2000 无线电干扰和抗扰度测量统计方法和技术报告[3]	GB/Z 6113.3—2006(CISPR 16-3:2003,IDT) 第 3 部分:无线电骚扰和抗扰度测量技术报告

<table>
<tr><th>旧标准编号和名称</th><th>新标准编号和名称</th></tr>
<tr><td rowspan="5">CISPR 16-4:2002
电磁兼容测量的不确定度[3]</td><td>GB/Z 6113.401—2007(CISPR 16-4-1/TR:2005,IDT)
第 4-1 部分:不确定度、统计学和限值建模标准化的 EMC 试验不确定度</td></tr>
<tr><td>GB/T 6113.402—2006(CISPR 16-4-2:2003,IDT)
第 4-2 部分:不确定度、统计学和限值建模测量设备和设施的不确定度</td></tr>
<tr><td>GB/Z 6113.403—2007(CISPR 16-4-3/TR:2004,IDT)
第 4-3 部分:不确定度、统计学和限值建模批量产品的 EMC 符合性确定的统计考虑</td></tr>
<tr><td>GB/Z 6113.404—2007(CISPR 16-4-4/TR:2003,IDT)
第 4-4 部分:不确定度、统计学和限值建模抱怨的统计和限值的计算模型</td></tr>
<tr><td>GB/Z 6113.405—2010(CISPR 16-4-5/TR:2006,IDT)[2]
第 4-5 部分:不确定度、统计学和限值建模　替换试验方法的使用条件</td></tr>
</table>

1) 待制定。

2) 表中除 GB/T 6113.405 以外的国家标准名称以制定或修订后发布的标准名称为准。

3) CISPR 16 系列标准调整之前没有与 CISPR 16-3 和 CISPR 16-4 相对应的国家标准。

本部分的附录 A 和附录 B 为资料性附录。

本部分由全国无线电干扰标准化技术委员会(SAC/TC 79)提出并归口。

本部分起草单位:工业和信息化部电子工业标准化研究所、北京交通大学、工业和信息化部电子第五研究所、上海电器科学研究所(集团)有限公司。

本部分主要起草人:陈俐、崔强、闻映红、朱文立、寿建霞。

引　言

本部分包括6章和2个附录,旨在为产品委员会提供一种两种限值如何进行转换的方法,即将“确定的试验方法”中的“确定的限值”转换成为“替换试验方法”中的“导出限值”。本部分的第5章阐述了制定替换试验方法导出限值程序的目的,第6章给出了推导出替换试验方法导出限值的具体程序。此外,还在附录中给出了有关建立EUT模型的说明和3个具体应用转换程序的示例。

无线电骚扰和抗扰度测量设备和测量方法规范 第4-5部分:不确定度、统计学和限值建模替换试验方法的使用条件

1 范围

GB/T 6113 的本部分为产品委员会规定了两种限值之间的转换方法,即将"确定的试验方法"中的"确定的限值"转换成"替换试验方法"中的"导出限值"。

一般来说,本方法适用于所有类型的骚扰测量,但更侧重于辐射骚扰的测量(如场强),因为目前已规定了一些场强测量的替换试验方法。产品委员会和负责制定发射限值的其他组织决定在产品标准中使用替换试验方法和相应的限值时,可运用本方法实现限值的转换。

2 规范性引用文件

下列文件中的条款通过本部分的引用而成为本部分的条款。凡是注日期的引用文件,其随后所有的修改单(不包括勘误的内容)或修订版均不适用于本部分,然而,鼓励根据本部分达成协议的各方研究是否可使用这些文件的最新版本。凡是不注日期的引用文件,其最新版本适用于本部分。

GB/T 4365—2003 电工术语 电磁兼容(IEC 60050(161):1990,IDT)

GB/Z 6113.401—2007 无线电骚扰和抗扰度测量设备和测量方法规范 第4-1部分:不确定度、统计学和限值建模 标准化的 EMC 试验不确定度(CISPR 16-4-1/TR:2005,IDT)

GB/T 6113.402—2006 无线电骚扰和抗扰度测量设备和测量方法规范 第4-2部分:不确定度、统计学和限值建模 测量设备和设施的不确定度(CISPR 16-4-2:2003,IDT)

3 术语和定义

GB/T 4365 中界定的以及下列术语和定义适用于本部分。

3.1

确定的试验方法 established test method

在基础标准中有描述且在产品或通用标准中规定了相应的确定发射限值的试验方法。它包括特定的试验程序、特定的试验布置、特定的试验设施或试验场地和确定的发射限值。

注:下列试验方法在 GB/T 6113 系列标准中被认为是确定的试验方法:

——GB/T 6113.201—2008 第7章规定的传导骚扰试验方法;

——GB/T 6113.203 中 7.2.1 规定的 1 GHz 以下的辐射骚扰试验方法;

——GB/T 6l113.203 中 7.3 规定的 1 GHz～18 GHz 的辐射骚扰试验方法。

3.2

可替换的试验方法 alternative test method

替换试验方法

在基础标准中有描述但无确定的发射限值的试验方法。替换试验方法的制定出于与确定的试验方法相同的目的。替换试验方法包括特定的试验程序、特定的试验布置、特定的试验设施或场地,和应用本部分规定的方法所确定的导出发射限值。

3.3

确定的限值　established limit

对无线电业务具有“多年”良好保护的限值。

注：例如，在开阔场测得的辐射场强被用来研究制定限值以保护 GB/Z 6113.3 中所述及的无线电业务。

3.4

导出限值　derived limit

由确定的限值通过适当转换后导出应用于替换试验方法中的限值，该限值用相应的被测量来表示。

3.5

转换因子　conversion factor

K

对于给定的 EUT 或者同类型的 EUT 用确定的试验方法得到的测量值与用替换试验方法得到的测量值之间的关系。

注：术语“测量的”和“计算的”在本部分的不同地方交替使用，分别用来描述通过实验室试验和计算机仿真方法得到的。

3.6

参考量　reference quantity

X

用来确定对无线电接收的潜在干扰的基本参数。它可能独立于现行标准中已使用的参数。

注：对于确定的试验方法和替换试验方法来说，其目标是确定所关注测量频率范围的参考量。对于这两种试验方法，试验结果可能与参考量有偏差。当应用本部分的方法时，参考量的规范中应包括计算（或测量）该参考量的程序和条件。

3.7

自有不确定度　inherent uncertainty

u_{inherent}

仅由 EUT 的特性差异和测量程序的处理能力所引起的不确定度。对每一种试验方法，即使测量能够理想实现，这种不确定度都是特有的且始终存在的。即标准符合性不确定度和测量设备和设施的不确定度同时为零。

3.8

被测量的固有不确定度　intrinsic uncertainty of the measurand

$u_{\mathrm{int}\ rinsic}$

在被测量的描述中能被所赋值确定的最小的不确定度。理论上，如果测量被测量时所使用的测量系统中的测量设备和设施的不确定度可以被忽略，那么就可以得到该被测量的固有不确定度。

[GB/T 6113.401，定义 3.6]

3.9

EUT 的类型　EUT type

具有足够相似的电磁特性的一类产品，对其可以使用相同的试验装置/测试系统和相同的试验规程进行试验。

4　符号和缩略语

ATM　替换试验方法（例如，D_{ATM}的下脚标）

D　偏差

ETM　确定的试验方法（例如，D_{ETM}的下脚标）

i	样本中单一个体(例如,大量 EUT 之一)的序号
K	转换因子
k	包含因子
L	限值
M	测量(或计算)结果
N	EUT 的数量(样本量)
s	标准偏差
U	扩展不确定度
u	标准不确定度
v	体积
X	参考量
Δ	两个值或两个量之差
$\overline{x}$	值 x 的集合的平均值(例如,$\overline{D}$)

5 概述

这些年来,基础标准中已包含了对辐射发射试验中的几种试验程序和试验布置的描述。一种规定了发射限值的试验程序和试验布置的特定组合是开阔试验场地(OATS)法。业已证明,该方法在保护无线电业务方面卓有成效。但就总体而言,目前对一些其他的替换试验方法(例如,全电波暗室、TEM 波导和混响室)的限值尚未做出规定。

每种替换试验方法都能够得到与 EUT 发射相关的测量结果。然而,尽管每种方法都能得到 EUT 的发射电平,但不同的方法所捕捉到 EUT 的实际发射却是不同的。例如,对于辐射发射测量,不同的方法可能得到不同的 EUT 辐射波瓣和波瓣数量,或者因试验设施本身改变了 EUT 的辐射特性进而产生不同的视在发射电平。因此,不能将确定的试验方法中所规定的限值直接用于替换试验方法,而是需要给出一个如何推导出用来判定替换试验方法的限值的程序。

该程序的制定规则应服从于骚扰测量的总目的。即验证 EUT 是否满足所确定的符合性判据。经验表明,目前确定的试验方法及其相应限值的体系并没有发生许多因传导或辐射发射而引发的干扰情况。应用确定的试验方法及其相应限值可以大概率地满足无线电业务的保护要求。为了保持这种情形,替换试验方法的使用应以满足以下要求为首要条件:

即:在规范性标准中,替换试验方法的使用应能够提供与确定的试验方法相同的无线电业务保护。

上述要求可以通过制定由确定的试验方法的确定限值推导出替换试验方法的(导出)发射限值的程序来实现。此程序应确保用替换试验方法得到的结果与用确定的试验方法得到的结果的相关性。使用这种相关性,确定的试验方法的限值可以转换为替换试验方法的限值。从而可容易地将替换试验方法的测量值与转换后的导出限值进行比较。即使使用的是替换试验方法,该程序也能为无线电业务提供同等的保护。

限值转换程序应考虑上述发射测量的目的。按照标准得到的发射试验结果被认为是 EUT 潜在干扰的近似。依赖于 EUT 自身的特性(例如,对于辐射骚扰试验方法的辐射特性)以及试验布置,测量值会与 EUT 实际的潜在干扰不尽相同。此偏差可分为 2 个部分:系统的偏差(可认为是试验方法的偏差)和依赖于不同 EUT 特性的随机的偏差(可认为是试验方法的不确定度)。每一种发射试验方法都包括这两个量。因此确定的试验方法也同样包括这两个量。下面章节描述了替换试验方法与确定的试验方法基于这两个量的比较程序。为了确定这些量,抽象术语“潜在干扰”需要用物理量表示。为了本部分的目的,这个量称为“参考量”X。有关使用参考量获得试验方法相关性的细节见参考文献[1]。

6 推导替换试验方法的导出限值的程序

6.1 概述

本章给出了基于确定的试验方法的限值推导替换试验方法限值的程序。图1汇总了相关性处理所需的估计量。图2给出了使用这些量进行相关性处理的流程图。以下的步骤完成的转换可由数值仿真、测量、或者仿真和测量的组合来实现。可计算的EUT或参考EUT对这种转换程序是非常有价值的。在以下章条，作为转换过程的一部分，图1和图2中给出的量可合成为一些等式。表2汇集了这些等式。表1给出了转换程序所需的步骤。

表1 转换程序的步骤

1	选择参考量
2	描述试验方法和被测量
3	确定测量量与参考量的偏差
4	确定偏差的平均值
5	确定该试验方法的标准不确定度
6	验证计算值
7	应用

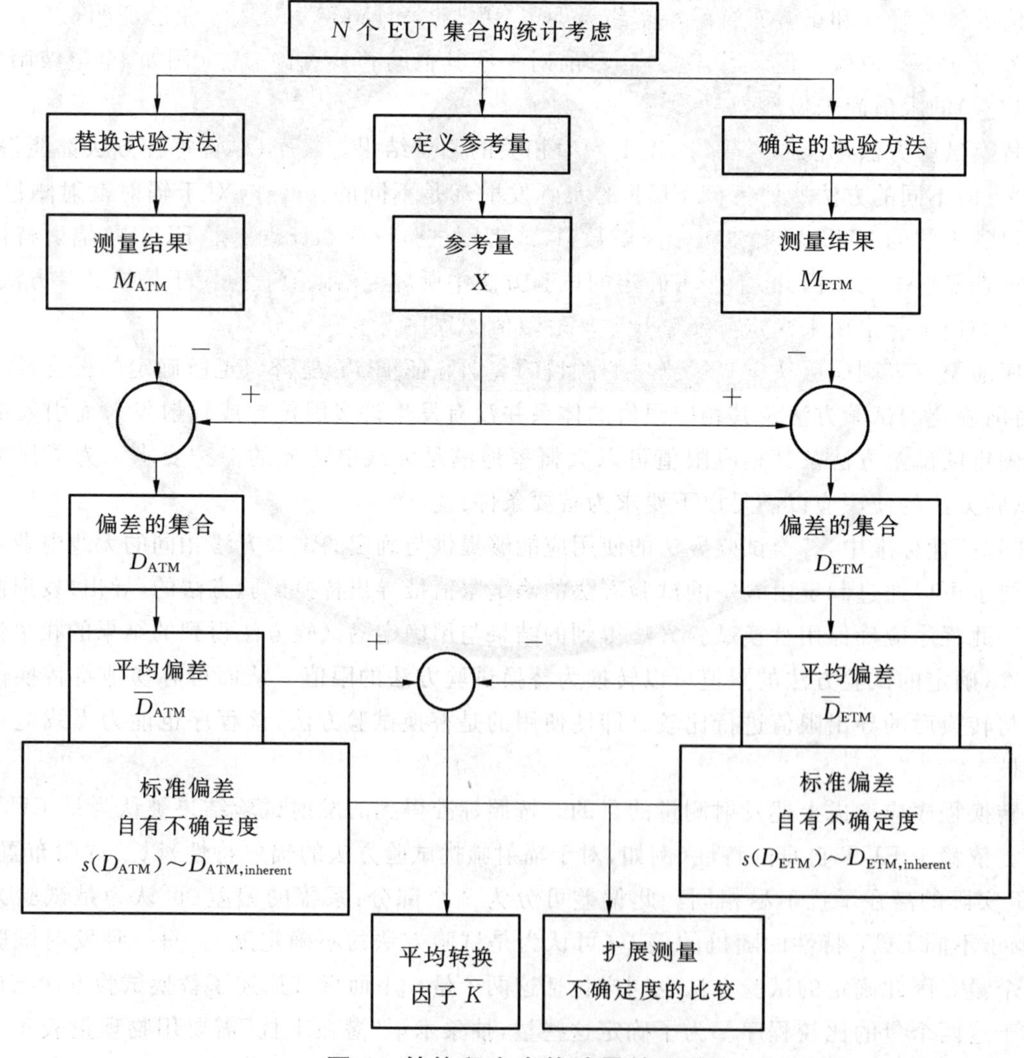

图1 转换程序中估计量的汇总

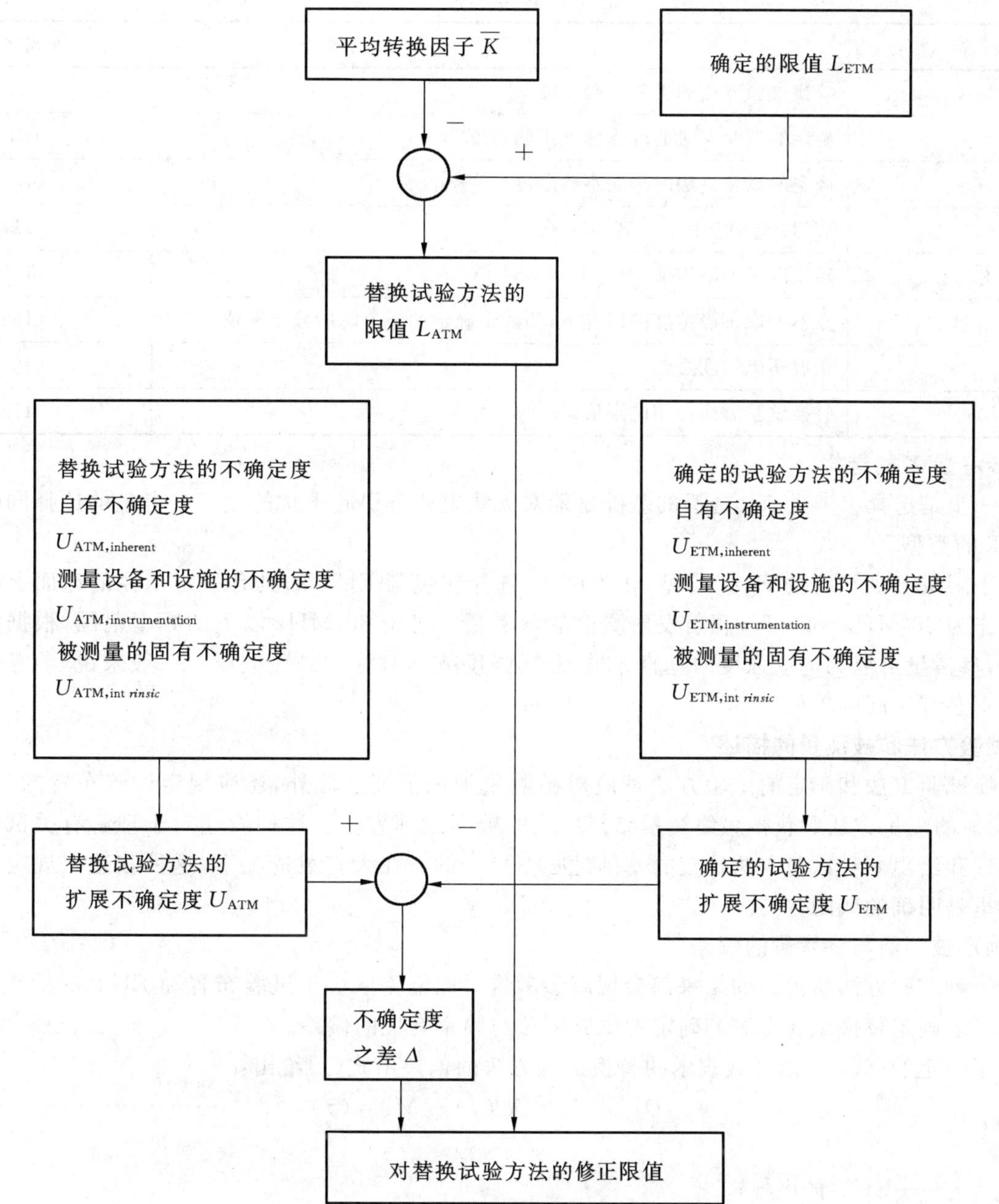

图 2　估计量在限值转换程序中的应用

表 2　转换过程中的量、量的定义及公式汇总

量	含　义	等式序号
$D_{ATMi}(f)$	由替换试验方法得到的 EUT_i 的测量结果与参考量的偏差	(1)
$D_{ETMi}(f)$	由确定的试验方法得到的 EUT_i 的测量结果与参考量的偏差	(2)
$\overline{D}_{ATM}$	替换试验方法的平均偏差	(3)
$\overline{D}_{ETM}$	确定的试验方法的平均偏差	(4)
$u_{ATM,inherent}$	替换试验方法的自有不确定度	(5)
$u_{ETM,inherent}$	确定的试验方法的自有不确定度	(6)
u_{ATM}	替换试验方法的合成标准不确定度	(7)

表 2（续）

量	含　义	等式序号
U_{ATM}	替换试验方法的扩展不确定度	(8)
u_{ETM}	确定的试验方法的合成标准不确定度	(9)
U_{ETM}	确定的试验方法的扩展不确定度	(10)
$K_i(f)$	EUT_i 与频率有关的转换因子	(11)
$\overline{K}(f)$	转换因子的平均值	(12),(13),(14)
$L_{ATM}(f)$	在不考虑不确定度的情况下,等效于确定的限值时的导出限值	(15)
Δ	扩展不确定度之差	(16)
$L_{ATM,U}$	替换试验方法使用的限值	(17)

6.2　参考量 *X* 的选择

第一步是选择参考量 X。选择的基础是能对无线电业务引起干扰的量。参考量的选择同时也取决于 EUT 的类型。

对于附录 B 所研究的 EUT 类型,作为例子,选择在包围 EUT 的具有一定半径的球面上的最大电场强度作为 30 MHz～1 GHz 辐射发射测量的参考量。对于 30 MHz 以下的频率范围,根据频段和耦合模型,参考量可以为电场强度的垂直分量、磁场强度或不对称(共模)电压。一般来说,参考量和实际被测量不必有相同的单位。

6.3　试验方法和被测量的描述

替换试验方法和确定的试验方法都应对被测量加以描述。此外,还应规定试验布置的几何尺寸、EUT 发射的测量方法和获得最终测量结果所用的数据处理方法。这种叙述对于理解有关试验方法的工作原理和给出两种试验方法比较的基础是必不可少的。在大多数情况下,这种叙述在规定试验方法的标准里是明确的或隐含的。

6.4　确定被测量与参考量的偏差

每一种试验方法所得到的结果都会偏离参考量。此偏差取决于试验布置和 EUT 的特性。对某一 EUT_i,可以确定替换试验方法和确定的试验方法与频率有关的偏差。

对于给定的 EUT_i,以对数表示的替换试验方法的偏差由式(1)给出:

$$D_{ATMi}(f)=X_i(f)-M_{ATMi}(f) \qquad \cdots\cdots(1)$$

式中:

i ——EUT 的序号;

f ——频率;

$D_{ATMi}(f)$ ——由替换试验方法得到的 EUT_i 的测量结果与参考量的偏差;

$X_i(f)$ ——6.2 定义的关于 EUT_i 的参考量;

$M_{ATMi}(f)$ ——由替换试验方法得到的 EUT_i 的测量结果。

由确定的试验方法得到的结果与参考量也有偏差。同样可由式(2)给出确定的试验方法的偏差:

$$D_{ETMi}(f)=X_i(f)-M_{ETMi}(f) \qquad \cdots\cdots(2)$$

式中:

$X_i(f),f,i$ ——见式(1);

$D_{ETMi}(f)$ ——由确定的试验方法得到的 EUT_i 的测量结果与参考量的偏差;

$M_{ETMi}(f)$ ——由确定的试验方法得到的 EUT_i 的测量结果。

6.5　确定偏差的平均值

由式(1)和式(2)给出的偏差对于不同的 EUT 是不同的。为了获得更普遍的结果,应考虑 EUT 的不同特性。附录 A 给出了这样的例子。对于替换试验方法和确定的试验方法，N 个 EUT 会得到 N 个偏差 D 的集合。由 D 的集合很容易确定其平均值。关于 EUT 的考虑和不同特性的细节见附录 A。

替换试验方法的偏差平均值的估计由式(3)给出：

$$\overline{D}_{\mathrm{ATM}} = \frac{1}{N}\sum_{i=1}^{N} D_{\mathrm{ATM}i} \qquad \cdots\cdots(3)$$

式中：

D_{ATM} ——替换试验方法的偏差的集合；

$\overline{D}_{\mathrm{ATM}}$ ——替换试验方法的平均偏差；

N ——所考虑的 EUT 的样本数，由于统计分析的需要，N 值应尽可能的大；

i ——EUT 的序号；

$D_{\mathrm{ATM}i}$ ——由替换试验方法得到的 EUT_i 的测量结果与参考量的偏差(见式(1))。

确定的试验方法的偏差平均值的估计由式(4)给出：

$$\overline{D}_{\mathrm{ETM}} = \frac{1}{N}\sum_{i=1}^{N} D_{\mathrm{ETM}i} \qquad \cdots\cdots(4)$$

式中：

D_{ETM} ——确定的试验方法的偏差的集合；

$\overline{D}_{\mathrm{ETM}}$ ——确定的试验方法的平均偏差；

N，i ——见式(3)；

$D_{\mathrm{ETM}i}$ ——由确定的试验方法得到的 EUT_i 的测量结果与参考量的偏差(见式(2))。

6.6 估计试验方法的标准不确定度

由于不确定度与每一个测量结果有关，因此试验方法的比较程序必须考虑不确定度。由于确定的试验方法得到的结果自身就有不确定度，必须注意的是这些不确定度作为转换程序的一部分不应传递给替换试验方法得到的结果。否则，替换试验方法的使用会受到确定的试验方法不确定度的影响。

发射测量的不确定度由一些分量组成。一方面是来自于 GB/T 6113.402 给出的测量设备和设施贡献的不确定度；另一方面是 EUT 的辐射特性和试验布置组合在一起引起的自有不确定度 u_{inherent}。例如，在辐射发射测量中，对于一些类型的 EUT 辐射图，开阔试验场法(确定的试验方法)可能无法获得辐射发射的波瓣峰值。由试验方法得到的结果与参考量的偏差取决于 EUT 的辐射特性，但是对一任意 EUT 的辐射特性事先并不知道。仅当研究了具有不同特性的 EUT 的性能时才能估计所产生的自有不确定度 u_{inherent}。与 6.4 相似，与 N 个样本构成的 EUT 集合的参考量之差可用来估计标准偏差以作为自有不确定度的度量。

利用实验标准偏差的计算公式，替换试验方法的自有不确定度由式(5)给出：

$$u_{\mathrm{ATM,inherent}} = s(D_{\mathrm{ATM}}) = \sqrt{\frac{\sum_{i=1}^{N}(D_{\mathrm{ATM}i} - \overline{D}_{\mathrm{ATM}})^2}{N-1}} \qquad \cdots\cdots(5)$$

式中：

$u_{\mathrm{ATM,inherent}}$ ——替换试验方法的自有不确定度；

$s(D_{\mathrm{ATM}})$ ——集合 D_{ATM} 的实验标准偏差；

$N, i, D_{\mathrm{ATM}}, D_{\mathrm{ATM}i}$ ——见式(3)。

类似地，确定的试验方法的自有不确定度由式(6)给出：

$$u_{\mathrm{ETM,inherent}} = s(D_{\mathrm{ETM}}) = \sqrt{\frac{\sum_{i=1}^{N}(D_{\mathrm{ETM}i} - \overline{D}_{\mathrm{ETM}})^2}{N-1}} \qquad \cdots\cdots(6)$$

式中：

$u_{ETM,inherent}$ ——确定的试验方法的自有不确定度；

$s(D_{ETM})$ ——集合 D_{ETM} 的实验标准偏差；

N, i, D_{ETM}, D_{ETMi} ——见式(4)。

6.7 估计试验方法的扩展不确定度

扩展不确定度可由合成标准不确定度乘以包含因子 k 得到。替换试验方法的合成标准不确定度 u_{ATM} 可由式(7)计算：

$$u_{ATM} = \sqrt{u_{ATM,m}^2 + u_{ATM,int\,rinsic}^2 + u_{ATM,inherent}^2} \quad \cdots\cdots (7)$$

式中：

$u_{ATM,m}$ ——由测量设备和设施贡献的替换试验方法的合成标准不确定度；

$u_{ATM,inherent}$ ——替换试验方法的自有不确定度，见式(5)；

$u_{ATM,int\,rinsic}$ ——替换试验方法被测量的固有不确定度。

使用包含因子 k，可由式(8)估计替换试验方法的扩展不确定度。

$$U_{ATM} = k \cdot u_{ATM} \quad \cdots\cdots (8)$$

式中：

U_{ATM} ——替换试验方法的扩展不确定度；

k ——包含因子；

u_{ATM} ——替换试验方法的合成标准不确定度，见式(7)。

类似地，确定的试验方法的合成标准不确定度 u_{ETM} 可由式(9)计算：

$$u_{ETM} = \sqrt{u_{ETM,m}^2 + u_{ETM,int\,rinsic}^2 + u_{ETM,inherent}^2} \quad \cdots\cdots (9)$$

式中：

$u_{ETM,m}$ ——由测量设备和设施贡献的确定的试验方法的合成标准不确定度；

$u_{ETM,inherent}$ ——确定的试验方法的自有不确定度，见式(6)；

$u_{ETM,int\,rinsic}$ ——确定的试验方法被测量的固有不确定度。

确定的试验方法的扩展不确定度由式(10)给出：

$$U_{ETM} = k \cdot u_{ETM} \quad \cdots\cdots (10)$$

式中：

U_{ETM} ——确定的试验方法的扩展不确定度；

k ——包含因子；

u_{ETM} ——确定的试验方法的合成标准不确定度，见式(9)。

6.8 计算平均转换因子

对于每一个 EUT_i，可由式(11)计算得到与频率有关的转换因子 $K_i(f)$：

$$K_i(f) = D_{ATMi}(f) - D_{ETMi}(f) \quad \cdots\cdots (11)$$

式中：

$D_{ATMi}(f)$ ——由替换试验方法得到的 EUT_i 的测量结果与参考量的偏差(见式(1))；

$D_{ETMi}(f)$ ——由确定的试验方法得到的 EUT_i 的测量结果与参考量的偏差(见式(2))。

平均转换因子可由替换试验方法和确定的试验方法的平均偏差计算得到，见式(12)：

$$\overline{K}(f) = \overline{D}_{ATM}(f) - \overline{D}_{ETM}(f) \quad \cdots\cdots (12)$$

式中：

$K(f)$ ——转换因子的集合；

$\overline{K}(f)$ ——平均转换因子；

$\overline{D}_{ATM}(f)$ ——替换试验方法与参考量的平均偏差，单位为 dB；

$\overline{D}_{\mathrm{ETM}}(f)$ ——确定的试验方法与参考量的平均偏差，单位为 dB。

式(3)和式(4)代入式(12)得出式(13)：

$$\overline{K}=\overline{D}_{\mathrm{ATM}}-\overline{D}_{\mathrm{ETM}}=\frac{1}{N}\sum_{i=1}^{N}D_{\mathrm{ATM}i}-\frac{1}{N}\sum_{i=1}^{N}D_{\mathrm{ETM}i} \qquad (13)$$

使用式(1)和式(2)，平均转换因子可由 EUT 集合的测量结果来表示，见式(14)：

$$\overline{K}=\frac{1}{N}\sum_{i=1}^{N}(X_i-M_{\mathrm{ATM}i})-\frac{1}{N}\sum_{i=1}^{N}(X_i-M_{\mathrm{ETM}i})=\frac{1}{N}\sum_{i=1}^{N}(M_{\mathrm{ETM}i}-M_{\mathrm{ATM}i}) \qquad (14)$$

式中：

$\overline{K}$ ——见式(12)；

$M_{\mathrm{EMT}i}$ ——见式(2)；

$M_{\mathrm{ATM}i}$ ——见式(1)。

6.9 验证计算值

在很多情况下有必要通过数值仿真计算获得与参考量的差值及其平均值和标准偏差。强烈建议通过测量来验证计算结果。

6.10 应用

如果要将确定的试验方法的限值转换为替换试验方法的限值，则首先需要得到式(8)、式(10)、式(12)或式(14)的计算结果。

使用平均转换因子，确定的试验方法的限值可转换为替换试验方法的导出限值，见式(15)：

$$L_{\mathrm{ATM}}(f)=L_{\mathrm{ETM}}(f)-\overline{K}(f) \qquad (15)$$

式中：

$\overline{K}(f)$ ——与频率有关的平均转换因子，见式(12)；

$L_{\mathrm{ETM}}(f)$ ——确定的试验方法与频率有关的限值；

$L_{\mathrm{ATM}}(f)$ ——不考虑不确定度时，与确定的试验方法的限值等同的替换试验方法的限值。

为了完成转换过程，需要考虑替换试验方法和确定的试验方法的不确定度。定义替换试验方法的不确定度 U_{ATM} 和确定的试验方法的不确定度 U_{ETM} 之差为 Δ，见式(16)：

$$\Delta=U_{\mathrm{ATM}}(f)-U_{\mathrm{ETM}}(f) \qquad (16)$$

此式隐含着如何处理测量不确定度的规则。如果替换试验方法的不确定度大于确定的试验方法的不确定度，应对替换试验方法的限值进行修正，见式(17)：

$$L_{\mathrm{ATM,U}}=\begin{cases}L_{\mathrm{ATM}}-\Delta & \text{当 } \Delta>0 \text{ 时}\\ L_{\mathrm{ATM}} & \text{当 } \Delta\leqslant 0 \text{ 时}\end{cases} \qquad (17)$$

式中：

$L_{\mathrm{ATM,U}}$ ——用于替换试验方法的限值。

附　录　A
（资料性附录）
EUT 建模的说明

在 6.5 和 6.6 中已讨论过，EUT 的特性会直接影响到测量结果，进而会影响其与参考量的偏差。考虑辐射发射测量的例子，当使用开阔试验场或全电波暗室的峰值搜索测量方法时，EUT 的辐射特性会影响获得最大发射的概率。为了得到更具普遍性的结果，需要考虑使用具有不同辐射特性的多个 EUT 来确定转换参数。本附录叙述了在发射测量方法研究中 EUT 建模的一般性考虑。

A.1　EUT 的类型

EUT 的某些特性会显著影响其辐射性能。因此有必要把具有相同主要特性的 EUT 进行分类。这样就可以对其分别进行考虑和研究。基于试验布置，通常将 EUT 分成以下三种类别：

a）　无连接电缆的台式设备；

b）　有连接电缆的台式设备；

c）　落地式设备。

A.2　统计方法的应用

A.1 的每一种 EUT 类别都是由许多具有不同工作模式和性能特性的装置组成。为了尽可能地涵盖变化多样的 EUT 特性，使用统计方法更有效。使用该方法可得到普遍适用的平均转换参数及其不确定度。由 EUT 未知的辐射特性引入的不确定度 u_{inherent} 只能通过考虑不同 EUT 的类别并对测量数据进行统计分析来确定。附录 B 给出了应用这种统计方法的例子。

附 录 B
（资料性附录）
试验方法比较程序的应用示例

B.1 示例1 全电波暗室3 m法测量与开阔试验场10 m法测量的比较

B.1.1 无连接电缆的小型设备

B.1.1.1 选择参考量 *X*（见6.2）

所谓保护要求就是使EUT辐射的骚扰场强干扰无线电业务的风险最小化。一种度量EUT潜在干扰的量为EUT发射的电场强度。一般来说，由于EUT最终使用时的布置是未知的或者是不固定的，所以需要在EUT的所有方向和极化上寻找最大场强。因此选择自由空间条件下、与方向或极化无关的EUT发射的远场电场强度的最大值作为参考量。考虑到频率范围和EUT的物理尺寸，可以假设距离EUT 10 m（d_{ref}=10 m）时远场条件成立。图B.1为定义参考量的示意图。应当指出在实际当中进行这样的测量是十分困难的或者不切实际的，但这样的布置和参考量对于数值仿真计算是非常适合的。定义参考量适用的频率范围为30 MHz～1 000 MHz。

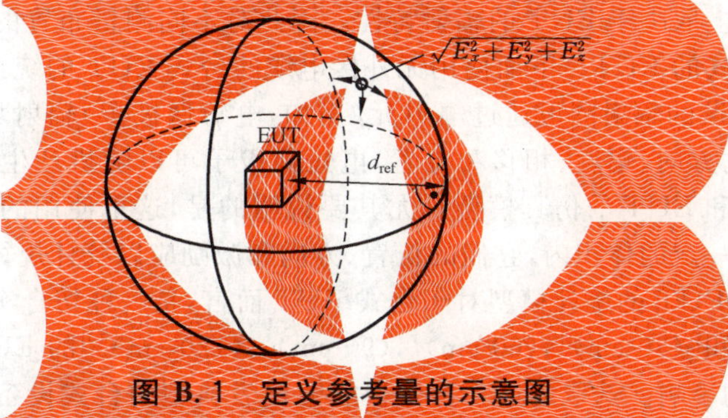

图B.1 定义参考量的示意图

B.1.1.2 描述试验方法和被测量（见6.3）

替换试验方法：全电波暗室（FAR）3 m法。图B.2给出了在全电波暗室中进行30 MHz～1 000 MHz频率范围辐射发射测量时EUT和天线布置的示意图。接收天线与EUT之间的距离d_{far}为3 m。天线位于EUT垂直高度中心的固定位置上。为了得到最大场强，EUT应在水平面进行旋转，辐射场的水平极化和垂直极化都应测量。FAR为在墙面、天花板和地面加装了吸波材料的屏蔽室。因此，理想情况下天线只能接收到EUT辐射的直射波。

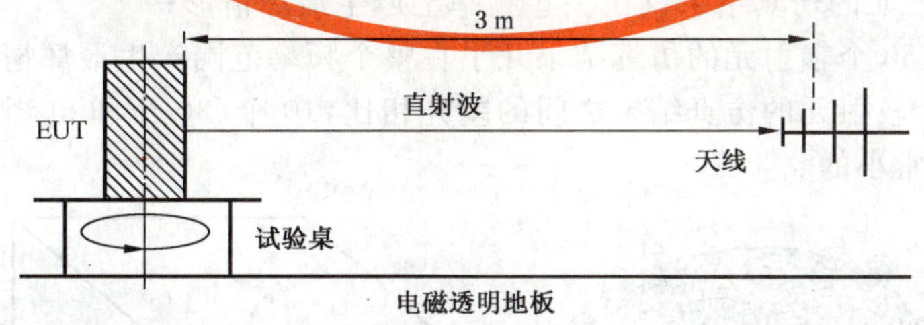

图B.2 全电波暗室辐射发射测量时EUT和天线布置的示意图

确定的试验方法：开阔试验场（OATS）10 m法。图B.3给出了在开阔试验场进行的30 MHz～1 000 MHz辐射发射测量时EUT和天线布置的示意图。接收天线与EUT之间的距离为10 m（即d_{OATS}=10 m）。为了得到最大场强，应旋转EUT，天线应在1 m～4 m的高度范围内移动。试验布置置于导电接地平面上。OATS和试验布置的周围环境中应无任何反射物体。因此理想情况下，天线只能接收到直射波和地面反射波。

满足 CISPR 归一化场地衰减(NSA)场地有效性判据的半电波暗室可用于符合性测量。因此,也可选择半电波暗室作为确定的试验方法。由于自有不确定度的估计是在假设试验场地为理想的前提条件下进行的,所以从以下给出的例子得到的结果同样适用于这种情况。理想情况下,半电波暗室和开阔试验场都可提供(除了地面以外的)无反射波的条件。

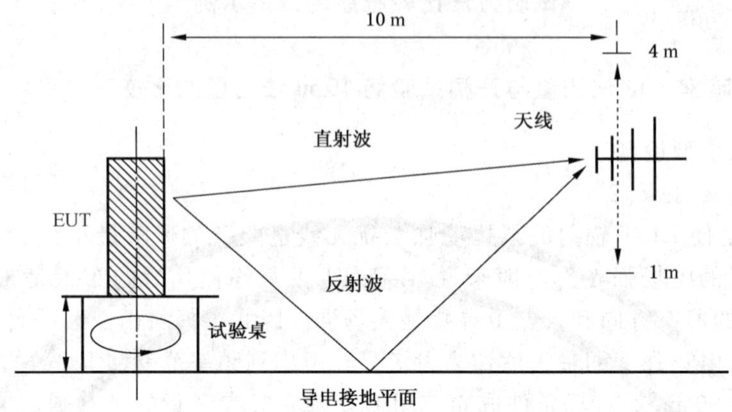

图 B.3 开阔试验场测量时 EUT 和天线布置的示意图

B.1.1.3 确定测量量与参考量的偏差(见 6.4)

测量结果很大程度上取决于 EUT 的辐射特性。因此对不同测量布置的辐射特性的研究必须包括各式各样的不同辐射方式的 EUT。下面使用无外接电缆的台式 EUT 的统计模型。

一般来说,任一 EUT 的辐射图可通过辐射元(例如,电短偶极子)辐射场的叠加来近似。因此,大量具有不同特性的(轴的方向、幅度、相移和位置)电短偶极子可以随机产生不同的辐射图。图 B.4 示出了辐射元的辐射特性和 EUT 的仿真模型。尤其要说明的是,这里使用的 EUT 模型基于以下概念:一定数量的偶极子位于一定的体积内,它们的位置、方向和激励应以统计规律变化以产生具有一定统计分布的辐射特性。这种 EUT 的统计模型对于台式 EUT 而言,是一种切合实际且合理的仿真方法。

通过对四个不同体积[$(30\ \text{cm})^3$,$(60\ \text{cm})^3$,$(90\ \text{cm})^3$,$(120\ \text{cm})^3$]的 EUT 模型的仿真来研究不同 EUT 模型对辐射发射的影响。选取的这 4 种体积能够代表典型的台式设备的最大体积。由于用于代表实际 EUT 特性的辐射元的数量是不能确定的,位于所选体积内的辐射元的理想数量也是未知的,因此还研究了辐射元数量变化对发射的影响。所预期的辐射元的数量的影响如下:

——对于一个辐射元,建立偶极子辐射模型;

——辐射元数量的增加会产生更加复杂的辐射特性;

——无穷多辐射元的辐射性能等同于偶极子。

分别对 1 个、2 个、5 个、10 个、30 个和 50 个辐射元进行的仿真结果主要表明:

——1 个或 2 个辐射元的仿真结果仅在一些频率上产生最坏情形;

——10 个,30 个或 50 个辐射元的仿真结果几乎在整个频率范围产生最坏情形;

——与 10 个和 2 个辐射元的仿真结果之间的差异相比,10 个、30 个和 50 个辐射元的仿真结果之间的差异是非常小的。

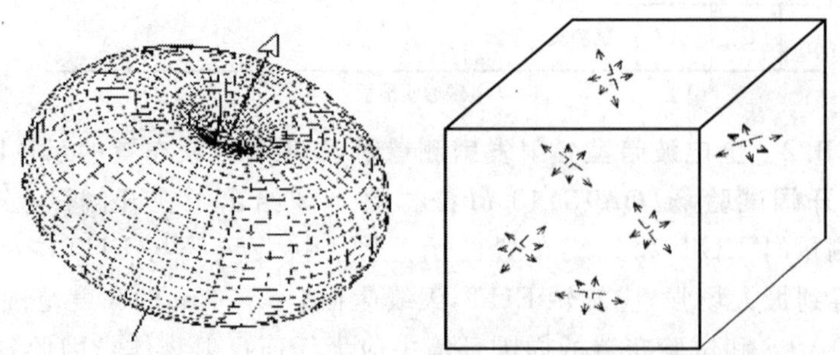

图 B.4 辐射元的辐射特性(左)和 EUT 的仿真模型(右)

由以上的研究可以得出:多于50个辐射元的仿真可能会得到相同的结果。因此,仿真的结果可用来获得最坏情形的正确近似。

对每一组的体积和辐射元的数量,构成一个 $N=1\ 000$ 的EUT集合。

注1:一般来说,EUT的数量应尽可能的多,但仿真的时间又必须是有限的。因此选取1 000个EUT是一种合理的折衷:基于非参数统计理论,样本数量为1 000时,以99.9%的置信度获得仿真值的95%的置信区间边界的估计。这些边界值对于标准偏差和由此引起的自有不确定度的估计是重要的。详见[2]或[1]的第3章。

对于这种集合里的每一个 EUT_i,例如,具有5个辐射元、体积为(30 cm)^3 的集合,可以计算参考量 X_i、FAR中的辐射场强 $E_{FAR(3\ m)i}$ 和开阔试验场中的辐射场强 $E_{OATS(10\ m)i}$,其应与测得的场强值相等。

注2:由于EUT的统计模型会使单个EUT具有较大的水平或垂直场分量,因此,计算的场强要以与实测相同的方式来确定:不考虑极化方式,取场强的最大值。因此,场强的极化方式按统计规律变化,导出的结果同时包含水平极化和垂直极化分量。

由这些结果,根据6.4中的式(1)可计算得到替换试验方法的偏差,见式(B.1)。

$$D_{ATMi} = D_{FAR(3\ m)i} = X_i - E_{FAR(3\ m)i} \qquad \text{(B.1)}$$

式中:

$E_{FAR(3\ m)i}$ ——由FAR3 m法得到的 EUT_i 的场强;

X_i,D_{ATMi},i ——见6.4中的式(1);

$D_{FAR(3\ m)i}$ ——由FAR3 m法得到的 EUT_i 的结果与参考量 X 的偏差。

与此同时,根据6.4中的式(2)可计算得到确定的试验方法的偏差,见式(B.2)。

$$D_{ETMi} = D_{OATS(10\ m)i} = X_i - E_{OATS(10\ m)i} \qquad \text{(B.2)}$$

式中:

$E_{OATS(10\ m)i}$ ——由OATS10 m法得到的 EUT_i 的场强;

X_i,D_{ETMi},i ——见6.4中的式(2);

$D_{OATS(10\ m)i}$ ——由OATS10 m法得到的 EUT_i 的结果与参考量 X 的偏差。

B.1.1.4 确定平均偏差(见6.5)

对于替换试验方法和确定的试验方法,可根据6.5中的式(3)和式(4)分别计算得到平均偏差,见式(B.3)、式(B.4)。对于每一个由1 000个EUT构成的集合都应照此进行计算。

$$\overline{D}_{ATM} = \overline{D}_{set,FAR(3\ m)} = \frac{1}{1\ 000}\sum_{i=1}^{1\ 000} D_{FAR(3\ m)i} \qquad \text{(B.3)}$$

$$\overline{D}_{ETM} = \overline{D}_{set,OATS(10\ m)} = \frac{1}{1\ 000}\sum_{i=1}^{1\ 000} D_{OATS(10\ m)i} \qquad \text{(B.4)}$$

式中:

$\overline{D}_{ATM}$ ——对于由1 000个EUT构成的集合,替换试验方法的平均偏差;

$\overline{D}_{ETM}$ ——对于由1 000个EUT构成的集合,确定的试验方法的平均偏差;

$\overline{D}_{set,FAR(3\ m)}$ ——对于由1 000个EUT构成的集合,FAR3 m法的平均偏差;

$\overline{D}_{set,OATS(10\ m)}$ ——对于由1 000个EUT构成的集合,OATS10 m法的平均偏差;

$D_{FAR(3\ m)i}$,$D_{OATS(10\ m)i}$,i ——分别见式(B.1)和式(B.2)。

为了评估最坏情况下的发射,对于每一种给定体积的EUT,两种试验方法的最大平均偏差由式(B.5)确定:

$$\overline{D}_{max\,vol,FAR(3\ m)} = \max_{\text{辐射元的数量}} \overline{D}_{set,FAR(3\ m)};$$
$$\overline{D}_{max\,vol,OATS(10\ m)} = \max_{\text{辐射元的数量}} \overline{D}_{set,OATS(10\ m)} \qquad \text{(B.5)}$$

式中：

$\overline{D}_{\text{set,FAR(3 m)}}$ ——见式(B.3)；

$\overline{D}_{\text{set,OATS(10 m)}}$ ——见式(B.4)；

$\overline{D}_{\text{max vol,FAR(3 m)}}$ ——对于一个给定体积的 EUT，FAR3 m 法的最大平均偏差；

$\overline{D}_{\text{max vol,OATS(10 m)}}$ ——对于一个给定体积的 EUT，OATS10 m 法的最大平均偏差。

图 B.5 示出了最大偏差的例子。

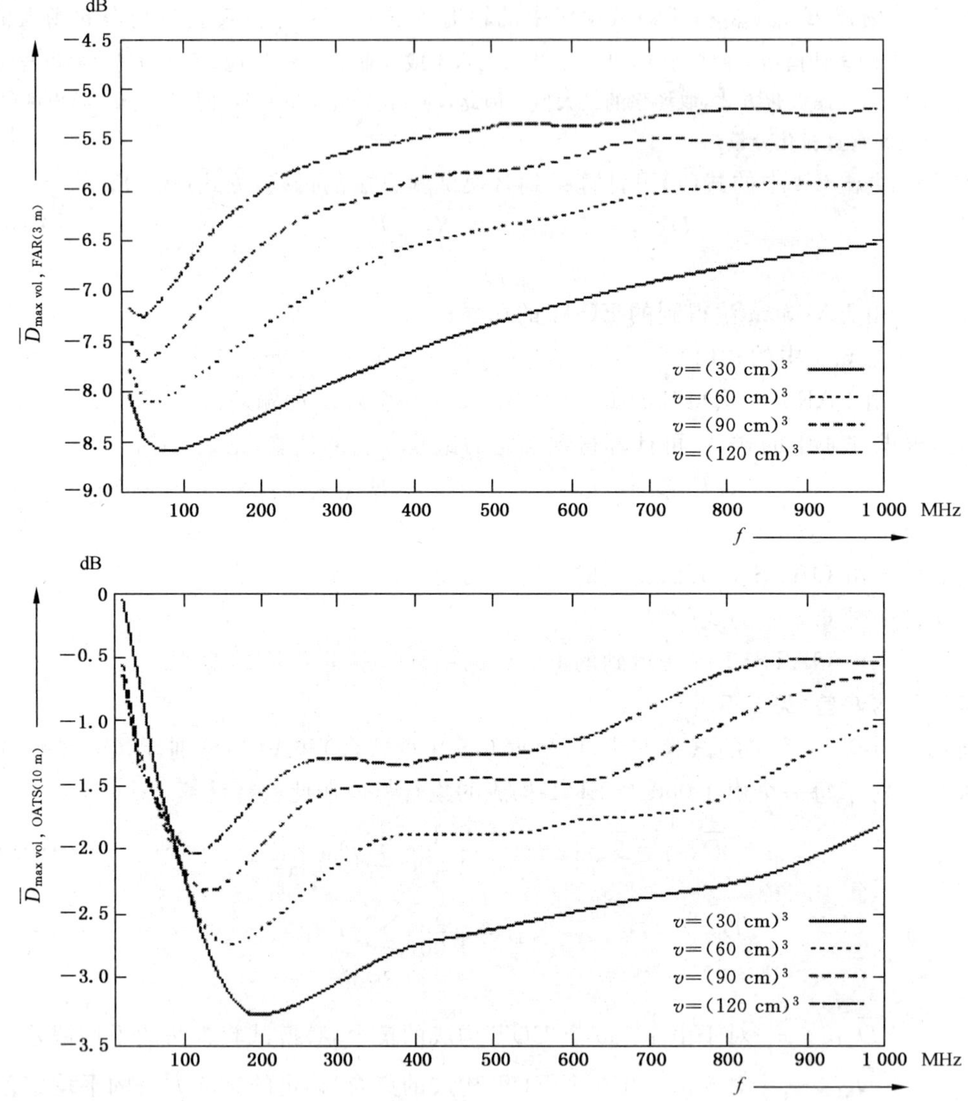

图 B.5　FAR3 m 法(上)和 OATS10 m 法(下)的最大平均偏差

B.1.1.5　估计试验方法的标准不确定度(见 6.6)

测量设备和设施的不确定度：对于替换试验方法(FAR3 m 法)，目前的 CISPR 标准仍没有给出测量设备和设施的不确定度。对于由天线和试验场地贡献的不确定度，可以使用欧盟 FAR 项目的最终技术报告给出的数值[4]。可以预期，对于其他贡献的不确定度，OATS 和 FAR 是相同的，可以直接引用 GB/T 6113.402—2006 的数值。表 B.1 给出了测量设备和设施的不确定度。对于确定的的试验方法，测量设备和设施的不确定度见基础标准 GB/T 6113.402—2006。

固有不确定度：固有不确定度的数值在 GB/T 6113.401—2007 中仍在考虑当中。因此在本例中并未包括固有不确定度的贡献。

由 EUT 特性未知引入的不确定度：由 6.6 中的式(5)和式(6)可分别计算得到替换试验方法和确定的试验方法的标准自有不确定度 u_{inherent}。由于偏差的累积分布函数有着强的不对称性，直接应用等式会得出太小的不确定度的估计。图 B.6 的样本累积分布函数(CDF)例证了这种偏小的估计。如果 CDF 是对称的，区间[$\overline{D}_{\text{ETM}}$；$k_{\text{ETM}}\cdot s(D_{\text{ETM}})$]将包含 95%区间的上半部分。

但由图可以看出，这种估计是不正确的。实际上 $k_{\text{ETM}}\cdot s(D_{\text{ETM}})$ 95%区间的上边界的估计值偏小。为了避免这种低估，引入标准偏差 s_+，s_+ 仅使用大于标准偏差平均值的数值来计算。

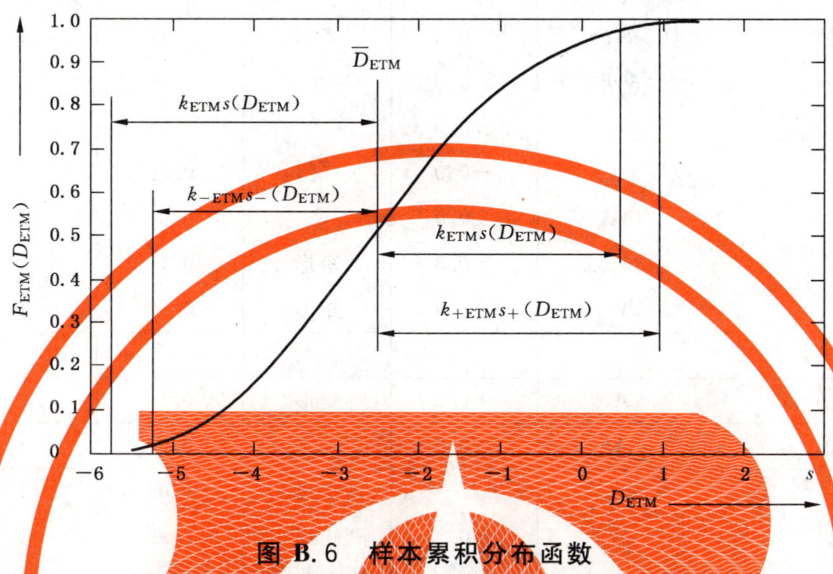

图 B.6　样本累积分布函数

这些值的数量用 N_+ 表示，近似的标准偏差用 s_+ 表示。给定 $\text{EUT}_i=1\cdots N$ 的序号变为新的序号 $j=1\cdots N_+$。可由式(B.6)计算每一个 EUT 集合的标准偏差：

$$s_{+\text{set}}(D_{\text{FAR(3 m)}})=\sqrt{\frac{\sum_{j=1}^{N_+}(D_{\text{FAR(3 m)}j}-\overline{D}_{\text{set,FAR(3 m)}})^2}{N_+-1}} \quad\cdots\cdots(\text{B.6})$$

式中：

$D_{\text{FAR(3 m)}j}$，$\overline{D}_{\text{set,FAR(3 m)}}$——见式(B.3)；

N_+——大于平均值的值的数量；

$s_{+\text{set}}(D_{\text{FAR(3 m)}})$——FAR 3 m 法的由 1 000 个 EUT 构成的集合的单侧标准偏差。

表 B.1　全电波暗室 3 m 法的测量设备和设施的不确定度

输入量	X_i	x_i 的不确定度 dB	概率分布函数	$u(x_i)$ dB	c_i	$c_iu(x_i)$ dB
接收机的读数	V_r	±0.1	k=1	0.10	1	0.10
天线与接收机之间的衰减	L_c	±0.1	k=2	0.05	1	0.05
双锥天线系数	AF	±2.0	k=2	1.00	1	1.00
接收机的修正：						
正弦波电压	δV_{sw}	±1.0	k=2	0.50	1	0.50
脉冲幅度响应	δV_{pa}	±1.5	矩形	0.87	1	0.87
脉冲重复频率响应	δV_{pr}	±1.5	矩形	0.87	1	0.87
本底噪声	δV_{nf}	±0.5	k=2	0.25	1	0.25

表 B.1（续）

输入量	X_i	x_i 的不确定度		$u(x_i)$ dB	c_i	$c_iu(x_i)$ dB
		dB	概率分布函数			
天线与接收机之间的失配	δM	+0.9/−1.0	U形	0.67	1	0.67
双锥天线的修正：						
天线系数的频率内插	δAF_f	±0.3	矩形	0.17	1	0.17
天线系数的高度偏差	δAF_h	±0.0	/	0.00	1	0.00
方向性的差异	$\delta A_{dir,h}$	±0.0	/	0.00	1	0.00
相位中心的位置	δA_{ph}	±0.0	/	0.00	1	0.00
交叉极化	δA_{cp}	±0.0	/	0.00	1	0.00
平衡(水平)	$\delta A_{bal,h}$	±0.3	矩形	0.17	1	0.17
平衡(垂直)	$\delta A_{bal,v}$	±0.9	矩形	0.52	1	0.52
对数周期天线的修正：						
天线系数的频率内插	δAF_f	±0.3	矩形	0.17	1	0.17
天线系数的高度偏差	δAF_h	±0.0	/	0.00	1	0.00
方向性的差异	$\delta A_{dir,h}$	+0.2/−0.0	矩形	0.05	1	0.05
相位中心的位置	δA_{ph}	±0.5	矩形	0.29	1	0.29
交叉极化	δA_{cp}	±0.9	矩形	0.52	1	0.52
平衡	δA_{bal}	±0.0	/	0.00	1	0.00
场地修正：						
场地的不理想	δSA	±4.0	三角形	1.63	1	1.63
测量距离	δd	±0.3	矩形	0.17	1	0.17
试验桌的高度	δh	±0.1	$k=2$	0.05	1	0.05

和

$$s_{+set}(D_{OATS(10\text{ m})})=\sqrt{\frac{\sum_{i=1}^{N_+}(D_{OATS(10\text{ m})j}-\overline{D}_{set,OATS(10\text{ m})})^2}{N_+-1}} \quad \cdots\cdots(B.7)$$

式中：

$D_{OATS(10\text{ m})i}$，$\overline{D}_{set,OATS(10\text{ m})}$ ——与式(B.4)相同；

N_+ ——大于平均值的值的数量；

$s_{+set}(D_{OATS(10\text{ m})})$ ——OATS10 m 法的由 1 000 个 EUT 构成的集合的单侧标准偏差。

这种方法给出了最坏情形下的估计。通过考虑累积分布函数的不对称性可获得更精确的结果。

类似于平均偏差的计算，确定每一个体积的偏差的近似标准偏差的最大值见式(B.8)、式(B.9)。该最大值可认为是不确定度的安全近似。

$$u_{ATM,inherent}=u_{FAR(3\text{ m}),inherent}\approx s_{+max,vol}(D_{FAR(3\text{ m})})=\max_{\text{辐射元的数量}} s_{+set}(D_{FAR(3\text{ m})}) \quad \cdots\cdots(B.8)$$

$$u_{ETM,inherent}=u_{OATS(10\text{ m}),inherent}\approx s_{+max,vol}(D_{OATS(10\text{ m})})=\max_{\text{辐射元的数量}} s_{+set}(D_{OATS(10\text{ m})}) \quad \cdots\cdots(B.9)$$

式中：

$s_{+set}(D_{FAR(3\text{ m})})$ ——与式(B.6)相同；

$s_{+set}(D_{OATS(10\text{ m})})$ ——与式(B.7)相同；

$s_{+\max,\text{vol}}(D_{\text{FAR}(3\text{ m})})$——对于给定体积的 EUT,FAR 3 m 法的偏差的最大近似标准偏差；

$s_{+\max,\text{vol}}(D_{\text{OATS}(10\text{ m})})$——对于给定体积的 EUT,OATS 10 m 法的偏差的最大近似标准偏差；

$u_{\text{FAR}(3\text{ m}),\text{inherent}}$——FAR 3 m 法的自有不确定度；

$u_{\text{ATM},\text{inherent}}$——在表 2 中给出；

$u_{\text{OATS}(3\text{ m}),\text{inherent}}$——OATS 10 m 法的自有不确定度；

$u_{\text{ETM},\text{inherent}}$——在表 2 中给出。

图 B.7 示出了这些值。表 B.2 和表 B.3 给出了这些数值。

注：应当指出:OATS 法之所以产生较大的不确定度是因为这些值同时包括水平极化和垂直极化。如果两种极化分别考虑会得到较小的不确定度。基于这样的考虑需要应用一个复杂的规则，即转换因子分别适用于水平极化、垂直极化或者两种极化。

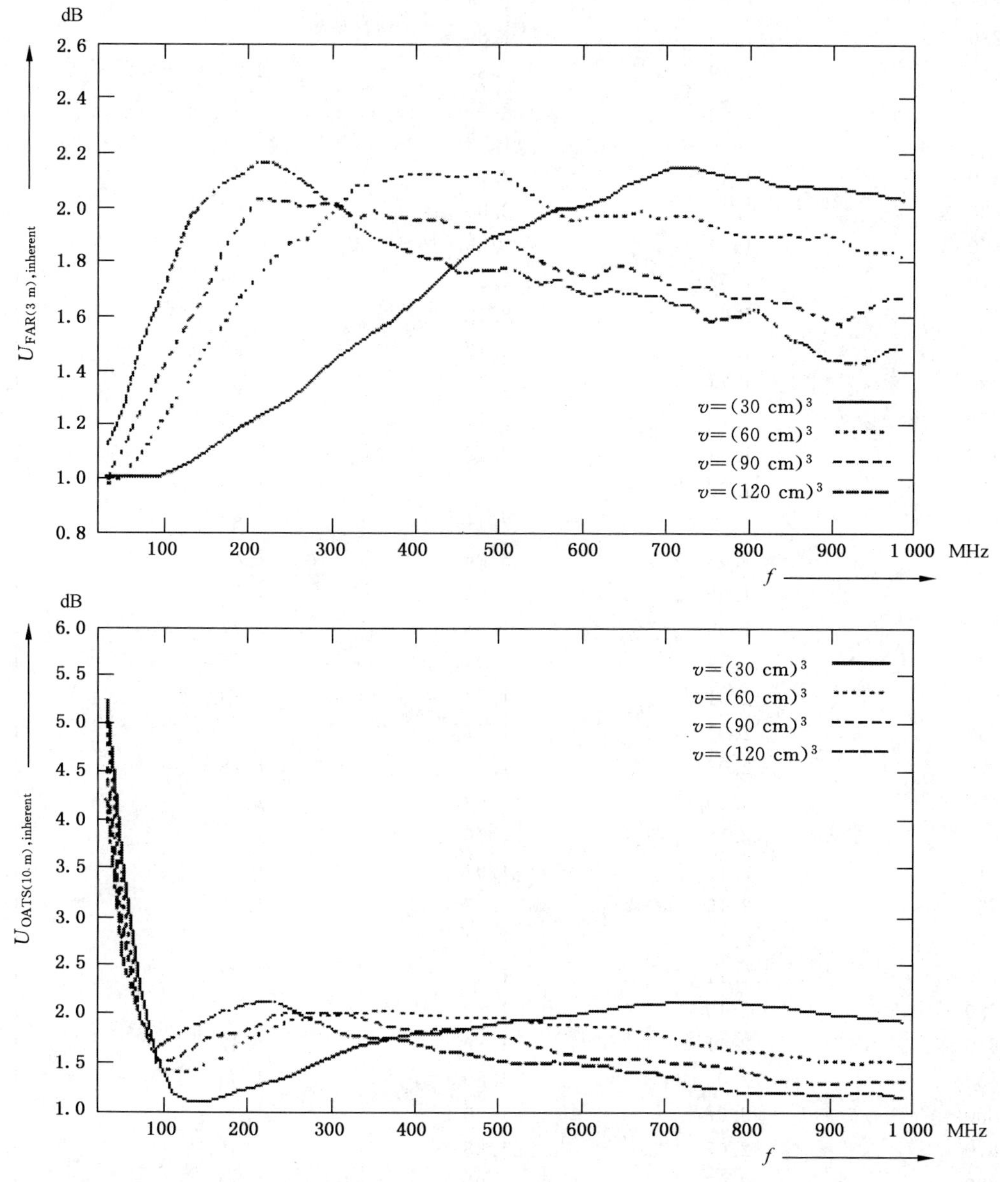

图 B.7 FAR 3 m 法(上)和 OATS10 m 法(下)由 EUT 特性未知引入的不确定度

表 B.2 对于 FAR 3 m 法由 EUT 特性未知引入的不确定度(单位:dB)

频率/MHz	$v=(30\ \text{cm})^3$	$v=(60\ \text{cm})^3$	$v=(90\ \text{cm})^3$	$v=(120\ \text{cm})^3$
30	1.00	0.97	0.99	1.12
50	1.00	1.01	1.11	1.25
70	1.00	1.08	1.24	1.48
90	1.00	1.17	1.36	1.62
110	1.02	1.27	1.47	1.79
130	1.06	1.37	1.58	1.96
150	1.10	1.48	1.69	2.03
170	1.14	1.56	1.84	2.08
190	1.19	1.66	1.93	2.12
210	1.22	1.74	2.03	2.16
230	1.25	1.80	2.02	2.16
250	1.29	1.86	2.01	2.12
270	1.34	1.88	2.00	2.08
290	1.40	1.95	2.01	2.03
310	1.45	2.00	2.00	2.00
330	1.49	2.08	1.96	1.93
350	1.54	2.08	1.98	1.88
370	1.57	2.10	1.96	1.86
390	1.63	2.12	1.95	1.83
410	1.68	2.12	1.95	1.81
430	1.74	2.11	1.95	1.80
450	1.79	2.11	1.92	1.76
470	1.84	2.12	1.93	1.76
490	1.88	2.13	1.89	1.76
510	1.91	2.11	1.86	1.77
530	1.93	2.06	1.83	1.74
550	1.96	2.02	1.79	1.71
570	1.99	1.98	1.77	1.73
590	1.99	1.94	1.76	1.69
610	2.01	1.97	1.73	1.67
630	2.03	1.97	1.77	1.69
650	2.08	1.97	1.78	1.68
670	2.10	1.98	1.75	1.67
690	2.12	1.96	1.74	1.68
710	2.15	1.97	1.70	1.64
730	2.15	1.97	1.70	1.64
750	2.13	1.94	1.71	1.58
770	2.11	1.91	1.67	1.59
790	2.10	1.89	1.66	1.60
810	2.11	1.89	1.67	1.62
830	2.08	1.89	1.65	1.57
850	2.07	1.90	1.65	1.52
870	2.07	1.88	1.61	1.49
890	2.07	1.90	1.59	1.44
910	2.07	1.88	1.56	1.43
930	2.05	1.84	1.60	1.42
950	2.05	1.83	1.63	1.43
970	2.03	1.84	1.66	1.47
990	2.03	1.81	1.67	1.48

表 B.3 对于 OATS 10 m 法由 EUT 特性未知引入的不确定度(单位:dB)

频率/MHz	$v=(30\ \mathrm{cm})^3$	$v=(60\ \mathrm{cm})^3$	$v=(90\ \mathrm{cm})^3$	$v=(120\ \mathrm{cm})^3$
30	5.27	4.55	4.55	4.20
50	3.48	2.84	2.84	2.54
70	2.28	1.96	1.96	1.95
90	1.55	1.49	1.49	1.64
110	1.17	1.52	1.52	1.74
130	1.08	1.62	1.62	1.86
150	1.07	1.74	1.74	1.92
170	1.13	1.78	1.78	2.01
190	1.20	1.80	1.80	2.06
210	1.24	1.86	1.86	2.11
230	1.29	1.97	1.97	2.11
250	1.35	2.00	2.00	2.05
270	1.43	2.00	2.00	1.95
290	1.51	2.01	2.01	1.89
310	1.58	2.01	2.01	1.79
330	1.65	1.96	1.96	1.76
350	1.69	1.91	1.91	1.75
370	1.73	1.85	1.85	1.74
390	1.77	1.83	1.83	1.71
410	1.79	1.81	1.81	1.67
430	1.80	1.84	1.84	1.61
450	1.81	1.83	1.83	1.60
470	1.85	1.79	1.79	1.57
490	1.88	1.79	1.79	1.53
510	1.91	1.75	1.75	1.50
530	1.93	1.70	1.70	1.48
550	1.94	1.64	1.64	1.49
570	1.97	1.60	1.60	1.50
590	1.98	1.56	1.56	1.48
610	2.01	1.53	1.53	1.46
630	2.04	1.53	1.53	1.45
650	2.07	1.52	1.52	1.40
670	2.09	1.53	1.53	1.38
690	2.10	1.50	1.50	1.38
710	2.11	1.49	1.49	1.33
730	2.12	1.48	1.48	1.25
750	2.12	1.47	1.47	1.23
770	2.12	1.45	1.45	1.22
790	2.11	1.41	1.41	1.19
810	2.09	1.37	1.37	1.17
830	2.07	1.31	1.31	1.18
850	2.06	1.28	1.28	1.18
870	2.02	1.29	1.29	1.17
890	2.01	1.27	1.27	1.15
910	1.97	1.27	1.27	1.15
930	1.97	1.29	1.29	1.17
950	1.95	1.30	1.30	1.19
970	1.93	1.30	1.30	1.15
990	1.91	1.29	1.29	1.13

由计算的偏差和标准偏差，可以确定两种试验方法的95%的允差区间。由其区间宽度和标准偏差，可以近似得到包含因子 k。对于替换试验方法，包含因子见式(B.10)：

$$k_{\mathrm{ATM}} = k_{+\mathrm{FAR}(3\ \mathrm{m})} \approx 2.2 \qquad \text{(B.10)}$$

式中：

k_{ATM} ——替换试验方法的包含因子；

$k_{+\mathrm{FAR}(3\ \mathrm{m})}$ ——由大于平均值的值推导出的 FAR 3 m 法的包含因子；

对于确定的试验方法，包含因子见式(B.11)：

$$k_{\mathrm{ETM}} = k_{+\mathrm{OATS}(10\ \mathrm{m})} \approx 2.2 \qquad \text{(B.11)}$$

式中：

k_{ETM} ——替换试验方法的包含因子；

$k_{+\mathrm{OATS}(10\ \mathrm{m})}$ ——由大于平均值的值推导出的 OATS 10 m 法的包含因子。

以上计算仅使用大于平均值的值。

B.1.1.6 估计试验方法的扩展不确定度(见6.7)

由6.7中的式(7)和式(9)可将测量设备和设施的不确定度和由于 EUT 的特性引入的不确定度合成为标准不确定度。对于不同的频率范围和极化方向，测量设备和设施的不确定度的差异可以忽略，因此对于所有的情况都可以使用相同的不确定度。由于依赖于 EUT 的不确定度与频率有关，因此这里并未定量给出合成不确定度和扩展不确定度。图 B.8 示出了包含因子为2时，替换试验方法和确定的试验方法的扩展不确定度。

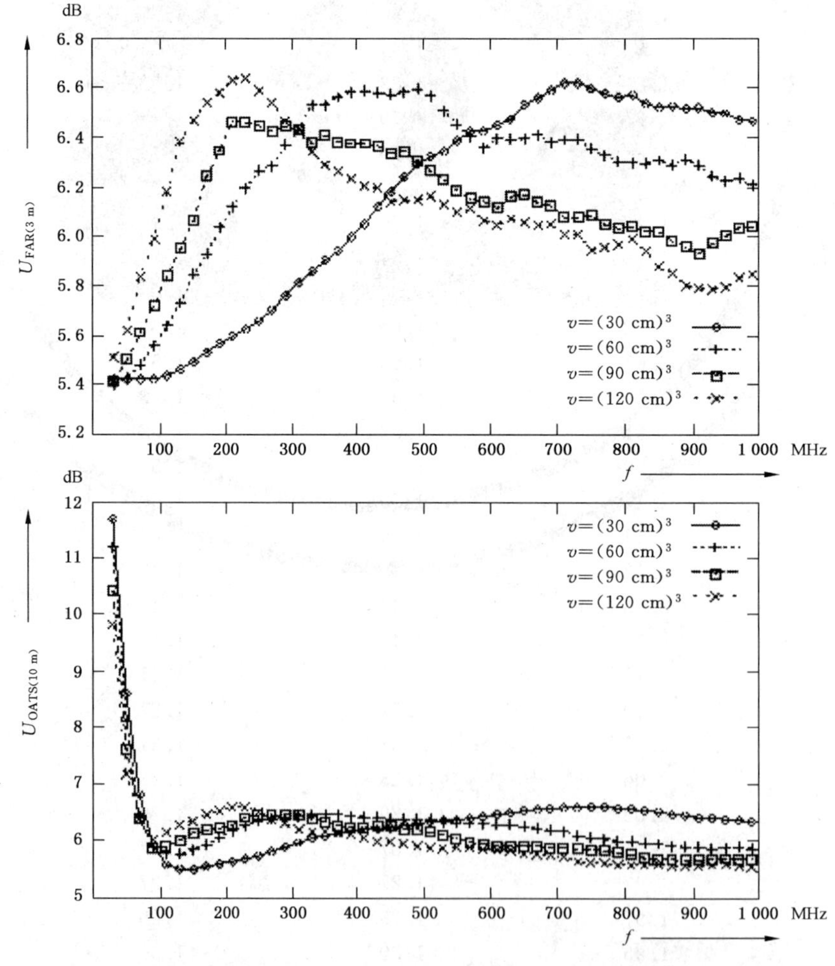

图 B.8 替换试验方法(FAR 3 m 法，上图)和确定的试验方法(OATS 10 m 法，下图)的扩展不确定度(k=2)

B.1.1.7 计算平均转换因子(见 6.8)

由 6.8 中的式(14),可计算 EUT 测量结果的平均转换因子。对于每一个 EUT 集合,平均转换因子由式(B.12)给出:

$$\overline{K}_{\text{set}} = \frac{1}{N}\sum_{i=1}^{N}(E_{\text{OATS(10 m)}i} - E_{\text{FAR(3 m)}i}) \qquad \text{(B.12)}$$

式中:

N,i ——在表 2 中给出;

$E_{\text{FAR(3 m)}i}$ ——见式(B.1);

$E_{\text{OATS(10 m)}i}$ ——见式(B.2);

$\overline{K}_{\text{set}}$ ——对于一个 EUT 集合的平均转换因子。

对于每一个仿真体积寻找最大的平均转换因子,见式(B.13)。

$$\overline{K}_{\text{max,vol}} = \max_{\text{辐射元的数量}} \overline{K}_{\text{set}} \qquad \text{(B.13)}$$

式中:

$\overline{K}_{\text{set}}$ ——见式(B.12);

$\overline{K}_{\text{max,vol}}$ ——对于给定体积的 EUT 的最大平均转换因子。

图 B.9 示出了这些值。表 B.4 给出了数值。

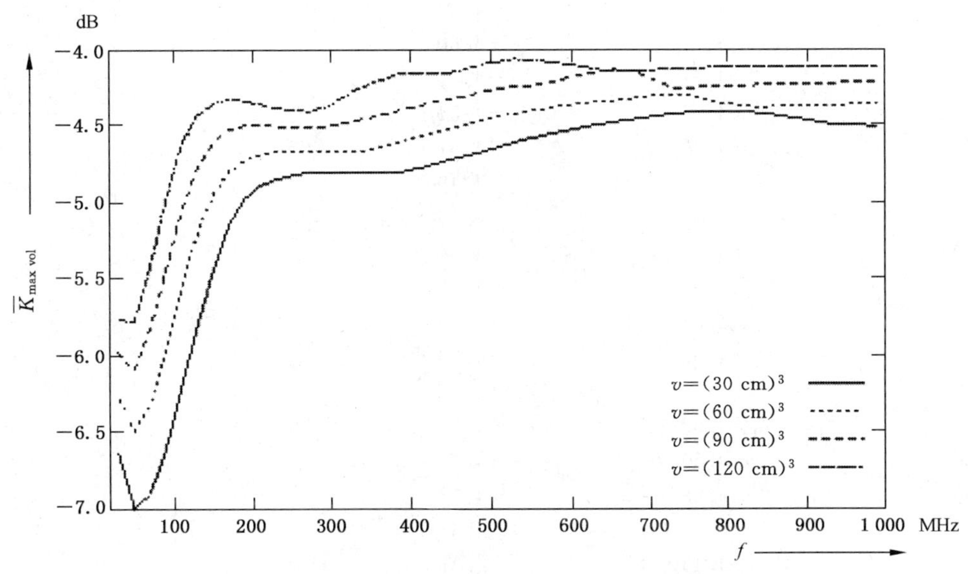

图 B.9 对于不同体积的最大平均转换因子

B.1.1.8 验证计算值(见 6.9)

由于以上给出的数值均是通过 EUT 统计模型仿真得到的,因此有必要对这些理论值进行验证。既然在合理的时间内给出用于统计模型仿真时那样数量巨大的测量结果是不现实的,但至少可以进行一定数量的测量来支持所得到的计算结果。

这些计算结果可由与参考量的偏差导出。但在实际测量中,即使对单个的 EUT,在包围 EUT 的整个球面上对参考量进行测量几乎也是不可能的。由于这些限制,选定一种基于特殊目的"通用"的 EUT 来验证这些理论结果。通过计算,可以得到该 EUT 的辐射特性、进而得到参考量以及测量结果。后者对于任何可能的非期望的测量结果的识别和估计是重要的。该 EUT 由边长为 0.2 m 的立方体构成。为了能代表实际 EUT 的影响,立方体留有缝隙,其由发射频率间隔为 10 MHz 的梳状发生器来激励。图 B.10 示出了照片和 EUT 样本的仿真模型(剖面图)。

表 B.4 OATS 10 m 法和 FAR 3 m 法之间的最大平均转换因子(单位:dB)

频率/MHz	$v=(30\ \mathrm{cm})^3$	$v=(60\ \mathrm{cm})^3$	$v=(90\ \mathrm{cm})^3$	$v=(120\ \mathrm{cm})^3$
30	−6.63	−6.26	−5.97	−5.76
50	−6.99	−6.48	−6.10	−5.78
70	−6.90	−6.31	−5.83	−5.43
90	−6.59	−5.96	−5.44	−4.98
110	−6.20	−5.56	−5.05	−4.62
130	−5.80	−5.20	−4.77	−4.43
150	−5.43	−4.94	−4.61	−4.35
170	−5.14	−4.80	−4.52	−4.32
190	−4.97	−4.73	−4.50	−4.34
210	−4.88	−4.68	−4.49	−4.36
230	−4.85	−4.67	−4.51	−4.38
250	−4.82	−4.66	−4.51	−4.40
270	−4.80	−4.66	−4.51	−4.41
290	−4.80	−4.67	−4.50	−4.38
310	−4.80	−4.67	−4.49	−4.32
330	−4.81	−4.67	−4.47	−4.26
350	−4.81	−4.65	−4.44	−4.22
370	−4.81	−4.63	−4.42	−4.19
390	−4.80	−4.60	−4.39	−4.15
410	−4.77	−4.57	−4.36	−4.16
430	−4.75	−4.54	−4.34	−4.15
450	−4.72	−4.51	−4.33	−4.15
470	−4.69	−4.49	−4.30	−4.12
490	−4.67	−4.46	−4.28	−4.10
510	−4.63	−4.44	−4.25	−4.08
530	−4.61	−4.42	−4.24	−4.06
550	−4.58	−4.40	−4.24	−4.07
570	−4.56	−4.39	−4.22	−4.08
590	−4.54	−4.37	−4.19	−4.09
610	−4.52	−4.36	−4.17	−4.11
630	−4.50	−4.34	−4.15	−4.13
650	−4.48	−4.33	−4.13	−4.15
670	−4.47	−4.33	−4.14	−4.14
690	−4.45	−4.31	−4.17	−4.14
710	−4.44	−4.30	−4.21	−4.13
730	−4.42	−4.29	−4.25	−4.13
750	−4.41	−4.30	−4.25	−4.13
770	−4.41	−4.32	−4.25	−4.12
790	−4.40	−4.35	−4.24	−4.12
810	−4.41	−4.36	−4.24	−4.11
830	−4.41	−4.38	−4.23	−4.11
850	−4.43	−4.38	−4.23	−4.11
870	−4.44	−4.37	−4.23	−4.11
890	−4.46	−4.37	−4.23	−4.11
910	−4.47	−4.37	−4.23	−4.11
930	−4.49	−4.36	−4.22	−4.11
950	−4.50	−4.36	−4.22	−4.12
970	−4.50	−4.36	−4.22	−4.12
990	−4.50	−4.36	−4.22	−4.12

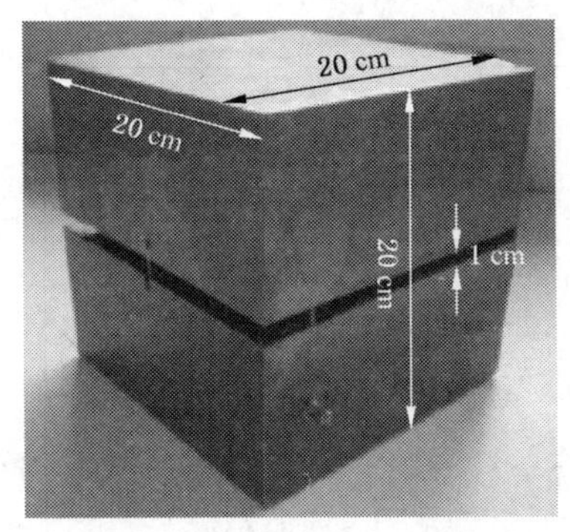

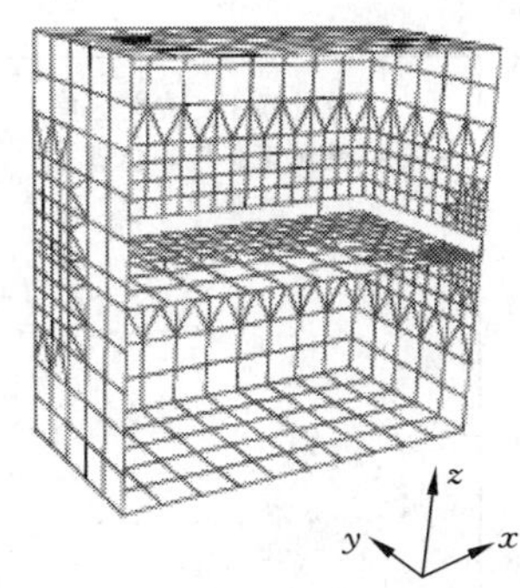

图 B.10 EUT样本的照片(左)和仿真模型的剖面图(右)

测量在EUT样本的两个方向上进行。一次测量是在图B.10所示的方向上进行,另一次测量是受试设备绕X轴旋转90°进行。

图B.11示出了替换试验方法和确定的试验方法的结果与参考量的偏差。选择$v=(30\ \text{cm})^3$的EUT统计模型与EUT样本的值进行比较。对于不同辐射元的数量,图中示出了95%的允差区间(点线)。对于EUT的样本,图中示出了对于EUT的两个方向上与计算得到的参考量的测量偏差和计算偏差。除了一个数据点,测量值与允差区间的偏差小于3.5 dB。此偏差小于GB/T 6113.402给出的测量设备和设施的不确定度。一个测量值(在120 MHz,受试设备旋转后在OATS的测量结果)与允差区间的偏差达到8.5 dB。这些偏差在EUT的样本的仿真结果中并没有出现。因此可以认为这些偏差是由测量问题引起的,从而认为EUT的测量结果支持了与参考量的统计偏差,从而也支持了导出的转换因子及不确定度。

B.1.1.9 应用(见6.10)

图B.12示出了对于最大边长为0.3 m的立方体形状的EUT在FAR中得到的发射测量值及其不确定度。由6.10的式(15)所推导的限值示于图B.13。根据EUT的最大尺寸,也可以应用体积为$(30\ \text{cm})^3$时的平均转换因子(见图B.9)。测量值与转换限值的比较必须考虑替换试验方法和确定的试验方法的不确定度之间的差。图B.14示出了对于体积为$(30\ \text{cm})^3$的EUT使用开阔试验场10 m法和全电波暗室3 m法的扩展不确定度。由图可看出,FAR的不确定度在一些频点大于开阔试验场的不确定度约0.1 dB。在这些频点,转换的限值必须根据6.10中的式(17)使用差值进行修正。测量值与修正后的转换限值进行比较,如图B.15所示。由于在150 MHz和550 MHz的发射值超过限值,此EUT不合格。

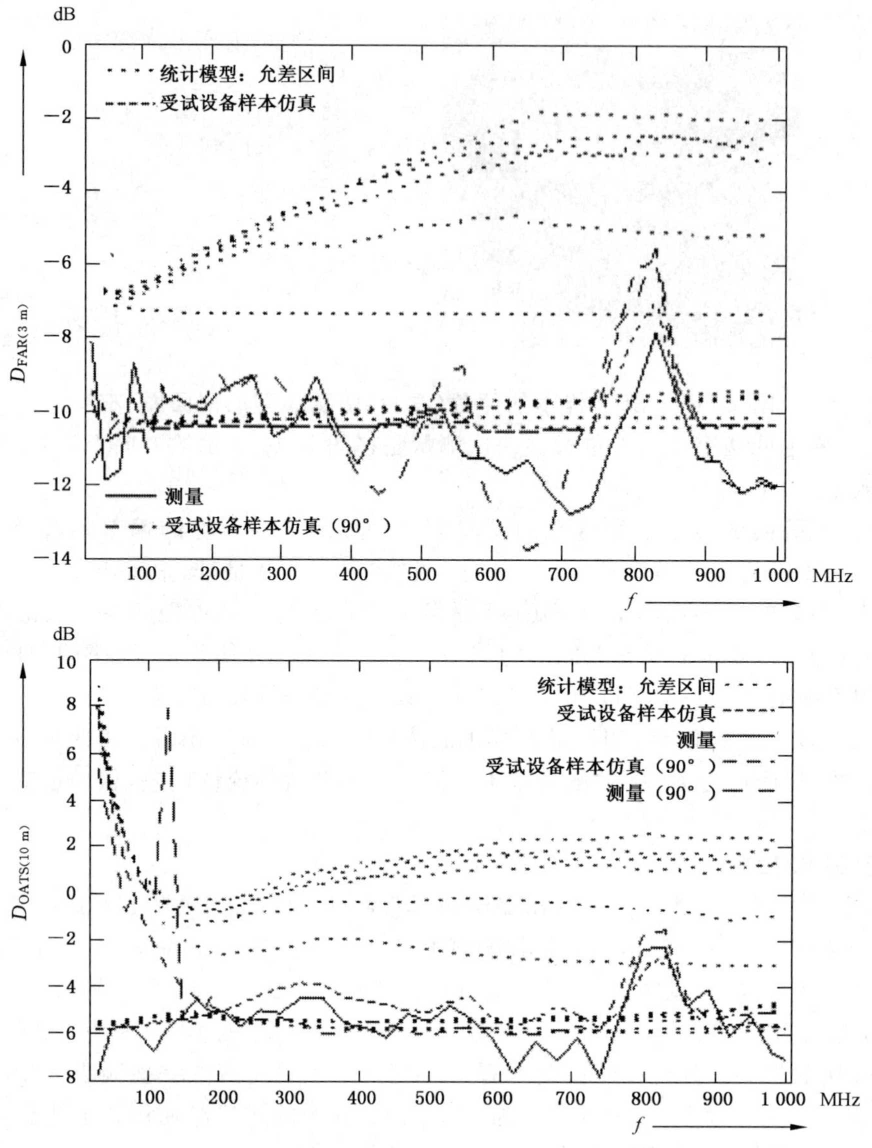

图 B.11 EUT 样本的偏差:全电波暗室 3 m 法(上)和开阔试验场 10 m 法(下)

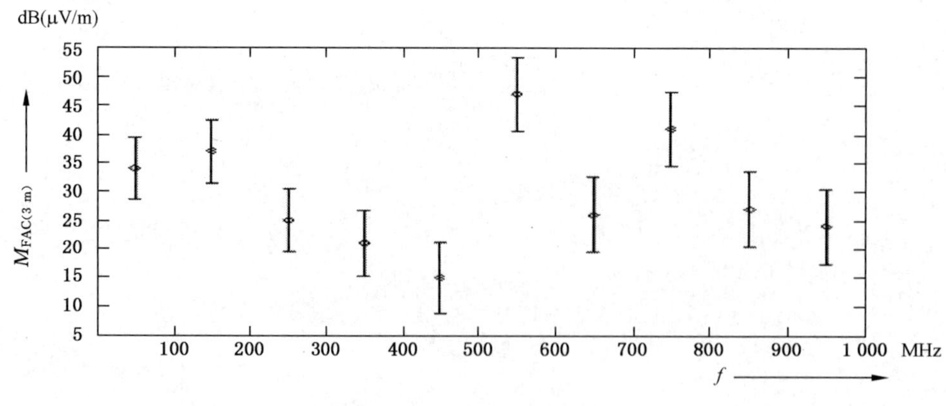

图 B.12 FAR 测量结果

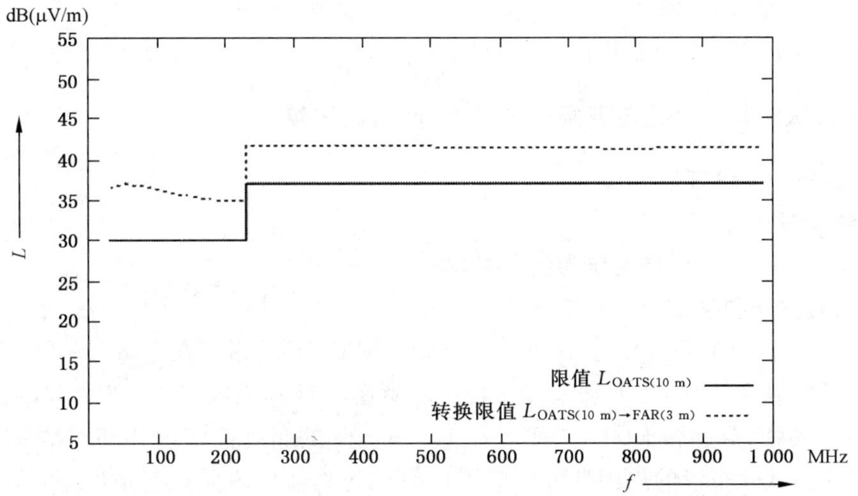

图 B.13 OATS 的 10 m 法限值线转换为 FAR3 m 法限值的条件

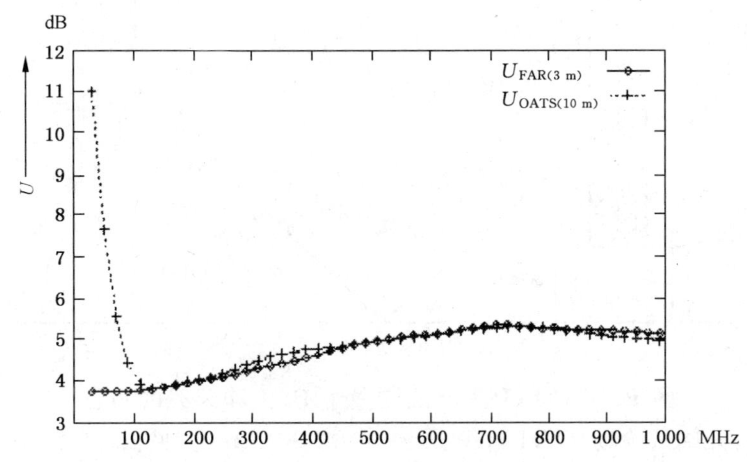

图 B.14 扩展不确定度

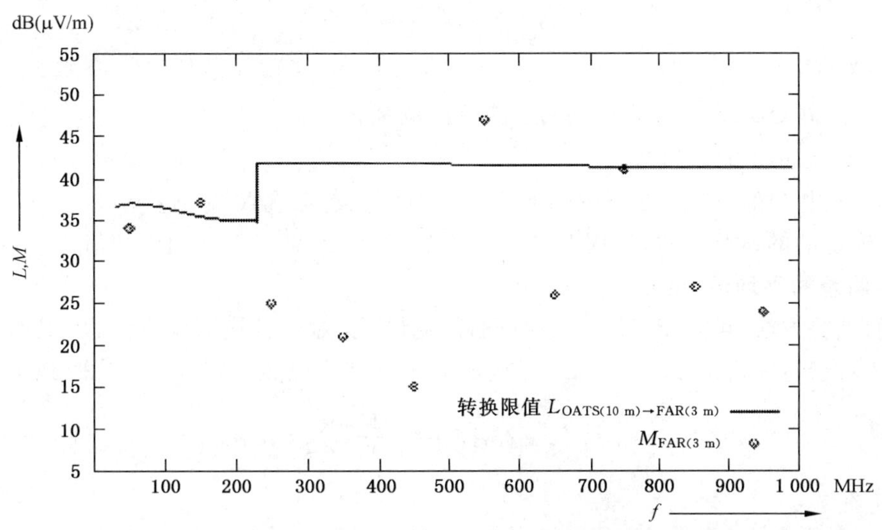

图 B.15 测量值与修正的转换限值的比较

B.1.2 具有连接电缆的小的 EUT

预期会得到不同于 B.1.1 所给出的结果，目前正在研究当中。

B.2 例子 2 开阔试验场 3 m 法与开阔试验场 10 m 法的比较

B.2.1 无连接电缆的小 EUT

B.2.1.1 选择参考量 *X*(见 6.2)

同上，选择自由空间的电场强度作为参考量(见 B.1.1.1)。

B.2.1.2 描述试验方法和被测量(见 6.3)

替换试验方法：开阔试验场 3 m 法，OATS(3 m)。图 B.16 示出了在 3 m OATS 进行的 30 MHz～1 000 MHz 的辐射发射测量时 EUT 和天线布置的示意图。接收天线与 EUT 之间的距离 $d_{\mathrm{OATS(3\ m)}}$ 为 3 m。为了得到最大场强，应旋转 EUT，天线应在 1 m～4 m 的高度范围内移动。试验布置置于导电接地平面上。OATS 和试验布置的周围环境中应无任何反射物体。因此理想情况下，天线只能接收到直射波和地面反射波。

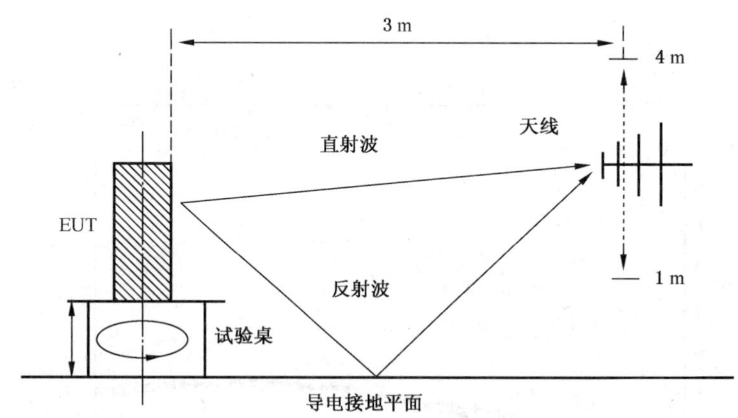

图 B.16 OATS3 m 法测量中 EUT 和天线的布置

确定的试验方法：开阔试验场(OATS)10 m 法，OATS(10 m)。见 B.1.1.2。

B.2.1.3 确定测量量与参考量的偏差(见 6.4)

B.1.1.3 给出了小型 EUT 的统计模型的描述。由仿真结果，可由式(B.14)得到替换试验方法的结果与参考量的偏差。

$$D_{\mathrm{ATM}i} = D_{\mathrm{OATS(3\ m)}i} = X_i - E_{\mathrm{OATS(3\ m)}i} \quad \cdots\cdots\cdots\cdots(\mathrm{B.14})$$

式中：

$E_{\mathrm{OATS(3\ m)}i}$ ——由 OATS 3 m 法得到的 EUT_i 的场强；

$X_i, D_{\mathrm{ATM}i}, i$ ——见 6.4 的式(1)；

$D_{\mathrm{OATS(3\ m)}i}$ ——由 OATS3 m 法得到的 EUT_i 的结果与参考量 X 的偏差。

同样，对于确定的的试验方法，使用 B.1.1.3 中的式(B.2)可以得到相应的值。

B.2.1.4 确定偏差的平均值(见 6.5)

对于确定的试验方法，可与 B.1.1.4 进行同样的计算。对于替换试验方法，可根据 6.5 中的式(3)计算平均偏差。对于每一个由 1 000 个 EUT 构成的集合都应照此进行计算，见式(B.15)。

$$\overline{D}_{\mathrm{set,ATM}} = \overline{D}_{\mathrm{set,OATS(3\ m)}} = \frac{1}{1\ 000}\sum_{i=1}^{1\ 000} D_{\mathrm{OATS(3\ m)}i} \quad \cdots\cdots\cdots\cdots(\mathrm{B.15})$$

式中：

$\overline{D}_{\mathrm{set,ATM}}$ ——对于由 1 000 个 EUT 构成的集合，替换试验方法的平均偏差；

$\overline{D}_{\mathrm{set,OATS(3\ m)}}$ ——对于由 1 000 个 EUT 构成的集合，OATS 3 m 法的平均偏差；

$D_{\mathrm{OATS(3\ m)}i}$，i ——见式(B.14)。

为了评估最坏情况下的发射，对于每一种给定体积的EUT，最大平均偏差由式(B.16)确定：

$$\overline{D}_{\mathrm{max\ vol,OATS(3\ m)}} = \max_{\text{辐射元的数量}} \overline{D}_{\mathrm{set,OATS(3\ m)}} \qquad \text{(B.16)}$$

式中：

$\overline{D}_{\mathrm{set,OATS(3\ m)}}$ ——见式(B.15)；

$\overline{D}_{\mathrm{max\ vol,OATS(3\ m)}}$ ——对于一个给定体积的EUT，OATS 3 m法确定的试验方法的最大平均偏差。

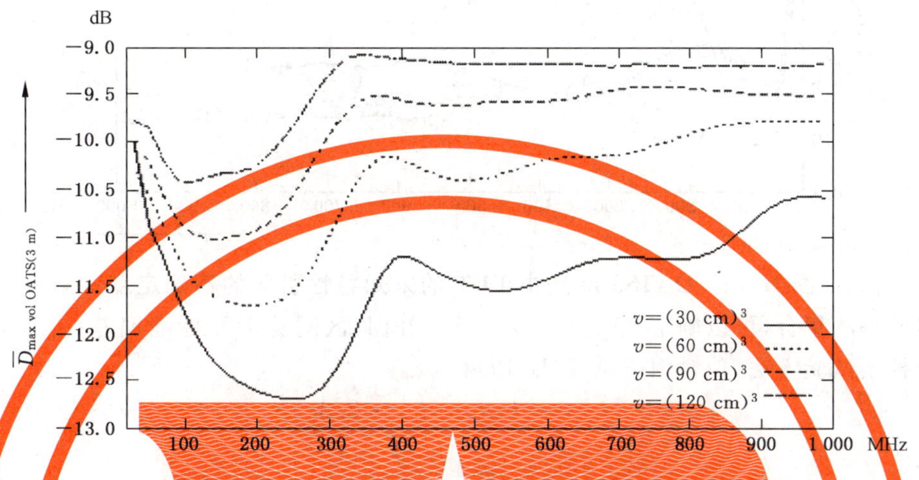

图 B.17　OATS3 m 法的最大平均偏差

图B.17示出了替换试验方法的最大偏差。确定的试验方法的偏差示于图B.5(下图)。

B.2.1.5　估计试验方法的标准不确定度(见6.6)

测量设备和设施的不确定度：对于替换试验方法和确定的试验方法，测量设备和设施的不确定度见基础标准GB/T 6113.402—2006。

固有不确定度：固有不确定度的数值在GB/T 6113.401—2007中仍在考虑当中。因此在本例中并未包括固有不确定度的贡献。

由EUT特性未知引入的不确定度：对于标准测量程序的标准自有不确定度 u_{inherent} 在B.1.1.5给出。对于替换试验方法，u_{inherent} 可由6.6中的式(5)计算得到。和B.1.1.5相同，标准偏差仅使用大于标准偏差平均值的数值来计算。这些值的数量用 N_+ 表示，标准偏差用 s_+ 表示。给定 $\mathrm{EUT}_i = 1 \cdots N$ 的序号变为新的序号 $j = 1 \cdots N_+$。可计算每一个EUT集合的标准偏差，见式(B.17)。

$$s_{+\mathrm{set}}(D_{\mathrm{OATS(3\ m)}}) = \sqrt{\frac{\sum_{j=1}^{N_+}(D_{\mathrm{OATS(3\ m)}j} - \overline{D}_{\mathrm{set,OATS(3\ m)}})^2}{N_+ - 1}} \qquad \text{(B.17)}$$

式中：

$D_{\mathrm{OATS(3\ m)}j}$，$\overline{D}_{\mathrm{set,OATS(3\ m)}}$ ——见式(B.15)；

N_+ ——大于平均值的值的数量；

$s_{+\mathrm{set}}(D_{\mathrm{OATS(3\ m)}})$ ——OATS3 m法由1 000个EUT构成的集合的单侧标准偏差。

这种方法给出了最坏情形下的估计。通过考虑累积分布函数的不对称性可获得更精确的结果。

类似于平均偏差的计算，确定每一个体积的偏差的近似标准偏差的最大值，见式(B.18)。该最大值可认为是不确定度的安全近似。

$$u_{\mathrm{ATM,inherent}} = u_{\mathrm{OATS(3\ m),inherent}} \approx s_{+\mathrm{max,vol}}(D_{\mathrm{OATS(3\ m)}}) = \max_{\text{辐射元的数量}} s_{+\mathrm{set}}(D_{\mathrm{OATS(3\ m)}}) \qquad \text{(B.18)}$$

图B.18示出了这些不确定度值。表B.5给出了这些数值。

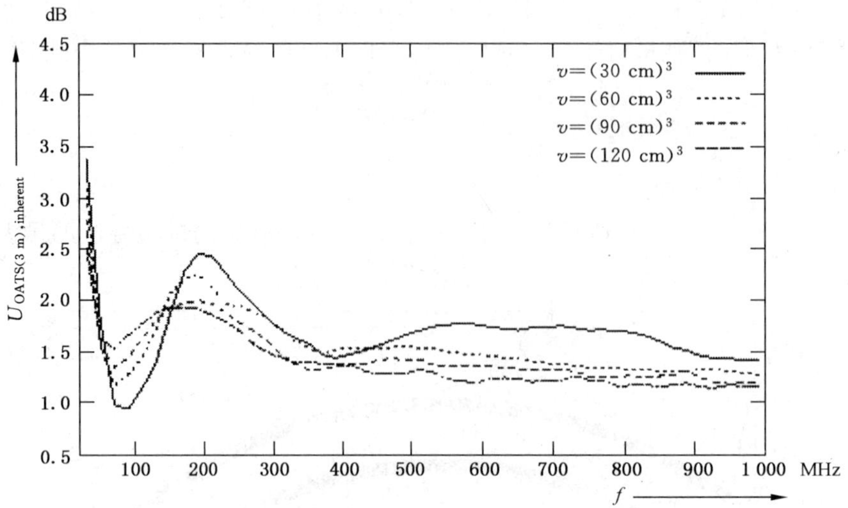

图 B.18 OATS3 m 法由 EUT 的未知特性引入的不确定度

由计算的偏差的集合，可以确定 95% 的允差区间。由其区间宽度和标准偏差，可以近似得到包含因子 k 。对于替换试验方法，包含因子见式(B.19)：

$$k_{\mathrm{ATM}} = k_{+\mathrm{OATS(3\ m)}} \approx 2.3 \qquad \text{(B.19)}$$

式中：

k_{ATM} ——替换试验方法的包含因子；

$k_{+\mathrm{OATS(3\ m)}}$ ——由大于平均值的值推导出的 OATS 3 m 法的包含因子。

对于确定的试验方法，包含因子已在 B.1.1.5 中的式(B.11)给出。

表 B.5 OATS 3 m 法由 EUT 未知特性引入的不确定度(单位:dB)

频率/MHz	$v=(30\ \mathrm{cm})^3$	$v=(60\ \mathrm{cm})^3$	$v=(90\ \mathrm{cm})^3$	$v=(120\ \mathrm{cm})^3$
30	3.38	3.09	2.78	2.50
50	1.80	1.57	1.53	1.61
70	0.97	1.17	1.34	1.53
90	0.93	1.27	1.43	1.65
110	1.13	1.44	1.62	1.76
130	1.40	1.72	1.80	1.87
150	1.87	2.06	1.92	1.92
170	2.28	2.20	1.96	1.92
190	2.43	2.25	1.99	1.91
210	2.43	2.13	1.96	1.85
230	2.27	1.96	1.88	1.79
250	2.09	1.94	1.78	1.70
270	1.96	1.89	1.70	1.57
290	1.81	1.82	1.59	1.49
310	1.70	1.72	1.47	1.43
330	1.62	1.60	1.39	1.38
350	1.57	1.53	1.32	1.40
370	1.47	1.47	1.31	1.37
390	1.43	1.51	1.35	1.37
410	1.47	1.52	1.38	1.36
430	1.50	1.53	1.38	1.31
450	1.55	1.52	1.41	1.27
470	1.60	1.53	1.43	1.28

表 B.5(续)

频率/MHz	$v=(30\ \text{cm})^3$	$v=(60\ \text{cm})^3$	$v=(90\ \text{cm})^3$	$v=(120\ \text{cm})^3$
490	1.66	1.54	1.40	1.28
510	1.70	1.53	1.41	1.32
530	1.74	1.52	1.37	1.30
550	1.75	1.49	1.36	1.22
570	1.77	1.48	1.35	1.20
590	1.75	1.46	1.35	1.18
610	1.73	1.45	1.36	1.22
630	1.72	1.44	1.33	1.23
650	1.70	1.42	1.33	1.23
670	1.73	1.40	1.31	1.19
690	1.73	1.38	1.32	1.21
710	1.74	1.38	1.33	1.21
730	1.72	1.36	1.29	1.25
750	1.70	1.34	1.25	1.21
770	1.70	1.33	1.24	1.20
790	1.69	1.33	1.25	1.15
810	1.68	1.31	1.25	1.16
830	1.65	1.31	1.25	1.16
850	1.59	1.30	1.25	1.15
870	1.53	1.30	1.26	1.16
890	1.50	1.30	1.30	1.18
910	1.45	1.31	1.23	1.14
930	1.43	1.31	1.19	1.13
950	1.42	1.29	1.17	1.16
970	1.41	1.28	1.18	1.16
990	1.41	1.27	1.19	1.15

B.2.1.6 估计试验方法的扩展不确定度(见6.7)

由6.7中的式(7)可将测量设备和设施的不确定度和由于EUT的特性引入的不确定度合成为标准不确定度。对于不同的频率范围和极化方向,测量设备和设施的不确定度的差异可以忽略,因此对于所有的情况都可以使用相同的不确定度。由于依赖于EUT的不确定度与频率有关,因此这里并未定量给出合成不确定度和扩展不确定度。图B.19示出了包含因子为2时,替换试验方法的扩展不确定度。

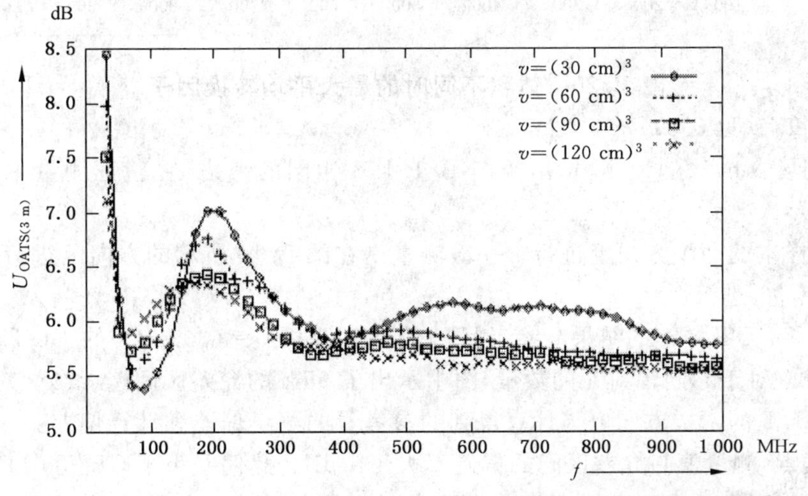

图 B.19 替换试验方法(OATS 3 m法)的扩展不确定度($k=2$)

B.2.1.7 计算平均转换因子(见 6.8)

由 6.8 中的式(14),可计算 EUT 测量结果的平均转换因子。对于每一个 EUT 集合,平均转换因子由式(B.20)给出:

$$\overline{K}_{\mathrm{set}}=\frac{1}{N}\sum_{i=1}^{N}(E_{\mathrm{OATS(10\ m)}i}-E_{\mathrm{OATS(3\ m)}i}) \quad \cdots\cdots(\mathrm{B.20})$$

式中:

N,i ——在表 2 中给出;

$E_{\mathrm{OATS(3\ m)}i}$ ——见式(B.14);

$E_{\mathrm{OATS(10\ m)}i}$ ——见式(B.2);

$\overline{K}_{\mathrm{set}}$ ——对于一个 EUT 集合的平均转换因子。

对于每一个仿真体积寻找最大的平均转换因子,见式(B.21)。

$$\overline{K}_{\mathrm{max,vol}}=\max_{\text{辐射元的数量}}\overline{K}_{\mathrm{set}} \quad \cdots\cdots(\mathrm{B.21})$$

式中:

$\overline{K}_{\mathrm{set}}$ ——见式(B.12);

$\overline{K}_{\mathrm{max,vol}}$ ——对于给定体积的 EUT 的最大平均转换因子。

图 B.20 示出了这些最大值。表 B.6 给出了数值。

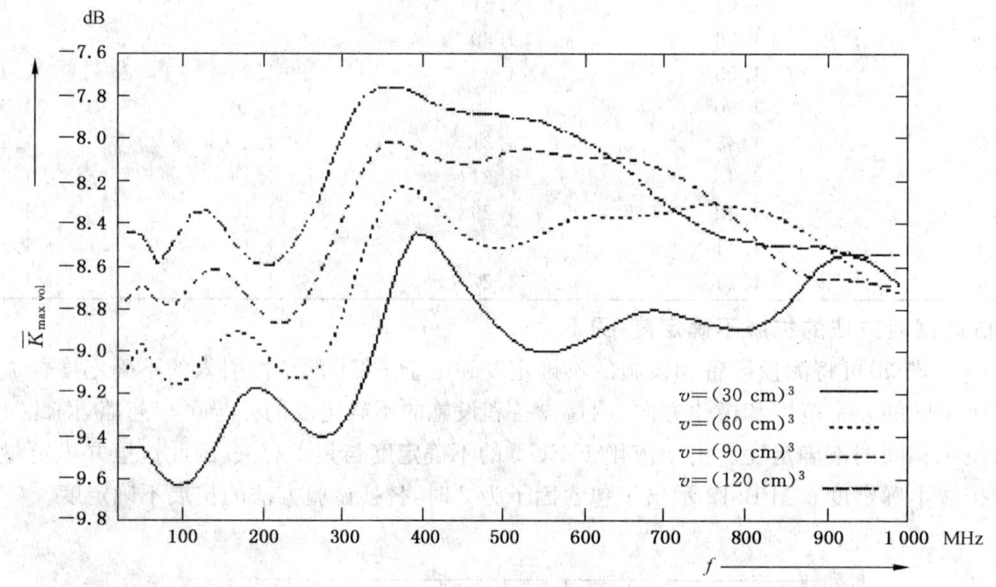

图 B.20 体积不同时的最大平均转换因子

B.2.1.8 验证计算值(见 6.9)

为了验证开阔场 3 m 法的计算值,出于与 B.1.1.8 相同的考虑,在验证测量中使用相同的 EUT 样本。

测量在 EUT 样本的两个方向上进行。一次测量是在图 B.10 所示的方向上进行,另一次测量是受试设备绕 X 轴旋转 90°进行。

图 B.21 示出了 EUT 样本的结果与参考量的偏差。选择 $v=(30\ \mathrm{cm})^3$ 的 EUT 统计模型与 EUT 样本的值进行比较。对于不同辐射元的数量,图中示出了 95%的允差区间(点线)。对于 EUT 的样本,图中示出了对于 EUT 的两个方向上与计算得到的参考量的测量偏差和计算偏差。

除了一个数据点,测量值与允差区间的偏差不大于 1 dB。此偏差小于 GB/T 6113.402 给出的测量设备和设施的不确定度。一个测量值(在 210 MHz,受试设备处于正常位置)与允差区间的偏差大约为 6 dB。这些偏差在 EUT 的样本的仿真结果中并没有出现。因此可以认为这些偏差是由测量不确定度

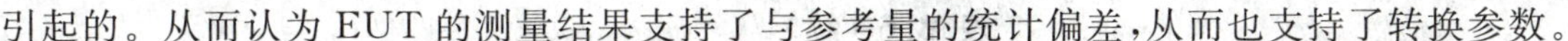

引起的。从而认为 EUT 的测量结果支持了与参考量的统计偏差,从而也支持了转换参数。

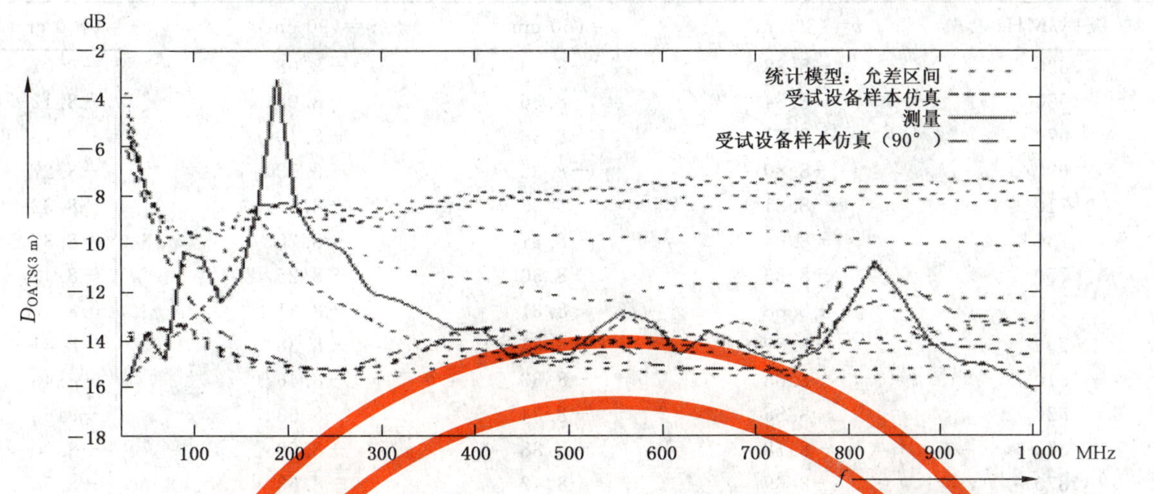

图 B.21 EUT 样本的偏差:开阔试验场 3 m 法

表 B.6 OATS 10 m 法和 OATS 3 m 法之间的最大平均转换因子(单位:dB)

频率/MHz	$v=(30\ cm)^3$	$v=(60\ cm)^3$	$v=(90\ cm)^3$	$v=(120\ cm)^3$
30	−9.45	−9.08	−8.76	−8.43
50	−9.45	−8.96	−8.68	−8.45
70	−9.56	−9.10	−8.76	−8.59
90	−9.63	−9.16	−8.78	−8.47
110	−9.61	−9.12	−8.69	−8.35
130	−9.51	−9.01	−8.61	−8.33
150	−9.37	−8.93	−8.61	−8.41
170	−9.22	−8.90	−8.69	−8.51
190	−9.16	−8.94	−8.78	−8.58
210	−9.19	−9.03	−8.85	−8.59
230	−9.27	−9.11	−8.85	−8.53
250	−9.35	−9.12	−8.77	−8.42
270	−9.40	−9.07	−8.64	−8.28
290	−9.38	−8.92	−8.46	−8.07
310	−9.28	−8.71	−8.27	−7.89
330	−9.10	−8.48	−8.11	−7.78
350	−8.84	−8.31	−8.02	−7.75
370	−8.58	−8.22	−8.01	−7.75
390	−8.44	−8.23	−8.04	−7.78
410	−8.46	−8.30	−8.08	−7.82
430	−8.56	−8.38	−8.10	−7.85
450	−8.67	−8.44	−8.12	−7.87
470	−8.77	−8.49	−8.10	−7.88
490	−8.86	−8.51	−8.08	−7.88
510	−8.93	−8.50	−8.05	−7.89
530	−8.98	−8.48	−8.04	−7.90
550	−9.00	−8.44	−8.06	−7.91
570	−8.99	−8.40	−8.07	−7.95
590	−8.96	−8.37	−8.08	−7.98
610	−8.93	−8.36	−8.08	−8.02

表 B.6（续）

频率/MHz	$v=(30\ \text{cm})^3$	$v=(60\ \text{cm})^3$	$v=(90\ \text{cm})^3$	$v=(120\ \text{cm})^3$
630	−8.88	−8.36	−8.08	−8.07
650	−8.84	−8.36	−8.08	−8.12
670	−8.81	−8.36	−8.10	−8.19
690	−8.80	−8.35	−8.13	−8.27
710	−8.81	−8.33	−8.15	−8.32
730	−8.84	−8.31	−8.20	−8.37
750	−8.86	−8.30	−8.25	−8.42
770	−8.88	−8.31	−8.31	−8.46
790	−8.89	−8.31	−8.38	−8.47
810	−8.88	−8.33	−8.46	−8.48
830	−8.85	−8.34	−8.53	−8.50
850	−8.78	−8.38	−8.59	−8.50
870	−8.69	−8.42	−8.63	−8.50
890	−8.60	−8.48	−8.65	−8.50
910	−8.55	−8.53	−8.65	−8.52
930	−8.54	−8.59	−8.66	−8.53
950	−8.56	−8.65	−8.67	−8.54
970	−8.61	−8.70	−8.68	−8.54
990	−8.68	−8.72	−8.69	−8.54

B.2.1.9 应用(见 6.10)

图 B.22 示出了对于最大边长为 0.3 m 的立方体形状的 EUT 在 OATS(3 m)中得到的发射测量值及其扩展不确定度。由 6.10 中的式(15)所推导的限值示于图 B.23。根据 EUT 的最大尺寸，也可以应用体积为$(30\ \text{cm})^3$时的平均转换因子(见图 B.20)。测量值与转换限值的比较必须考虑替换试验方法和确定的试验方法的不确定度之间的差。图 B.24 示出了对于体积为$(30\ \text{cm})^3$的 EUT 使用开阔试验场 10 m 法和开阔试验场 3 m 法的扩展不确定度。由图可看出，开阔试验场 3 m 法的不确定度在110 MHz～310 MHz 大于开阔试验场 10 m 法的不确定度。最大差值出现在大约 200 MHz,大约为 2 dB。

注：在此频率范围 OATS3 m 法程序的不确定度的增加是由于垂直极化的测量。如果两种极化分别考虑会得到不同的不确定度。基于这样的考虑需要应用一个复杂的规则，即转换因子分别适用于水平极化、垂直极化或者两种极化。

在这些频点，转换的限值应根据 6.10 中的式(17)使用差值进行修正。测量值与修正后的转换限值进行比较，如图 B.25 所示。由于在 190 MHz、690 MHz 和 890 MHz 的发射值超过限值，此 EUT 不合格。

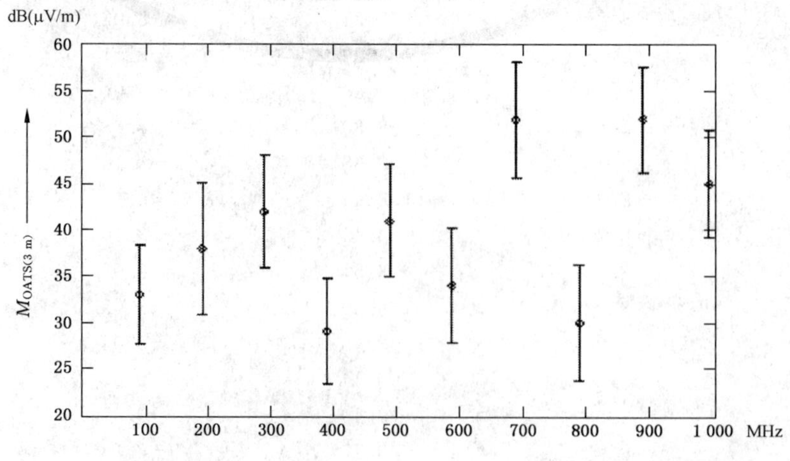

图 B.22 OATS3 m 法测量的样本

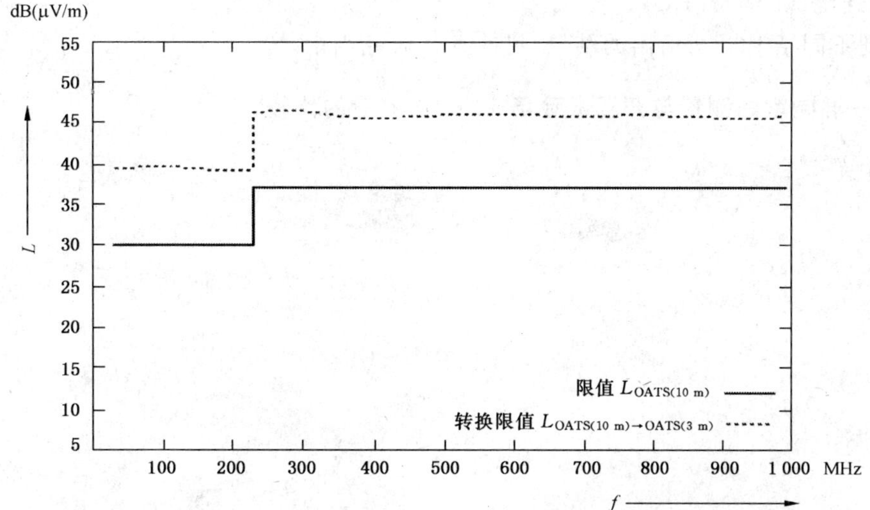

图 B.23　OATS10 m 法限值线转换为 OATS3 m 法限值线的条件

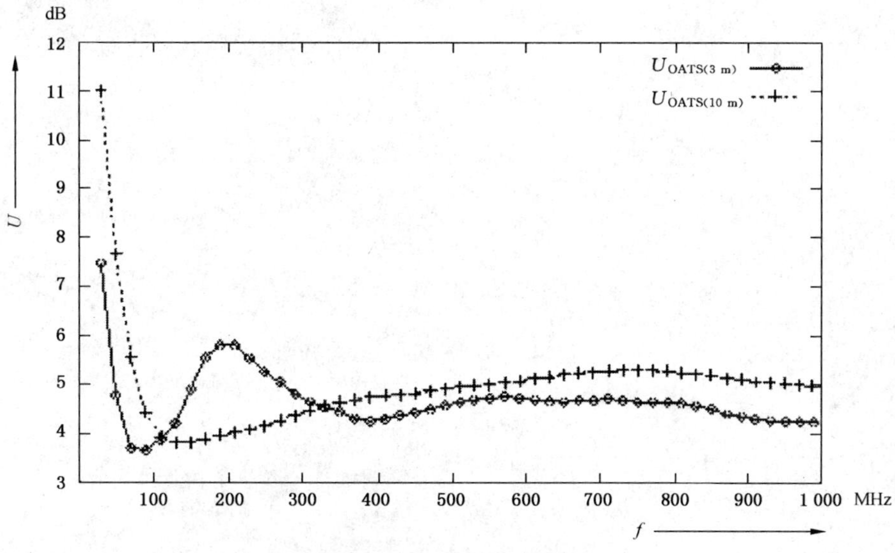

图 B.24　扩展不确定度

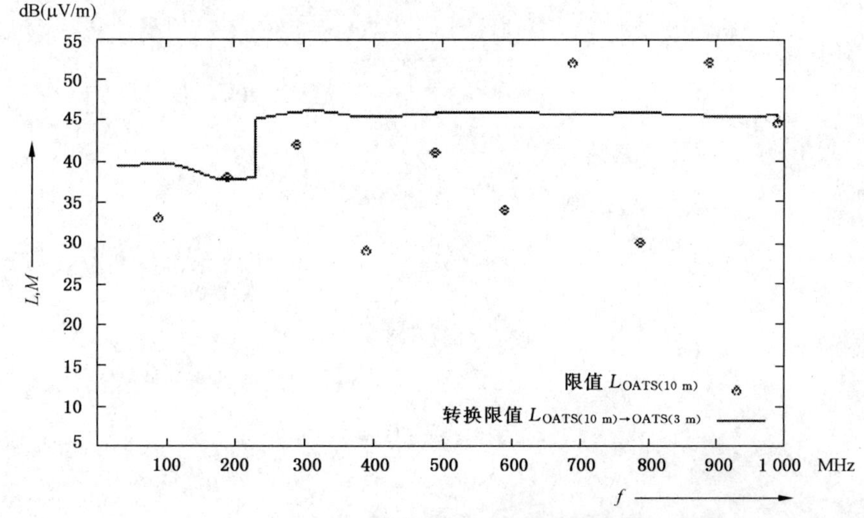

图 B.25　测量值与修正后的转换限值的比较

B.2.2 具有互连电缆的小的 EUT

预期会得到不同于 B.2 所给出的结果,目前正在研究当中。

B.3 例子 3——混响室的测量与开阔试验场 10 m 法测量的比较

正在考虑中。

参 考 文 献

[1] KAPPEL, U. Vergleichbarkeit von Verfahren zur Messung der Störfeldstärke (Comparability of disturbance field strength measurements), Dissertation, Universität Dortmund, Shaker-Verlag, 2003.

[2] BÜNING, H., and TRENKLER, G., Nichtparametrische statistische Methoden (Ordered Statistics Methods), Walter de Gruyter Berlin/New York, 1994.

[3] KAPPEL, U. "Use of statistical methods to correlate alternative with standardised measurement methods." EMC Europe 2004, Workshop & Tutorials Proceedings, pp. 104, Eindhoven, The Netherlands, 2004.

[4] Alexander M. J., Development of new measurement methods of the EMC characteristics in smaller relatively inexpensive fully anechoic rooms, Final report of a 2 year, 8 partner project initiated by EC contract number SMT4-CT96-2133, NPL, Teddington, U. K.

[5] CISPR 16-2-1:2003, Specification for radio disturbance and immunity measuring apparatus and methods—Part 2-1: Methods of measurement of disturbances and immunity—Conducted disturbance measurements

[6] CISPR 16-2-3:2003, Specification for radio disturbance and immunity measuring apparatus and methods—Part 2-3: Methods of measurement of disturbances and immunity—Radiated disturbance measurements

[7] CISPR 16-3:2003, Specification for radio disturbance and immunity measuring apparatus and methods—Part 3: CISPR technical reports

[8] IEC 61000-4-20:2003, Electromagnetic compatibility (EMC)—Part 4-20: Testing and measurement techniques—Emission and immunity testing in transverse electromagnetic (TEM) wave guides

[9] IEC 61000-4-21:2003, Electromagnetic compatibility (EMC)—Part 4-21: Testing and measurement techniques—Reverberation chamber test methods

[10] BIPM/IEC/IFCC/ISO/IUPAC/IUPAP/OIML: 1995, Guide to the Expression of Uncertainty in Measurement

ICS 25.100.20
J 41

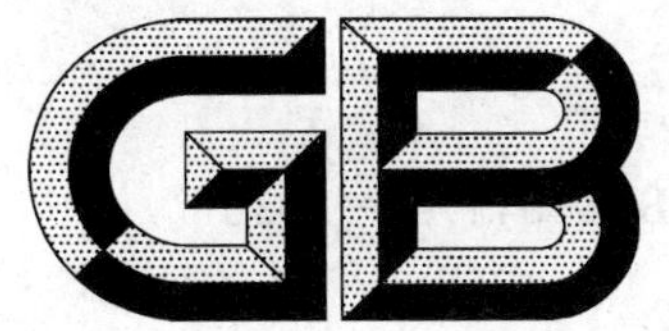

中华人民共和国国家标准

GB/T 6117.1—2010
代替 GB/T 6117.1—1996

立铣刀
第1部分:直柄立铣刀

End mills—Part 1:Milling cutters with parallel shanks

(ISO 1641-1:2003,End mills and slot drills—
Part 1:Milling cutters with cylindrical shanks,MOD)

2010-11-10 发布　　　　2011-03-01 实施

中华人民共和国国家质量监督检验检疫总局
中国国家标准化管理委员会　发布

前　言

GB/T 6117《立铣刀》包括三个部分：

——第1部分：直柄立铣刀；

——第2部分：莫氏锥柄立铣刀；

——第3部分：7：24锥柄立铣刀。

本部分是GB/T 6117的第1部分。

本部分修改采用国际标准ISO 1641-1：2003《立铣刀和键槽铣刀　第1部分：直柄铣刀》。

本部分根据ISO 1641-1：2003重新起草。

本部分与ISO 1641-1：2003相比有下列编辑性修改和技术差异：

——删除了国际标准前言；

——用“.”代替用作小数点的逗号“,”；

——规范性引用文件列项中，ISO 3338-1用我国标准GB/T 6131.1代替，ISO 3338-2用我国标准GB/T 6131.2代替，ISO 3338-3用我国标准GB/T 6131.4代替；

——增加了标记示例；

——增加了2°斜削平直柄铣刀的型式和尺寸；

——增加了粗齿、中齿、细齿的齿数；

——删除了ISO 1641-1：2003中球头立铣刀和键槽铣刀的图例；

——删除了ISO 1641-1：2003表1中键槽铣刀的短系列尺寸；

——删除了ISO 1641-1：2003中表2。

本部分代替GB/T 6117.1—1996《立铣刀　第1部分：直柄立铣刀的型式和尺寸》。

本部分与GB/T 6117.1—1996相比有如下变化：

——增加了“前言”；

——表1推荐直径d中增加规格24；

——删除了第3章符号的内容；

——按GB/T 1.1要求对编写格式作了编辑性修改。

本部分由中国机械工业联合会提出。

本部分由全国刀具标准化技术委员会（SAC/TC 91）归口。

本部分主要起草单位：成都成量工具集团有限公司、成都工具研究所、上海工具厂有限公司。

本部分主要起草人：赵庆、严松波、黄华新、查国兵、励政伟、张红。

本部分所代替标准的历次版本发布情况为：

——GB 1110～1111—1973、GB 1110—1985；

——GB 6116—1985；

——GB/T 6117.1—1996。

立铣刀
第1部分:直柄立铣刀

1 范围

GB/T 6117 的本部分规定了普通直柄立铣刀、削平直柄立铣刀、2°斜削平直柄立铣刀、螺纹柄立铣刀的型式、尺寸和标记等的基本要求。

本部分适用于直径大于 1.9 mm~75 mm 直柄立铣刀。

2 规范性引用文件

下列文件中的条款通过 GB/T 6117 的本部分的引用而成为本部分的条款。凡是注日期的引用文件,其随后所有的修改单(不包括勘误的内容)或修订版均不适用于本部分,然而,鼓励根据本部分达成协议的各方研究是否可使用这些文件的最新版本。凡是不注日期的引用文件,其最新版本适用于本部分。

GB/T 6131.1 铣刀直柄 第1部分:普通直柄的型式和尺寸(GB/T 6131.1—2006,ISO 3338-1:1996,IDT)

GB/T 6131.2 铣刀直柄 第2部分:削平直柄的型式和尺寸(GB/T 6131.2—2006,ISO 3338-2:2000,MOD)

GB/T 6131.3 铣刀直柄 第3部分:2°斜削平直柄的型式和尺寸

GB/T 6131.4 铣刀直柄 第4部分:螺纹柄的型式和尺寸(GB/T 6131.4—2006,ISO 3338-3:1996,IDT)

3 型式和尺寸

3.1 直柄立铣刀按其柄部型式不同分为四种型式,见图1~图4。直柄立铣刀的尺寸按表1。

直柄立铣刀按其刃长不同分为标准系列和长系列。

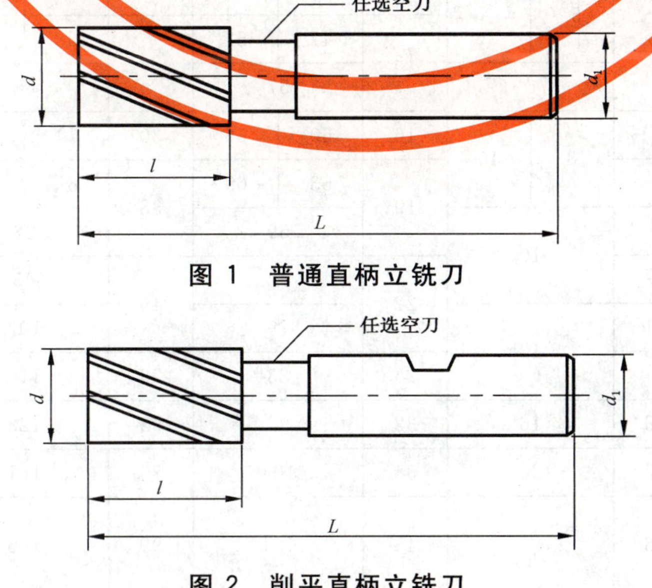

图1 普通直柄立铣刀

图2 削平直柄立铣刀

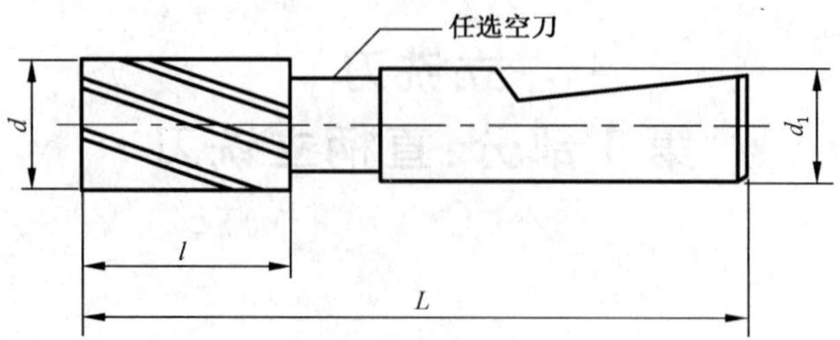

图 3　2°斜削平直柄立铣刀

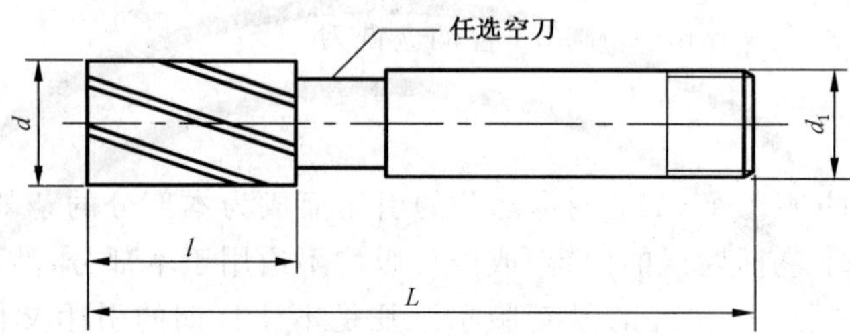

图 4　螺纹柄立铣刀

表 1

单位为毫米

<table>
<tr><th colspan="2" rowspan="2">直径范围
d</th><th colspan="2" rowspan="3">推荐直径
d</th><th colspan="2" rowspan="2">d_1[a]</th><th colspan="3">标准系列</th><th colspan="3">长系列</th><th colspan="3">齿数</th></tr>
<tr><th rowspan="2">l</th><th colspan="2">L[b]</th><th rowspan="2">l</th><th colspan="2">L[b]</th><th rowspan="2">粗齿</th><th rowspan="2">中齿</th><th rowspan="2">细齿</th></tr>
<tr><th>></th><th>≤</th><th>Ⅰ组</th><th>Ⅱ组</th><th>Ⅰ组</th><th>Ⅱ组</th><th>Ⅰ组</th><th>Ⅱ组</th></tr>
<tr><td>1.9</td><td>2.36</td><td>2</td><td rowspan="3">—</td><td rowspan="5">4[c]</td><td rowspan="7">6</td><td>7</td><td>39</td><td>51</td><td>10</td><td>42</td><td>54</td><td rowspan="18">3</td><td rowspan="18">4</td><td rowspan="10">—</td></tr>
<tr><td rowspan="2">2.36</td><td rowspan="2">3</td><td>2.5</td><td rowspan="2">8</td><td rowspan="2">40</td><td rowspan="2">52</td><td rowspan="2">12</td><td rowspan="2">44</td><td rowspan="2">56</td></tr>
<tr><td>3</td></tr>
<tr><td>3</td><td>3.75</td><td>—</td><td>3.5</td><td>10</td><td>42</td><td>54</td><td>15</td><td>47</td><td>59</td></tr>
<tr><td>3.75</td><td>4</td><td>4</td><td rowspan="4">—</td><td rowspan="2">11</td><td>43</td><td rowspan="2">55</td><td rowspan="2">19</td><td>51</td><td rowspan="2">63</td></tr>
<tr><td>4</td><td>4.75</td><td>—</td><td rowspan="2">5[c]</td><td>45</td><td>53</td></tr>
<tr><td>4.75</td><td>5</td><td>5</td><td rowspan="2">13</td><td>47</td><td>57</td><td rowspan="2">24</td><td>58</td><td>68</td></tr>
<tr><td>5</td><td>6</td><td>6</td><td colspan="2">6</td><td colspan="2">57</td><td colspan="2">68</td></tr>
<tr><td>6</td><td>7.5</td><td>—</td><td>7</td><td rowspan="2">8</td><td rowspan="2">10</td><td>16</td><td>60</td><td>66</td><td>30</td><td>74</td><td>80</td></tr>
<tr><td>7.5</td><td>8</td><td>8</td><td>—</td><td rowspan="2">19</td><td>63</td><td>69</td><td rowspan="2">38</td><td>82</td><td>88</td></tr>
<tr><td>8</td><td>9.5</td><td>—</td><td>9</td><td colspan="2" rowspan="2">10</td><td colspan="2">69</td><td colspan="2">88</td><td rowspan="4">5</td></tr>
<tr><td>9.5</td><td>10</td><td>10</td><td>—</td><td rowspan="2">22</td><td colspan="2">72</td><td rowspan="2">45</td><td colspan="2">95</td></tr>
<tr><td>10</td><td>11.8</td><td>—</td><td>11</td><td colspan="2" rowspan="2">12</td><td colspan="2">79</td><td colspan="2">102</td></tr>
<tr><td>11.8</td><td>15</td><td>12</td><td>14</td><td>26</td><td colspan="2">83</td><td>53</td><td colspan="2">110</td></tr>
<tr><td>15</td><td>19</td><td>16</td><td>18</td><td colspan="2">16</td><td>32</td><td colspan="2">92</td><td>63</td><td colspan="2">123</td><td rowspan="4">6</td></tr>
<tr><td>19</td><td>23.6</td><td>20</td><td>22</td><td colspan="2">20</td><td>38</td><td colspan="2">104</td><td>75</td><td colspan="2">141</td></tr>
<tr><td rowspan="2">23.6</td><td rowspan="2">30</td><td>24</td><td rowspan="2">28</td><td colspan="2" rowspan="2">25</td><td rowspan="2">45</td><td colspan="2" rowspan="2">121</td><td rowspan="2">90</td><td colspan="2" rowspan="2">166</td></tr>
<tr><td>25</td></tr>
</table>

表 1（续）

单位为毫米

<table>
<tr><th colspan="2" rowspan="2">直径范围
d</th><th colspan="2" rowspan="3">推荐直径
d</th><th colspan="2" rowspan="2">d_1[a]</th><th colspan="3">标准系列</th><th colspan="3">长系列</th><th colspan="3">齿数</th></tr>
<tr><th rowspan="2">l</th><th colspan="2">L[b]</th><th rowspan="2">l</th><th colspan="2">L[b]</th><th rowspan="2">粗齿</th><th rowspan="2">中齿</th><th rowspan="2">细齿</th></tr>
<tr><th>></th><th>≤</th><th>Ⅰ组</th><th>Ⅱ组</th><th>Ⅰ组</th><th>Ⅱ组</th><th>Ⅰ组</th><th>Ⅱ组</th></tr>
<tr><td>30</td><td>37.5</td><td>32</td><td>36</td><td colspan="2">32</td><td>53</td><td colspan="2">133</td><td>106</td><td colspan="2">186</td><td rowspan="3">4</td><td rowspan="3">6</td><td rowspan="3">8</td></tr>
<tr><td>37.5</td><td>47.5</td><td>40</td><td>45</td><td colspan="2">40</td><td>63</td><td colspan="2">155</td><td>125</td><td colspan="2">217</td></tr>
<tr><td rowspan="2">47.5</td><td rowspan="2">60</td><td>50</td><td>—</td><td colspan="2" rowspan="2">50</td><td rowspan="2">75</td><td colspan="2" rowspan="2">177</td><td rowspan="2">150</td><td colspan="2" rowspan="2">252</td></tr>
<tr><td>—</td><td>56</td><td rowspan="3">6</td><td rowspan="3">8</td><td rowspan="3">10</td></tr>
<tr><td>60</td><td>67</td><td>63</td><td>—</td><td>50</td><td>63</td><td rowspan="2">90</td><td>192</td><td>202</td><td rowspan="2">180</td><td>282</td><td>292</td></tr>
<tr><td>67</td><td>75</td><td>—</td><td>71</td><td colspan="2">63</td><td colspan="2">202</td><td colspan="2">292</td></tr>
</table>

[a] 柄部尺寸和公差分别按 GB/T 6131.1、GB/T 6131.2、GB/T 6131.3 和 GB/T 6131.4 的规定。

[b] 总长尺寸的Ⅰ组和Ⅱ组分别与柄部直径的Ⅰ组和Ⅱ组相对应。

[c] 只适用于普通直柄。

3.2 直柄立铣刀的直径 d 的公差为 js14，刃长 l 和总长 L 的公差为 js18。

3.3 标记示例：

a) 直径 d=8 mm，中齿，柄径 d_1=8 mm 的普通直柄标准系列立铣刀为：

中齿　　直柄立铣刀 8　　GB/T 6117.1—2010

b) 直径 d=8 mm，中齿，柄径 d_1=8 mm 的螺纹柄标准系列立铣刀为：

中齿　　直柄立铣刀 8 螺纹柄　　GB/T 6117.1—2010

c) 直径 d=8 mm，中齿，柄径 d_1=10 mm 的削平直柄长系列立铣刀为：

中齿　　直柄立铣刀 8 削平柄 10 长　　GB/T 6117.1—2010

注：对于表 1 中，当 d_1 尺寸只有一个时，或 d_1 为第Ⅰ组时，可不标记柄径；只有当 d_1 为第Ⅱ组时，才要标记柄径。

ICS 25.100.20
J 41

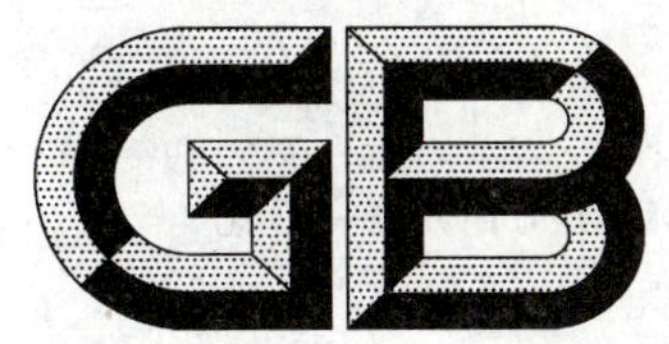

中华人民共和国国家标准

GB/T 6117.2—2010
代替 GB/T 6117.2—1996

立铣刀 第2部分：莫氏锥柄立铣刀

End mills—Part 2: Milling cutters with Morse taper shanks

(ISO 1641-2:1978, End mills and slot drills—Part 2: Milling cutters with Morse taper shanks, MOD)

2010-11-10 发布 2011-03-01 实施

中华人民共和国国家质量监督检验检疫总局
中国国家标准化管理委员会 发布

前　言

GB/T 6117《立铣刀》包括三个部分：

——第1部分：直柄立铣刀；

——第2部分：莫氏锥柄立铣刀；

——第3部分：7∶24锥柄立铣刀。

本部分是GB/T 6117的第2部分。

本部分修改采用国际标准ISO 1641-2:1978《立铣刀和键槽铣刀　第2部分：莫氏锥柄铣刀》。

本部分根据ISO 1641-2:1978重新起草。

本部分与ISO 1641-2:1978相比有下列编辑性修改和技术差异：

——删除了国际标准前言；

——用“.”代替用作小数点的逗号“,”；

——规范性引用文件列项中，ISO 296用我国标准GB/T 1443代替，ISO 5413用我国标准GB/T 4133代替；

——增加了标记示例；

——表1推荐直径d中增加规格24、规格71；

——增加了粗齿、中齿、细齿的齿数；

——删除了ISO 1641-2:1978中球头立铣刀和键槽铣刀的图例；

——删除了ISO 1641-2:1978表1中键槽铣刀的短系列尺寸；

——删除了ISO 1641-2:1978中表1注。

本部分代替GB/T 6117.2—1996《立铣刀　第2部分：莫氏锥柄立铣刀的型式和尺寸》。

本部分与GB/T 6117.2—1996相比有如下变化：

——增加了“前言”；

——取消了第3章“符号”的内容；

——表1推荐直径d中增加规格24、规格71；

——表1的表头中“组”改为了“型”；

——删除了4.3标记示例中第2项和第3项示例内容；

——按GB/T 1.1要求对编写格式作了编辑性修改。

本部分由中国机械工业联合会提出。

本部分由全国刀具标准化技术委员会(SAC/TC 91)归口。

本部分主要起草单位：成都成量工具集团有限公司、成都工具研究所、上海工具厂有限公司。

本部分主要起草人：赵庆、严松波、黄华新、查国兵、励政伟、张红。

本部分所代替标准的历次版本发布情况为：

——GB 1106～1108—1973、GB 1106—1985；

——GB/T 6117.2—1996。

立铣刀
第2部分:莫氏锥柄立铣刀

1 范围

GB/T 6117的本部分规定了莫氏锥柄立铣刀的型式、尺寸和标记等的基本要求。

本部分适用于直径大于5 mm~75 mm莫氏锥柄立铣刀。

2 规范性引用文件

下列文件中的条款通过GB/T 6117的本部分的引用而成为本部分的条款。凡是注日期的引用文件,其随后所有的修改单(不包括勘误的内容)或修订版均不适用于本部分,然而,鼓励根据本部分达成协议的各方研究是否可使用这些文件的最新版本。凡是不注日期的引用文件,其最新版本适用于本部分。

GB/T 1443 机床和工具柄用自夹圆锥(GB/T 1443—1996,eqv ISO 296:1991)

GB/T 4133 莫氏圆锥的强制传动型式及尺寸(GB/T 4133—1984,eqv ISO 5413:1976)

3 型式和尺寸

3.1 莫氏锥柄立铣刀按其柄部型式不同分为二种型式,见图1和图2,其尺寸见表1。

莫氏锥柄立铣刀按其刃长不同分为标准系列和长系列。

Ⅰ型莫氏锥柄立铣刀的柄部尺寸和公差按GB/T 1443。Ⅱ型莫氏锥柄立铣刀的柄部尺寸和公差按GB/T 4133。

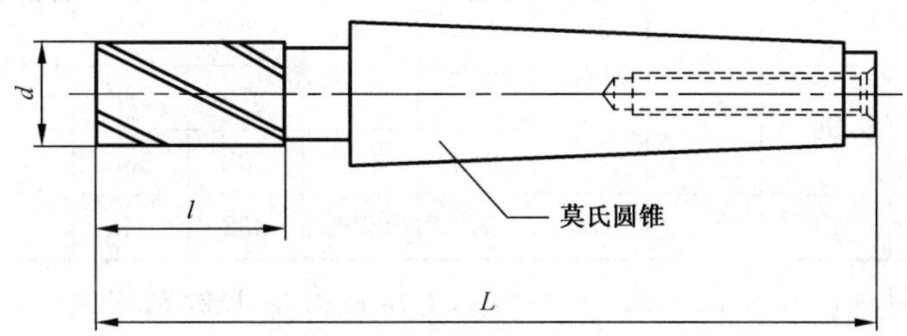

图1 Ⅰ型

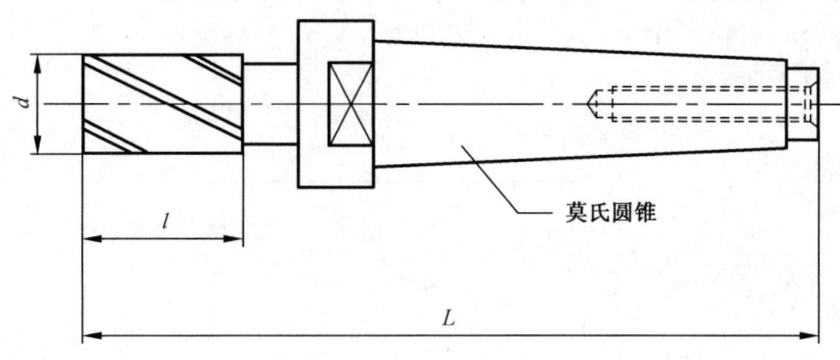

图2 Ⅱ型

表 1

单位为毫米

<table>
<tr><td colspan="2" rowspan="2">直径范围
d</td><td colspan="2" rowspan="3">推荐直径
d</td><td colspan="2">l</td><td colspan="4">L</td><td rowspan="3">莫氏
圆锥号</td><td colspan="3">齿数</td></tr>
<tr><td rowspan="2">标准
系列</td><td rowspan="2">长系列</td><td colspan="2">标准系列</td><td colspan="2">长系列</td><td rowspan="2">粗齿</td><td rowspan="2">中齿</td><td rowspan="2">细齿</td></tr>
<tr><td>></td><td>≤</td><td>Ⅰ型</td><td>Ⅱ型</td><td>Ⅰ型</td><td>Ⅱ型</td></tr>
<tr><td>5</td><td>6</td><td>6</td><td>—</td><td>13</td><td>24</td><td>83</td><td rowspan="13">—</td><td>94</td><td rowspan="13">—</td><td rowspan="6">1</td><td rowspan="12">3</td><td rowspan="12">4</td><td rowspan="3">—</td></tr>
<tr><td>6</td><td>7.5</td><td>—</td><td>7</td><td>16</td><td>30</td><td>86</td><td>100</td></tr>
<tr><td rowspan="2">7.5</td><td rowspan="2">9.5</td><td>8</td><td>—</td><td rowspan="2">19</td><td rowspan="2">38</td><td rowspan="2">89</td><td rowspan="2">108</td></tr>
<tr><td>—</td><td>9</td><td rowspan="5">5</td></tr>
<tr><td>9.5</td><td>11.8</td><td>10</td><td>11</td><td>22</td><td>45</td><td>92</td><td>115</td></tr>
<tr><td rowspan="2">11.8</td><td rowspan="2">15</td><td rowspan="2">12</td><td rowspan="2">14</td><td rowspan="2">26</td><td rowspan="2">53</td><td>96</td><td>123</td></tr>
<tr><td>111</td><td>138</td><td rowspan="3">2</td></tr>
<tr><td>15</td><td>19</td><td>16</td><td>18</td><td>32</td><td>63</td><td>117</td><td>148</td></tr>
<tr><td rowspan="2">19</td><td rowspan="2">23.6</td><td rowspan="2">20</td><td rowspan="2">22</td><td rowspan="2">38</td><td rowspan="2">75</td><td>123</td><td>160</td><td rowspan="4">6</td></tr>
<tr><td>140</td><td>177</td><td rowspan="4">3</td></tr>
<tr><td rowspan="2">23.6</td><td rowspan="2">30</td><td>24</td><td rowspan="2">28</td><td rowspan="2">45</td><td rowspan="2">90</td><td rowspan="2">147</td><td rowspan="2">192</td></tr>
<tr><td>25</td></tr>
<tr><td rowspan="2">30</td><td rowspan="2">37.5</td><td rowspan="2">32</td><td rowspan="2">36</td><td rowspan="2">53</td><td rowspan="2">106</td><td>155</td><td>208</td><td rowspan="6">4</td><td rowspan="6">6</td><td rowspan="6">8</td></tr>
<tr><td>178</td><td>201</td><td>231</td><td>254</td><td rowspan="2">4</td></tr>
<tr><td rowspan="2">37.5</td><td rowspan="2">47.5</td><td rowspan="2">40</td><td rowspan="2">45</td><td rowspan="2">63</td><td rowspan="2">125</td><td>188</td><td>211</td><td>250</td><td>273</td></tr>
<tr><td>221</td><td>249</td><td>283</td><td>311</td><td>5</td></tr>
<tr><td rowspan="4">47.5</td><td rowspan="4">60</td><td rowspan="2">50</td><td rowspan="2">—</td><td rowspan="4">75</td><td rowspan="4">150</td><td>200</td><td>223</td><td>275</td><td>298</td><td>4</td></tr>
<tr><td>233</td><td>261</td><td>308</td><td>336</td><td>5</td></tr>
<tr><td rowspan="2">—</td><td rowspan="2">56</td><td>200</td><td>223</td><td>275</td><td>298</td><td>4</td><td rowspan="3">6</td><td rowspan="3">8</td><td rowspan="3">10</td></tr>
<tr><td>233</td><td>261</td><td>308</td><td>336</td><td rowspan="2">5</td></tr>
<tr><td>60</td><td>75</td><td>63</td><td>71</td><td>90</td><td>180</td><td>248</td><td>276</td><td>338</td><td>366</td></tr>
</table>

3.2 莫氏锥柄立铣刀的直径 d 的公差为 js14，刃长 l 和总长 L 的公差为 js18。

3.3 标记示例：

a) 直径 d=12 mm，总长 L=96 mm 的标准系列Ⅰ型中齿莫氏锥柄立铣刀为：

中齿 莫氏锥柄立铣刀 12×96 Ⅰ GB/T 6117.2—2010

b) 直径 d=50 mm，总长 L=298 mm 的长系列Ⅱ型粗齿莫氏锥柄立铣刀为：

粗齿 莫氏锥柄立铣刀 50×298 Ⅱ GB/T 6117.2—2010

注：a)示例中的“Ⅰ”可以不标。

ICS 25.100.20
J 41

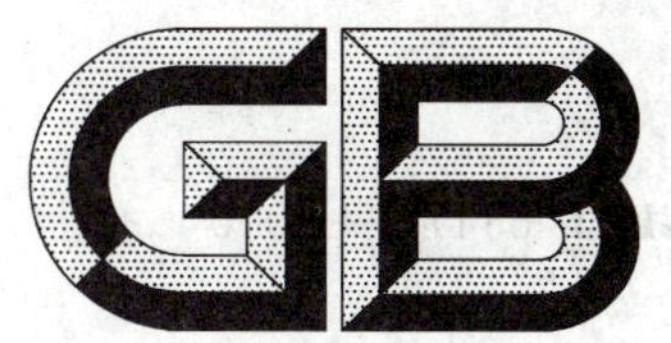

中华人民共和国国家标准

GB/T 6117.3—2010
代替 GB/T 6117.3—1996

立铣刀　第3部分：7：24锥柄立铣刀

End mills—Part 3: Milling cutters with 7 : 24 taper shanks

(ISO 1641-3:2003, End mills and slot drills—
Part 3: Milling cutters with 7/24 taper shanks, MOD)

2010-11-10 发布　　　　2011-03-01 实施

中华人民共和国国家质量监督检验检疫总局
中国国家标准化管理委员会　发布

前　言

GB/T 6117《立铣刀》包括三个部分：

——第1部分：直柄立铣刀；

——第2部分：莫氏锥柄立铣刀；

——第3部分：7∶24锥柄立铣刀。

本部分是GB/T 6117的第3部分。

本部分修改采用国际标准ISO 1641-3：2003《立铣刀和键槽铣刀　第3部分：7∶24锥柄铣刀》。

本部分根据ISO 1641-3：2003重新起草。

本部分与ISO 1641-3：2003相比有下列编辑性修改和技术差异：

——删除了国际标准前言；

——用“.”代替用作小数点的逗号“，”；

——规范性引用文件列项中，ISO 297用我国标准GB/T 3837代替；

——增加了标记示例；

——增加了粗齿、中齿、细齿的齿数；

——删除了ISO 1641-3：2003中球头立铣刀和键槽铣刀的图例；

——删除了ISO 1641-3：2003表1中键槽铣刀的短系列尺寸，表1中直径范围作了调整；

——删除了ISO 1641-3：2003中表2；

——删除了ISO 1641-3：2003中3.2　自动换刀7/24锥柄立铣刀。

本部分代替GB/T 6117.3—1996《立铣刀　第3部分：7∶24锥柄立铣刀的型式和尺寸》。

本部分与GB/T 6117.3—1996相比有如下变化：

——增加了“前言”；

——取消了第3章“符号”的内容；

——删除了标记示例b)的内容；

——按GB/T 1.1要求对编写格式作了编辑性修改。

本部分由中国机械工业联合会提出。

本部分由全国刀具标准化技术委员会(SAC/TC 91)归口。

本部分主要起草单位：成都成量工具集团有限公司、成都工具研究所、上海工具厂有限公司。

本部分主要起草人：赵庆、严松波、黄华新、查国兵、励政伟、张红。

本部分所代替标准的历次版本发布情况为：

——GB 6117—1985、GB/T 6117.3—1996。

立铣刀　第3部分:7：24锥柄立铣刀

1　范围

GB/T 6117的本部分规定了手动换刀7：24锥柄立铣刀的型式、尺寸和标记等的基本要求。

本部分适用于直径大于23.6 mm～95 mm的7：24锥柄立铣刀。

2　规范性引用文件

下列文件中的条款通过GB/T 6117的本部分的引用而成为本部分的条款。凡是注日期的引用文件,其随后所有的修改单(不包括勘误的内容)或修订版均不适用于本部分,然而,鼓励根据本部分达成协议的各方研究是否可使用这些文件的最新版本。凡是不注日期的引用文件,其最新版本适用于本部分。

GB/T 3837　7：24手动换刀刀柄圆锥(GB/T 3837—2001,eqv ISO 297:1988)

3　型式和尺寸

3.1　7：24锥柄立铣刀的型式见图1,其尺寸见表1。

7：24锥柄立铣刀按其刃长不同分为标准系列和长系列。

7：24锥柄立铣刀的柄部尺寸和公差按GB/T 3837。

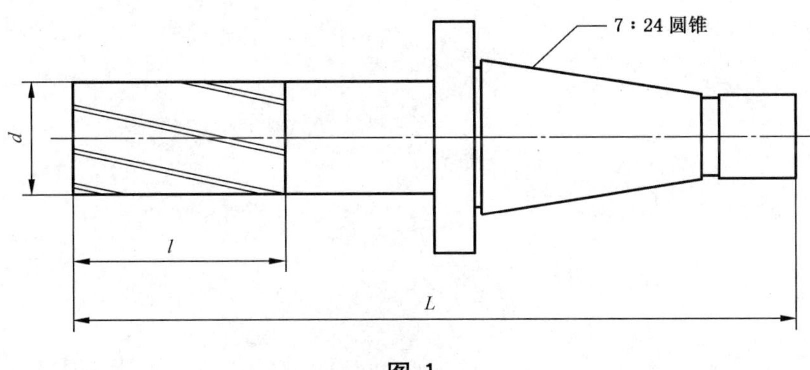

图1

表1　　单位为毫米

直径范围 d		推荐直径 d		l		L		7：24圆锥号	齿数		
>	≤			标准系列	长系列	标准系列	长系列		粗齿	中齿	细齿
23.6	30	25	28	45	90	150	195	30	3	4	6
30	37.5	32	36	53	106	158	211		4	6	8
						188	241	40			
						208	261	45			
37.5	47.5	40	45	63	125	198	260	40			
						218	280	45			
						240	302	50			

表 1（续）

单位为毫米

<table>
<tr><th colspan="2">直径范围
d</th><th colspan="2" rowspan="2">推荐直径
d</th><th colspan="2">l</th><th colspan="2">L</th><th rowspan="2">7：24
圆锥号</th><th colspan="3">齿　　数</th></tr>
<tr><th>></th><th>≤</th><th>标准系列</th><th>长系列</th><th>标准系列</th><th>长系列</th><th>粗齿</th><th>中齿</th><th>细齿</th></tr>
<tr><td rowspan="6">47.5</td><td rowspan="6">60</td><td rowspan="3">50</td><td rowspan="3">—</td><td rowspan="6">75</td><td rowspan="6">150</td><td>210</td><td>285</td><td>40</td><td rowspan="3">4</td><td rowspan="3">6</td><td rowspan="3">8</td></tr>
<tr><td>230</td><td>305</td><td>45</td></tr>
<tr><td>252</td><td>327</td><td>50</td></tr>
<tr><td rowspan="3">—</td><td rowspan="3">56</td><td>210</td><td>285</td><td>40</td><td rowspan="6">6</td><td rowspan="6">8</td><td rowspan="6">10</td></tr>
<tr><td>230</td><td>305</td><td>45</td></tr>
<tr><td>252</td><td>327</td><td>50</td></tr>
<tr><td rowspan="2">60</td><td rowspan="2">75</td><td rowspan="2">63</td><td rowspan="2">71</td><td rowspan="2">90</td><td rowspan="2">180</td><td>245</td><td>335</td><td>45</td></tr>
<tr><td>267</td><td>357</td><td rowspan="2">50</td></tr>
<tr><td>75</td><td>95</td><td>80</td><td>—</td><td>106</td><td>212</td><td>283</td><td>389</td></tr>
</table>

3.2　7：24 锥柄立铣刀的直径 d 的公差为 js14，刃长 l 和总长 L 的公差为 js18。

3.3　标记示例：

直径 d=32 mm，总长 L=158 mm，标准系列中齿 7：24 锥柄立铣刀为：

中齿　7：24 锥柄立铣刀　32×158　GB/T 6117.3—2010

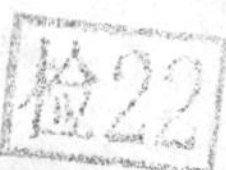